농업기계학

김동억, 홍순중, 강지원

◈ 농업기계기능사 기출문제수록

독자와 함께 하는 ekoin
도서출판 범 론 사

머 리 말

기후변화, 식량안보 등의 문제가 대두되면서 농업의 중요성은 더욱 커지고 있다. 이러한 상황에 우리나라 농업과 농촌은 농업노동력 부족으로 어려움을 겪고 있다. 농업의 일손부족 현상은 농가소득 감소와 생산비 증가로 이어져 왔다. 농업노동력 부족 발생의 원인인 농가 인구의 감소, 농촌 노동인구의 고령화, 젊은 영농 후계자의 부족 추세는 앞으로도 계속될 전망이다. 일손부족 문제 해소와 농업 생산성 향상을 위해서는 농작업 기계화는 절대적인 요소라 할 수 있다. 농업기계는 부족한 농업노동력을 대체하고 힘든 농작업을 대신함으로써 농사를 더 쉽게 지을 수 있으며 농작물 생산성도 증대시킬 수 있다. 농업기계화는 농작업 방법을 획기적으로 개선하여 영농효율의 향상을 가져올 수 있다.

우리나라에 실질적인 농업기계화 시작은 동력경운기가 처음 보급된 1960년대 초라고 할 수 있다. 본격적인 농업기계화의 추진은 1970년대 들어 농업기계화 5개년 계획이 수립되면서 시작되었다. 1971년 트랙터가 국내 생산 및 보급이 시작되었고 1970년대 후반에 이앙기, 바인더, 콤바인이 보급되기 시작하였다. 1980년대 말에 보행형 관리기가 보급되기 시작하였다. 1990년대에는 벼농사 주요 농작업의 완전 기계화를 이룩하였다. 주요 농업기계인 동력경운기, 트랙터, 이앙기, 콤바인의 보유대수도 1백만 대에 이르고 있다. 농업기계 보급 수준이 높아지면서 소형 농업기계인 동력경운기가 작업능력이 높은 트랙터로 대체되고 있으며, 전체 보유대수는 동력경운기와 같은 소형, 보행형 기종은 점차 감소하고 트랙터, 콤바인 등 대형, 승용형 기종이 증가되고 있는 추세이다.

농업기계의 보급 확대와 농업기계 사용이 증가하면서 농업기계 사고 또한 증가하고 있다. 트랙터와 동력경운기 같은 농업기계 사고가 연간 1,400여건 이상이 발생하고 있으며, 해마다 5백 명 이상이 목숨을 잃고 있다. 농업기계 사고를 예방하기 위해서는 농업기계 안전수칙을 지키는 것이 무엇보다 중요하며, 올바른 농업기계 사용 방법의 충분한 숙지와 농업기계 사용 숙련도 향상도 요구된다. 농기계 운전기능사는 농업에 필수적인 농업기계의 안전운행, 기계 수명 연장 및 작업능률제고를 위한 숙련된 기능인력을 양성하기 위해 제정된 국가기술자격증이다.

이 책은 농업기계에 대한 전반적인 이해와 농업기계의 올바른 사용 방법 및 취급요령 습득, 그리고 농기계 운전기능사 자격증 필기 시험에 대비할 수 있도록 농업기계학 일반, 농작업기계 실제, 농업기계학 총정리로 구성되어 있다. 이 책은 농업에 종사하거나 진출하려는 대학교 학생을 위한 농업기계학 실용 교재로 이용될 수 있을 것이다. 농업기계학 일반은 농업기계학의 개념과 농업기계에 대해 이해하는 데 도움이 될 수 있을 것으로 기대된다. 농작업기계 실제에서는 농업기계 안전, 트랙터 등 주요 농업기계 운전 및 농작업 방법, 농업용 건설기계, 농업기계의 정비와 부품교환시 필요한 올바른 공구사용법을 다루었다. 특히, 농업동력으로 많이 사용되는 디젤기관의 정비 실습을 통하여 기관의 작동원리 및 기초정비 능력을 배양할 수 있는 농용기관 분해 조립 방법을 다루었다. 농업기계학 총정리는 농기계 운전기능사 자격증 필기시험을 준비하는 데 도움이 되고자 기출문제를 파악하여 엮은 요점정리와 파트별로 정리한 기출문제를 수록하여 이론과 문제를 한 번에 학습할 수 있도록 하였다.

이 책이 발간되기까지 이 책의 집필과 교정에 수고를 해주신 홍순중, 강지원 교수님과 범론사 이종의 사장님께 감사의 뜻을 전합니다.

저자대표 김동억

차 례

제 I 편 농업기계학 일반

제Ⅱ편 농작업기계 실제

제Ⅲ편 농업기계학 총정리

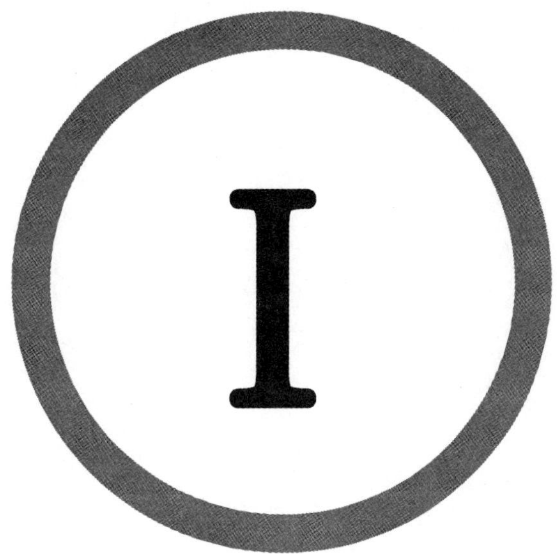

제 I 편 농업기계학 일반

제1장 농업기계 개요

1. 농업기계화

(1) 농업기계화의 의의

① 농업기계(農業機械, farm machinery 또는 agricultural machinery)란 넓은 의미로 농업 생산에 필요한 모든 기계의 총칭
② 농림축산물의 생산 및 후의 가공처리작업과 생산시설의 환경제어 및 자동화 등에 사용되는 기계, 설비 및 부속자재 등이 포함
③ 농업기계는 그 기능에 따라서 기계를 구동하는 데 필요한 동력원이 되는 농업 동력기계와 실제로 농작업을 수행하는 농작업기계 수확된 농산물을 다루는 농산가공기계로 구분함.
④ 농업동력기계(farm power and tractor)는 농작업 기계나 농산가공기계의 동력원이 되는 기계로 내연기관, 전동기를 비롯하여 이를 탑재한 트랙터까지 포함.
⑤ 농작업기계(field machinery)는 주로 논, 밭에서 농작업을 수행하므로 포장기계(圃場機械)라고도 함. 경운, 정지, 파종, 이식, 방제, 양수, 예취, 탈곡기계 등이 이에 속함
⑥ 농산가공기계(agricultural process machinery 또는 post-harvest machinery)는 수확된 농산물과 그의 부산물을 처리하는 건조, 선별, 저장, 도정기계 등임

(2) 농업기계화의 목적

농업기계화(farm mechanization)란 농업생산의 수단을 기계화하여 농업 생산성을 향상시키는 것을 말함. 따라서 농업을 빠르고 편하게 하여 보다 많은 생산을 기하는 데 농업기계화의 목적임.

① 토지생산성의 향상
② 노동생산성의 향상
③ 중노동(重勞動)으로부터 해방
④ 농업생산비의 절감

(3) 농업기계의 범위

① 주행형 기계 : 트랙터, 동력경운기, 이앙기, 콤바인, 관리기 등

② 시설 농업용 기계 : 시설하우스의 구조, 각종 자동화 장비 및 설비
③ 소형 건설기계 : 소형 굴착기, 로더, 운반용 소형트럭 등
④ 각종 작업기 : 쟁기, 로터베이터(로터리), 해로우, 트레일러, 축산기계 등

(4) 농작업기의 부착형태

① 견인식 : 작업기를 동력원에 연결하여 견인하는 방식
② 장착식 : 동력원의 3점 링크에 작업기를 장착하여 작업기의 상하를 조정할 수 있는 방식
③ 반장착식 : 동력원이 작업기의 일부 하중을 받쳐주고 나머지 하중은 작업기에 부착된 바퀴가 지지하는 방식
④ 자주식 : 기관이나 전동기와 같은 동력원과 주행장치가 일체가 되어 있는 방식

2. 농업기계의 발달과 현황

(1) 농업기계의 탄생과 발전

① 1796년 영국의 제임스 와트(James Watt)가 증기기관 발명
② 1876년 독일의 오토(Otto)가 오늘날 가솔린기관의 원조인 불꽃점화방식의 내연기관을 발명
③ 1892년 독일의 디젤(Diesel)이 압축점화방식의 디젤기관을 발명
④ 1892년 John Froelich에 의해 가솔린 기관 트랙터 개발
⑤ 1911년 미국 Holt사에 의해 기계식 자동 콤바인 개발
⑥ 1931년 캐터필러사(Caterpillar Inc)에서 디젤 기관 트랙터 출시

(2) 우리나라의 농업기계 발달

① 1960년대 : 인력 및 축력을 바탕으로 하는 소농기구 이용
☞ 1963년 대동공업(미쓰비시와 기술제휴)에서 동력경운기의 국내생산 및 보급
② 1970년대 : 트랙터, 동력 방제기, 양수기 보급
☞ 1971년 트랙터 국내 생산 및 보급
③ 1980년대 : 정부출연금, 정부융자금을 활용 적극적인 기계화 수립
④ 1990년대 : 수도작의 완전기계화와 전작, 원예, 축산분야로 농업기계화 대상 확대
⑤ 2000년대 : 시설원예, 정밀농업, 친환경 농업, 에너지 절감농업 확대와 자동화 추진

3. 농업기계의 합리적 이용

(1) 기계 크기의 결정

① 기계의 크기는 경영규모에 알맞게 결정
② 경영규모는 자신의 경영면적과 임작업면적을 합한 면적으로 연간작업 규모임
③ 농업기계를 구입할 때 기계가 성능상 연간 부담할 수 있는 면적과 경영면적을 일치시키는 것이 바람직함

(2) 부담면적

① 농작업을 수행하는데 작업적기·기상 등의 제약과 주어진 농장의 조건하에서 기계의 능률을 충분히 활용할 때 작업할 수 있는 면적
② 포장효율, 실작업시간율, 작업가능일수율 등을 추정하고 고려

$$A = \frac{1}{10}\varepsilon_f \varepsilon_u \varepsilon_d SUWD$$

A : 부담면적(ha), S : 작업속도(km/h), W : 작업폭(m)
D : 작업적기일수, U : 작업시간, ε_f : 포장작업 효율(소수)
ε_u : 실작업시간율(소수), ε_d : 작업 가능일수율(소수)

(3) 포장능률

1) **작업능률** : 단위시간당 작업량, 이론작업능률, 유효작업능률로 구분
○ 이론포장능률(이론작업량)

$$C = \frac{1}{10} SW \qquad (1-1)$$

C : 이론작업면적(ha/h), S : 작업속도(km/h), W : 작업폭(m)

○ 유효포장작업능률(실작업능률)
① 기계가 포장 내에서 실제로 작업을 수행하는 1시간당 평균면적
② 기계의 조정, 급유, 고장의 수리, 선회 및 후진, 수확물의 하역, 농자재투입, 정비, 휴식 등

$$C_e = \frac{1}{10}\varepsilon_f SW \qquad (1-2)$$

C_e : 유효포장작업능률(ha/h), ε_f : 포장작업 효율(소수로 표시), S : 작업속도(km/h), W : 작업폭(m)

[표 1-1] 농작업별 실작업시간율

작업	실작업시간율	주요대상 작업기
경운	0.68～0.84	플라우, 로터리
쇄토	0.68～0.85	로터리
시비, 파종	0.55～0.77	시비파종기
이앙	0.59～0.80	이앙기
방제(액제)	0.62～0.75	동력분무기(액제)
방제(분제)	0.69～0.82	동력분무기(분제)
수확	0.58～0.76	콤바인

(4) 농업기계 이용비용

1) 기계의 이용비용

① 고정비 : 연간 이용시간에 관계 없이 기계를 소유함으로써 수반되는 비용
예) 감가상각비, 자본이자, 세금, 보험료, 창고비

② 변동비 : 이용시간이 증가함에 따라 비례적으로 증가하는 비용으로 유동비 라고도 함
예) 노임, 연료비, 재료비, 수리비 등

2) 감가상각비

① 감가상각비 : 시간이 지남에 따라 마모, 노후화 등으로 인하여 떨어지는 가치, 가치가 줄어드는 금액

$$D_s = \frac{C_i - C_s}{L} \qquad (1-4)$$

D_s는 연간 감가상각비, C_i는 초기구입가격, C_s는 폐기가격

② 잔존가치 : 그동안의 감가상각비를 뺀 것

$$B = C_i - \frac{j}{L}(C_i - C_s) \qquad (1-5)$$

③ 감가상각방식 : 추정치방법, 직선법, 감쇄평형법, 연수가산법

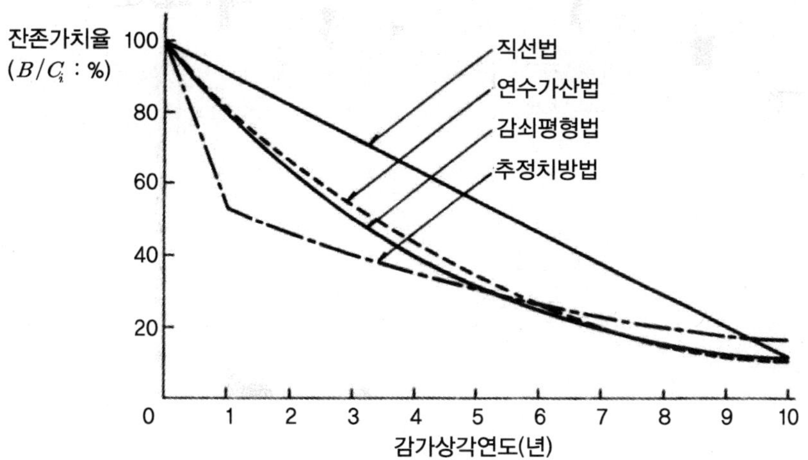

[그림 1-1] 구입가격에 대한 잔존가치율

제2장 농업기계 기초

1. 일

물체에 힘을 가했을 때 힘이 가해진 방향으로 움직인 거리. 일은 힘의 크기와 물체가 힘의 방향으로 움직인 거리를 곱한 값으로 나타냄.

일(W) = 힘(F) × 거리(S), kg · m

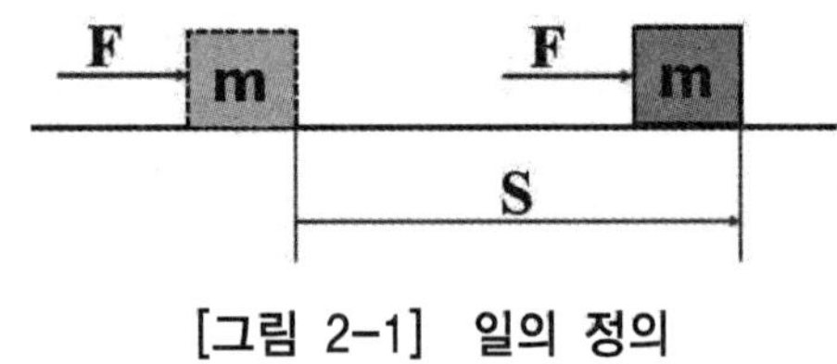

[그림 2-1] 일의 정의

2. 동 력

① 동력은 단위시간에 이루어지는 일의 비율. 일률. 동력은 힘×속도로 나타냄.
② 마력은 보통 짐마차를 부리는 말이 단위시간(1분)에 하는 일을 실측하여 1마력으로 삼은 데서 유래
③ 1마력(PS)은 1초 동안에 75kg · m의 일을 할 수 있는 능력을 말함

> 야드파운드법을 사용하는 영국이나 미국에서는 마력을 HP라는 단위를 사용하며, 미터법을 사용하는 국가에서는 PS라는 단위를 사용.
> 1PS = 0.735kW = 75kgf · m/s, 1HP = 745.7W
>
> * 영국마력(British horse power) 및 미터마력(metric horse power), PS(독일어 Pferdestarke의 약자)

3. 토크(torque)

① 토크는 물체를 회전시키려는 회전(능)력
② 힘의 크기와 회전 반경을 곱하여 구함
③ 물체를 회전시키는 원인이 되는 물리량으로서 비틀림모멘트라고도 함
④ 단위는 N · m 또는 kgf · m를 사용
* 토크는 농업기계의 회전능력[kgf · m]을 나타냄

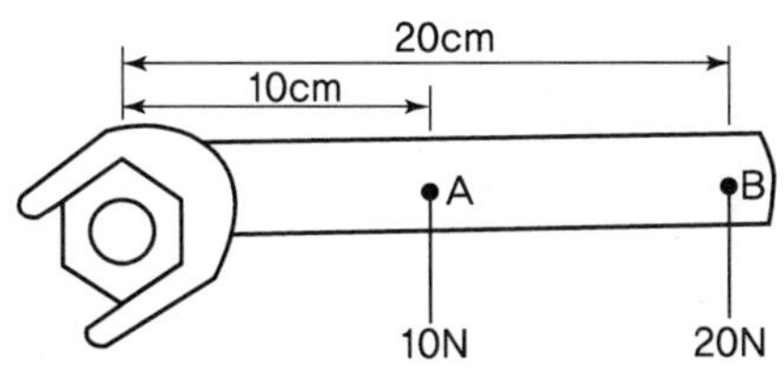

[그림 2-2] 볼트를 회전시키는 토크

4. 속도와 가속도

① 속도 : 단위시간당 움직인 거리

☞ 단위 : km/h, m/sec

② 회전속도(각속도) : 단위시간당 회전수, 특정 축을 기준으로 각이 돌아가는 속력을 나타내는 벡터로 회전운동의 순간 각속도

☞ 단위 : rpm(매분회전수), rps(매초회전수)

③ 원주속도 : 원운동을 하고 있는 물체의 원주에 따른 속도. 풀리, 탈곡기 급동, 숫돌의 원주속도

$$V = \frac{\pi DN}{60 \times 1{,}000} \text{(m/sec)} \quad (2\text{-}1)$$

5. 기관, 전동기의 출력

① 기관이나 전동기가 물체를 회전시키는 성능은 토크와 회전속도, 출력으로 표시

② RPM(revolution per minute) : 기관 내부의 연소 작용을 거쳐 최종적으로 회전운동으로 출력되는 크랭크축의 분당 회전수를 나타내는 수치

③ 기관출력은 동력이 전달되는 축의 토크를 측정하고 회전각속도를 곱해 산출

동력(P) = 토크(T, N・m) × 회전속도(rad/sec) (2-2)

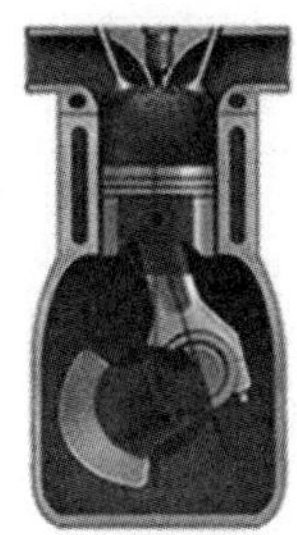

$T = Fr$

T : 회전력(kg・m)

F : 크랭크암과 직각방향의 힘(kg)

r : 크랭크의 길이(m)

[그림 2-3] 기관 토크

6. 연료와 윤활유

연료란 연소를 통해 열이나 빛 또는 동력을 얻을 수 있는 물질이다.
석유(원유)는 수백만년 전에 살았던 동식물의 유해가 땅속에 매장되어 높은 압력과 온도에서 분해되면서 대부분의 원소들은 빠져나가고 주로 탄소와 수소로 이루어진 액체상태의 화합물이다.
석유를 연료로 사용하려면 정제과정을 거쳐야 하는데, 대기압과 비슷한 압력에서 상압증류탑에 들어간 원유는 끓는점의 차이에 따라 각각의 유분으로 분리한다.

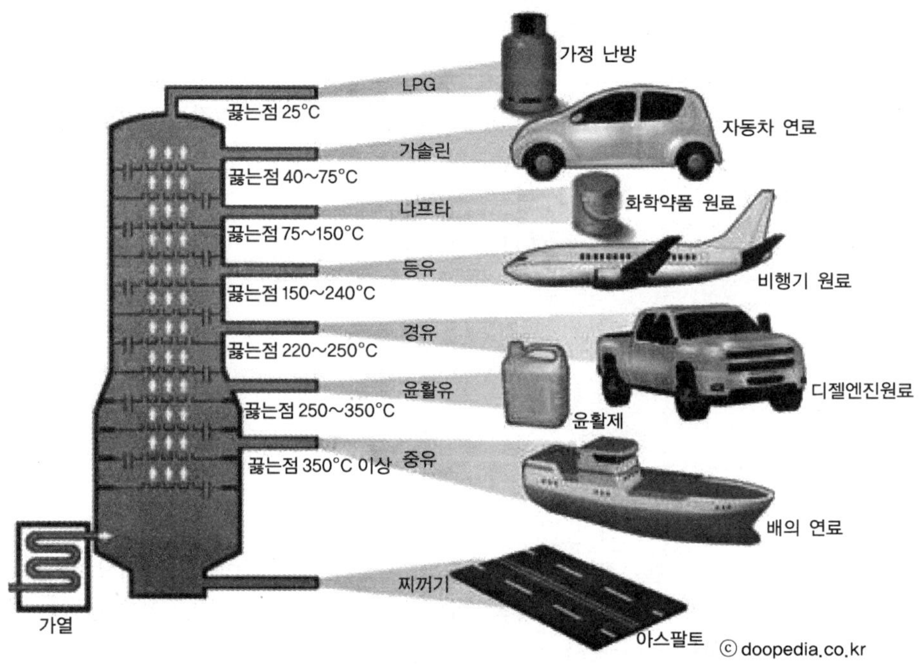

[그림 2-4] 원유의 분리

(1) 연료의 공통적 구비조건

① 발열량이 많고, 부식성이 없으며, 유황 회분·납 등의 불순물이 적어야 한다.
② 노크(knock)가 일어나지 않고, 취급에 안전하며 경제적이어야 한다.

1) 디젤 연료의 구비조건

① 착화성이 좋고, 인화점이 높아야 한다.
② 연소 후 카본 생성이 적어야 한다.
③ 불순물과 유황성분이 없어야 한다.

④ 기화성이 적으며 내한성이 있어야 한다.
⑤ 점도가 적당하고 유동점이 낮아야 한다.

2) 가솔린 연료의 구비조건

① 무게나 체적이 적고 발열량이 커야 한다.
② 기화성이 적당하고, 연소성이 좋아야 한다.
③ 자기발화온도가 높아야 한다.
④ 연소 후 탄소 등 유해 화합물을 남기지 말아야 한다.

[표 2-1] 연료의 특징 비교

휘발유(가솔린)	경유(디젤)
• 석유 제품 중 8~9% • 비등점범위 : 30~200℃ • 비중 : 0.70~0.76 • 인화점 : -15~10℃ • 발화점 : 300~500℃ ※ 기화성이 좋고 인화점이 낮아 불꽃점화 기관 연료	• 석유 제품 중 등유 다음 유출 • 비등점범위 : 200~370℃ • 비중 : 0.84~0.88 • 인화점 : 40~85℃ • 발화점 : 300℃ 이하 ※ 보일러 연료, 금속가공유 원료, 디젤기관 연료(80%)

(2) 연료의 성질

► 기화성(휘발성)

• 액체가 기체로 되는 성질로 기체로 빨리 될수록 기화성이 좋다고 말한다.
• 불꽃 점화 기관의 시동성, 가속성 등에 영향을 끼침

► 연소성

• 가솔린기관에 요구되는 성질로, 짧은 시간에 연료가 완전 연소되는 성질을 말한다.
• 연소가 빨리 되어야 노크가 일어나지 않으므로 연소성이 좋아야 한다.

► 착화성

• 연료와 공기가 혼합하여 어느 정도 압력을 주면 열이 발생하여 스스로 점화되는 것을 말한다.
• 발화점 : 자연발화 하는 최저 온도

► 인화성

• 연료에 불꽃을 가했을 때 불이 붙는 성질

- 스스로 발화하는 것이 아니라 다른 발화 인자가 있어야 하는 것을 말한다.
- 인화점 : 불꽃을 가했을 때 불이 붙는 최저 온도

► 점성

- 디젤 기관의 연료에 요구되는 성질로, 액체가 유동할 때 저항하는 성질이며, 그 정도를 점도로 표시
- 점도가 너무 크면 연료 공급이 원활하지 못하고 연료 분사 시 연료 입자의 지름이 커져 불완전 연소의 원인이 되어 매연 발생과 연료 소비율이 증가
- 점도가 너무 낮으면 윤활성이 떨어지고 연료 입자가 작아 도달성과 관통력이 부족하여 불완전 연소 발생

► 유동성

- 겨울철의 저온 시동성을 유지하기 위해 필요한 성질이다.
- 온도가 낮으면 연료는 점도가 높아지면서 흐름이 원활하지 못하게 되어 유동성을 잃는 온도를 유동점이라 한다.
- 밖의 기온 보다 연료의 유동점이 높으면 시동에 지장을 초래하게 된다.

☞ 경유는 가솔린에 비하여 인화성은 떨어지나 착화성이 좋다.
☞ 옥탄가는 가솔린의 폭발성을 나타낸다.
☞ 경유의 중요한 성질은 비중, 착화성, 세탄가

► 옥탄값(옥탄가; octane number)

- 가솔린 노크에 견디는 척도를 나타내는 척도
- 옥탄값이 높을수록 그만큼 노크가 일어나지 않음을 뜻하는데, 보통 휘발유는 91~94 미만 고급 휘발유는 94 이상이다.
- 노킹이 잘 일어나는 노말 헵탄(normal heptane)을 옥탄가 '0'으로 하고, 노킹이 잘 일어나지 않는 이소옥탄(isooctane)을 옥탄가 ‘100’으로 한다.

► 세탄값(세탄가; cetane number)

- 디젤 노크에 견디는 척도를 나타내는 척도
- 착화성이 좋은 세탄의 세탄가는 100으로, 착화성이 나쁜 알파 메틸 나프탈린을 세탄가 0으로 한다.

$$옥탄값 = \frac{이소옥탄의\ 체적}{이소옥탄의\ 체적 + 노말헵탄의\ 체적} \times 100\%$$

$$세탄값 = \frac{세탄의\ 체적}{세탄의\ 체적 + \alpha 메틸나프탈렌의\ 체적} \times 100\%$$

• 참고 •

우리나라는 1993년부터 전면적으로 무연 휘발유 사용이 의무화되었고, 옥탄값을 높이기 위해 MTBE 등 함산소 화합물의 첨가제를 사용. 고속 디젤 기관의 경우 세탄값 40 이상이 요구됨

(3) 연료 취급시 주의사항

① 연료 주입시 물이나 먼지 등의 불순물이 혼합되지 않도록 주의한다.
② 정기적으로 드레인 콕을 열어 연료 탱크 내의 수분을 제거한다.
③ 연료를 취급할 때에는 화기에 주의한다.
④ 드럼통으로 연료를 운반했을 경우 불순물을 침전시킨 후 침전물이 혼합되지 않도록 주입한다.

☞ 농업기계를 장기간 시용하지 않고 보관할 때 소형 가솔린 기관은 휘발유를 모두 빼고, 디젤 기관은 경유를 가득 채워 보관한다.
☞ 작업 후 탱크에 연료를 가득 채워주는 이유는 연료의 기포방지를 위해서 이고, 공기 중의 수분이 응축되어 물이 생기기 때문이다.

(4) 윤활유

농업기계 기관의 실린더와 피스톤, 베어링과 같이 두 물체가 접촉하면서 서로 운동 하면 마찰열이 발생하는데, 윤활이란 마찰면에 얇은 기름막을 형성하여 마찰을 감소시키는 것이다.

윤활관리의 중요성은
① 기계의 성능을 배가하여 생산성을 향상시킨다.
② 기계의 수명을 연장시켜 줌으로써 수리비를 절감시켜 주는 효과가 있다.
③ 적절한 윤활관리를 실시한다면 에너지 절감효과를 가져온다.

1) 윤활유의 종류

윤활제에는 광물성 윤활유와 식물성 윤활유가 있으며 형태에 따라 액체, 고체, 반고체로 크게 나눌 수 있다.

[그림 2-5] 윤활유의 종류

► 기관 오일

- 기관이 문제없이 효율적으로 작동하려면 알맞은 윤활유와 보호가 필요하다.
- 기관오일은 기관 내부의 곳곳을 흐르며 유막을 형성, 부품 간 마찰을 완화해 마모를 줄여준다.
- 연소 가스가 새는 걸 막는 밀봉 기능과 함께 외부 공기와 수분을 차단해 부품의 부식을 방지한다.
- 불순물을 제거하는 청정 기능 등 다양한 역할을 한다.

[표 2-2] 윤활유의 종류

형 태	구 분	종 류
액 체	광유계	• 보편적으로 사용 • 엔진오일, 기어오일, 유압유 등 대부분의 윤활유
	합성계	• 고온, 고압, 극저온 등 특수환경에 사용 • 특수 엔진유, 항공용 윤활유, 난연성유압작동유 등
	천연유지계	• 유성(Oiliness)이 특히 필요한 경우 사용 • 동식물 유지, 압연유, 펀칭유, 절삭유 등
	동식물계	지방유
반고체	그리스	기어, 베어링용
고 체	고 체	흑연, 산화납, 황화몰리브데넘
	반고체 혼합	그리스와 고체 물질 혼합
	액체와 혼합	광유와 고체 물질 혼합

► 변속기 오일

- 변속기 오일은 기관 오일 이상으로 농업기계, 건설기계, 자동차 등의 동력계에서 중요한 역할을 한다.

• 오일 상태가 좋지 않거나 양이 기준치보다 부족하면 변속기 고장의 원인이 된다.

> ☞ 농업기계와 장비의 그리스 (보충)주입이 필요한 부위는 주기적으로 그리스 주입을 실시한다.

2) 윤활유의 기능

① 윤활(마찰의 감소 및 마멸방지)작용(lubricating)

상대운동하는 두 마찰표면을 유막으로 분리시켜 마찰을 감소시켜 마멸을 방지한다.

② 냉각작용(cooling)

발생된 열을 직접 냉각수나 냉각공기에 전달할 수 없는 부품들을 과열로부터 보호한다.

③ 밀봉(기밀)작용(sealing)

실린더 벽과 피스톤링 사이로 고압가스가 누출되는 것을 방지한다.

④ 세척(세정, 청정) 작용(cleaning)

유동 중 윤활부에서 발생하는 마멸입자 및 불순물을 흡수하여 외부로 방출한다. 실린더 벽에 생긴 연소 탄화물 등을 세척하여 윤활유 탱크에 침전시킨다.

⑤ 방청(부식 방지)작용(anti-corrosion)

마찰면을 비롯하여 기관 각 부의 표면에 기름막을 형성하여 수분이나 공기와 같은 산화 물질과의 접촉을 차단하여 부식을 방지한다.

[표 2-3] 윤활유의 기능

기 능	세 부 내 용
윤활 작용	마찰면에 기름막을 만들어 마찰 감소 및 마멸 방지
냉각 작용	마찰면에 발생하는 열을 흡수하여 윤활유 탱크로 보내어 방열시킴
밀봉 작용	실린더와 피스톤 사이의 간극을 막아 압축 공기나 연소 가스가 새지 않도록 밀폐
청정(세정) 작용	마찰면에 생긴 금속 분말이나 실린더 벽에 생긴 연소 탄화물 등을 세척하여 윤활유 탱크에 침전시킴
방청 작용	금속 표면에 기름막을 형성하여 수분이나 공기와 같은 산화 물질과의 접촉을 차단하여 녹스는 것을 방지
응력분산 작용	접촉면에 작용하는 국부적인 압력을 흡수하여 기름막 전체에 분산하여 충격 흡수
소음방지작용	소음방지 작용 마찰면에서 생기는 충돌음을 흡수하여 소음을 방지

⑥ **응력분산(완충)작용(stress distribution)**

크랭크축과 베어링에는 충격하중이 반복적으로 작용하고 진동도 동반되는데, 윤활유는 국부적으로 작용하는 큰 압력을 흡수 또는 유막 전체에 분산시킨다.

⑦ **소음감쇠작용(noise damping)**

섭동부 또는 마찰부에 유막을 형성하여 소음과 진동을 감쇠시키는 작용을 한다.

3) 윤활유의 구비조건

① 금속에 대한 부식성이 없고,
② 온도에 대한 안정성이 있어야 하며,
③ 증발 손실이 적어야 한다.
④ 산화되지 않고,
⑤ 유막 형성이 잘 되며,
⑥ 하중에 견디는 성질이 크고
⑦ 기포 발생이 없어야 한다.

4) 윤활유의 분류

① **점도에 의한 분류** : SAE 분류를 일반적으로 사용. 윤활유는 점도에 따라 미국자동차공학회(SAE)에서 정한 분류 방법이 세계적으로 널리 쓰이고 있다.

- SAE 5W, 10W, 20W, 20, 30, 40, 50 등
- 합성오일 : SAE 10W-30, SAE 10W-40, SAE 20W-40

② **API 분류** : 미국 석유협회에서 사용조건에 따라 분류

- 가솔린 : ML, MM, MS
- 디젤 : DG, DM, DS

＊고온 고부하용 가솔린기관에 적합한 오일 : MS

③ **점도** : 오일의 끈적끈적한 정도를 나타내는 것으로 윤활유 흐름의 저항을 나타낸다.

- 점도가 높으면 : 유동성이 저하된다.
- 점도가 낮으면 : 유동성이 좋아진다.

> ☞ 윤활유의 점도가 너무 높으면 엔진 시동시 필요 이상의 동력이 소모된다.
> ☞ 오일의 점도가 높으면 기관오일 압력이 높아진다.

④ **점도 지수** : 온도변화에 따른 점도 변화

- 점도지수가 크면 : 점도 변화가 적다.
- 점도지수가 작으면 : 점도 변화가 크다.

> ☞ 점도가 다른 두 종류를 혼합하거나 제작사가 다른 오일을 혼합하여 사용하면 안 된다.
> ☞ 겨울철에 사용하는 엔진오일은 여름철에 사용하는 오일보다 점도가 낮아야 한다.

제3장 농용기관

1. 농용기관의 정의

① 열기관(내연기관) : 연료가 지닌 에너지를 기관의 내부 또는 외부에서 연소시킬 때 발생하는 고온, 고압의 가스나 증기의 팽창 작용을 이용하여 동력을 발생시키는 기관, 즉 열에너지를 기계적 동력으로 변환하는 원동기

② 농용기관 : 농업용 동력원으로 사용되는 기관

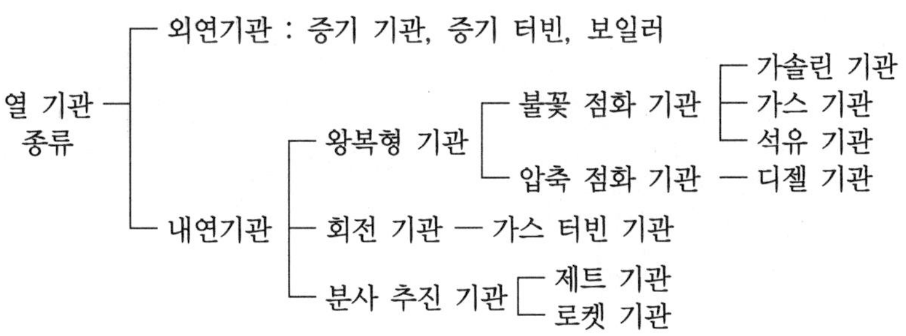

[그림 3-1] 열기관의 분류

2. 내연기관의 분류

(1) 작동방식에 의한 분류

① 4행정 사이클 : 크랭크축이 2회전할 때 피스톤은 흡입, 압축, 팽창(폭발), 배기의 4행정을 하여 1사이클을 완성하는 기관

* 동력을 발생하는 행정 : 팽창행정

② 2행정 사이클 : 흡기와 압축 행정, 팽창과 배기 행정이 각각 결합되어 크랭크축이 1회전할 때 피스톤의 2행정으로 1사이클을 완성하는 기관

(2) 점화방식에 의한 분류

① 전기점화(불꽃점화) : 가솔린기관과 석유기관, LPG(LPI)기관의 점화방식

② 압축착화(자기착화) : 디젤기관의 점화방식

(3) 사용연료에 의한 분류

① 가스기관 : LPG, LNG, 부탄
② 가솔린기관
③ 디젤기관
④ 석유기관

가솔린 기관은 가솔린을 연료로 하고 공기와 혼합시켜 실린더에 흡입, 압축하여 전기 스파크에 의해 점화시키는 기관이고, 디젤기관은 디젤(경유)를 연료로 하며, 실린더에 공기만을 흡입시켜 이것을 압축하여 고온이 되면 여기에 디젤을 분사하여 자연 착화시키는 기관이다.

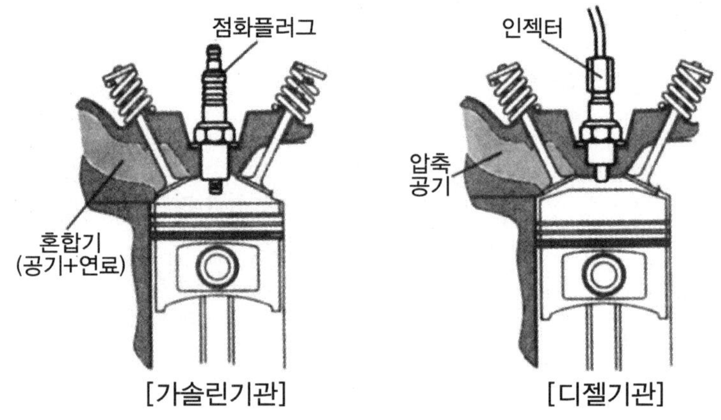

[그림 3-2] 가솔린기관과 디젤기관의 비교

[표 3-2] 가솔린 기관과 디젤 기관의 비교

구 분	가솔린 기관	디젤 기관
연 료	가솔린	경유
연 소	전기 점화	압축 착화
열효율	28~32%	32~36%
압축압력	8~11 kg/cm^2	30~35 kg/cm^2
압축비	6~10	12~22

(4) 열역학적 사이클에 의한 분류

① 정적사이클 : 가솔린기관, 가스기관
② 정압사이클 : 연료분사식 저속 디젤기관
③ 복합사이클 : 고속 디젤기관

(5) 실린더 수, 배열에 의한 분류

1) 실린더 수에 의한 분류

① 단기통기관
② 다기통기관 : 2, 3, 4, 6, 8, 12, 16기통

2) 실린더 배열에 의한 분류

① 횡형 : 동력경운기
② 직렬형 : 일렬 수직으로 설치(트랙터, 관리기 등)
③ V형 : 직렬형 실린더 2조를 V형으로 배치(6기통 이상 자동차, 할리 데이비슨)
④ 수평대향형 : 실린더가 좌우 서로 수평으로 마주보게 배치(포르쉐, 스바루)

(6) 냉각방식에 의한 분류

① 공랭식 : 냉각핀에 의한 공기냉각
② 수냉식 : 액체(물)로 기관을 식히는 냉각

3. 내연기관 용어

① 상사점(TDC) : 실린더 안의 피스톤의 상부가 가장 높이 올라갔을 때의 위치
② 하사점(BDC) : 피스톤의 상부가 가장 낮게 내려갔을 때의 위치
③ 행정(stroke) : 상사점과 하사점 간의 피스톤 이동 거리
④ 간극체적 : 피스톤이 상사점에 있을 때 실린더 헤드와 피스톤 헤드 사이의 체적
⑤ 행정체적 : 실린더에서 상사점과 하사점 사이의 체적
⑥ 배기량 : 피스톤이 1행정하는 동안에 소비되는 가스의 부피

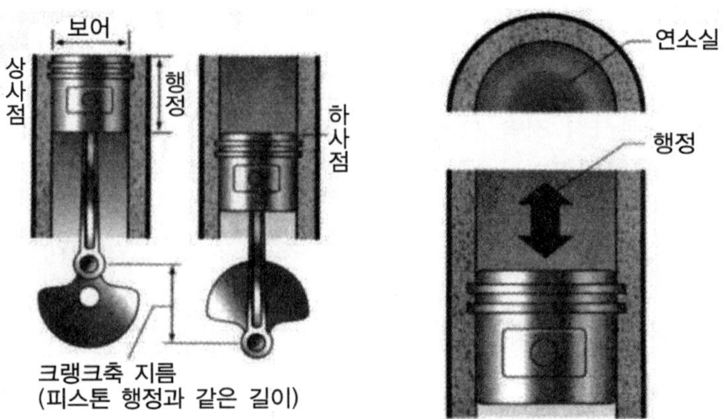

[그림 3-3] 내연기관 용어

* 배기량 구하기

☞ 단기통 기관

$$V_s = \frac{\pi D^2}{4} L \qquad (3-1)$$

☞ 다기통 기관

$$V_s = \frac{\pi D^2}{4} LN \qquad (3-2)$$

☞ 4사이클 다기통 기관

$$V_s = \frac{\pi D^2}{4} LN \frac{R}{2} \qquad (3-3)$$

D는 실린더 내경(cm), L은 행정거리(cm), N은 실린더 수, R은 엔진회전수(rpm)

⑦ 압축비 : 피스톤이 하사점에 도달하였을 때의 실린더 총 체적과 상사점에 도달하였을 때의 연소실 체적과의 비

$$\varepsilon = \frac{V_s + V_c}{V_c} = 1 + \frac{V_s}{V_c}$$

$$V_c = \frac{V_s}{\varepsilon - 1}, \quad V_s = V_c(\varepsilon - 1) \qquad (3-4)$$

ε는 압축비, V_c는 연소실 체적, V_a는 행정 체적

4. 디젤 기관(압축착화 기관)

(1) 디젤 기관의 특성

① 압축비가 가솔린기관보다 높다.
② 압축착화한다.
③ 경유를 연료로 사용한다.
④ 압축착화하므로 가솔린기관에서 사용하는 점화장치(점화플러그, 배전기 등)가 없다.

(2) 디젤 기관의 점화방법

공기만을 실린더 내로 흡입하여 고압력으로 압축한 후 압축열에 의해 데워진 고온의 압축공기에 연료를 분사시켜 자연착화시킴.

(3) 디젤 기관의 장단점

디젤기관의 장점은 ① 넓은 회전속도 영역에 걸쳐 회전토크가 크다.(토크 변동이 적다) ② 제동열효율이 높다. ③ 사용연료의 인화점이 높고, 전기점화장치가 생략되므로 화재 위험이 낮다. ④ 부분부하 영역에서는 제동연료소비율이 낮다.
단점은 ① 압축비가 높기 때문에 기관의 구조가 튼튼하게 제작해야 하므로 중량이 무겁다. ② 소음과 진동이 크다. ③ 기관 각 부분의 구조가 튼튼해야 하고, 고압 연료분사장치를 갖추고 있어야 하므로 제작비가 비싸다.

[표 3-3] 디젤 기관의 장단점

장 점	단 점
• 열효율이 높다	• 소음이 크다.
• 인화점이 높은 경유를 사용하므로 취급이 용이하다.(화재의 위험이 적다.)	• 진동이 크다.
	• 마력당 무게가 무겁다.
• 연료소비율이 낮다.	• 엔진 각 부분의 구조가 튼튼해야 한다. (제작비가 비싸다)

5. 내연기관의 작동원리

(1) 4행정 사이클 기관

4행정 가솔린 엔진의 작동은 흡기 → 압축 → 팽창(폭발) → 배기라고 하는 일련의 작동을 피스톤의 4행정(2왕복)으로 종료하고 이것을 반복하면서 동력을 발생한다.

1) 4행정 사이클 기관의 작동 순서

1사이클 : 흡입 → 압축 → 팽창(폭발) → 배기

① 흡입행정 : 피스톤이 상사점에서 하사점으로 이동하는 사이에 흡입밸브가 열리면서 연료와 공기 혼합기가 실린더내로 흡입되는 행정
   * 디젤기관은 공기만을 흡입

② 압축행정 : 흡기밸브와 배기밸브가 닫힌 상태에서 피스톤이 하사점으로부터 상사점으로 이동하며 실린더 내의 혼합기를 압축하는 행정

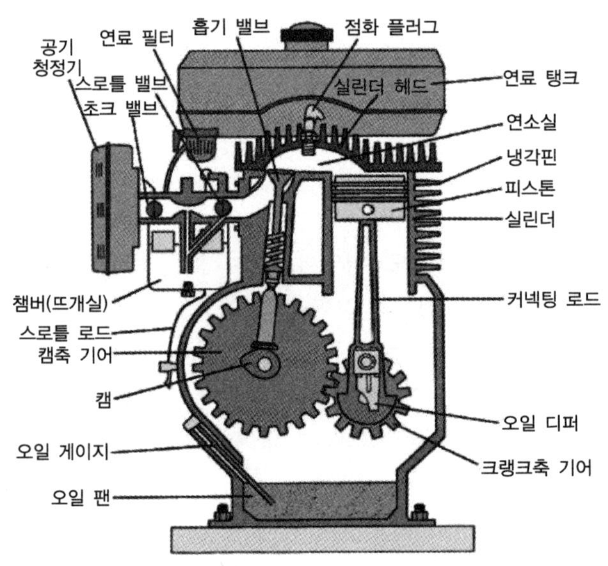

[그림 3-4] 4행정 공랭식 가솔린 기관

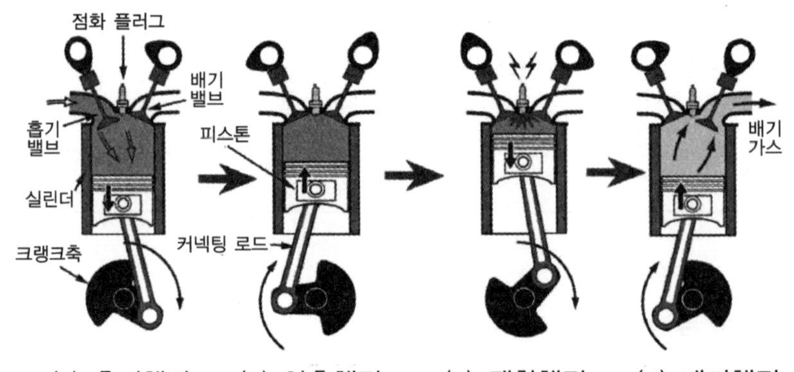

[그림 3-5] 4행정 사이클 기관의 행정 순서

③ 폭발(동력)행정 : 압축행정 말에 점화플러그에서 전기불꽃을 일으켜 혼합기를 연소시켜 동력을 얻는 행정
* 디젤기관은 연료를 분사하여 연소

④ 배기행정 : 팽창행정 말기에 배기밸브가 열리면 자체 압력으로 배기되기 시작하고 피스톤이 상승하면서 배기가스를 몰아내고 상사점에 이른 후에도 배기가스의 유출관성에 의해 배기밸브가 닫힐 때까지 배기하는 행정

2) 크랭크축 기어와 캠축 기어

크랭크축과 캠축 기어의 직경비는 1 : 2, 회전수비는 2 : 1이므로 크랭크축 2회전(720°)에 캠축이 1회전으로 1사이클을 완성

* 밸브 오버랩 상사점 부근에서 흡·배기 밸브가 동시에 열리는 현상

3) 기관의 출력을 저하시키는 직접적인 원인

① 실린더 내 압력이 낮을 때
② 연료분사량이 적을 때
③ 노킹이 일어날 때

(2) 2행정 사이클 기관

2행정 가솔린 엔진은 흡기에서 배기까지의 모든 작동을 피스톤의 2행정(1왕복)으로 완료되며 이를 반복하면서 동력을 발생시킨다. 크랭크축 1회전으로 1회의 연소를 하므로 회전이 원활

1) 2행정 사이클 기관의 작동

흡입행정과 압축행정, 팽창행정과 배기행정이 각각 결합되어 피스톤의 2행정으로 1사이클을 완성

① 팽창, 배기행정 : 피스톤이 상사점에 도달하면 점화플러그에서 불꽃이 튀겨 점화. 피스톤이 혼합기의 폭발하는 힘에 의해서 밀려 아래로 내려오면 막혀있던 배기구가 열리면서 연소가스 배출

② 소기행정 : 폭발후 피스톤이 계속 하강하면 배기구가 열리면서 연소가스를 배출하면서 소기구가 열려 소기구를 통해 크랭크 케이스 안의 혼합기가 실린더 내로 흡입

③ 흡입, 압축 행정 : 피스톤이 하사점에서 상사점으로 이동하면서 배기구와 소기구가 피스톤에 의해서 닫히고 앞서 들어왔던 혼합기가 압축. 피스톤이 더 위로 올라가면 흡기구가 열리면서 새로운 혼합기가 크랭크실로 흡입

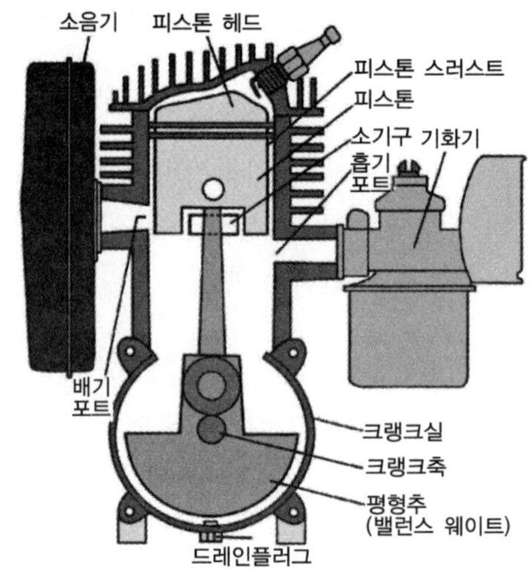

[그림 3-6] 2행정 사이클 기관의 작동원리

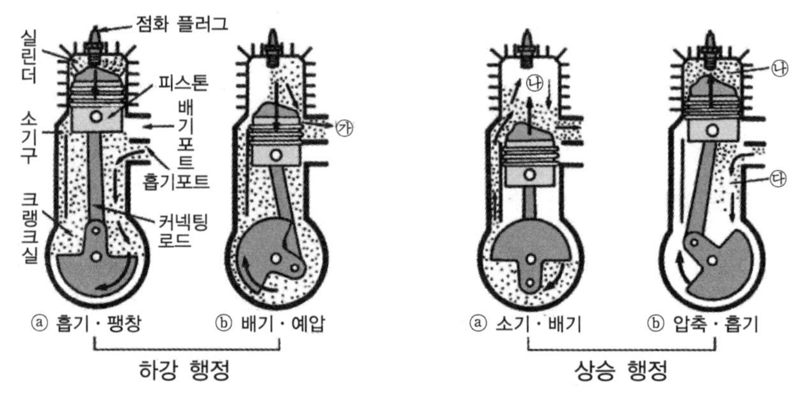

[그림 3-7] 2행정 사이클 기관의 작동원리

2) 2행정 사이클 기관의 특징

① 크랭크축 1회전으로 1사이클을 완료하는 기관으로 흡입 및 배기를 위한 독립된 행정이 없고 연소실에 유입되는 혼합기로 배기가스를 배출시키는 소기행정이 있다.

② 흡기구, 배기구 이외에 소기구가 있으며, 별도의 밸브기구가 없이 피스톤의 승강으로 피스톤이 이들 구멍을 개폐

③ 흡기구가 크랭크 실에 위치

④ 오일과 연료를 섞어 분무기로 뿌리듯이 윤활

6. 내연기관의 주요부

(1) 실린더 블록

특수 주철합금제로 내부에는 물 통로와 실린더로 되어 있으며, 내연기관의 주요 부품들이 설치, 고정되고 외부로부터 보호하는 역할을 하는 기관의 몸체. 상부에는 실린더 헤드, 하부에는 오일 팬이 부착

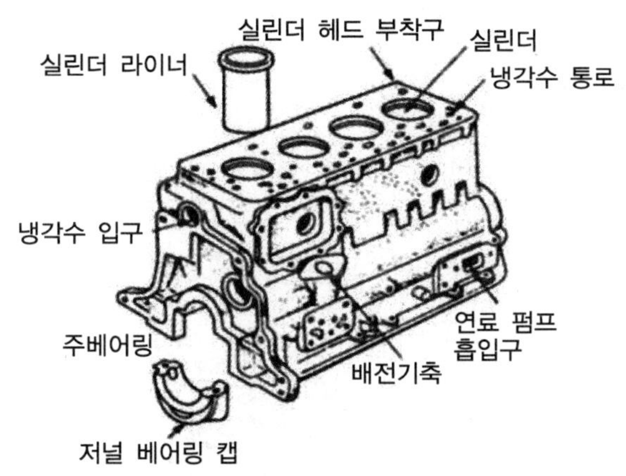

[그림 3-8] 실린더 블록

(2) 실린더

1) 실린더

- 실린더 블록에 원통형으로 설치되어 있음
- 피스톤이 왕복운동을 기밀을 유지해야 하므로 정밀한 다듬질이 필요
- 고온 고압시 변형이 적어야 함
- 수냉식 기관은 실린더를 물자켓으로 직접 냉각하는 방식과 간접적으로 둘러 싸고 있는 방식이 있고 공랭식은 냉각핀이 감싸고 있는 방식

2) 실린더 라이너

① 습식 라이너 : 디젤기관에 사용

- 장점 : 냉각수가 라이너의 바깥둘레에 직접 접촉하고 정비시 라이너 교환이 쉬우며 냉각효과가 좋음
- 단점 : 크랭크케이스에 냉각수가 유입

② 건식 라이너 : 가솔린기관에 사용

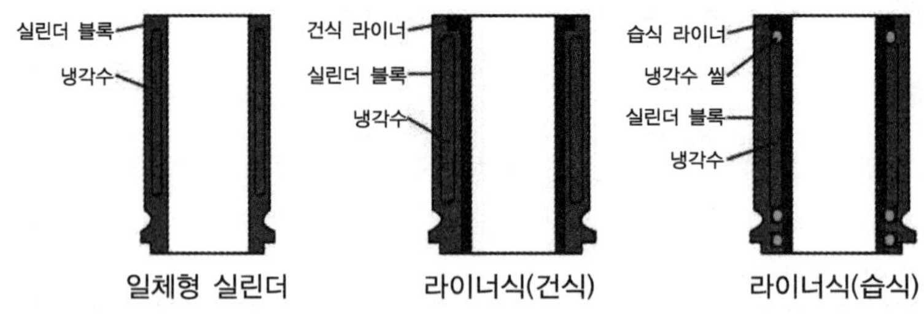

[그림 3-9] 실린더 라이너

(3) 실린더 헤드

- 헤드 개스킷을 사이에 두고 실린더 위쪽에 설치되어 실린더와 함께 연소실을 형성
- 밸브, 점화플러그 또는 인젝터가 설치
- 기관의 냉각방식에 따라 물 재킷 또는 냉각핀 설치

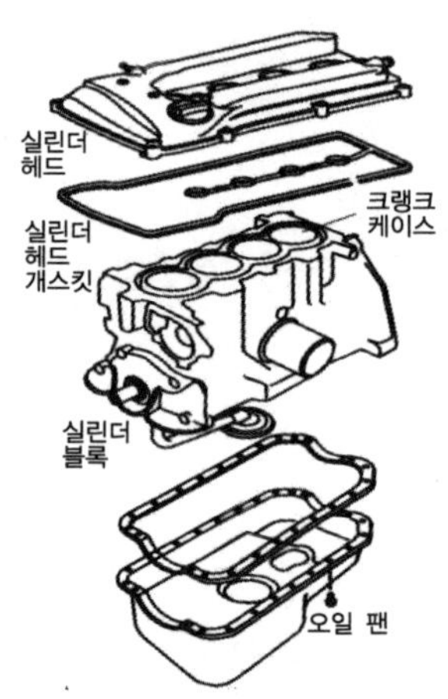

[그림 3-10] 기관 구조

1) 실린더 헤드의 구비조건

① 기계적인 강도가 높을 것
② 열 전도성이 클 것
③ 열변형에 대한 안정성이 있을 것
④ 열팽창성이 작을 것
⑤ 가볍고 내식성과 내구성이 클 것

2) 연소실

① 압축행정시 혼합가스의 와류가 잘 될 것

② 화염 전파시간이 가능한 짧을 것
③ 연소실 내의 표면적을 최소화시킬 것
④ 가열되기 쉬운 돌출부분이 없을 것

3) 실린더헤드 가스켓

실린더 헤드와 실린더 블록의 접합면 사이에 끼워져 양쪽 면을 밀착시키고 압축가스, 냉각수 및 오일 등이 새지 않도록 밀봉. 재질은 일반적으로 석면계열의 물질

> *실린더헤드 가스켓의 손상결과
> ① 압축압력과 폭발압력이 낮아짐
> ② 냉각수 누수, 오일 누유
> ☞ 라디에이터 방열기 캡을 열어 냉각수 점검시 냉각수에 기름이 떠 있게 된다.

(4) 실린더 마모

1) 실린더 마모의 원인

① 연소 생성물(카본)에 의한 마모
② 흡입공기 중의 먼지, 이물질 등에 의한 마모
③ 실린더 벽과 피스톤 및 피스톤링의 접촉에 의한 마모

> *기관 실린더 벽에서 마멸이 가장 크게 발생하는 부위는 상사점 부근(실린더 윗부분)이다.

2) 실린더에 마모가 생겼을 때 나타나는 현상

① 압축효율 저하
② 크랭크실 내의 윤활유 오염 및 소모
③ 출력 저하

> *디젤기관에서 압축압력이 저하되는 가장 큰 원인 : 피스톤링의 마모, 실린더벽의 마모

(5) 피스톤 어셈블리

1) 피스톤

실린더 내를 왕복 운동하여 동력행정시 크랭크축을 회전운동 시키며 흡입, 압축, 배기 행정에서는 크랭크축으로부터 동력을 전달받아 작동

① 피스톤의 구성품 : 피스톤, 피스톤링, 피스톤핀, 스냅링

* 피스톤의 구비조건 • 고온고압에 잘 견디고 강도가 크고 내구력이 클 것 • 열전도가 잘 될 것 • 열팽창률이 적을 것 • 관성력을 방지하기 위해 무게가 가벼울 것 • 가스 및 오일누출이 없어야 할 것

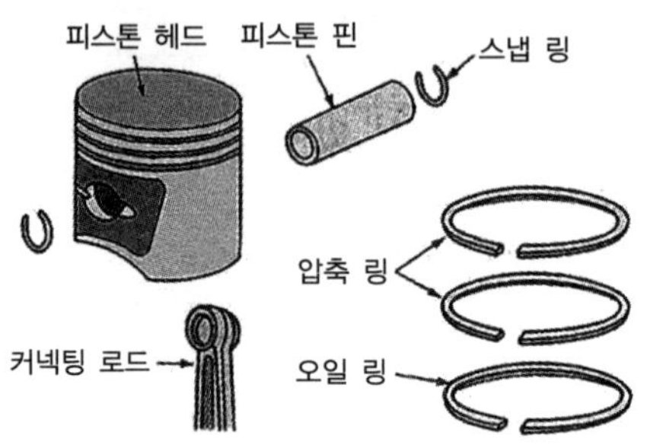

[그림 3-11] 피스톤 구성품

2) 피스톤 링

① 피스톤 링의 작용

- 기밀유지 작용
- 오일제거 작용
- 열전도 작용

② 피스톤 링의 구비조건

- 내열성 및 내마모성이 양호할 것
- 제작이 용이할 것
- 실린더에 일정한 면압을 줄 것
- 실린더 벽보다는 약한 재질일 것

③ 피스톤 링의 구성

피스톤에는 3~5개의 압축링과 오일링이 있다. 피스톤링의 절개부 간극이 가장 큰 것은 1번 링

- 압축링 : 압축가스가 새는 것을 방지, 실린더 헤드 쪽에 위치
- 오일링 : 기관오일을 실린더 벽에서 긁어내리는 작용

* 링이음 간극은 열팽창을 고려하여 0.03~0.01mm 둔다.
* 피스톤링 엔드 갭 측정공구 : 시크니스(두께) 게이지

④ 실린더와 피스톤 간극이 클 때의 영향
- 블로바이(Blow By)에 의한 압축 압력이 저하
- 피스톤링의 기능 저하로 인하여 오일이 연소실에 유입되어 오일 소비가 많아진다.
- 피스톤 슬랩 현상이 발생되어 기관출력 저하

⑤ 피스톤 간극이 작을 때의 영향
- 마찰열에 의해 소결이 된다.
- 마찰에 따라 마멸이 증대된다.

* 기관에서 엔진오일이 연소실로 올라오는 이유는 피스톤링 마모 * 피스톤 슬랩(Slap) 현상 : 피스톤의 운동 방향이 바뀔 때 실린더 벽에 충격을 주는 현상

2) 커넥팅로드

① 피스톤에서 받은 압력을 크랭크 축에 전달
② 갖추어야 할 조건
- 충분한 강성을 가지고 있어야 한다.
- 내마멸성이 우수하고 가벼워야 한다.

(6) 크랭크축

크랭크축 : 각 실린더의 피스톤이 왕복운동을 회전운동으로 바꾸기 위한 축

1) 크랭크 축의 구성 : 커넥팅로드의 대단부와 연결되는 크랭크 핀, 메인베어링에 지지되는 크랭크 저널, 이 양축을 연결하는 크랭크 암, 평형을 잡아주는 평형추 등으로 구성

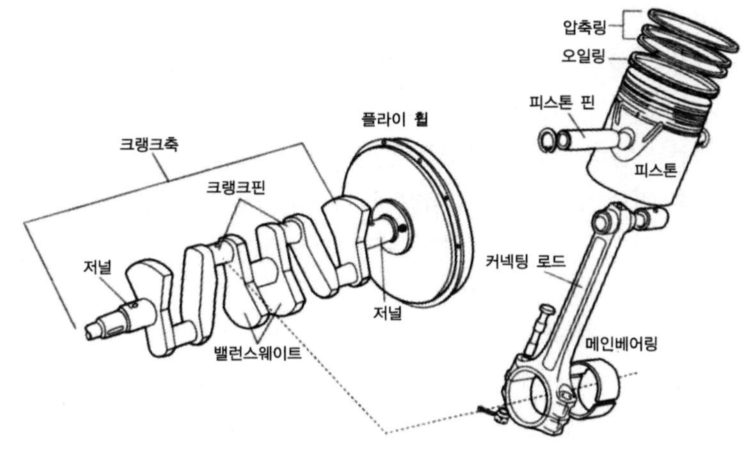

[그림 3-12] 피스톤 어셈블리

2) 직렬 4기통의 점화 순서
좌수식 1-3-4-2, 우수식 1-2-4-3
3) 직렬 6기통의 점화 순서
좌수식 1-4-2-6-3-5, 우수식 1-5-3-6-2-4

[표 3-4] 직렬 4기통(좌수식)의 점화 순서

구 분	1번 실린더	2번 실린더	3번 실린더	4번 실린더
같은 시기 다른 행정	폭발	배기	압축	흡입
	배기	흡입	폭발	압축
	흡입	압축	배기	폭발
	압축	폭발	흡입	배기

예) 4번 실린더가 폭발을 할 때 2번 실린더의 행정은? 압축

(7) 플라이 휠 : 기관의 진동과 회전을 고르게

내연기관의 피스톤이 받는 가스압력과 왕복운동 부분의 관성력에 의해 토크변동이 발생하는데 이 토크 변동에 의해 회전속도가 균일하지 못하므로 속도변화를 실용상 지장이 없도록 감소시키기 위하여 설치. 팽창 행정 시 에너지를 흡수 저장하였다가 나머지 행정에 필요 에너지를 공급

(8) 밸브장치

1) 밸브 기구의 개요

① 밸브 기구 : 4행정 기관은 폭발행정에 필요한 혼합기체를 실린더 내에 흡입하고 연소가스를 배출하기 위하여 연소실에 밸브를 두며 이 밸브의 개폐하는 기구
② 밸브 기구의 구성품 : 캠축, 밸브 리프터(태핏), 푸시로드, 로커암 축 어셈블리, 밸브 등
③ 고온, 고압의 연소 가스에 접하여 고속으로 개폐작용을 하기 때문에 열에 강하고 경도가 높으나 열팽창이 적고 충격에 강한 내마모성 재료로 제작
④ 밸브의 형태 : I-헤드(OHV), OHC형
- I-헤드(OHV) : 캠축, 밸브 리프터(태핏). 푸시로드, 로커암축 어셈블리, 밸브로 구성. 흡·배기밸브 모두 실린더 헤드에 설치되어 밸브 리프터(태핏)와 밸브 사이에 푸시로드와 로커암축 어셈블리의 두 부품이 더 설치되어 밸브를 구동하는 형식
  * 동력전달순서 : 캠 → 태핏 → 푸시로드 → 로커암 → 밸브

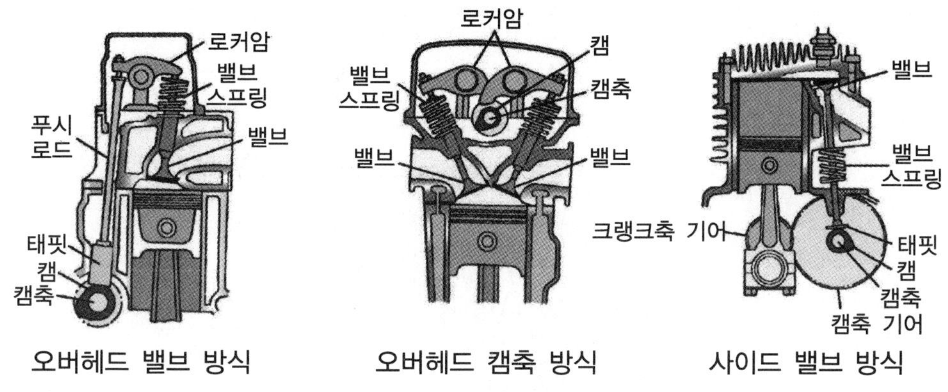

[그림 3-13] 밸브 개폐기구

- OHC형 : 캠축을 실린더 헤드 위에 설치하고 캠이 직접 로커 암을 구동하는 형식. 흡입효율을 향상시킬 수 있고 허용 최고 회전속도를 높일 수 있으며, 연소효율을 높일 수 있고 응답성능이 향상

⑤ 캠축의 구동방식
- 기어구동방식
- 체인구동방식
- 벨트구동방식

2) 흡·배기밸브

① 밸브의 구비조건
- 높은 온도에서 견딜 수 있을 것
- 밸브 헤드 부분의 열전도성이 클 것
- 높은 온도에서의 장력과 충격에 대한 저항력이 클 것
- 무게가 가볍고 내구성이 클 것

② 밸브의 구조 : 흡·배기밸브는 밸브의 헤드, 밸브면, 밸브 스템 등으로 구성

③ 밸브 간극 : 흡기밸브가 0.2~0.35mm, 배기밸브가 0.3~0.4mm

> *흡배기 밸브에 간극을 두는 이유는 로커암과 밸브 스템 사이에 열팽창 때문

(9) 윤활장치

기관의 마찰면과 회전 베어링 등에 유막을 형성하여 마찰, 마모를 감소시키고 원활한 회전운동을 가능하게 하는 윤활제로 기관의 오일을 사용

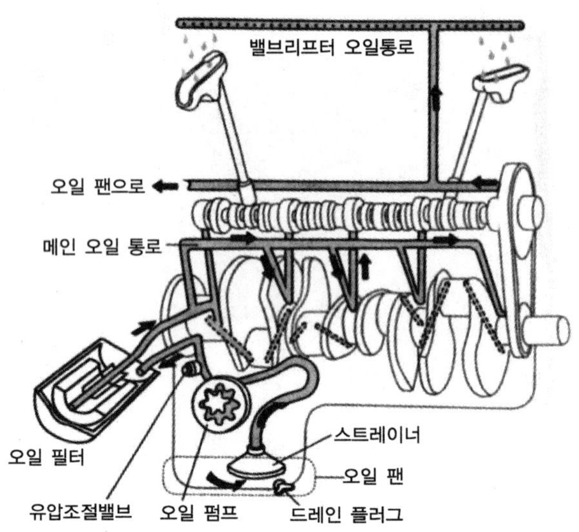

[그림 3-14] 윤활장치

1) 윤활유의 작용

① 마찰감소 및 마멸방지 작용 : 기관의 마찰 및 미끄럼(섭동)부에 유막을 형성하여 윤활작용을 함으로써 마찰을 방지하고 마모를 감소
② 냉각작용 : 기관 각부의 운동 및 마찰로 인해 생긴 열을 흡수하여 방열
③ 세척작용 : 기관 내를 순환하며 먼지, 오물 등을 흡수하여 여과기로 보내는 작용
④ 밀봉(기밀) 작용 : 피스톤과 신린더 사이에 유막을 형성하여 가스의 누설을 차단
⑤ 방청작용 : 기관의 금속 부분이 산화 및 부식되는 것을 방지
⑥ 충격완화 및 소음 방지작용 : 기관의 운동부에서 발생하는 충격을 흡수하고 마찰음 등의 소음을 방지
⑦ 응력분산 : 기관의 국부적인 압력을 분산

2) 윤활유의 구비조건

① 인화점, 발화점이 높아야 한다.
② 응고점이 낮아야 한다.
③ 온도에 의하여 점도가 변하지 않아야 한다.
④ 염전도가 양호해야 한다.
⑤ 산화에 대한 저항이 커야 한다.
⑥ 카본 생성이 적어야 한다.
⑦ 강인한 유막을 형성해야 한다.
⑧ 비중이 적당해야 한다.

3) 윤활의 방식

① 비산식 : 오일 팬에 있는 오일을 스푼(디퍼)으로 쳐올려 각 윤활부에 공급(예 공랭엔진)
② 압송식 : 오일펌프로 윤활유를 각 윤활부에 강제로 보내는 방법
③ 비산-압송식 : 비산식과 압송식을 조합한 것(예 경운기 엔진)
④ 혼합유식 : 가솔린과 오일을 20~25 : 1의 비율로 혼합한 것을 기화기를 통해 안개 모양으로 공급

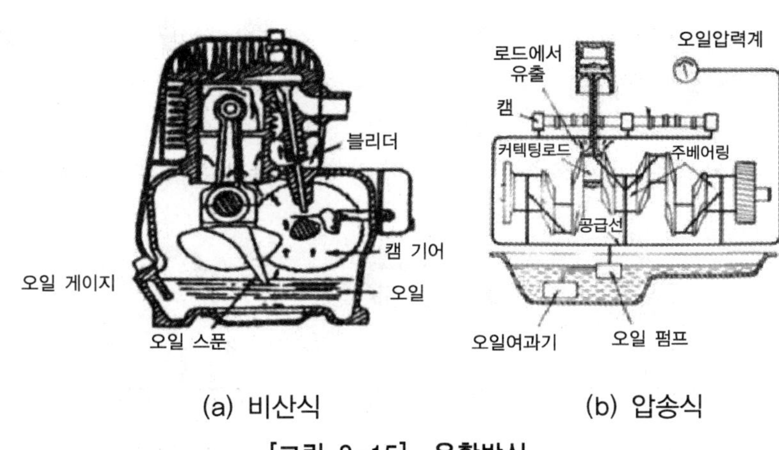

(a) 비산식 (b) 압송식

[그림 3-15] 윤활방식

*2행정 사이클의 윤활 방식
① 혼기식(혼합식) : 기관 오일과 가솔린을 20~25 : 1의 비율로 미리 혼합하여 크랭크 케이스 안에 흡입할 때와 실린더의 소기를 할 때 마찰부분을 윤활
② 분리 윤활식 : 주요 윤활 부분에 오일 펌프로 오일을 압송하는 형식으로 4행정 기관의 압송식과 같은 방식이다.
※ 점도가 다른 두 종류를 혼합하거나 제작사가 다른 오일을 혼합하여 사용하면 안 된다.

4) 윤활유 첨가제

① 산화방지제 ② 부식방지제
③ 청정 분산제 ④ 점도지수 향상제
⑤ 기포 방지제 ⑥ 유성 향상제

5) 윤활장치의 구성부품

① 오일팬(크랭크 케이스) : 윤활유의 조장과 냉각작용을 하며, 내부에 섬프가 있어 기관이 기울어졌을 때에도 윤활유가 충분히 고여 있게 하며, 또 배플은 급정지할 때 윤활유가 부족해지는 것을 방지

② 펌프 스트레이너 : 오일팬 내의 윤활유를 오일펌프로 유도해주며, 1차 여과

③ 오일펌프 : 오일팬 내의 오일을 흡입 가압하여 각 윤활 부분으로 공급하는 장치이며, 종류에 따라 펌프의 종류는 기어 펌프, 플런저 펌프, 베인 펌프, 로터리 펌프 등이 사용

④ 오일 여과기 : 윤활유 속의 금속분말, 카본, 수분, 먼지 등의 불순물을 여과하는 역할
- 전류식 : 오일펌프에서 공급된 윤활유 전부를 여과기를 통하여 여과시킨 후 윤활 부분으로 공급하는 방식
- 분류식 : 오일펌프에서 공급된 윤활유 일부는 여과하지 않은 상태로 윤활 부분으로 공급하고, 나머지 윤활유는 여과기로 여과시킨 후 오일 팬으로 되돌려 보내는 방식
- 샨트식 : 오일펌프에 공급된 윤활유 일부는 여과되지 않은 상태로 윤활 부분에 공급되고 나머지 윤활유는 여과기에서 여과된 후 윤활 부분으로 보내는 방식

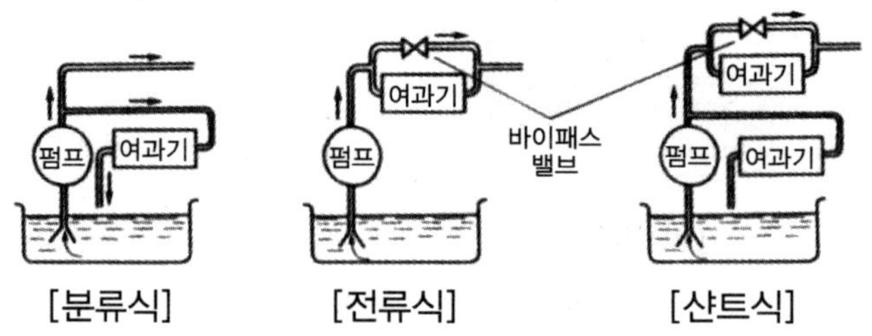

[그림 3-16] 오일여과 방식

⑤ 유압 조절밸브(릴리프 밸브) : 윤활회로 내의 유압이 규정값 이상으로 상승하는 것을 방지

☞ 유압이 높아지는 원인
- 기관의 온도가 낮아 점도가 높아졌다.
- 윤활회로에 막힘이 있다.
- 유압조절 밸브 스프링 장력이 크다.

☞ 유압이 낮아지는 원인
- 오일간극이 과다하다.
- 오일펌프의 마모 또는 윤활회로에서 누출이 있다.
- 윤활유 점도가 낮다.
- 윤활유량이 부족하다.

⑥ 유압 경고등 : 윤활계통에 고장이 있으면 점등
- 기관이 회전중에 유압경고등이 꺼지지 않는 원인
- 기관 오일량이 부족하다.

- 유압스위치와 램프 사이 배선이 접지 또는 단락되었다.
- 유압이 낮다.
- 유압스위치가 불량하다.

⑦ 크랭크 케이스 환기장치(에어브리더)

- 자연 환기방식과 강제 환기방식이 있다.
- 오일의 열화를 방지한다.
- 대기의 오염방지와 관계한다.

6) 오일여과기(오일필터)

기관의 마찰 부분이나 미끄럼 부분에서 발생한 금속분말과 연소에 의한 카본 등을 여과하여 오일을 깨끗한 상태로 유지하는 장치. 엘리먼트 교환식과 일체식으로 구분

① 여과기가 막히면 유압이 높아진다.
② 여과능력이 불량하면 부품의 마모가 빠르다.
③ 작업 조건이 나쁘면 교환 시기를 빨리한다.
④ 엘리먼트 교환식은 엘리먼트 청소시 세척하여 사용한다.
⑤ 일체식은 엔진오일 교환시 여과기도 같이 교환한다.

☞ 오일 여과기가 막히는 것을 대비해서 바이패스 밸브를 설치한다.

7) 기관의 오일 점검 방법

① 기관이 수평선 상태에서 점검한다.
② 오일 양을 점검할 때는 시동을 끈 상태에서 한다.
③ 계절 및 기관에 알맞은 오일을 사용한다.
④ 오일은 정기적으로 점검, 교환한다.

8) 기관의 오일 교환 및 점검

① 오일의 교환

- 엔진에 알맞은 오일을 선택한다.
- 주유할 때 사용지침서 및 주유표에 의한다.
- 오일교환 시기를 맞춘다.(엔진이 따뜻할 때 교환한다.)

② 오일의 오염 상태

- 검정색에 가까울 때 : 심하게 오염(불순물 오염)
- 붉은색을 띄고 있을 때 : 가솔린이 유입
- 우유색을 띄고 있을 때 : 냉각수가 섞임

③ 오일의 교환시기
- 정상 사용할 때 : 200~250시간
- 심한 오염 지역 : 100~125시간

9) 기관의 오일 압력 경고등이 켜지는 경우

① 오일이 부족할 때
② 오일필터가 막혔을 때
③ 윤활계통이 막혔을 때
④ 오일 드레인 플러그가 열렸을 때

10) 기관의 오일이 많이 소비되는 원인

① 피스톤, 피스톤링의 마모가 심할 때
② 실린더의 마모가 심할 때
③ 밸브가이드의 마모가 심할 때
④ 계통에서 오일의 누설이 발생할 때

11) 기관에서 오일의 온도가 상승되는 원인

① 과부하 상태에서 연속 작업할 때
② 오일냉각기가 불량할 때
③ 오일의 점도가 너무 높을 때
④ 오일이 부족할 때

12) 동절기에 대비한 기관의 예방 정비사항

① 윤활유 점도는 하절기에 비해 낮은 것을 사용한다.
② 작업 후 연료는 탱크에 가득 채워 둔다.
③ 부동액은 사계절용 부동액을 사용한다.

(10) 냉각장치

1) 냉각장치 개요

기관이 과열되면 기관의 변형이나 소손을 가져온다. 기관은 작동 중 1,000~2,500℃에 노출되고 이로 인해 기관 내 온도가 너무 높아지면 기관 각 부품의 파손, 연소 상태 불량, 윤활유 점도 감소와 변질 등이 일어나게 되며, 너무 낮아지면 연료의 무화 불충분으로 연료 소비량 증대, 윤활유 희석 등이 나타난다.
냉각장치는 기관에서 발생하는 열의 일부를 냉각하여 기관 과열을 방지하고, 적당한 온도로 유지하기 위한 장치이다.

2) 공랭식 냉각장치

실린더 벽의 바깥 둘레에 냉각 핀을 설치하여 공기의 접촉 면적을 크게 하여 냉각시킨다.

① 자연 통풍식 : 냉각 팬이 없어 기관이 이동할 때 유입되는 공기에 의해 냉각

② 강제 통풍식 : 실린더 블록 및 실린더 헤드에 냉각핀을 설치하고 냉각 팬으로 강제 통풍하여 냉각

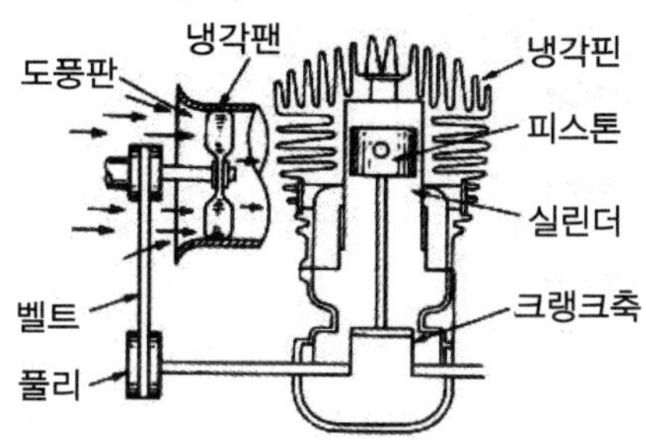

[그림 3-17] 강제 통풍식 냉각장치 구조

3) 수냉식 냉각장치

실린더 블록과 실린더 헤드에 워터 재킷을 설치하고 냉각수를 사용하여 기관을 냉각시키는 방식으로 냉각수로는 정수나 연수를 사용

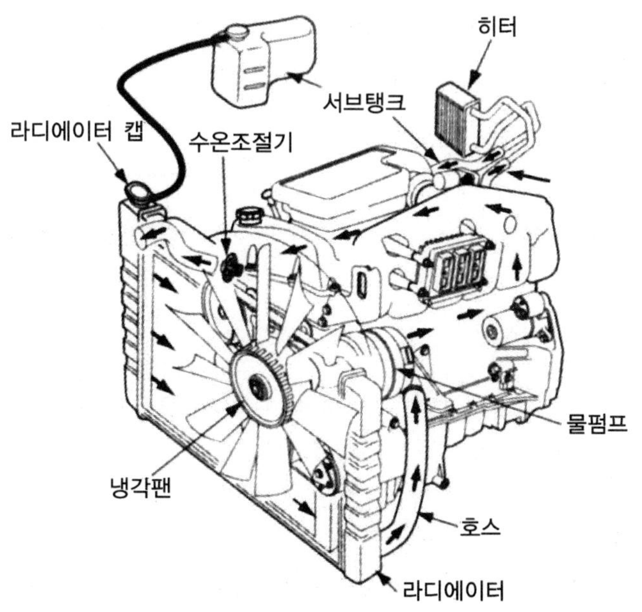

[그림 3-18] 수냉식 냉각장치 구조

① 자연 순환식 : 물의 대류작용으로 순환
② 강제 순환식 : 물 펌프로 강제 순환
③ 압력 순환식 : 냉각수를 가압하여 비등점을 높임
④ 밀봉압력식 : 냉각수 팽창의 크기와 유사한 저장 탱크를 설치

4) 라디에이터 캡

냉각수 주입구의 마개를 말하며 압력밸브와 진공밸브가 설치되어 있다.

① 압력 밸브 : 냉각수의 비등점을 올려서 물이 쉽게 오버 히트(Overheat)되는 것을 방지
② 진공 밸브 : 과냉 시 라디에이터 내의 진공으로 인한 코어의 파손을 방지
③ 캡의 규정압력은 0.2~0.9kg/cm^2 정도이다.

☞ 압력식 라디에이터 캡은 냉각장치 내부압력이 부압이 되면 진공밸브가 열린다.

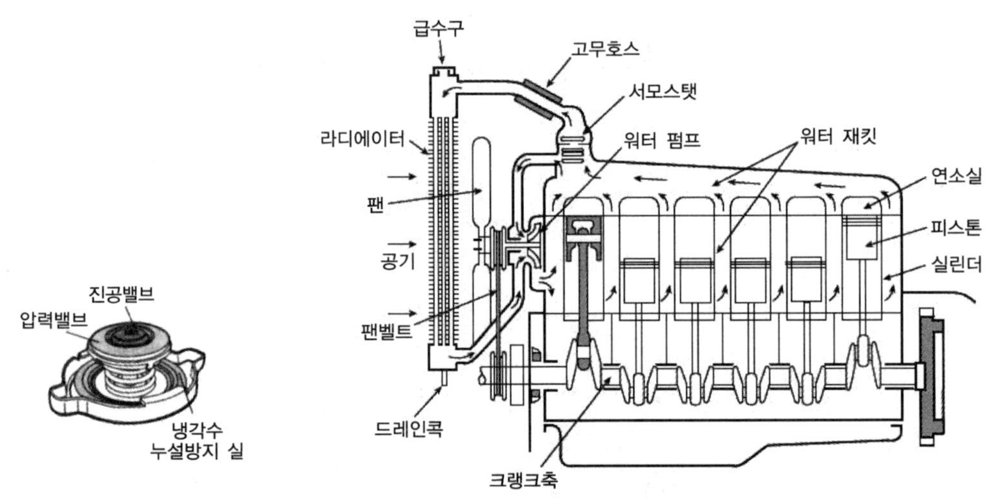

[그림 3-19] 라디에이터 캡 **[그림 3-20] 강제순환식 냉각장치**

5) 수온조절기

워터 재킷 내에 있는 냉각수의 온도를 감지하여 냉각수 통로를 개폐

① 실린더 헤드와 라디에이터 상부 사이에 설치된다.
② 냉각수의 온도를 일정하게 유지할 수 있도록 하는 온도조절장치로, 65°C에서 열리기 시작하여 85°C가 되면 완전히 열린다.
③ 냉각장치의 수온조절기가 열리는 온도가 낮을 경우는 워밍업 시간이 길어지기 쉽다.

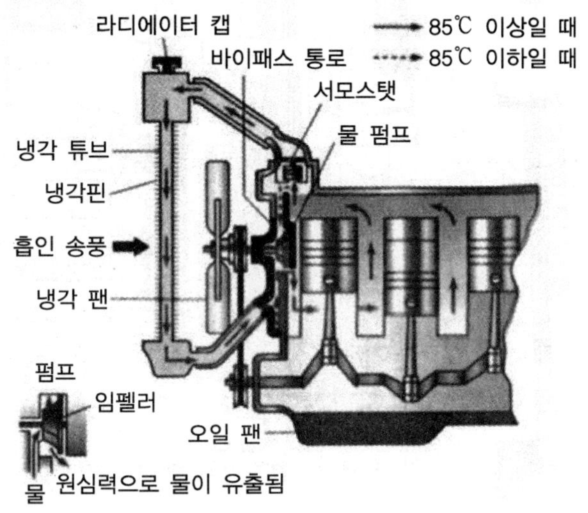

[그림 3-21] 수온조절

> ☞ 수온조절기의 고장
> • 열린 채 고장 : 과냉의 원인이 된다.
> • 닫힌 채 고장 : 과열의 원인이 된다.

6) 방열기(radiator)

가열된 냉각수의 열을 대기중에 방열

(11) 연료장치

1) 기화기의 원리와 이용

• 최근 연료분사식도 있으나 농용기관에서는 기화기식이 주로 이용
• 기화기식의 원리는 베르누이 원리
• 연료 필터를 통과한 연료와 공기 청정기의 스펀지, 거름종이, 오일 또는 강모 등을 통과한 깨끗한 공기가 기화기를 통하여 적당한 혼합비가 형성되며 공연비(15 : 1)가 되어 실린더에 공급
• 엔진의 운전상태에 따라 공기와 가솔린을 적당한 비율로 혼합

> ☞ 시동할 때의 혼합비는 3~8 : 1, 정격부하시 16~17 : 1, 과부하시 13 : 1, 가속할 때는 8 : 1의 짙은 혼합비를 만들기 위해 가속펌프를 둔다.

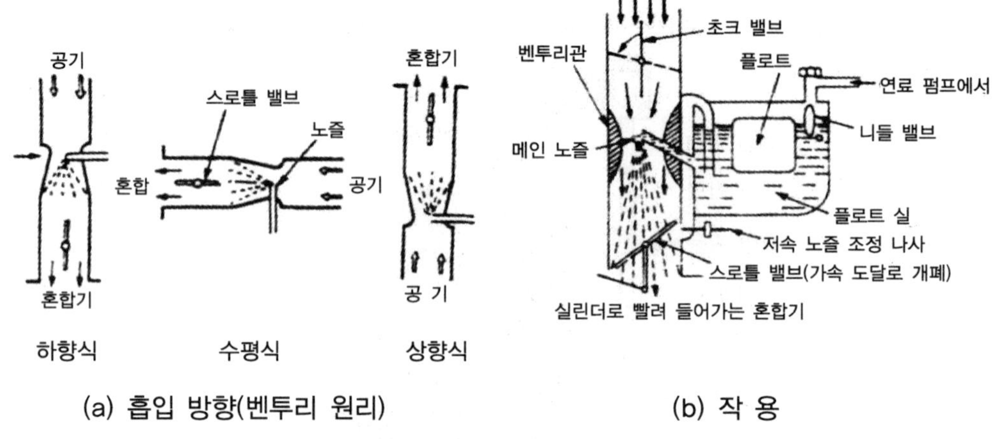

(a) 흡입 방향(벤투리 원리) (b) 작 용

[그림 3-22] 기화기의 원리

- 기화기의 원리는 흡입행정에서 실린더 내의 압력이 내려가면 공기 청정기를 통한 공기가 기화기에 흡입
- 흡입된 공기는 기화기 안에서 연료의 통로가 좁게 패인 벤투리부를 통할 때 유속이 빨라지고 압력은 내려가기 때문에 메인 니들 밸브에서 연료가 공급(빨려 올라간다.)
- 공급된(빨아 올려진) 연료는 공기의 흐름에 의해 안개 상태가 되어 공기와 혼합

2) 기화기의 주요부

① 플로트실 : 연료를 저장하는 용기로 일정 유면을 유지하기 위해 플로트와 니들 밸브가 있다.

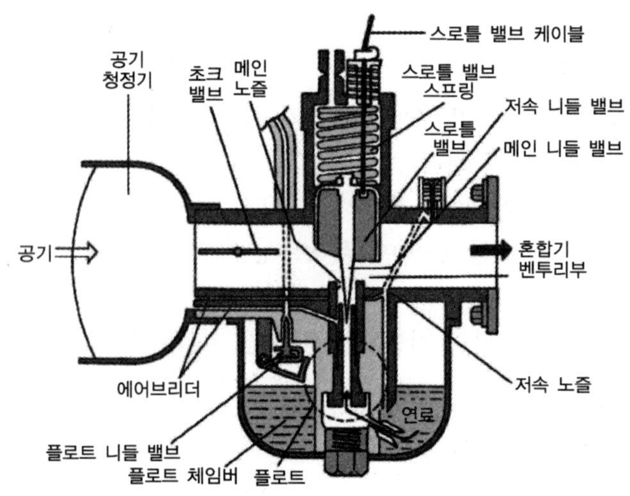

[그림 3-23] 기화기의 구조

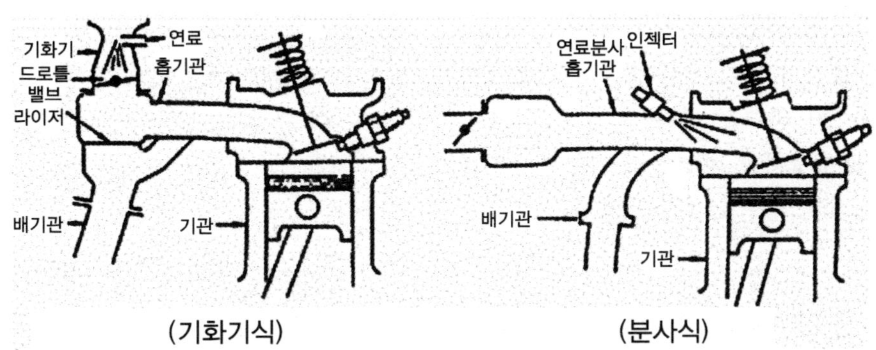

[그림 3-24] 연료공급 방식

② 초크 밸브 : 공기 흡입관의 통로에 설치되어 공기유량을 조절하는 장치이다.
　* 초크 밸브 : 기화기식 가솔린기관을 시동할 때 농후한 혼합기를 만드는 데 사용
③ 스로틀 밸브 : 흡입되는 혼합기체의 양을 조절하는 밸브로 엔진 회전수를 조절하는 것이다.
④ 벤투리관 : 유속을 빠르게 하여 뜨개실 내의 연료를 유출하는 곳이다.
⑤ 에어 브리더 : 노즐의 낮은 진공으로 연료를 빨아내면서 안개화 작용을 돕는 작은 공기관이다.
⑥ 노즐과 제트 : 노즐은 벤투리 목부분에서 연료가 분출되는 구멍이고, 제트는 노즐로 분출되는 연료의 양을 계량하는 구멍이다.

3) 디젤기관의 직접분사식 연소실

실린더 헤드와 피스톤 헤드로 만들어진 단일 연소실 내에 직접 연료를 분사하는 방법으로 흡기 가열식 예열장치를 사용.

① 보조연소실이 없으므로 예열플러그를 두지 않는다.
② 직접분사식에 가장 적합한 노즐 : 구멍형(홀형) 노즐

장점	• 구조 간단, 실린더 헤드 구조가 간단 • 냉각에 의한 열손실이 적음. 열효율이 높음 • 연료소비율이 낮음
단점	• 분사압력이 높아 분사 펌프와 노즐 등의 수명이 짧다. • 분사 노즐의 상태와 연료의 질에 민감하다. • 연료계통의 연료 누출의 염려가 크다. • 노크가 일어나기 쉽다.

4) 디젤기관의 예연소실식(전실식)

피스톤과 실린더 헤드 사이에 주 연소실 이외에 별도의 부실을 갖춘 것으로 분사 압력(60~120kg/cm^2)이 비교적 낮다.

① 시동 보조장치인 예열플러그가 필요하다.

② 예연소실은 주연소실보다 작다.

장점	• 분사압력이 낮아 연료장치의 고장이 적다. • 연료 성질 변화에 둔하고 선택범위가 넓다. • 착화지연이 짧아 노크가 적다.
단점	• 연소실 표면이 커서 냉각 손실이 많다. • 연료 소비율이 약간 많고 구조가 복잡하다.

[직접연소실]

[예연소식 연소실]

[그림 3-25] 연소실 형식

5) 와류실식

실린더 헤드에 와류실을 두고 압축 행정 중 일어나는 와류실 내에서의 와류에 연료를 분사하여 연소시키는 형식

6) 공기실식

주연소실 외에 공기실을 두고 주 연소실에 연료를 분사하며 피스톤이 하강함에 따라 공기실에 압축되었던 공기가 분출되면서 와류를 일으켜 연소시키는 형식

> ☞ 직접분사식은 흡기가열의 방법을 사용하고 예연소실식, 와류실식, 공기실식은 보조연소실이 있음. 디젤기관은 예열플러그가 필요.

7) 연료공급펌프

① 연료 탱크의 연료를 분사 펌프 저압부까지 공급하는 펌프로 연료 분사 펌프에 부착되

어서 캠축에 하여 구동된다.

② 종류 : 플런저식(피스톤식), 기어식, 베인식 등

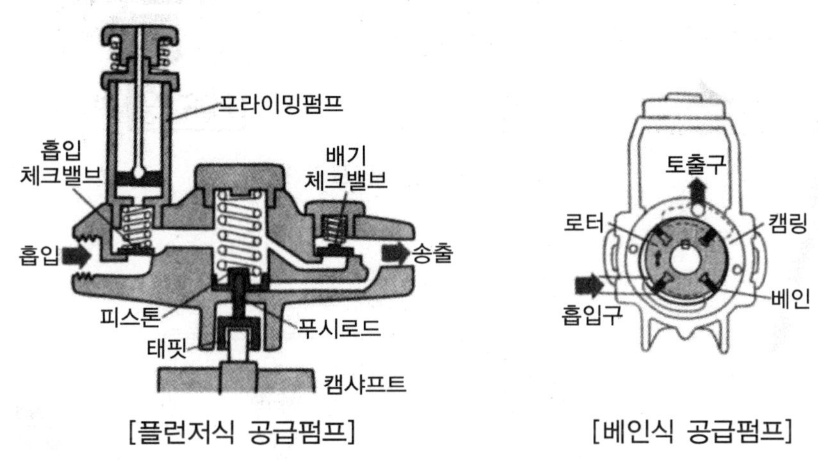

[플런저식 공급펌프] [베인식 공급펌프]

[그림 3-26] 연료공급펌프

8) 연료 여과기

① 연료 공급펌프와 연료 분사펌프 사이에 설치되어 연료 속의 불순물, 수분, 먼지 등을 제거한다.

② 내부에는 연료 과잉량을 탱크로 되돌려 보내는 오버플로우 밸브가 있다.

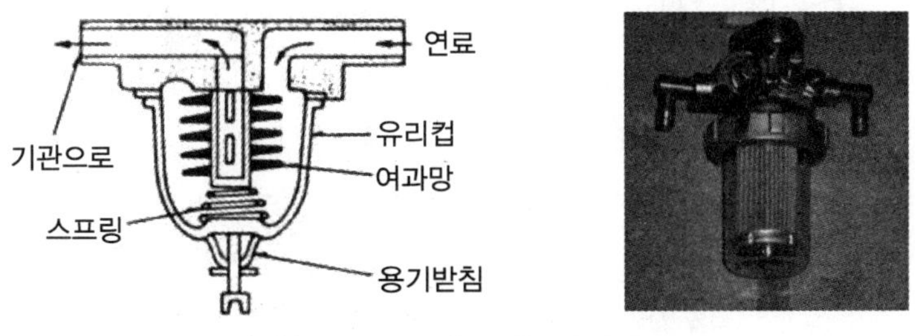

[그림 3-27] 연료여과기

9) 디젤기관 연료장치

① **분사펌프**

- 연료 여과기를 통해 보내온 연료를 가압하여 노즐로 압송시키는 장치로 조속기와 분사시기를 조절하는 장치와 연결
- 분사펌프의 형식 : 독립형, 분배형, 공동형 등

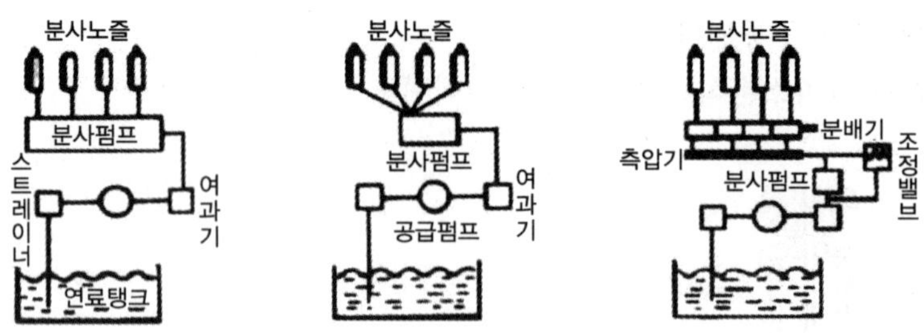

[그림 3-28] 분사펌프의 형식

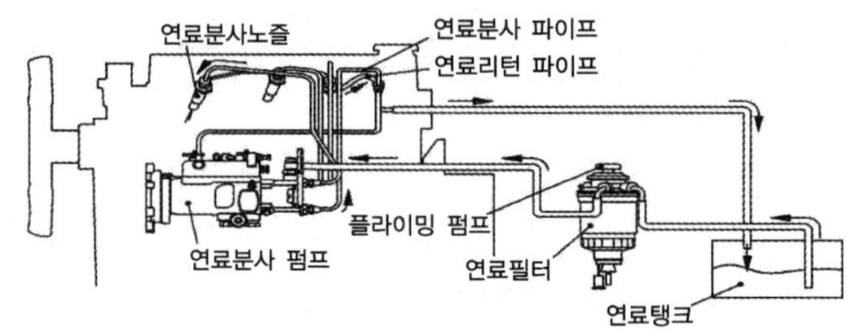

[그림 3-29] 트랙터 연료계통

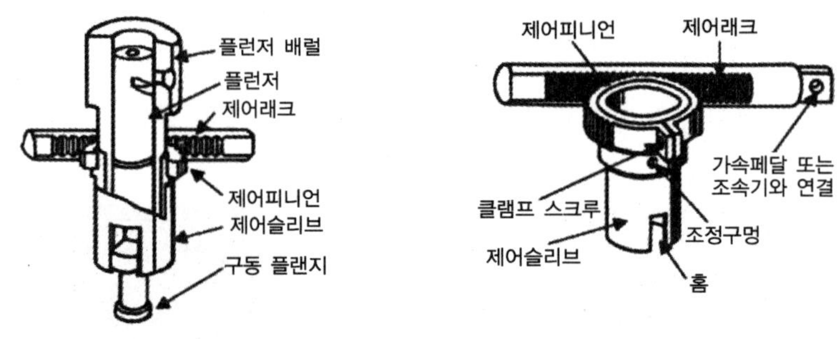

(a) 보시형

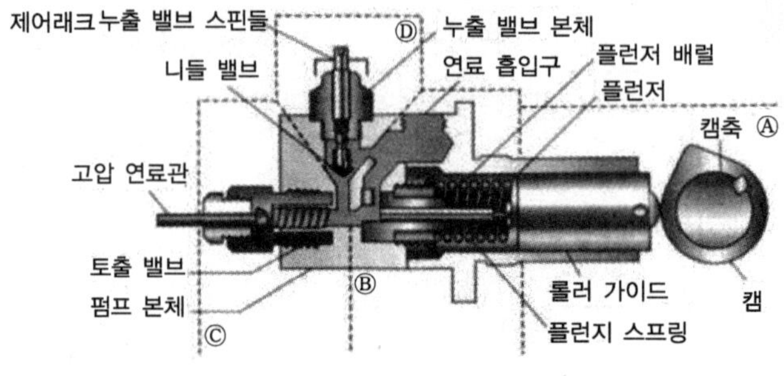

(b) 덱켈형

[그림 3-30] 연료분사 펌프

② 연료분사(인젝션) 펌프

- 우리나라에서는 농용 소형 기관에 사용
- 보시형 : 펌프 하우징에 고정된 플런저 배럴 속을 플런저가 상하운동하여 고압의 연료를 형성. 연료분사량은 조속기와 연결되어 작동하는 제어랙이 플런저를 좌우로 회전시키면 분사 끝의 시기를 조절
  * 연료분사량 조절 : 연료분사펌프 플런저 각도

③ 딜리버리 밸브

- 분사펌프에서 압력이 가해진 연료를 분사노즐로 압송하는 밸브
- 연료의 역류와 후적을 방지하고 고압파이프 내의 잔압을 유지
- 플런저의 상승행정으로 배럴 내의 압력이 규정 값에 도달하면 밸브가 열려 연료를 분사파이프로 압송
- 플런저의 유효행정이 완료되어 배럴 내의 연료 압력이 급격히 낮아지면 스프링 장력에 의해 신속히 닫혀 연료의 역류와 후적을 방지하고 고압파이프 내의 잔압을 유지

④ 조속기(거버너, Governor)

- 부하의 변동에 대응해서 기관의 회전수를 일정하게 유지

► 분사시기 조정

- 연료 분사시기를 조정
- 기관의 속도가 빨라지면 분사시기를 빨리하고 속도가 늦어지면 분사시기를 늦춤
- 연료의 분사량을 조절하여 기관의 회전속도를 제어
- 기관의 회전 속도나 부하의 변동에 따라 제어 슬리브와 피니언의 관계 위치를 변화시켜 조정

☞ 연료분사 펌프(인젝션 펌프)는 디젤기관에만 사용된다.
☞ 연료분사 펌프의 플런저와 배럴 사이의 윤활은 경유로 한다.
☞ 연료분사 펌프의 기능이 불량하면 엔진이 잘 시동되지 않거나 시동이 되더라도 출력이 약하게 된다.

- 가솔린기관 : 기화기의 스로틀 밸브의 개폐 정도를 조절
- 디젤기관 : 연료 분사펌프의 연료 분사량을 제어

⑤ 분사노즐

실린더 헤드에 설치되어 있고, 연료분사 펌프에서 고압의 연료를 받아들여 실린더 내에 고압으로 분사

► 연료분사의 3대 요소

- 무화(霧化) : 액체를 미립자화하는 것

• 관통력 : 분사된 연료 입자가 압축된 공기층을 통과하여 먼 곳까지 도달할 수 있는 힘
• 분포 : 연료의 입자가 연소실 전체에 균일하게 분포

► 분사노즐의 요구조건
• 가혹한 조건(고온, 고압)에서 장기간 사용할 수 있을 것
• 분무를 연소실의 구석구석까지 뿌려지게 할 것

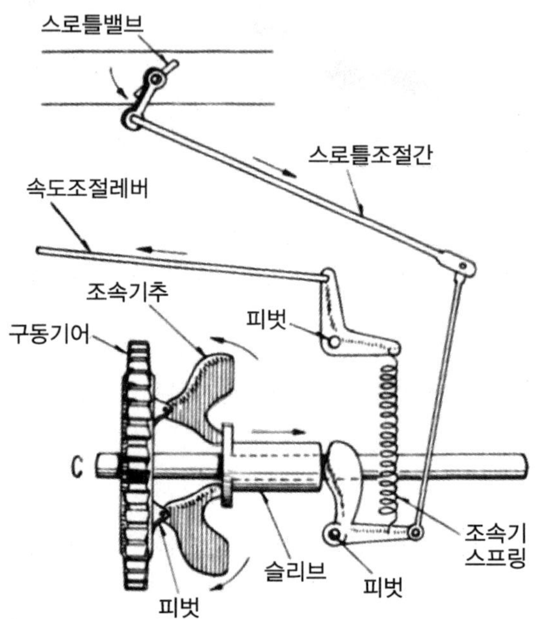

[그림 3-31] 가솔린기관 원심식 조속기

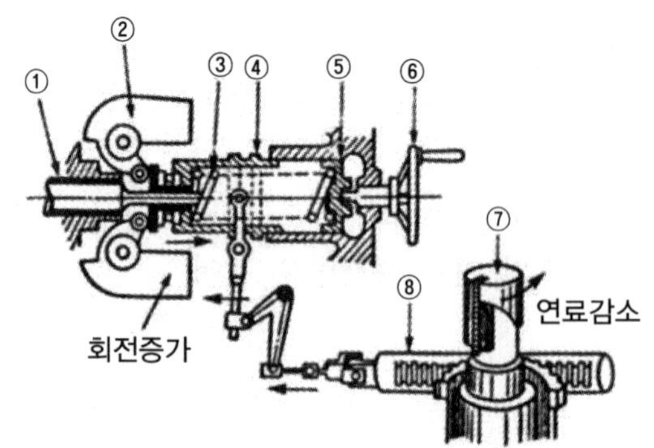

① 구동축, ② 추, ③ 스프링, ④ 스프링 통, ⑤ 스프링 누르개,
⑥ 회전조정 핸들, ⑦ 플런저, ⑧ 연료조정 래크

[그림 3-32] 디젤기관 원심식 조속기

• 연료를 미세한 안개 모양으로 분사하여 쉽게 착화하게 할 것
• 후적이 없을 것

► **연료분사펌프간 연료 분사량이 일정하지 않을 때 나타나는 현상**

• 연소 폭발음의 차이가 있으며 기관은 부조를 하게 된다.
• 진동이 발생한다.

► **분사 노즐의 종류**

• 개방형 : 구조가 간단하나 분사의 시작과 끝에서 연료의 무화가 나쁘고 후적이 많음
• 밀폐형(폐지형) : 연료의 무화가 좋고 후적도 없어서 디젤기관에서 많이 사용되나 구조가 복잡하고 가공이 어려움. 핀틀(Pintle)형, 스로틀형, 홀(Hole)형

> ☞ 직접분사식은 구멍형 노즐을 사용하며 예연소실식, 와류실식, 공기실식은 핀틀형 노즐을 사용한다.

► **연료분사노즐 테스터기**

• 연료의 분포상태, 연료 후적 유무, 연료분사 개시압력 등을 테스트한다.
• 연료분사시간은 테스트하지 않는다.
• 디젤기관의 연료 분사노즐에서 섭동 면의 윤활은 경유(연료)로 한다.

> ☞ 연료 분사펌프의 기능이 불량할 때 디젤기관이 잘 시동되지 않거나 시동이 되더라도 출력이 약해진다.

10) 커먼레일(common rail) 연료분사장치

① 커먼레일은 연료를 고압으로 엔진 연소실에 분사하기 위하여 고압 연료펌프로부터 이송된 연료가 축압되고 저장되는 고압축압기

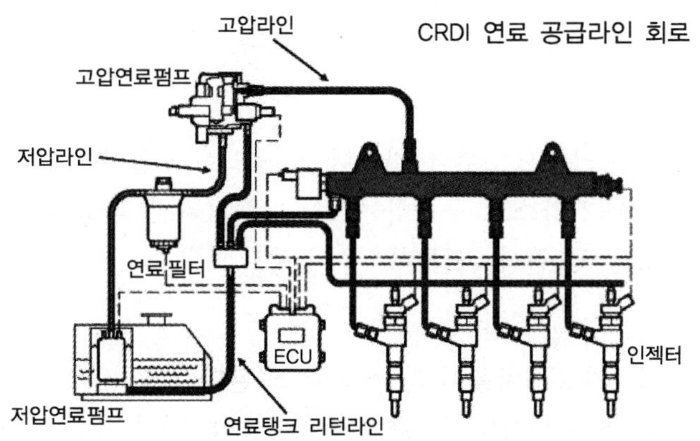

[그림 3-33] CRDI 디젤기관 연료분사장치

② 압력형성기능(고압펌프)과 분사기능(인젝터)이 각각 독립적으로 움직여 분사시기 및 분사지속기간에 대한 분사압력의 변화폭을 크게 만든 분사장치

► 저압부
- 연료를 공급하는 부품들로 구성
- 연료탱크, 연료 스트레이너, 1차 연료펌프, 연료필터, 저압 연료라인으로 구성

► 고압부
- 고압펌프, 커먼레일, 인젝터, 고압연료펌프(압력 제어밸브가 부착), 커먼레일 압력센서, 연료리턴 라인 등으로 구성

► 전자제어 시스템
- ECU, 각종 센서 등의 전자제어 시스템

11) 연료계통 관리

① 연료계통의 공기빼기
공급펌프 → 연료여과기 → 분사펌프

② 연료의 순환 순서
연료탱크 → 연료공급펌프 → 연료필터 → 분사펌프 → 분사노즐

> ☞ 디젤기관 연료계통의 공기 배출 작업 순서
> 연료만 배출되면 작동하고 있던 프라이밍 펌프를 누른 상태에서 벤트 플러그를 막는다.

(12) 과급기

기관의 흡입효율을 높이기 위해 흡입공기에 압력을 가하는 펌프이며, 기관의 출력, 회전력 증대 및 연료소비율 향상과 착화지연을 짧게 한다.

► 과급기의 종류
① 기계식 과급기(크랭크축으로부터 기어나 체인으로 구동하는 것) : 루트형
② 배기가스 과급기(배기가스로 구동하는 것) : 배기터빈 과급기(터보차저)
③ 전동기로 구동되는 것(원심 과급기)

► 과급기의 장점
① 연소가 양호하며, 연료소비율이 3~5% 감소 된다.
② 기관 중량이 10~15% 증가하며, 출력은 35~45% 이상 증가시킨다.
③ 압축 초기의 압축압력이 높아 착화지연 기간을 짧게 한다.

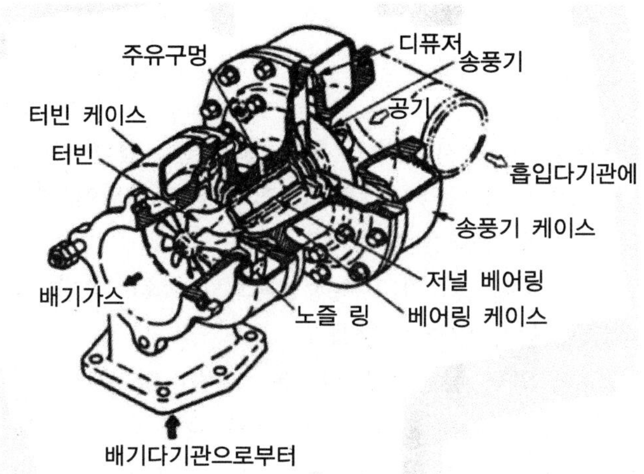

[그림 3-34] 과급기(터보차저)

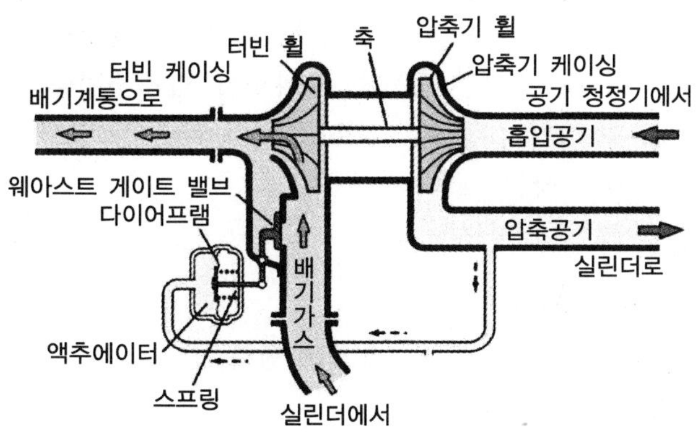

[그림 3-35] 과급기(터보차저) 작동

(13) 감압장치

디젤 기관을 시동할 때 흡기 및 배기밸브를 강제적으로 열어 실린더 내 압력을 감압시켜 기관의 회전이 원활하게 이루어지도록 하는 장치

① 한랭시 시동할 때 원활한 회전으로 시동이 잘될 수 있도록 하는 역할을 하는 장치이다.
② 기동 전동기에 무리가 가는 것을 예방한다.
③ 기관의 시동을 정지할 때 사용될 수 있다.
④ 시동시 밸브를 열어주므로 압축 압력을 없애 크랭크 축을 가볍게 회전시킨다.

7. 이상연소

(1) 노킹

- 피스톤이 실린더를 때릴 때, 마치 똑똑~ 하는 노크음과 같다하여 노킹이라고 함
- 내연기관은 정해진 시점에 연료와 공기의 혼합기가 착화되여 폭발함으로써 피스톤을 아래로 힘차게 미는 힘으로 동력을 발생
- '정해진 시점'이 아닌 시점에 혼합기가 비정상적으로 착화, 폭발하는 이상 연소가 발생함으로써, 비정상적으로 높은 압력이 발생
- 노크가 발생하면 급격한 압력 상승으로 피스톤, 실린더의 주변 등을 손상시킬 수 있으며, 금속성 타격음이 나고 기관의 온도 상승, 출력 저하 등을 초래
- 노킹의 의미는 가솔린과 디젤에 있어서 똑같지만, 구체적으로 들어가서 노킹의 발생 시점과 원인, 그리고 대책은 판이하게 다르다.
- 디젤 노킹은 착화 지연 기간 중 분사된 다량의 연료가 화염 전파 기간 중 일시적으로 이상 연소가 되어 급격한 압력 상승이나 부조 현상이 되는 상태를 말한다.
- 가솔린기관의 노킹은 피스톤이 상사점까지 올라와서 압축행정을 미쳐 끝내기도 전에 (스파크 플러그가 불꽃을 튀기기 전에), 연소실 내의 말단부 가스가 이상 착화(자연 착화)하여 연소압력이 급격히 상승

► 가솔린기관의 노킹 원인

① 흡입되는 공기의 온도가 높다
② 연소실내에 불순물이나 연료 찌꺼기가 남아있다.
③ 기관이 과열되어 있다.
④ 연료의 옥탄가가 낮다.
⑤ 연료의 분사압력이 높다.

► 가솔린기관의 노크 방지방법

① 화염의 전파거리를 짧게 하는 연소실 형상을 사용한다.
② 흡기온도가 낮게 한다.
③ 실린더 벽의 온도를 낮게 한다.
④ 연소속도가 빠른 연료를 사용한다.
⑤ 점화시기를 늦춘다.
⑥ 옥탄가가 높은 연료를 사용한다.
⑦ 퇴적된 카본을 떼어낸다.

☞ 가솔린기관에서는 혼합비 12.5에서 최대출력이 나오므로 폭발력이 증가하여 노크도 가장 커진다. 그러므로 혼합비 12.5를 기준으로 하여 혼합비를 희박하게 하거나 농후하게 하여 노크를 방지한다.

*공기와 가솔린의 이론 혼합비의 중량비 : 15 : 1

► 디젤기관의 노킹 원인

① 착화기간 중 분사량이 많다.
② 노즐의 분무 상태가 불량하다.
③ 기관이 과냉되어 있다.
④ 연료의 세탄가가 너무 낮다.
⑤ 연료의 분사 압력이 낮다.
⑥ 착화지연 시간이 길다.

► 노킹이 발생되었을 때 디젤기관에 미치는 영향

① 연소실 온도가 상승되며, 기관이 과열된다.
② 엔진에 손상이 발생할 수 있다.
③ 기관의 출력 및 흡기 효율이 저하된다.

► 디젤기관의 노크 방지 방법

① 착화지연시간을 짧게 한다.
② 착화성(발화성)이 좋은 연료(세탄가가 높은 인료)를 사용한다.
③ 압축비를 높인다.
④ 실린더 내의 온도와 압력을 높인다.
⑤ 냉각수의 온도를 높여서 연소실 벽의 온도를 높게 유지한다.
⑥ 착화기간 중의 분사량을 적게 한다.
*디젤기관에서 노크가 일어나기 쉬운 회전 범위 : 저속

► 기관부조 발생의 원인

① 거버너작용 불량
② 분사량, 분사시기 조정불량
③ 연료의 압송불량
④ 연료 라인의 공기 혼입

► 디젤기관의 실화(Miss Fire)

① 정상연소가 되지 못하고 폭발되지 않은 상태로 부조현상이 생긴다.
② 기관 회전이 불량해지는 원인이 된다.

☞ 디젤기관 흡입공기 압축시 압축온도 : 약 500~550℃

► 작업중 기관부조를 하다가 시동이 꺼졌을 때의 원인

① 연료필터의 막힘

② 연료탱크 내에 물이나 오물의 과다

③ 연료연결 파이프의 손상으로 인한 누설

④ 분사노즐의 막힘

⑤ 연료 공급펌프의 고장

☞ GDI기관은 연소실내로 분사하는 연료의 증발잠열로 연소실내의 온도를 낮출 수 있어 압축비를 높일 수 있고 이로 인하여 출력이 MPI보다 높다. 가솔린엔진의 노킹을 방지하기 위한 압축비의 한계는 12 : 1 정도이다.

8. 내연기관의 성능

내연기관의 성능곡선은 토크, 출력, 연료 소비율 등으로 나타낸다. 출력은 기관 출력축에서 발생하는 동력으로 회전 속도에 비례한다.

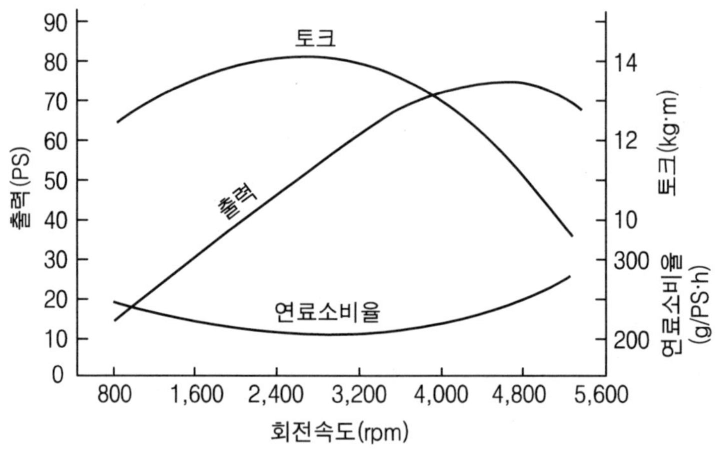

[그림 3-36] 기관의 전부하 성능 곡선 예

토크는 연소에 의한 힘이 크랭크축을 돌리는 힘으로 최대 토크는 중간 정도의 회전수에서 나타난다. 연료 소비율은 기관이 일정한 일을 했을 때 소요된 연료량을 시간-마력당으로 환산한 것(g/kW・h)으로 최대 토크가 나타나는 회전속도 부근에서 최소의 연비를 나타낸다.

1) 회전력(토크)과 마력의 관계

$$B_{ps} = \frac{W_b}{75 \times 60} = \frac{T \times N}{716} \tag{3-5}$$

B_{ps}는 제동마력(PS), W_b는 크랭크축의 일량(kgf · m/min), T는 회전력(kgf · m), N은 회전속도(rpm), 1PS는 75kg · m/s

$$T = \frac{716P}{N} \tag{3-6}$$

2) 도시(지시)마력

실린더 내에서 연소 압력으로부터 직접 측정한 마력으로 피스톤에 작용하는 기체의 평균유효압력과 기관의 주요 치수 및 회전속도로부터 구한다. 평균 유효압력이 피스톤에 작용하는 팽창행정은 크랭크축의 회전속도가 N(rpm)일 때,

4행정 기관은 1초에 $\frac{N}{2 \times 60}$번, 2행정 기관은 1초에 $\frac{N}{60}$번 폭발이 일어난다.

① 4행정 사이클 기관의 도시마력

$$P_4 = \frac{p_m ALNz}{2 \times 75 \times 60} \tag{3-7}$$

② 2행정 사이클 기관의 도시마력

$$P_2 = \frac{p_m ALNz}{75 \times 60} \tag{3-8}$$

여기서, p_m은 평균 유효압력(kg/cm^2), A는 실린더 면적(cm^2), L은 행정(m), N은 크랭크축 회전속도(rpm), z는 실린더 수

3) 제동마력

축마력, 정지마력이라고도 하며, 기관의 지시마력으로부터 마찰마력을 뺀 크랭크축으로부터 실제 동력으로 얻을 수 있는 마력이다. 제동마력은 동력계(dynamometer)를 이용하여 측정한다.

$$P_b = \frac{2\pi TN}{75 \times 60} = \frac{TN}{716} \tag{3-9}$$

여기서, T는 토크(kg · m), N은 크랭크축 회전속도(rpm)

4) 시간당 연료소비량

부하가 증가할수록 연료소비량은 증가하고 연료소비율을 감소한다.

$$\text{SFC} = \frac{\text{시간당 연료소비량}}{\text{마력}} \tag{3-10}$$

$$f_e = \frac{B \times 1{,}000 \times 3{,}600}{H_e} \tag{3-11}$$

여기서, B는 연료소비량(kg/s), H_e는 제동마력(PS)

5) 연료소비율

연료 소비율은 정격 출력을 낼 때가 최저가 되며, 정격 부하 이하의 작은 부하로 운전할 때에는 연료 소비율이 증가한다. 정격 출력보다 작은 출력이 요구될 때에는 기관의 회전속도를 낮추어서 되도록 정격 부하에서 운전하는 것이 바람직하다.

$$\text{연료소비율} = \frac{\text{연료소비량}}{\text{마력} \times \text{시간}} \tag{3-12}$$

6) 피스톤 평균속도

$$S = \frac{2LN}{60} \tag{3-13}$$

여기서, L은 행정(mm), N은 분당회전수(rpm)

7) 기계효율

어떤 기계의 발생 마력(IHP)에서 실제로 힐로 변화될 수 있는 마력을 효율로 나타낸 것

$$\text{기계효율}(\eta) = \frac{\text{제동마력}}{\text{지시마력}} \times 100 \tag{3-14}$$

9. 하이브리드 기관

하이브리드 기관이란 하이브리드 차량에 탑재된 기관을 말하고 기관과 모터로 구성되어 있다. 하이브리드 차량은 가솔린과 전기, 가스와 전기, 연료전지와 전기, 전기와 전기등이 있다. 구동모터를 통해 회생제동을 통해 에너지를 일부분 회수한다.

하이브리드 기관의 구조는 기관과 모터의 조합 및 모터의 역할에 따라 직렬형(series type) 하이브리드, 병렬형(parallel type) 하이브리드, 직·병렬형 하이브리드, 마일드(mild type) 하이브리드, 4WD하이브리드 등으로 구성된다.

① 직렬형 하이브리드 : 기관은 발전만 담당하고 모터로 구동되는 시스템을 말한다. 하드타입으로 자동차를 구동 및 회생제동은 모터를 통해 이루어지며 기관은 오로지 발전을 위해 운전된다.
② 병렬형 하이브리드 : 차량의 상태에 따라 모터가 기관의 출력을 보조하고 발전한다. 기관은 파워(주행에 필요한 에너지)를 공급의 주가 되며 모터는 주행상태에 따라 구동에너지를 보조하며 아이들 스톱 및 제동시 및 정속주행시 배터리에 에너지를 발전 및 회수하여 충전한다.
③ 직・병렬형 하이브리드 : 위 두 가지를 조합하여 운전하는 원리이다
④ 마일드 하이브리드: 도요타자동차에서 사용한 것으로 보조장치(p/s, alternator, A/C 등) 보조동력을 전기로 구동하는 시스템이다.

1) 동력시스템 구성

하이브리드 자동차는 일반 자동차와 달리 기관 외에 모터를 추가 탑재하고 있다. 기관으로는 발전기를 구동하여 발생하는 전력으로 모터를 회전(직렬 하이브리드) 시키거나, 또는 기관을 모터로 어시스트하여 기관에 걸리는 부하를 감소(병렬 하이브리드) 시키는 형태의 운전방식을 취한다.

2) 하이브리드용 변속기

동력배분장치, 발전기, 전기모터 및 감속기로 구성된다. 기관의 동력은 차량에서의 동력과 발전기에서의 동력으로 나누어진다. 발전된 전력은 전기모터와 배터리에 공급된다. 발전기가 기관의 회전수를 무단계로 제어하는 것으로 전자 제어식의 무단변속기와 같은 기능을 한다.

3) 하이브리드용 기관

기관 내의 마찰을 줄여 초고연비를 실현함과 동시에 배기가스 배출량을 줄이기 위해 알루미늄 실린더와 블록을 채택함으로써 경량화 및 컴팩트화를 달성한다.

4) 전기모터와 발전기

기관의 보조동력원이 되는 전기모터는 소형이고 가벼워야 하기 때문에 높은 효율의 교류동기전동기를 적용한다. 이 모터는 제동시에는 차량의 운동에너지를 전기에너지로 변환하여 배터리에 충전하는 역할도 함께한다. 발전기도 교류동기형이다.

[그림 3-37] 하이브리드 자동차의 구조

10. 하이브리드 트랙터

트랙터의 하이브리드 기술은 일본, 미국 등 선진 트랙터 업체에서는 전기자동차 또는 하이브리드 자동차와 같은 미래형 자동차의 기술 개발을 농업용 차량으로 적극 개발 추진하고 있다.

구보다, 얀마, CASE IH, Schmetz 등 선진 트랙터 회사를 중심으로 연구가 시작되고 있으며, JohnDeere의 경우에는 하이브리드 기술을 일부 적용한 모델을 양산 중이다. LS 엠트론에서는 71kW급 병렬형 하이브리드 트랙터 개발하였다.

하이브리드 트랙터는 전기에너지 재생을 위한 발전기와 동시에 엔진의 동력을 보조하는 모터발전기, 대용량 모터 제어가 가능한 인버터/컨버터, 각각의 구성요소에 대한 전원 공급을 위한 배터리와 배터리를 관리하는 BMS(Battery Management System) 및 최적 동력 제어를 위한 상위 제어기인 HCU(Hybrid Control Unit)로 구성된다. 각 핵심부품은 이미 하이브리드 자동차에서 사용되고 있는 부품이 사용된다.

[그림 3-38] 하이브리드 트랙터

제4장 트랙터

1. 트랙터의 기능

① 다양한 작업기를 부착하여 농작업을 할 수 있고 농작업의 기본 동력원으로 사용되는 등 여러 용도로 사용한다.
② 각종 작업기 및 운반용 트레일러 등을 견인한다.
③ 동력취출장치의 회전동력을 이용하여 로타리, 모워 등의 구동형 작업기에 동력원을 공급한다.
④ 외부 유압장치를 이용하여 작업기 제어함으로써 작업의 용이성과 편리성을 향상시켜 작업자의 피로도를 최소화하고 작업능률을 향상시킨다.

2. 트랙터의 종류

(1) 주행장치에 의한 분류

1) **바퀴형(차륜형)** : 바퀴로 된 가장 일반적인 트랙터로 주행시에는 고무바퀴를 무논에서는 철바퀴를 덧붙여서 사용한다.
2) **궤도형** : 무한궤도로 되어 있어 접지압이 차륜형 트랙터의 1/4로 작아 습지 등에서 견인성, 주행성이 뛰어나고 지면이 고르지 못하거나 연약한 지반에서 작업 용이하다.
3) **반궤도형** : 차륜형과 궤도형을 병용한 것으로 중간적인 성능을 갖고 있으며, 연약지에서의 주행이나 견인성능 증대를 위하여 후륜에 궤도를 장착한다.

(2) 사용 형태에 의한 분류

1) **보행형 트랙터** : 단륜 또는 2륜의 단일 축 구동 트랙터로 동력경운기도 포함된다.
2) **승용형 트랙터**
① 2륜 구동형(2WD) : 전후 차축 중 어느 한 축에만 기관을 동력을 전달하여 차륜을 구동시키는 것으로 트랙터에서는 후륜 구동형이 사용된다.
② 4륜 구동형(4WD) : 전후 모든 차축에 기관을 동력을 전달하여 모든 차륜을 구동시키는 것으로 보통 소형은 29kW(40PS) 미만, 중형은 29～44kW(40～60PS), 대형은 44kW (60PS) 이상이다.

(3) 사용 용도에 의한 분류

1) **표준형 트랙터** : 경운, 정지, 운반 등 견인 작업에 적합한 구조이다. 최저 지상고가 낮고, 바퀴 사이의 폭이 넓어 안정성이 유지되나 고랑 사이로 주행하는 작업에는 부적당하다.
2) **범용형 트랙터** : 경운, 정지, 중경, 제초, 방제, 수확작업에 적합한 구조이다. 작업조건에 맞추어 바퀴 폭 조절이 가능하다. 최저 지상고가 높고, 회전 반지름 작다. 대부분의 승용 트랙터가 여기에 속한다.
3) **과수원용 트랙터** : 수목 사이 및 수목 아래에 작업 수목에 손상을 주지 않도록 기체와 좌석을 낮추고 돌출부를 작게 만든 과수원 전용 트랙터이다.
4) **정원용 트랙터** : 정원 관리를 위해 사용되는 소형 트랙터로 최저 지상고가 낮고 플라우, 모워, 청소기, 제설기 등의 작업기 부착 가능하다.

3. 트랙터의 구조와 기능

승용 트랙터의 주요부는 기관, 동력전달장치, 주행장치, 조향장치, 작업기 장착장치 등이다.

(1) 농작업을 하는 특수자동차로서의 일반적인 구조와 특징

① 프레임이 없는 차체구조이다.
② 기체의 중량 분배가 보통 4 : 6으로 적정하다.
③ 지상고가 높고 기체의 중심이 낮다.
④ 모든 토지 조건에 적용 가능한 주행장치를 갖추고 있다.
⑤ 농작업을 위한 외부유압장치와 동력취출장치를 갖추고 있다.

(2) 일반 자동차와의 차이점

① 전용의 기체 완충장치가 없다.
② 핸들의 유격이 작고 선회기능이 좋다.
③ 저속 주행차량이며 견인력이 크다.
④ 엔진의 회전수 조절레바는 고정식이며, 도로 주행시는 페달을 병용한다.
⑤ 제동 기구가 독립페달식으로 선회반경을 최소로 한다.
⑥ 보통 뒷바퀴가 크며 윤거조절이 가능하다.

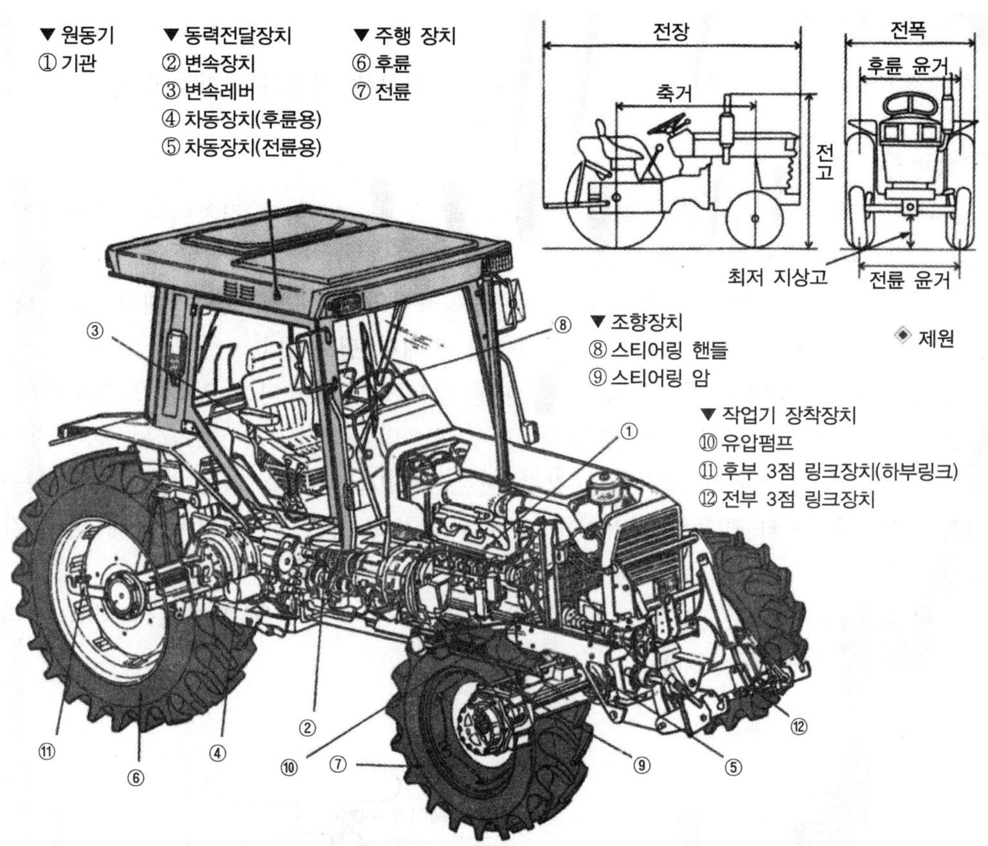

[그림 4-1] 승용트랙터의 구조와 각부의 명칭

(3) 기 관

연료의 경제성이 높은 4행정 디젤 기관을 탑재하고 있으며 일반적으로 종형(縱型)의 수냉식 다기통기관으로서 실린더의 수는 2~8개이다.

☞ 실린더의 번호는 플라이휠이 없는 쪽부터 1, 2, 3, 4 등으로 번호를 붙인다.

승용 트랙터의 기관은 대부분이 수냉식 디젤 기관으로 기관 출력은 10kW(13.6마력) 전후의 것부터 271kW(363마력) 이상의 것까지 있다.
소형 기관에는 출력을 높이기 위해서 과급기를 장착한 것이 많다.
과급기를 사용하면 흡입되는 공기의 밀도를 높여 행정체적 및 압축비를 바꾸지 않고도 보다 많은 연료를 연소시킴으로서 출력을 높이는 것이 가능하다.

(4) 동력전달장치

동력전달장치는 기관에서 발생한 동력을 트랙터의 각부에 전달하는 장치이다.

1) 주 클러치

주 클러치는 기관에서 발생한 동력을 전달하거나 끊어주기 위한 장치이다. 클러치의 필요성은 ① 기관의 시동을 할 때 기관을 무부하 상태에 두기 위해서, ② 기관을 공회전시키고자 할 때, ③ 변속기 조작을 위한 기관 회전력의 일시 차단을 위해서, ④ 기관을 정지시키지 않으면서 기체의 진행을 정지시키기 위해서 필요하다.
일반적으로 차륜 트랙터에서는 건식 단판 마찰 클러치가 사용되고 있다. 트랙터용의 주 클러치는 클러치 페달의 조작으로 주행장치와 P.T.O의 동력을 동시에 끊는 것이 가능한 것과 주행 클러치와 P.T.O 클러치를 각각 다른 페달과 레버로 끊는 방식으로 나뉜다. 그 밖에 주행 클러치와 P.T.O 클러치를 하나의 장치로 하여 2단계의 조작에 의해 각각을 끊는 것도 있다. 이것을 복합 클러치 또는 이단식 클러치라고 한다.
클러치 페달의 자유간극은 릴리스 베어링이 릴리스 레버에 닿을 때까지 움직인 거리로 페달 간극으로는 보통 25~30mm 정도이다.

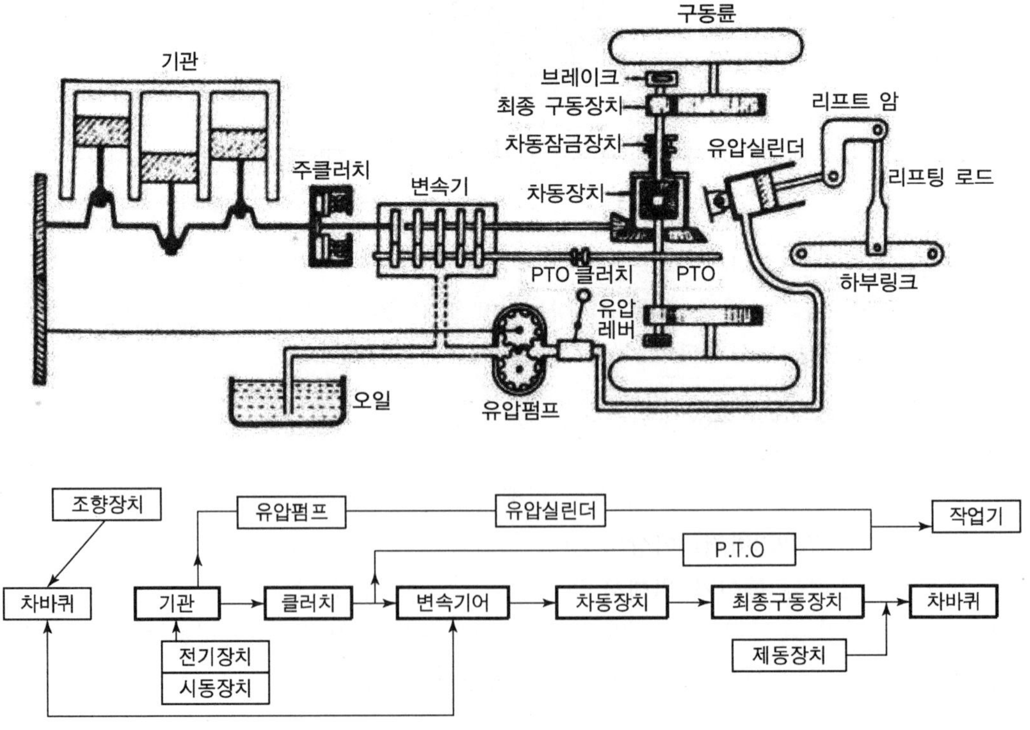

[그림 4-2] 바퀴형 승용 트랙터의 동력 전달 계통

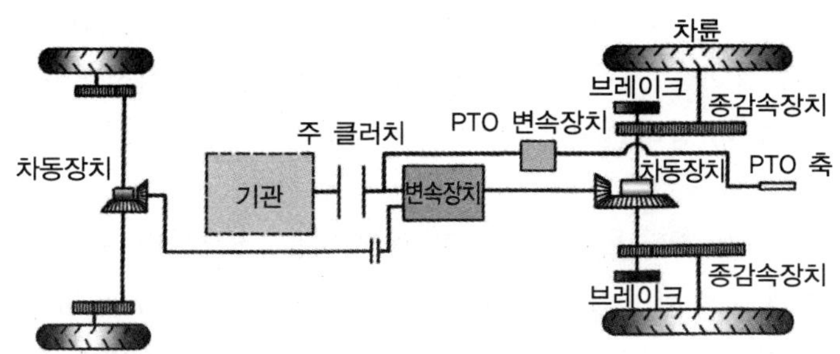

[그림 4-3] 4륜구동 동력전달장치(동력전달순서도)

클러치는 사용목적에 따라 주클러치 또는 기관클러치, 조향클러치, PTO클러치로 분류된다. 클러치 페달의 조작은 빠르게 차단하고 느리게 연결한다. 운전자의 안전을 위하여 시동안전 스위치가 장치되어 있으므로 페달을 완전히 밟지 않으면 시동이 되지 않는다. 장시간 동안 반클러치를 사용하면 전·후진 유압식 클러치의 수명이 저하될 수 있으므로 변속시에만 사용한다.

파워셔틀은 유압식 클러치를 통하여 동력을 전달 및 차단하는 방식이다. 기관에서 전달되는 동력을 클러치 페달의 조작 없이 전후진레버 조작으로 차량의 전진, 중립, 후진 선택이 가능하다.

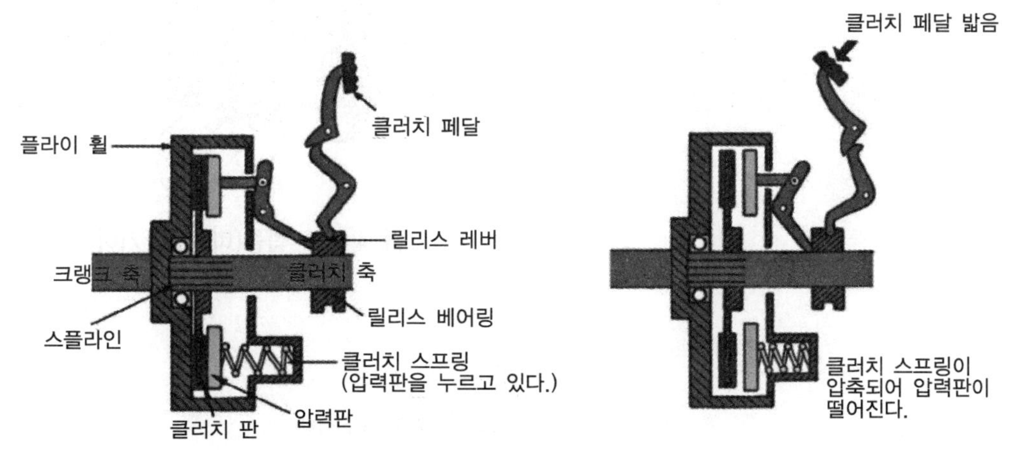

[그림 4-4] 클러치의 기본 구조

2) 변속장치

기관의 회전속도와 동력전달이 부드럽고 자연스럽게 될 때 주행 및 작업 상태에 적합하도록 적정 토크로 변환하는 장치다. 작업시 적정 토크가 발생될 수 있도록 기관의 회전수를 조절해야 한다. 작업 시 기관의 회전수는 2,000~2,300rpm이 적정하다. 변속기의 필요성은 ㉠ 기관의 출력을 트랙터의 주행상태에 알맞게 그 회전력과 속도를 바꾸기 위해서, ㉡ 기관을 무부하 상태인 중립상태를 유지하기 위해서, ㉢ 기관을 후진시키기 위해서 필요하다.

① 섭동(미끄럼) 기어식(sliding mesh) : 변속 레버를 조작하면 주축의 기어가 축방향으로 이동해 부축에 고정되어 있는 기어와 물려 동력을 전달하는 형식의 변속장치다.

② 상시 물림식(constant-mesh) : 주축과 부축의 모든 기어는 항상 물려있는 상태로 있다. 주축의 기어는 부축의 회전을 받아서 회전하지만, 주축의 기어는 공회전 하도록 되어 있다. 변속할 때는 기어 클러치를 주축의 기어와 물리도록 한다.

③ 동기 물림식(synchromesh) : 물려있는 기어의 속도를 일치시키기 직전에 같은 속도로 만들어(동기작용) 기어를 물리기 쉽게 만든 것이다. 회전 중에도 기어의 손상 없이 원활한 변속이 가능하다.

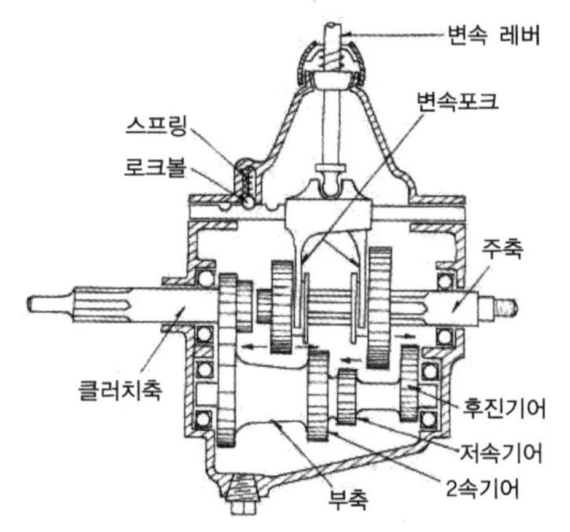

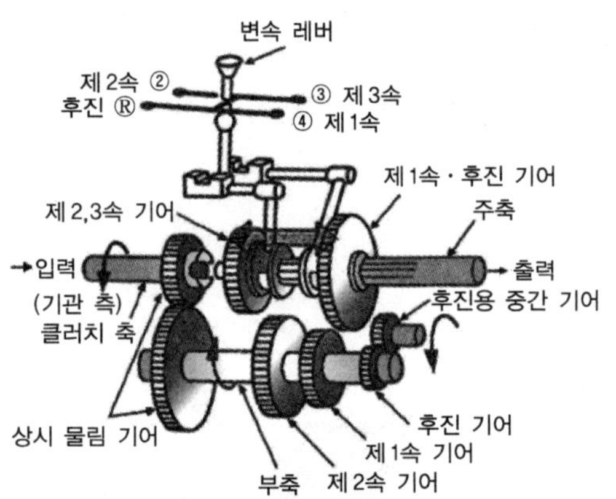

[그림 4-5] 섭동(미끄럼) 기어식

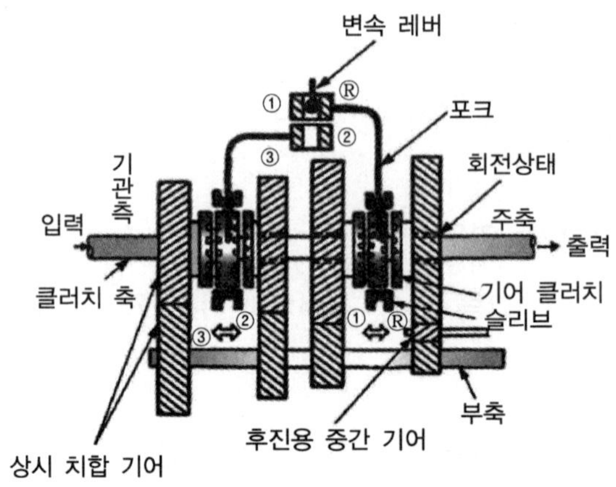

[그림 4-6] 상시물림식

동기물림식은 원추형 마찰 클러치에 의해서 기어 클러치의 이와 상대측 이의 상호 회전 속도를 일치시킨 후 기어를 맞물리게 하는 동기장치를 설치한 변속기이다. 기어 변속이 쉽고, 변속시 소음이 없으며, 고속 회전 중에도 변속이 용이하기 때문에 많이 사용된다. 트랙터 주변속에 주로 사용한다.

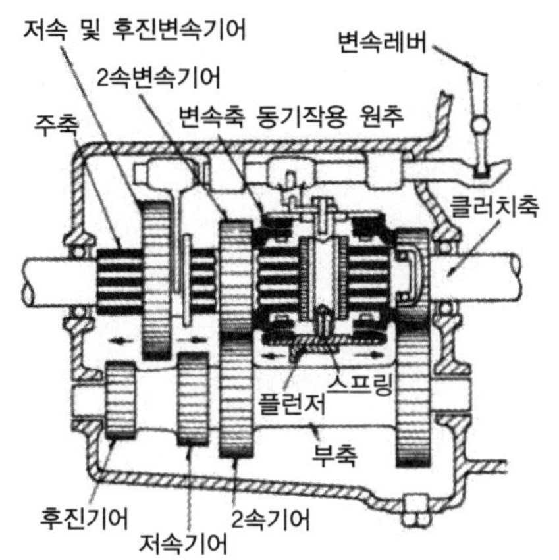

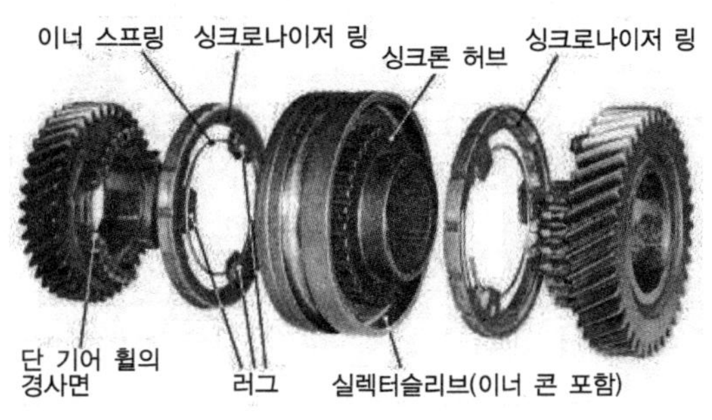

[그림 4-7] 동기물림식

일반적으로 변속장치는 기어식으로 섭동 기어식 및 상시 물림식이 있다. 또 동기 물림 기어식 및 유성 기어식이 일부 트랙터에 사용되고 있다. 이 밖에 유압식 토크 컨버터(유체의 운동 에너지를 이용해 동력을 전달하는 장치로 클러치와 변속기 양쪽의 작용을 한다. 승용차의 변속장치 및 캐터필러 트랙터 일부에 사용되고 있다.) 등도 있다.

3) 차동장치와 차동잠금장치

차동장치(differential system)는 트랙터의 좌・우 바퀴를 다른 속도로 회전시켜 바퀴의 슬립을 없애기 위한 장치이다. 차축을 좌우 2개로 분할하여 방향을 선회할 때 바깥쪽 차륜이 안쪽 차륜보다 더 많이 회전하도록 한다.

차동 잠금장치(differential locking device)는 좌우 바퀴 중 어느 한 바퀴에 슬립이 발생했을 때 사용하는 장치로 차동장치는 차동 기어와 차동 기어박스로 되어 있으며 대(大) 베벨기어에 붙어 있다. 주행 및 쟁기질과 같은 경우 좌우 바퀴에 걸리는 저항에 차이가 생기기 때문에 차동 기어가 작동해 직진이 불가능해진다. 이런 상태에서 차동장치 고정 페달을 밟아 차동 기어를 고정하여 좌우 바퀴의 회전속도를 동일하게 하는 것으로 연약지, 지면이 일정하지 못한 토지 등에서 한쪽 바퀴가 공회전해서 주행이 어려울 때도 사용된다.

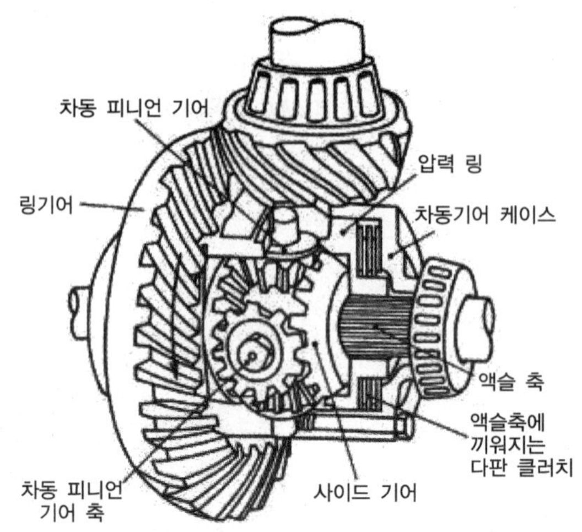

[그림 4-8] 차동장치 구조

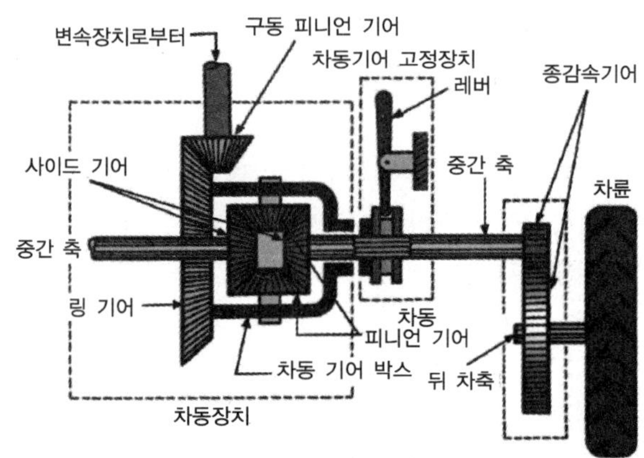

[그림 4-9] 차동장치와 차동잠금장치

4) 종감속장치(최종구동장치)

구동 중 가장 마지막으로 감속이 이루어지는 기계장치로 추진축이나 변속기 출력축에서 출력되는 회전력(토크)을 증대시키기 위해 마지막으로 감속하는 장치이다. 변속장치와 차동장치의 베벨기어에서 감속된 회전속도를 더욱 감속해 차축의 구동력을 보다 크게 하기 위한 트랙터 특유의 장치이다.

보통 저속비는 300~400 : 1 정도이고 고속비는 20~30 : 1 정도이다. 평기어식은 소형트랙터, 유성기어식은 대형트랙터에 주로 많이 사용되고 있다.

종감속장치는 대, 소 두 개의 기어를 조합한 것으로 트랙터의 견인력을 증대시켜 작업에 필요한 저속주행을 할 수 있게 한다.

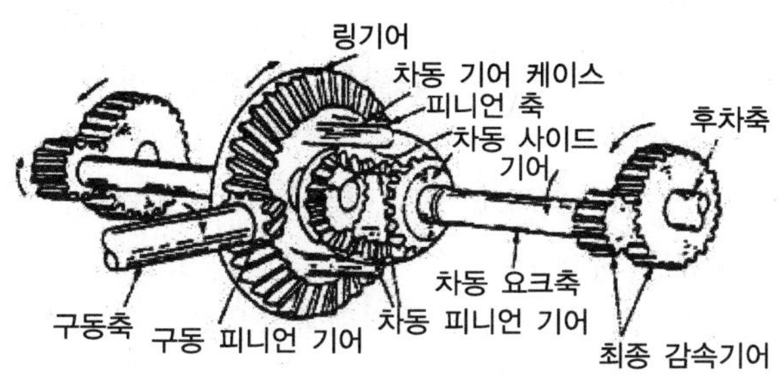

[그림 4-10] 차동장치와 최종구종장치의 구성

5) 동력취출장치

동력취출(power take off, PTO)장치는 기관의 동력을 로터베이터, 모어, 베일러 등 구동형 작업기를 구동시키기 위한 장치이다. 통상 동력취출 위치는 트랙터 후부이지만 중앙 옆 부분이나 전면부에 설치하기도 한다. PTO의 규격은 작업기의 형식과 종류에 관계없이 모든 트랙터에 사용되도록 규격화가 되어 있다. PTO 축의 회전수에는 540rpm, 1,000rpm형의 두 종류가 사용되고, 보다 다양한 회전수 선택을 위해서 540, 750, 1,000rpm, 역전 800rpm 속도변화가 가능한 PTO가 탑재된 트랙터도 출시되고 있다. 또한, 주행속도의 변화에 따라 PTO속도가 자동으로 변경되는 기능, PTO의 회전속도를 일정하게 유지시켜주는 기능을 제공하는 트랙터도 보급되고 있다.

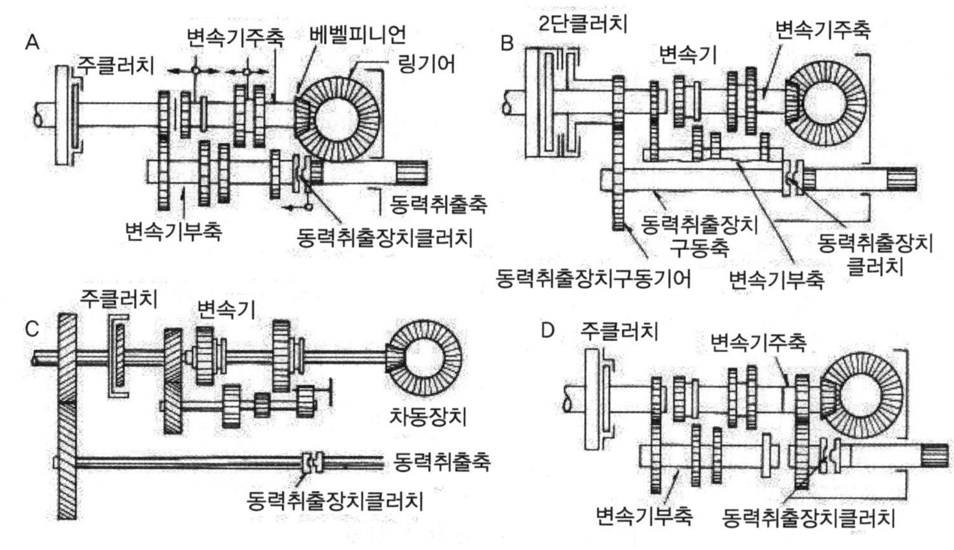

A : 변속기구동형 동력취출장치 B : 상시회전형 동력취출장치
C : 독립형 동력취출장치 D : 속도비례형 동력취출장치

[그림 4-11] 동력취출장치의 동력전달기구

동력전달방식에는 변속기 구동형, 상시 회전형, 독립형, 속도 비례형 등이 있다.

① 변속기 구동형 : 변속기 부축을 통하여 동력을 전달하는 형식으로 주클러치가 끊으면 PTO축도 동시에 회전이 정지.

② 상시회전형 : 트랙터가 정지하더라도 동력취출축으로 동력을 전달할 수 있는 형식. 붐 분무기, 목초수확작업에 사용.

③ 독립형 : 트랙터 주행과 정지 관계없이 동력취출축으로 동력을 전달하거나 차단할 수 있는 형식. 굴취, 로터리 작업, 산파기에 사용.

④ 속도 비례형 : 트랙터의 주행속도와 동력취출축의 회전속도가 비례하도록 만든 형식. 파종기, 이식기에 사용.

(5) 트랙터의 주행장치

주행장치는 앞뒤 차축과 바퀴, 앞 차축과 일체화된 조향장치 및 브레이크 장치로 구성되어 있다.

1) 앞차축

앞차축은 센터 피봇 지지 방식(차체 제일 앞부분의 하부를 피봇 축의 중앙에 핀으로 장착한 것)이 가장 많다. 이 방식은 지면의 요철에 따라 차축이 좌우로 기울어지기 때문에 운전이 용이하다.

2) 앞바퀴 정렬

앞바퀴는 트랙터 앞부분을 지탱함과 동시에 조향 기능도 지니고 있다. 앞바퀴는 핸들 조작을 쉽게 하고 주행 시 안정을 유지하기 위하여 경사지게 차축에 장착되어 있다. 이것을 앞바퀴 정렬(front wheel alignment)이라고 한다.

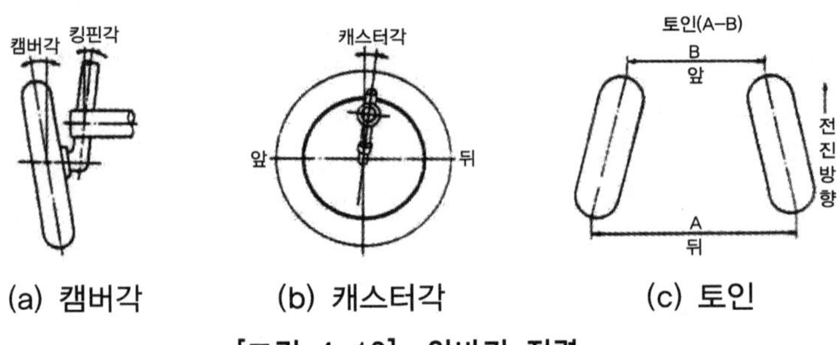

(a) 캠버각 (b) 캐스터각 (c) 토인

[그림 4-12] 앞바퀴 정렬

㉠ 캠버각 : 트랙터 앞쪽에서 보아 앞바퀴의 아래쪽이 위쪽 좁게 되어 있는 것을 말하며, 지면에 내린 수직선에 대해 1.5~2.0°의 경사각을 갖는다. 수직하중이나 구름저

항에 의한 축의 비틀림을 적게 하고 휨을 방지하여 주행의 안정성을 유지하는 기능을 가진다.

㉡ 킹핀각(킹핀경사각) : 트랙터 앞쪽에서 보아 수직선에 대하여 킹핀이 안쪽으로 5~11° 경사지게 기울어진 각을 말한다. 주행 중에 조향 조작이 경쾌하게 된다.

㉢ 캐스터각 : 트랙터 옆쪽에서 보아 수직선에 대하여 트랙터 뒤쪽으로 2~3° 경사지게 기울어진 각을 말한다. 노면의 저항을 작게 받아 직진성(복원성)을 좋게 한다.

㉣ 토인 : 트랙터 위쪽에서 보아 바퀴 앞 끝의 간격이 뒤끝의 간격보다 3~10mm 좁은 것을 말한다. 타이어가 벌어지려는 것을 막고 직진성을 좋게 하며, 타이어 마모가 최소가 되게 한다.

1. 타이어의 공기압이 너무 높으면 미끄럼이 커져 견인력이 감소하고 충격에 대한 타이어의 저항력을 약화시키며, 외부에 균열을 일으키기 쉽다.
2. 견인력을 증대시키기 위하여 타이어에 물을 넣는 방법과 본체에 웨이트를 부가하는 방법이 사용된다.

3) 공기 타이어

트랙터의 타이어에는 저압 공기 타이어가 사용된다. 공기타이어는 철차륜에 비하여 완충작용이 크고 견인성능이 우수하며 구름저항이 작다. 타이어가 노면과 접촉하는 부분에는 러그(lug)라고 하는 고무돌기가 있는데, 이것이 흙속에 박혀서 미끄러짐을 방지한다.

표준작업의 경우 적정 공기압은 앞바퀴 1.5~2.0kg_f/cm^2, 뒷바퀴는 0.8~1.3kg_f/cm^2 정도이다. 도로주행시 뒷바퀴의 공기압은 1.4~1.5kg_f/cm^2 정도로 증가시킨다. 또한 웨이트를 부착할 때에는 중량이 45kg_f/cm^2 증가할 때마다 공기압을 0.06kg_f/cm^2씩 증가시킬 필요가 있다.

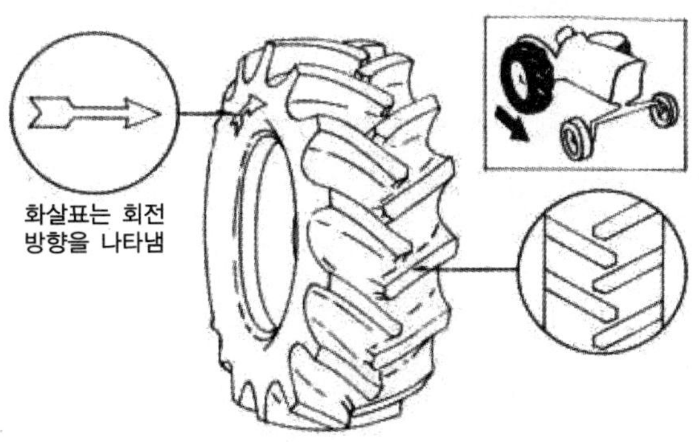

[그림 4-13] 바퀴 러그형상과 진행방향

(6) 조향장치

바퀴형 트랙터의 조향장치 구조는 일반 자동차와 같다. 선회할 때 앞뒤 바퀴의 사이드슬립을 방지하기 위해 좌·우 앞바퀴의 중심선과 뒷차축의 연장선이 선회의 중심한 점에서 교차하는 애커먼 방식이 채용되어 있다.

※ 캐터필러 트랙터의 경우는 선회하려고 하는 쪽의 조향 클러치를 끊어 동력을 끊어서 선회한다.

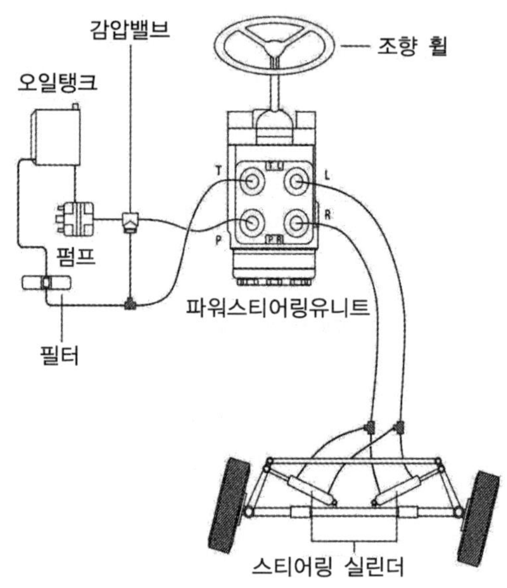

[그림 4-14] 조향장치

동력 조향장치는 유압펌프, 조향밸브, 반력기구, 조향 실린더 기구로 구성된다. 조향 밸브는 교축부를 가지며 조향 입력의 방향, 크기, 속도에 대응하여 파워 실린더에 공급하는 작동유의 방향, 압력, 유량을 제어하며 4포트 밸브가 사용된다. 반력 기구는 토션바, 코일스프링 반력기구나 유압반력기구를 이용한다. 조향 실린더 기구는 조향 보조력을 발생하며 좌우 양방향의 조향의 특성에 맞도록 복동식 피스톤 실린더 기구를 사용한다.

(7) 브레이크(제동)장치

브레이크는 운동에너지를 흡수해 트랙터의 주행속도를 감속하거나 정지시키는 데 사용된다. 후륜 제동식이 대부분이다. 브레이크의 종류는 마찰 브레이크인 드럼 브레이크 및 디스크 브레이크가 많이 사용된다. 또한 경지에서 작업할 때 트랙터의 회전반경을 작게 할 목적으로 사용된다. 트랙터의 제동장치는 좌우 별도의 독립 구조로 되어 있으며, 회전할 때 안쪽 바퀴의 회전을 정지시킬 수 있다. 이러한 독립브레이크는 경지작업에서 회전반경을 작게 할 때 유용하다.

☞ 클러치 두축 사이의 동력전달을 계속하기 위한 조인트의 일종이다.
☞ 마찰력에 의해 동력을 전달하는 마찰 클러치, 회전에 의한 원심력이 작용하는 원심 클러치, 전자기력으로 클러치 판을 흡착시키는 전자 클러치, V벨트 동력전달을 이용하는 V벨트 클러치 등이 있다.
☞ 브레이크의 작동 방법에는 기계식(주차용 브레이크)과 유압식(제동용 주 브레이크) 등이 있다.
☞ 트랙터 작업 시 선회 반경을 작게 하여 작업 능률을 높일 수 있으므로 조향장치의 보조 기능을 하고 있다.
☞ 도로 주행 시에는 안전을 위하여 좌우 브레이크 페달을 연결해서 사용한다.
☞ 주차 정차 중에 트랙터가 움직이지 않도록 주차 브레이크가 장착되어 있어야 한다.

내부확장식은 캠이 회전하여 브레이크 슈(brake shoe)를 확장시켜 라이닝이 브레이크 드럼 안쪽에 밀착되면서 제동이 걸린다.

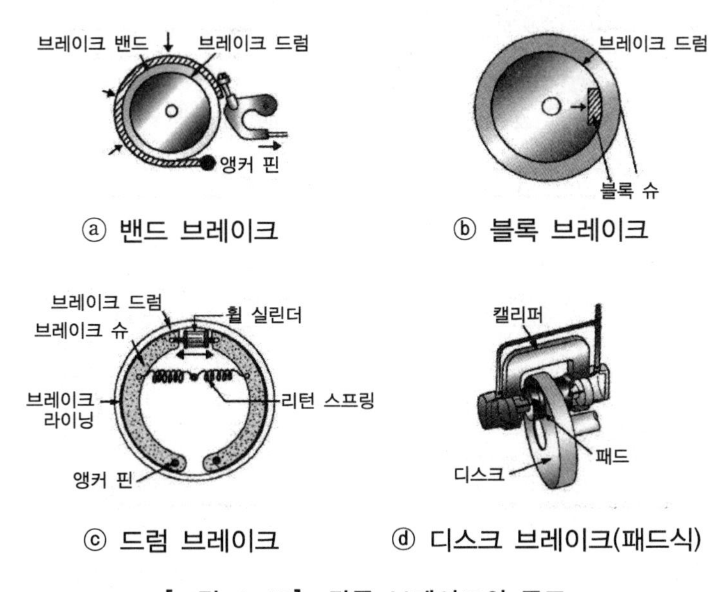

[그림 4-15] 각종 브레이크의 구조

(8) 트랙터의 작업기 장착 장치

1) 작업기의 장착방식

트랙터에 작업기를 장착하는 방법에는 견인식, 직접 장착식, 반직접 장착식의 3가지 방법이 있다.

① 견인식 : 견인봉에 트레일러과 바퀴가 달린 플라우 등의 작업기를 연결하여 견인하는 방법

② 장착식 : 작업기를 트랙터에 직접 연결하여 작업기의 모든 중량을 트랙터에 지지하는 방식

• 프레임 장착식, 3점링크히치식, 평행링크히치식등

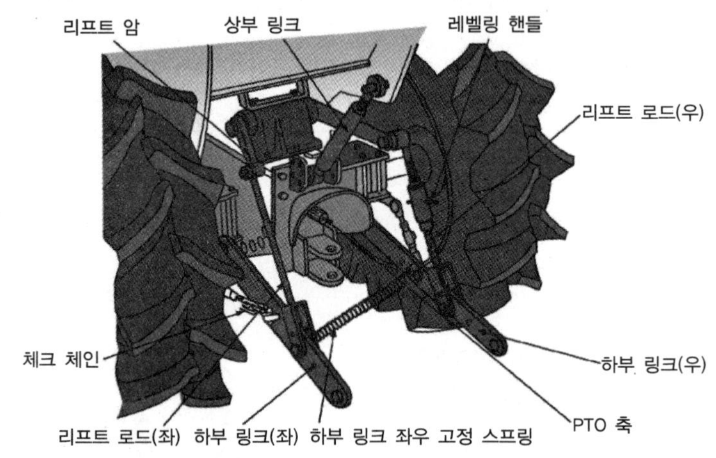

[그림 4-16] 3점링크 장치

③ 반장착식 : 대형의 다련 플라우와 같이 트랙터로 작업기의 모든 중량을 지지할 수 없는 경우에는 작업기의 한쪽 끝을 3점링크히치의 하부링크 등에 부착하여 작업기의 중량일부를 지지하고 나머지 중량은 작업기의 보조 바퀴 등으로 지지하는 방법

2) 포지션 컨트롤(위치제어)

포지션 컨트롤 레버로 작업기의 위치를 희망하는 높이로 설정하면 작업기에 걸리는 견인저항이 변화해도 일정의 위치에 자동적으로 유지하는 제어 기능이다. 작업기를 상승시킬 때는 하부링크를 유압으로 상승시키며, 하강시에는 작업기의 자중에 의해 내려간다. 하강 속도는 나사처럼 되어 있는 볼트(유량 조절 밸브)를 이용하여 유량을 조절한다.

3) 드래프트 컨트롤(견인 부하제어)

작업 중 작업기에 걸리는 견인 저항이 일정하도록 제어하는 장치이다. 예를 들어 작업기에 설정값 이상의 견인 저항이 걸리면 상부 링크에 압축력이 가해져 방향제어 밸브 작동을 통해 작업기가 상승하여 견인 저항을 감소시킨다.

→ 상승작용

컨트롤 레버를 [상승] 위치에 놓으면 오른쪽 그림과 같이 작동유가 유압 실린더로 유입되어 하부 링크를 들어올린다.

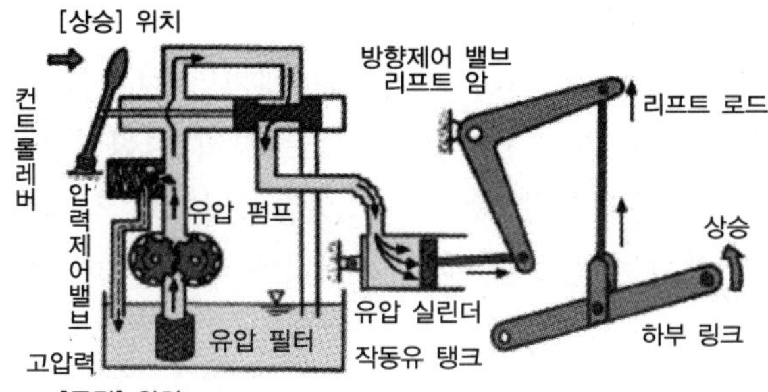

→ 중립작용

컨트롤 레버를 [중립] 위치에 놓으면 압송된 작동유는 탱크로 돌아오기 때문에 작업기는 상승도 하강도 하지 않고 정지한다.

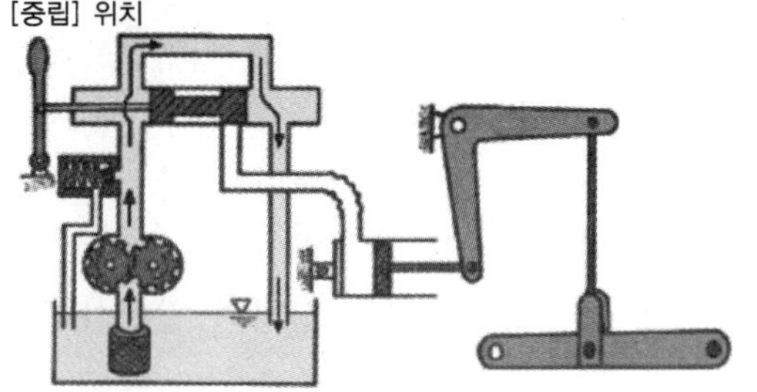

→ 하강작용

컨트롤 레버를 [하강] 위치에 놓으면 압송된 작동유는 그대로 탱크로 돌아가고 유압 실린더 내의 작동유도 작업기의 자체 무게에 의해 압력이 가해져 작동유 탱크로 되돌아 가서 작업기는 하강한다.

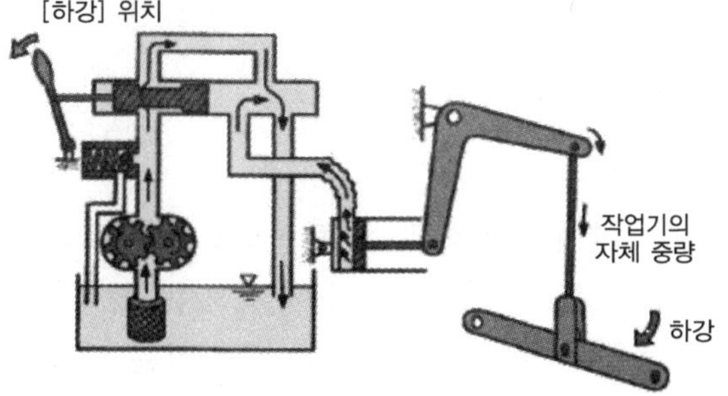

[그림 4-17] 포지션 컨트롤

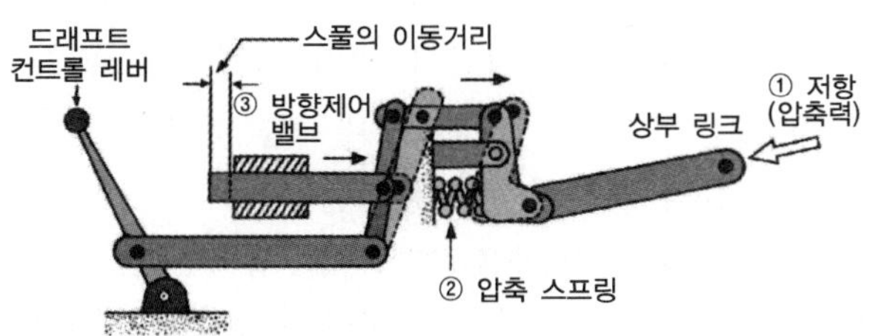

[그림 4-18] 드래프트 컨트롤

▶ 드래프트 컨트롤 작동 원리

① 작업기에 필요 이상의 저항이 생기면 그 힘이 상부 링크를 통해서 → ② 압축 스프링을 눌러서 압축시킨다. 이 스프링의 길이 변화는 → ③ 각 로드를 통해서 방향제어 밸브를 동작시켜 작업기를 상승시키므로 작업기에 걸리는 저항이 작아진다. 견인 저항의 크기는 컨트롤 레버의 위치에 의해 정해진다.

4) 혼합제어

작업 중 작업기에 걸리는 견인 저항이 일정하도록 제어하는 장치이다. 예를 들어 작업기에 설정값 이상의 견인 저항이 걸리면 상부 링크에 압축력이 가해져 방향제어 밸브 작동을 통해 작업기가 상승하여 견인 저항을 감소시킨다.
위치제어와 견인 부하제어를 혼합한 제어 방식이다. 예를 들어 토질이 균일하지 않은 토양에서 드래프트 컨트롤만으로는 쟁기의 깊이가 일정하게 되지 않을 때에 포지션 컨트롤을 병행하여 사용한다.

(9) 트랙터의 유압장치

1) 유압의 구성요소

① 유압펌프 : 기계적 동력을 유압 동력으로 전환하는 장치
- 기어펌프 : 두 개의 기어 중 한쪽 기어를 외부동력으로 회전시켜 다른 쪽 기어와 맞물려 돌리게 된다. 입구로 흘러 들어온 오일은 기어 이와 이 사이의 공간에 갇혀 출구로 흘러 나온다. 이런 형태의 기어펌프를 정량 펌프라고 한다.
- 베인 펌프 : 회전자에 베인이 방사방향으로 움직일 수 있는 홈을 가지고 있어 원심력에 의해 베인(깃)의 끝이 펌프의 하우징에 밀착되어 오일을 밀어내는 펌프
- 피스톤 펌프 : 피스톤이 회전하는 실린더 배럴 내에 있으며 피스톤 슈가 캠 플레이트를 따라 미끄러지면서 피스톤은 실린더 내경을 강제로 왕복운동하게 되는데, 이 때 밀어주는 힘으로 오일의 압축력을 사용하는 펌프

② 밸브 : 오일의 압력, 유량, 이동 방향을 제어하는 장치이다.
- 릴리프 밸브 : 유압시스템 내의 압력을 안전한 수준으로 제한하는 데 시용
- 언로드 밸브 : 유압회로 내의 어느 점이 어떤 압력 수준에 도달할 때 펌프를 무부하로 하는 데 사용
- 유량제어 밸브 : 부하변동에 관계없이 출구로의 유량을 조절
- 방향제어 밸브 : 오일을 작동하고자 하는 방향으로 보내는 역할

③ 유압실린더 : 한쪽 방향으로만 동작하는 단동식과 양쪽방향으로 작동하는 복동식

④ 유압모터 : 유압동력을 기계적인 동력으로 전환시키는 장치

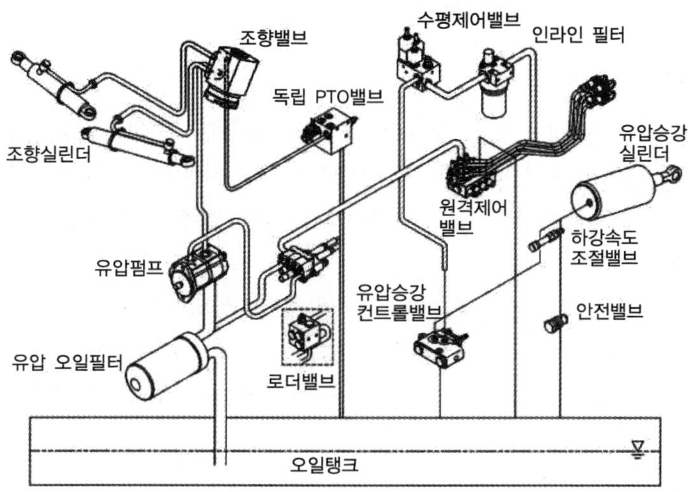

[그림 4-19] 트랙터 유압장치 구성

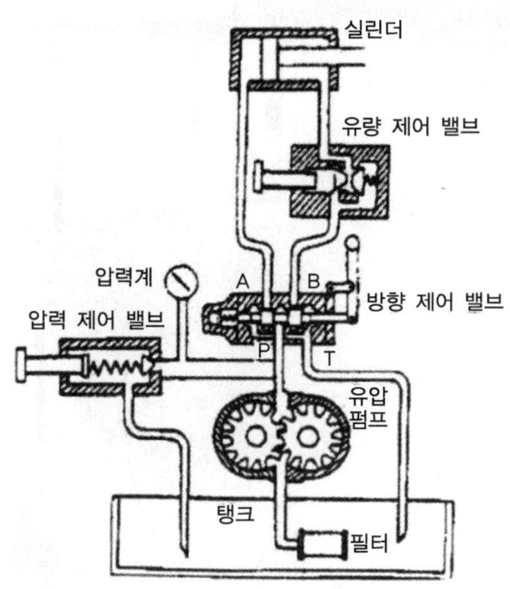

[그림 4-20] 유압장치 구성도

① 유압 3대 요소 : 펌프, 제어밸브, 유압 실린더
② 릴리프 밸브 : 유압회로내의 최고압력을 제한
③ 리스펀스 밸브 : 작업기 상 하강 속도조절
④ 체크밸브 한쪽으로 유체를 흐르게 함.

(10) 전기장치

1) 배터리(축전지)

배터리는 전기를 화학적 에너지로 저장해 두었다가(충전) 시동, 점화, 등화장치 등의 전원이 되어 다시 전기에너지로 꺼내어(방전이라고 함) 사용하는 것이 가능하다. 방전하면 단자 전압이 저하되어 전해액의 밀도가 낮아지지만, 발전기 등으로 충전하면 전해액의 밀도가 원래로 돌아온다.

배터리는 12V 축전지의 경우 6개의 단전지(셀)로 구성되어 있고 셀당 기전력은 2.1V이다. 이 셀에 음극판(Pb)과 양극판(Pb)을 및 묽은 황산의 전해액이 들어 있으며 음극판이 양극판보다 한 장 더 많다. 양극판과 음극판 사이에는 극판이 단락되는 것을 방지하기 위하여 격리판이 끼워져 있다.

온도 20℃에서의 완전 방전 시에는 밀도 1.13(비중 1.13) 정도이며, 완전 충전 시 밀도 1.26~1.28(비중 1.26~1.28)이다. 방전, 충전 시의 화학 변화가 나타난다.

배터리의 용량은 완전 충전에서 방전 종지 전압까지의 총 전기량을 말하며 방전 전류와 방전 시간의 곱으로 나타내며 AH(암페어시) 단위로 표시된다.

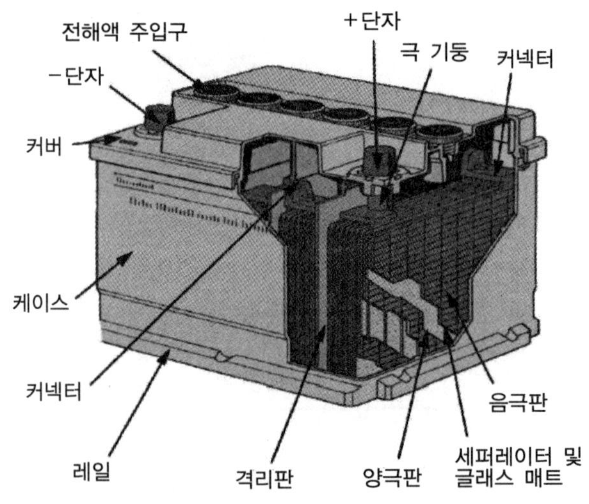

[그림 4-21] 배터리 구조

전해액은 황산에 증류수를 혼합하여 만들고, 비중은 1.260~1.280의 묽은 황산으로 12V 45Ah 기준은 극판 위 10~13mm, 12V 100Ah 기준은 극판 위 13~20mm까지 보충한다. 전해액 비중은 온도가 높으면 작아지고 온도가 낮으면 커지므로 전해액의 비중은 표준온도 20℃로 환산하여 표시한다.

전해액의 비중을 표준온도 20℃로 환산하는 식은 다음과 같다.

$$S_{20} = S_t + 0.0007(t-20) \quad (4-1)$$

식에서, S_{20}는 표준온도 20℃로 환산한 비중, S_t는 임의의 온도에서 측정한 비중, t는 측정시의 온도(℃)이다.
방전종지전압은 어떤 전압 이하로 방전하여서는 안 되는 전압을 뜻하며 한 셀당 1.75V이다. 따라서 12V용의 방전종지전압은 10.5V이다.

[표 4-1] 축전지의 충전상태와 비중

충전상태	비중(20℃)	전압(V)
완전충전	1.260~1.280	2.20
3/4	1.230~1.260	2.10
1/2	1.200~1.230	2.00
1/4	1.170~1.200	1.85
완전방전	1.080~1.170	1.75

※ 비중이 1.26~1.28이면 완전충전 상태이고, 1.20 이하이면 즉시 보충전을 한다.

축전지의 화학작용은 납축전지는 묽은 황산의 전해액 속에 과산화납 (+)극과 해면상납 (−)극을 넣어 만든 것이다. 완전충전에 가까워지면 전류가 전해액 중의 물을 전기분해하여 양극판에서는 산소가 발생되고, 음극판에서는 수소가 발생된다.

양극판		전해액		음극판		양극판		전해액		음극판
PbO_2	+	$2H_2SO_2$	+	Pb	$\underset{충전}{\overset{방전}{\rightleftarrows}}$	$PbSO_2$	+	$2H_2O$	+	$PbSO_2$
과산화납		묽은 황산		납		황산납		물		황산납

> ① 납산축전지의 전해액은 묽은 황산(H_2SO_4)을 사용한다.
> ② 축전지 전해액이 자연감소되었을 때는 증류수로 보충한다.
> ③ 전해액의 비중은 비중계를 사용하여 측정한다.

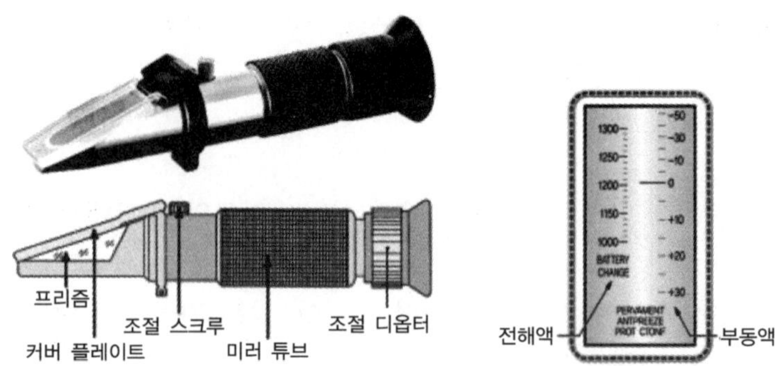

[그림 4-22] 광학식 비중계

2) MF 축전지(무정비축전지)

① MF 축전지 : 격자를 저안티몬 합금이나 납-칼슘 합금을 사용하여 전해액의 감소나 자기방전량을 줄일 수 있는 축전지

② MF 축전지의 특징

- 증류수를 점검하거나 보충하지 않아도 된다.
- 자기방전 비율이 매우 낮다.
- 장기간 보관이 가능하다.
- 전해액의 증류수를 보충하지 않아도 되는 방법으로는 전기 분해할 때 발생하는 수소가스를 다시 증류수로 환원시키는 촉매 마개를 사용하고 있다.

3) 발전기

발전기에는 직류 발전기(다이나모)와 교류 발전기(알터네이터)가 있으나, 근래의 트랙터는 전기 소비량이 많아져서 저속 회전에서도 발전량이 많은 교류 발전기가 사용되고 있다. 교류 발전기는 V벨트로 구동하여 3상 교류를 발생시키는 발전기다. 소형, 경량으로 고속회전에서도 안정된 성능을 발휘한다.

[그림 4-23] 발전기 구조

발전기의 발생전압은 발전기 회전속도가 증가함에 따라 규정전압보다 높게 되므로 발생 전압을 일정하게 제어하기 위해서 조정기(레귤레이터)가 설치된다.

4) 레귤레이터

교류 발전기의 발생 전압은 회전자(로터)의 회전속도와 필드 코일(스테이터 코일)에 흐르는 전류에 의해 정해진다.
발생 전압이 너무 높으면 극판을 손상시키기 때문에 레귤레이터(전압 조정기)에 의해 필드 코일에 흐르는 전류를 제어하여 발생 전압을 조정한다.

(11) 기동 전동기(스타터 모터)

최근 동력경운기, 관리기조차도 기관 시동을 위해 배터리를 전원으로 하는 시동 전동기를 사용하여 엔진을 시동한다. 이 시동 전동기에는 일반적으로 마그네틱 스위치식의 직류 전동기 직권식이 사용되고 있다.

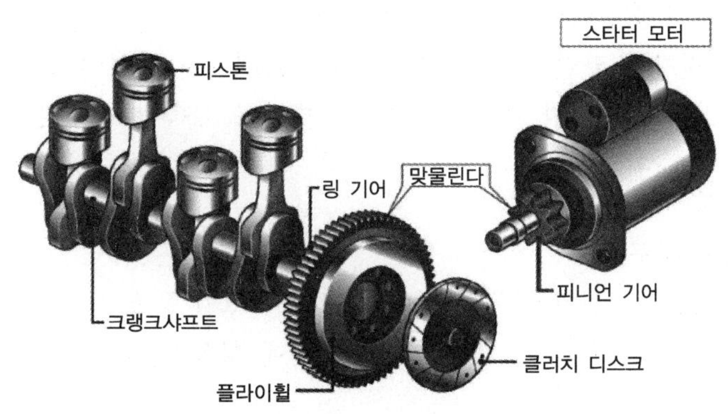

[그림 4-24] 기동 전동기

※ 기동 전동기는 30초 이상 계속 사용해서는 안 된다.

작동원리는 시동스위치를 넣으면 축전지로부터 전류가 솔레노이드의 코일을 통하여 전자력이 발생하여 플런저를 잡아당긴다. 이때 전환레버에 의해 피니언기어가 플라이휠 링기어와 맞물리게 되고 전기전자 회전하면 플라이휠의 링기어를 구동시키면서 시동을 한다.

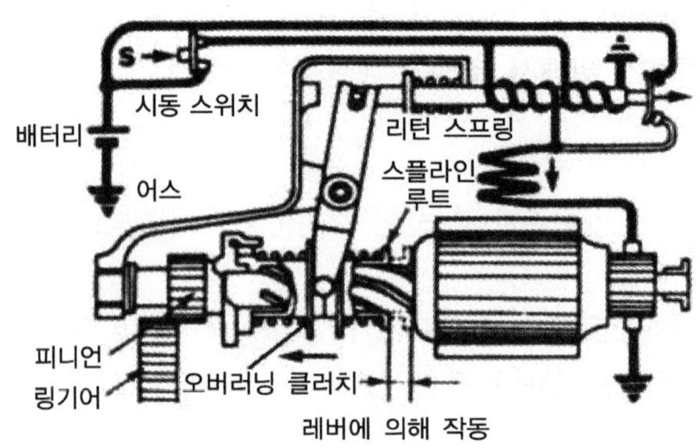

[그림 4-25] 기동전동기의 구조

1) 기동 전동기의 종류와 특징

① 직권전동기 : 전기자 코일과 계자 코일이 직렬로 접속된 형태의 전동기·기동 회전력이 크며, 전동기의 회전력은 전기자의 전류에 비례

② 분권 전동기 : 전기자 코일과 계자코일이 병렬로 접속된 형태의 전동기

③ 복권전동기 : 전기자 코일과 계자코일이 직・병렬로 접속된 형태의 전동기

2) 기동전동기의 구조와 기능

① 회전운동을 하는 부분

- 전기자(Armature) : 전기자는 축, 철심, 전기자 코일 등으로 구성되어 있다.
- 정류자 : 정류자는 기동전동기의 전기자 코일에 항상 일정한 방향으로 전류가 흐르도록 하기 위해 설치한 것

② 고정된 부분

- 계철과 계자철심 : 계철은 자력선의 통로와 기동전동기의 틀이 되는 부분이며, 계자철심은 계자코일에 전기가 흐르면 전자석이 되며, 자속을 잘 통하게 하고. 계자코일을 유지한다.
- 계자코일 : 계자코일은 계자철심에 감겨져 자력을 발생시키는 것이며. 계자코일에 흐르는 전류와 정류자 코일에 흐르는 전류의 크기는 같다.
- 브러시와 브러시 홀더 : 브러시는 정류자를 통하여 전기자 코일에 전류를 출입시키는 일을 하며, 일반적으로 4개가 설치된다. 스프링 장력은 스프링 저울로 측정하며, $0.5 \sim 1.0 kg/cm^2$이다.

►기관 시동이 잘 안될 경우 점검할 사항
- 배터리 충전상태
- 연료량
- 시동모터
- ST 회로(스타트 회로) 연결 상태

(12) 점화 장치

불꽃점화기관에서 고압의 전기를 발생시켜 점화플러그의 전기불꽃으로 흡입한 혼합 가스를 적절한 시기에 점화 폭발시키는 장치이다.

1) 점화회로의 작동

① 자기유도작용(1차회로) : 코일에 흐르는 전류를 간섭하면 코일에 유도전압이 발생하는 작용

② 상호유도작용(2차회로) : 하나의 전기회로에 자력선의 변화가 생겼을 때 그 변화를 방해하려고 다른 전기회로에 기전력이 발생하는 작용

2) 점화 스위치 : 축전지로부터 전원을 차단 또는 연결시키는 일종의 단속기

3) 점화코일

① 점화코일은 12V의 저압 전류(1차 전류)를 배전기의 포인트의 단속으로 인하여 20,000V의 고압전류(2차 전류)로 변전시키는 일종의 변압기

② 1차 코일에서는 자기유도작용과 2차 코일의 상호 유도작용을 이용

4) 배전기의 구조

점화코일에서 송전된 고압전류를 점화순서에 따라 각 실린더에 전달해 주는 역할을 한다.

① 단속부 : 점화플러그에 불꽃을 튀게 하기 위하여 고전압을 발생시키기 위한 회로로

② 진각장치 : 점화플러그의 점화시기를 자동적으로 조절하는 장치

☞ 진각장치의 구성품 : 포인트, 콘덴서, 로우더 진각장치

5) 단속기 접점

접점이 닫혀 있을 때는 점화1차 코일에 전류를 흘려 자력선을 일으키며 열릴 때는 1차 전류를 차단하여 2차 코일에 전압을 발생시킴

> ☞ 단속기를 두는 이유는 전류가 직류이기 때문이다.
> ☞ 점화플러그의 중심 전극과 접지 전극의 적정간극은 0.7~1.0mm이다.

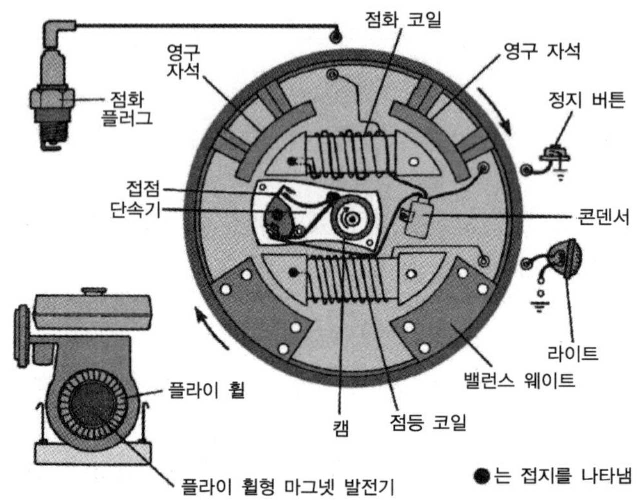

[그림 4-26] 마그네트 점화장치

6) 점화 플러그

점화코일에 의해 발생한 고압 전류는 점화플러그에 의해 전기불꽃을 튀겨 혼합기에 점화한다. 중심 전극과 접지 전극의 불꽃 간극의 크기는 점화 능력에 영향을 미치므로 최적 간격을(0.6~0.7mm) 유지할 필요가 있다.

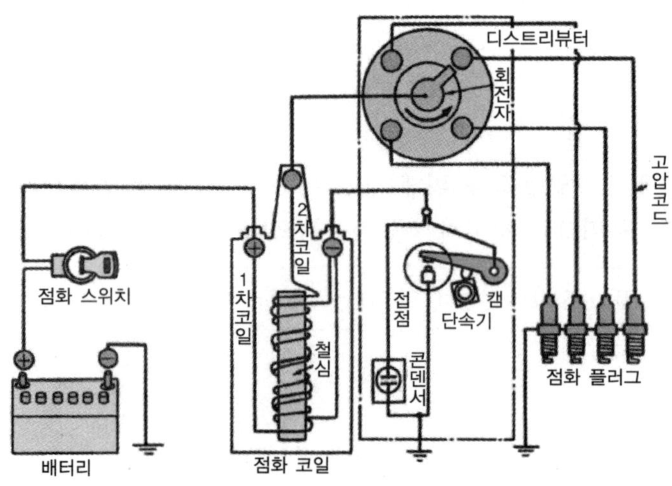

[그림 4-27] 다기통 점화장치

점화플러그는 연소에 의해 부착된 탄소를 태워버리는 데 필요한 온도(자기 청정온도, 450~600℃)를 유지할 필요가 있다.
점화플러그 시험에는 절연, 불꽃, 기밀시험이 있으며 기밀시험시의 압력은 15kg/cm^{2}이다. 점화플러그는 2,000~4,000km 주행마다 점검하고 15,000~20,000km 주행시마다 교환한다.

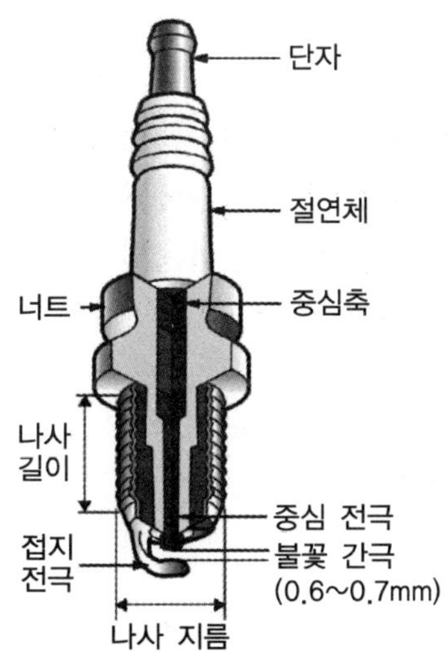

[그림 4-28] 점화플러그의 구조

자기 청정온도를 유지하기 위해서는 전극부로부터 받은 열을 방산하는 정도를 열가라 하며 저열가형과 고열가형의 점화플러그가 있다.
냉형은 열을 받는 면적이 작고 방열 경로가 짧아 고속 고 압축비 기관에서 사용하고 열형은 열을 받는 면적이 크고 방열 경로가 길어 저속 저 압축비 기관에서 사용한다.

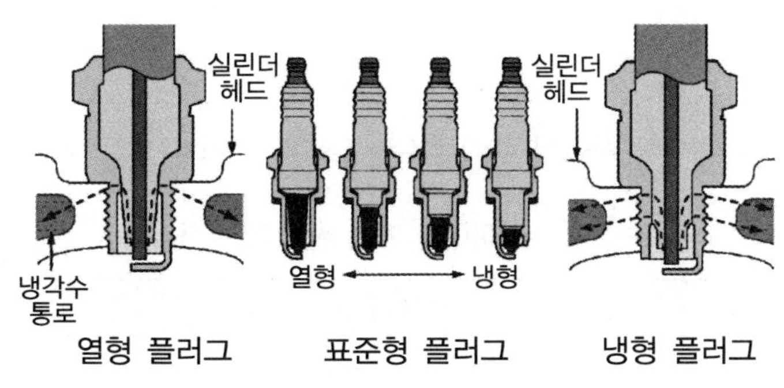

[그림 4-29] 점화플러그의 종류와 열 방출 방식

7) 점화시기 조정장치

피스톤이 상사점을 조금 지난 위치에서 최대 폭발압력에 달하면 가장 유효하게 회전력을 얻게 된다. 하지만 혼합기에 점화한 후 최대 폭발압력에 달하기까지 500분의 1초에서 600분의 1초가 걸리므로 고속 회전일 때와 저속 회전일 때에는 최대 폭발압력에 달하는 위치가 빨라지거나 늦어진다. 이 때문에 회전속도에 맞춰 점화시기를 조정하는 자동 진각 조정장치가 장착되어 있다.

▶ 점화진각기구

기관의 회전속도가 빨라짐에 따라 점화시기도 빠르게 맞추어 주는 장치

① 원심 진각기구 : 기관의 회전속도가 빨라짐에 따라 원심력에 의하여 원심추가 밖으로 벌어진다. 이 움직인 양만큼 단속기 접점의 열리는 시기가 빨라진다.

② 진공식 진각기구 : 흡기 매니폴드의 진공도에 따라 작용되며 기관의 부하가 걸린 정도에 따라 진각을 한다.

③ 옥탄 셀랙터 : 기관 연료의 옥탄가에 따라 점화 진각을 맞추어 놓은 것으로 조정기를 돌려 진각, 지연방향으로 점화시기를 조정한다.

4. 트랙터의 성능

트랙터의 동력원으로서의 구동성능 또는 PTO성능은 모어, 방제기, 로터리, 양수기 등의 작업기를 구동시키는 성능이다.

트랙터 기관과 동력취출축 사이의 구동효율은 동력전달장치의 특성에 따라 차이가 있으나 보통 85~90% 수준이다.

트랙터의 견인성능은 바퀴와 지면 사이의 부착계수와 바퀴에 작용하는 수직하중에 의하여 결정된다. 바퀴와 지면 사이의 부착계수를 μ, 바퀴에 작용하는 수직하중을 W라고 하면 바퀴에서 지면으로 전달할 수 있는 최대추진력 F는 다음과 같이 표시된다.

$$F = \mu W \qquad (4\text{-}2)$$

각종 형태의 지면과 타이어 사이의 부착계수는 [표 4-2]에서 보는 바와 같다.

[표 4-2] 타이어와 지면 사이의 부착계수

지면상태	부착계수	견인계수
건조한 아스팔트	0.8~0.9	0.75
자갈길	0.6	0.55
습한 아스팔트	0.5~0.7	0.45~0.6
비포장도로	0.68	0.65

타이어의 추진력은 타이어에 작용하는 운동저항과 작업기의 견인저항의 합과 같다. 따라서 트랙터가 견인할 수 있는 최대견인력은 다음과 같이 정의된다.

$$H = F - R \tag{4-3}$$

여기서, H는 견인력, F는 추진력, R는 운동저항이다.

$$H = \frac{75 \times 3,600\, N\eta_m}{1,000\, V} = \frac{270\, N\eta_m}{V} \tag{4-4}$$

여기서, $N\eta_m$는 동력효율(%), V는 트랙터의 주행속도(m/sec)이다.

$$N_d = \frac{PV}{75}(PS) \tag{4-4}$$

여기서, N_d는 견인출력, P는 실제 견인력(kg), V는 트랙터의 주행속도(m/sec)이다.

5. 동력경운기

(1) 동력경운기의 종류

1) 작업기와 견인 장치에 의한 분류

① 구동형 : 본체와 작업기가 일체로 되어 있는 각(로터리)
② 견인형 : 주행하면서 작업기를 견인하는 형식(쟁기)
③ 겸용형 : 우리나라 동력경운기는 구동형과 견인형의 협기를 모두 형식(로터리+쟁기)

2) 주행장치 형식에 의한 분류

① 차륜형
② 반장궤형
③ 장궤형

3) 탑재 기관의 종류에 의한 분류

① 가솔린기관 동력경운기
② 석유기관 동력경운기
③ 디젤기관 동력경운기

(2) 동력경운기의 구조

기관, 동력전달장치, 주행장치, 조향장치, 제동장치, 작업기장착 및 구동 장치로 구성

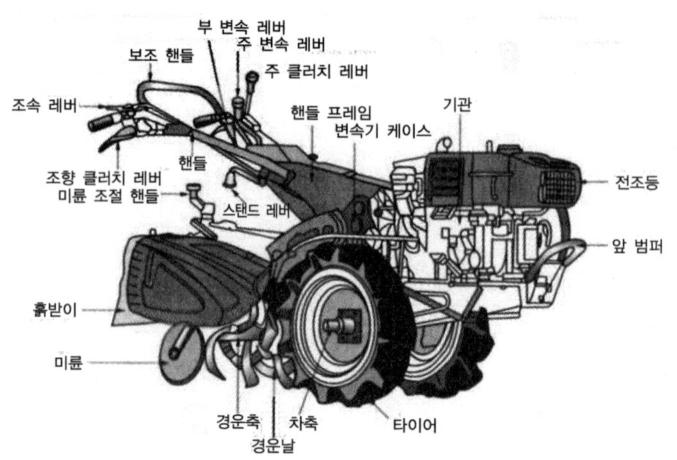

[그림 4-30] 동력경운기의 구조

기관 → V벨트 → 주 클러치 → 주축 → 변속장치 → 조향장치 → 차축 → 바퀴

변속장치 ↓ 경운 클러치 → 경운 구동축 → 로터리날

1) 기 관

동력경운기에 사용되는 기관은 대부분 단기통 4행정 기관으로서 정격 출력 4.4~7.4kW (6~10PS) 수냉식 디젤기관이 많이 사용된다.
(동력경운기의 크기는 기관의 마력수로 표시)

2) 동력 전달 장치

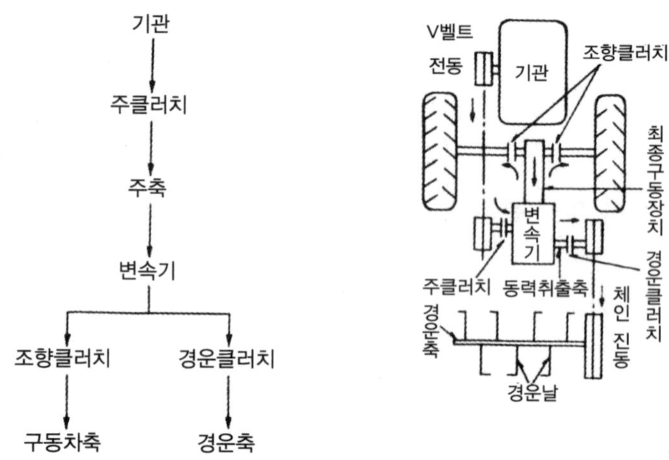

[그림 4-31] 동력전달 계통

3) 주 클러치

기관과 변속기 사이에서 주행을 정지시키거나 변속을 할 때 기관의 회전을 정지시키지 않고서도 동력전달을 단속

> ☞ 동력경운기는 다판식 원판마찰클러치가 사용된다(이유 : 동력전달이 확실하고, 큰 토크를 전달할 수 있다).

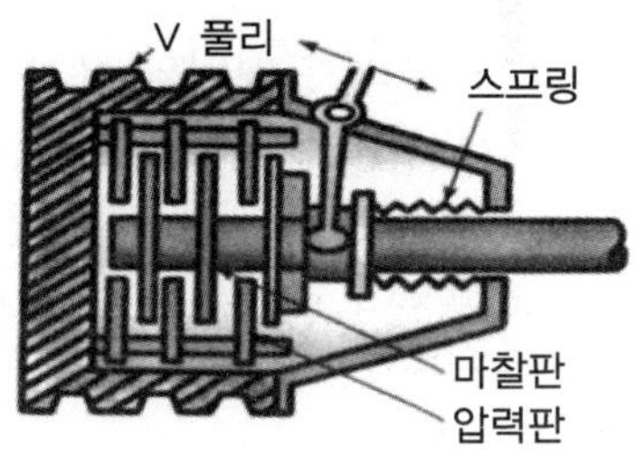

[그림 4-32] 동력경운기의 주클러치

> ① V벨트가 타는 이유 : 유격과다, 텐션 풀리 고착, 과부하
> ② 조정방법 : V벨트 유격조정은 텐션 풀리의 너트를 풀고 텐션 풀리를 상하로 움직여 조정
> ③ 동력경운기에서 다판식을 사용하는 이유는 소형이며 큰 힘을 전달할 수 있기 때문
> ④ 주 클러치를 넣어도 전진되지 않는 이유 : V벨트 슬립, 조향 포크 불량, 차륜 핀 파손, 클러치불량

4) 변속장치

변속장치 : 기관의 회전속도를 변화시키지 않고서도 원하는 주행속도나 PTO축의 회전속도를 얻게 하는 장치이다.

주행 변속 범위는 전진 6단, 후진 2단, 경운 변속 2단으로 주변속 레버와 부변속 레버를 변속 표시판의 해당 변속 단수위치에 넣으면 된다.

> ☞ 동력경운기의 변속장치는 선택 미끄럼식(선택물림기어식)이다.

> ① 기어가 빠지는 원인 : 기어마모나 파손시, 록킹볼과 스프링마모, 변속포크 불량시.
> ② 기어가 들어가지 않는 원인 : 주 클러치 불량, 기어마모, 변속포크 불량

5) 주행장치

① 바퀴 : 동력경운기에 사용되는 바퀴에는 고무바퀴와 쇠바퀴의 두 종류가 있다.

② 동력경운기의 타이어 공기압은 1.1~1.4kg/cm^2(15.6~20psi)이며 작업에 따라 달리할

수 있다.

6) 조향장치

① 조향 핸들 : 동력경운기는 양뿔 모양의 핸들과 루프 모양의 보조 핸들을 갖추고 있으며, 작업의 종류나 운전자의 키에 따라 상하 높이가 조절되도록 되어 있다.

② 조향 클러치 : 농경지에서 선회할 때에는 핸들만으로 힘이 많이 들어 어렵기 때문에 좌우 바퀴 중 한쪽의 동력을 끊음으로써 한쪽 바퀴에만 동력이 전달되게 하여 방향을 바꾸는 구조를 채용하였으며, 조향 클러치 레버의 유격은 1~2mm이다.

- 내리막에서는 동력이 끊어진 쪽이 관성과 중력을 동시에 받아 빨리 회전을 한다.

> ☞ 동력경운기의 조향장치는 도그클러치 또는 맞물림 클러치 방식이다.
> ☞ 경운기로 경사지를 내려가야 하는 경우에는 조향클러치를 가고자하는 방향의 클러치를 잡지 않고 반대쪽 조향클러치를 잡아야 한다.

7) 제동장치

제동장치 : 정지나 선회를 용이하게 하기 위한 브레이크

- 동력경운기는 주행 속도가 빠르거나 경사지를 내려갈 때 클러치만으로는 정지되지 않으므로 제동장치가 필요하다.
- 제동방식 : 내부확장식 브레이크 레버를 당겨 브레이크 캠이 링을 확장시켜 브레이크 드럼에 밀착되어 회전을 멈추게 하는 형태

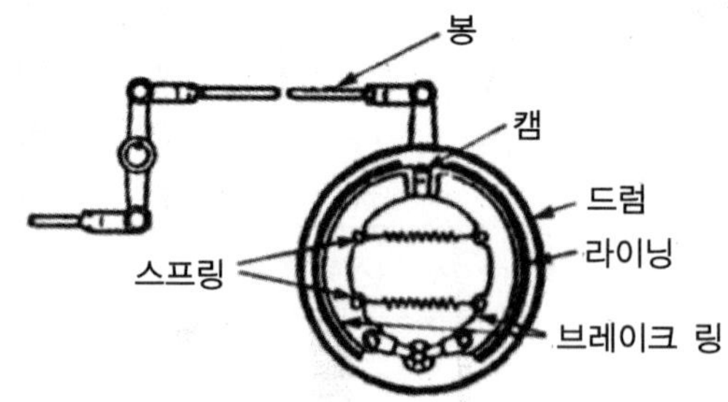

[그림 4-33] 동력경운기의 제동장치

8) P.T.0(동력취출장치)

동력경운기의 기관 정격회전수는 약 2,200rpm으로 토양을 대상으로 하는 작업이 불가능하므로 변속기를 이용하여 구동축과 동력 취출축의 회전수를 감속하여 주행과 동력을 외

부축으로 전달하는 장치로 동력취출장치라고 한다.

☞ PTO축, 경운축, 갈이구동축은 모두 같은 의미이다.

9) 동력경운기의 부착 작업기

① 견인형 부착작업기

- 견인식 : 히치를 사용하여 작업기를 1개의 핀으로 연결하는 방식(트레일러)
- 고정식 : 2개의 핀으로 연결하여 작업기가 좌우로 요동하는 것을 방지하는 방식
- 요동식 : 한 개의 핀으로 연결하되 좌우로 조금만 요동하도록 하는 방식(쟁기)

② **견인 구동형** : 동력경운기와 작업기를 일체시켜 주행하며 경운축(P.T.O)을 커플러로 동력을 전달 받아 작업기를 구동하는 방식(로타리)

③ **분할 구동형** : 회전을 요하는 작업기의 경우 동력경운기 기관의 주축 한쪽 끝을 V벨트 또는 평풀리를 연결하여 사용하는 방식

- 탈곡작업, 양수작업 등과 같은 정치성 작업에 많이 사용된다.

10) **전기장치**

디젤의 경우 냉각팬 중심축에 있는 교류발전기에서 발생한 전력으로 야간 작업을 하거나 도로를 주행할 때 작업등, 전조등을 켠다.

- 냉각팬의 중앙부, 180Hz, 6～12V, 5～6A, 30～70W

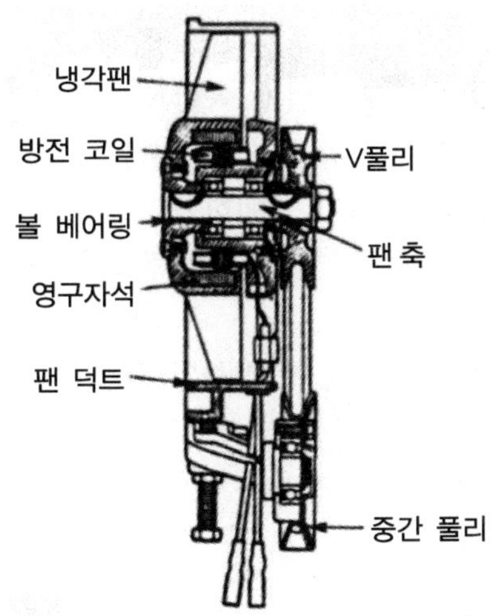

[그림 4-34] 동력경운기의 전기장치

6. 보행형 관리기

경운, 정지, 중경제초, 구굴, 휴립, 비닐 피복 등 작업기를 부착하여 사용하는 기계
• 후진 작업 : 휴립 작업(두둑성형), 비닐 피복 작업 등

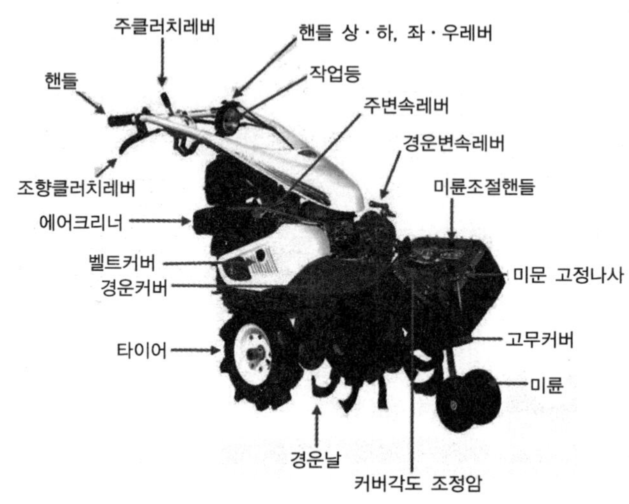

[그림 4-35] 보행형 관리기

1) 관리기의 특징

① 구조가 간단하고 가벼우며 비닐하우스 안이나 과수원 등과 같이 좁고 낮은 공간에서도 작업이 용이하다.
② 전후방에 부착할 수 있어 경운작업, 정지작업, 중경 제초작업, 중경 배토작업, 구굴작업, 휴립 비닐피복 작업 등의 관리작업에 폭넓게 이용할 수 있다.
③ 핸들이 원터치 조작으로 상하좌우 조절이 가능하다.
④ 변속레버의 조작으로 전 후진 작업이 용이하다.
⑤ 비닐피복 작업이나 휴립 작업 등 작업에 따라 핸들을 180° 회전시켜 후진작업이 가능하다.
⑥ 기체의 무게중심이 낮아 안전성이 있어 경사지에서도 작업이 가능하다.
⑦ 변속기와 작업기가 분리식이어서 각종 부속장치의 교체가 용이하다.
⑧ 형식은 1륜 또는 2륜식이 있으며, 기관은 공랭식 4행정 단기통 가솔린기관으로 출력은 2.57~4.4kW이다.

[그림 4-36] 보행형 관리기 적용 작업

7. 승용형 관리기

승용형 관리기는 트랙터와 비슷한 형태로 주목적은 작물이 심어진 후 관리하기 위한 기계

- 주로 방제작업과 부분 경운, 정지작업 등에 용이
- 작물의 이식시 차륜 폭을 조절하여 작물에 손상을 주지 않도록 할 수 있다.

[그림 4-37] 승용 관리기

(1) 기 관

대부분 관리기에 탑재되는 기관은 공랭식 4행정 2기통 가솔린기관으로 출력이 10.3~14.7kW이다.

(2) 동력전달

승용형 관리기는 건식 클러치를 활용하여 주행(4륜구동)과 P·T·O에 동력을 전달하게 된다.

(3) 주 클러치

- 승용관리기(0.7~6.2kW(1~10PS))에는 페달식 클러치를 활용하며 승용 트랙터와 같은 방식의 클러치를 활용한다.
- 건식 다판 클러치 방식으로 클러치를 밟으면 주행과 PTO 동력이 동시에 차단되는 구조로 되어 있다.

(4) 제동장치

제동장치는 습식 마찰 디스크 방식으로 되어 있고, 브레이크 페달은 좌우 독립적인 구조로 되어 있어 선회 회전반경에 용이하다.

(5) 변속장치

주 변속레버와 부 변속레버의 위치 변화에 따라 전진 8단, 후진 4단으로 구성되어 있다.

제5장 농작업기계

1. 경운 및 정지기계

(1) 경운(耕耘)의 의미

작물이 잘 자랄 수 있도록 토양의 상태를 경토로 준비하는 것을 경운이라고 한다. 경운은 1차 경운과 2차 경운으로 구별된다.

(2) 경운의 목적

① 뿌리의 활착을 촉진 시킨다.
② 잡초 발생을 억제한다.
③ 작물의 생육을 촉진할 수 있는 환경을 개선한다.
④ 잔류물을 지하로 매몰하고, 매몰된 잔류물은 부식과 단립화를 촉진하여 지력을 좋게 한다.
⑤ 경토의 유실을 최소화할 수 있다.

(3) 경운의 구분

① 1차경 : 토양을 경기, 반전하는 작업
② 2차경 : 쇄토, 정지하는 작업
③ 최소경운 : 경운에 소요되는 비용과 에너지를 최소화하고 토양의 유실을 방지하기 위한 경운 방법
- 기계에 의한 토양 다짐을 최소화 할 수 있다.
- 수분유지가 우수하다.
- 투입 에너지와 소요 노동력을 줄일 수 있다.
- 토양유실이 감소 된다.

④ 무경운 : 경운하지 않고 작물을 재배하는 방법

> ☞ 경반은 시간이 경과됨에 따라 다짐이 일어나기 때문에 3년 이상이 되면 심경을 해주어야 하며, 비닐하우스의 토양에는 염류 집적현상이 발생하게 되는데 이를 해결할 수 있는 방법으로 심경 또는 심토파쇄를 하는 것이다.

(4) 경운작업의 종류

① 쟁기(경기)작업 : 쟁기 또는 플라우로 굳어진 흙을 절삭, 반전 파괴하여 큰 덩어리로 파쇄하는 작업(1차경)
② 쇄토작업 : 로터리(로터베이터), 해로우 등을 사용하여 쟁기 작업된 흙을 다시 작은 덩어리로 파쇄하는 작업(2차경)
③ 균평작업 : 배토판, 디스크 해로우 등을 사용하여 지면을 평탄하게 하는 작업
④ 심토파쇄직업 : 심토파쇄기를 사용하여 경반층을 파쇄하는 작업
⑤ 두둑작업 : 리스터를 사용하여 두둑을 만드는 작업(휴립작업)
⑥ 고랑 작업 : 트랜처를 이용하여 고랑을 만든 작업

(5) 경운작업기의 분류

① 견인식 : 플라우, 쟁기, 디스크 플라우, 디스크 해로우등
② 구동식 : 로터리, 로터베이터, 해로우등
③ 견인구동식 : 플라우, 로터리

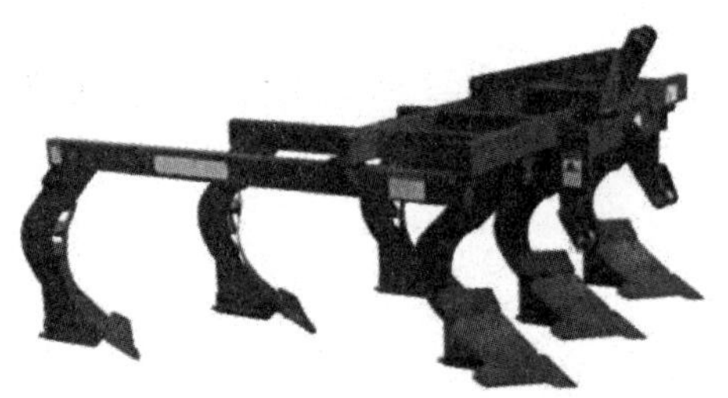

(a) 이랑쟁기

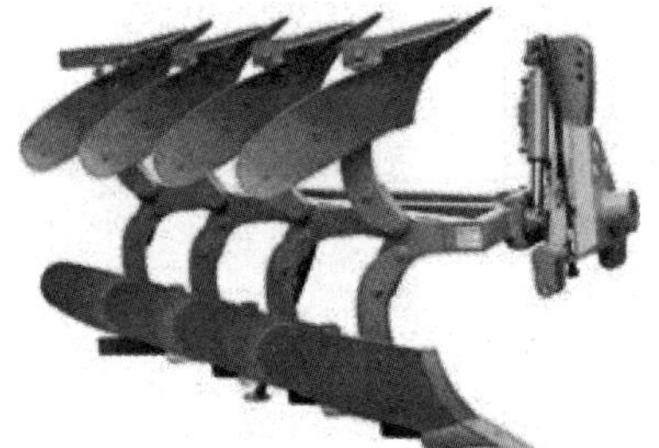

(b) 4련 유압반전 쟁기

[그림 5-1] 쟁기의 구조

(6) 쟁기의 3요소

① 보습 : 토양에 처음 접촉하는 부위로 등폭형, 부등폭형, 삼각형의 모양의 금속판으로 되어 있으며 흡입각에 맞게 흙을 절단하고 발토판으로 끌어 올리는 작용을 한다.
② 발토판(몰드보드) : 보습에서 절단된 흙을 반전, 파쇄, 던져짐 역할을 한다.
- 원통형 발토판
- 타원주형 발토판
- 나선형 발토판
- 반나선형 발토판

③ 바닥쇠(landside, 지측판) : 안정된 경심과 경폭을 유지하는 역할을 한다. 바닥쇠라고도 한다.

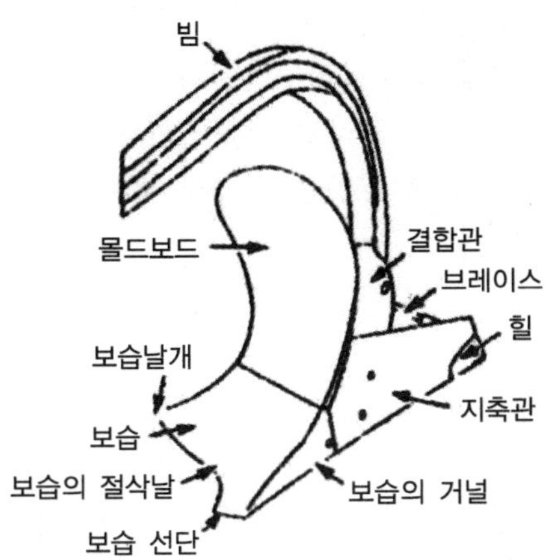

[그림 5-2] 몰드보드 플라우 구조

(7) 원판 플라우

- 1877년 미국에서 처음으로 특허를 얻음
- 원판의 크기는 보통 지름이 50~90cm 범위
- 쉽게 땅속으로 침입하기 어려운 마르고 단단한 땅에서 경기 작업이 가능하다.
- 나무뿌리나 돌멩이에 부딪쳐도 파손될 위험성이 적고, 특히 개간지와 같이 나무뿌리가 남아 있는 경지의 경기 작업에 적합하다.
- 플라우의 원판에 경사각이 클수록 토양 반전이 용이하고, 원판각은 경폭의 조절이 가능하다.

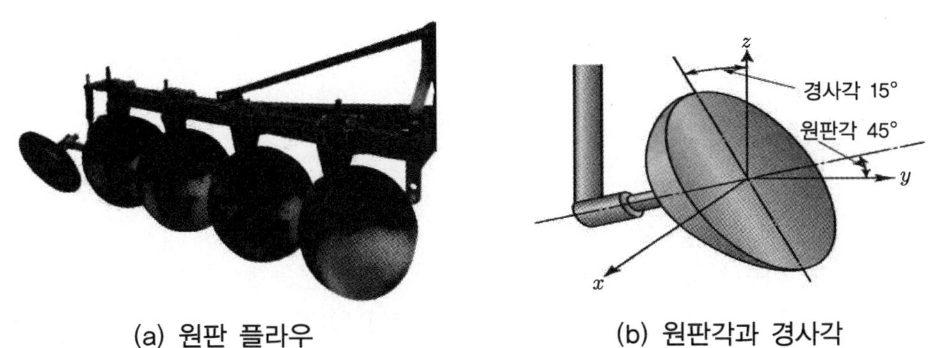

(a) 원판 플라우 (b) 원판각과 경사각

[그림 5-3] 원판 플라우 구조

(8) 심토 플라우와 심토 파쇄기

- 일반적으로 플라우에 의해 경운된 토층 이하를 심토라고 한다.

• 심토가 지나치게 굳어지면 작물 생육에 장해를 줄 수 있다.
• 따라서 심토를 부드럽게 만들어 주거나 배수 통로를 만들어 줌으로써 작물의 생육 환경을 개선해 주기 위한 작업기로는 심토 플라우, 심토 파쇄기 등이 사용된다.
• 지면에서 40~80cm 아래의 굳어진 토양을 내부에서 파쇄시키는 작업기로서, 겉흙은 갈지 않고 단단한 경반만을 파쇄한다.

[그림 5-4] 심토 플라우(쟁기)

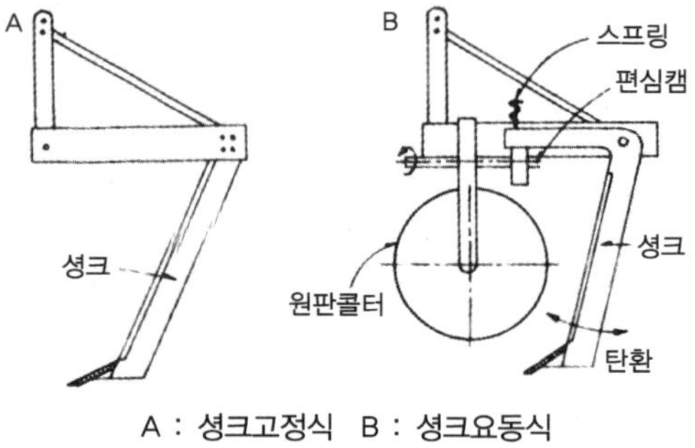

A B
스프링
편심캠
섕크
원판콜터
탄환
A : 섕크고정식 B : 섕크요동식

[그림 5-5] 심토 파쇄기

(9) 정지작업기(쇄토작업)

쇄토와 균평 또는 쇄토와 고랑을 만들기를 동시에 수행할 수 있도록 만들어진 기계이다.

1) 쇄토기(정지작업기)의 종류

① 쇄토기
② 균평기
③ 진압기
④ 두둑 및 고랑 만드는 기계

2) 로타베이터(쇄토기, 로타리)

• 회전 구동력을 얻어서 경운 작업을 수행하는 작업기를 구동형 경운기라고 한다.
• 로타리식, 스크루식, 크랭크식 등의 구동경운방식이 있다.
• 회전수는 150~350rpm
• 로타리날은 회전운동과 병진운동이 동시에 이루어짐
• 경운날의 회전방향은 위에서 아래로 토양을 절삭하는 하향 절삭식과 반대로 아래에서 위로 절삭하는 상향 절삭식이 있으나 일반적으로 하향 절삭식이 널리 채택

☞ 트랙터용 로타리식 경운 기구는 영국의 Howard사에서 Rotavator라는 제품명으로 국내에 소개되었다.

- 구동 방법에 따른 종류 : 중앙 구동식, 측방 구동식, 분할 구동식

[그림 5-6] 승용트랙터용 로타베이터

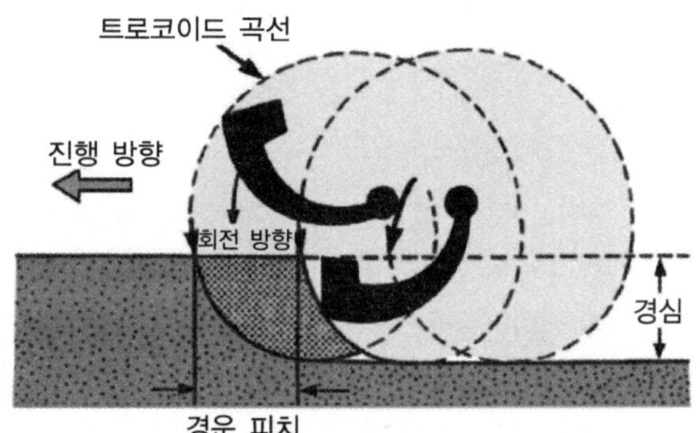

[그림 5-7] 로터리 정회전 경운 원리

① 경심 : 반전된 흙으로 말미암아 생긴 골의 길이
② 경폭 : 경심의 폭, 너비
③ 경운피치에 미치는 인자 : 주행속도, 로터리 회전수, 토양 함수율

3) 균평기

- 1, 2차경이 끝난 다음에 토양의 지표면을 평평하게 만들기 위해서 흙덩이를 이동시키는 데 사용되는 작업
- 로타리 경운 작업기 바로 뒤에 균평기를 연결하는 형식과 균평 작업만을 할 수 있는 정지판 또는 해로가 있다.

4) **두둑성형기(휴립복토기)**

- 각종 두둑을 만들거나 둥근 두둑 만들기를 하는 작업기
- 로타베이터로 경운 및 파쇄작업을 하고 동시에 두둑을 성형시킴
- 로타리, 배토기, 두둑다짐판으로 구성

[그림 5-8] 두둑성형기

5) 경운날의 종류

① 작두형 날 : 경운축에 수직으로 연결되는 머리가 짧고 곧으며, 앞 끝 부분이 좌우로 휘어진 형태로 경운기, 관리기에 사용된다. 흙을 자르면서 쇄토하는 형태이다.

② L자형 날 : L자형으로 80~90° 굽은 형태로 트랙터에 사용된다. 흙을 큰힘으로 충격을 가하여 파쇄하는 형태이다.

③ 보통형 날 : 좌우 어느 쪽으로도 휘지 않고 끝 부분의 단면이 작아지는 형태로 마르고 단단한 토양에 사용한다.

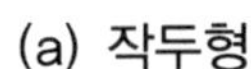

(a) 작두형

(b) L자형

[그림 5-9] 경운날 형상

(10) 중경용 기계

1) 중경의 목적

중경이란 작물의 생장조건 개선을 목적으로 실시하는 작물 및 포장관리 작업을 말한다.

• 효과 : 토양 상태의 개선, 토양의 수분 유지, 잡초 제거 등을 통하여 생장 조건을 개선

2) 작업의 종류

① 중경작업 : 이랑 및 작물의 포기 사이를 경운, 쇄토하여 토양의 통기성과 투수성을 촉진시키고 잡초 발생을 억제하여 작물의 생장 환경을 개선하는 작업
② 제초작업 : 잡초를 제거하는 작업으로써 잡초를 뽑거나 뿌리를 잘라 고사시키는 작업
③ 배토작업 : 작물의 줄기 밑부분을 흙으로 돋우어 주는 작업
　㉠ 뿌리의 지지력을 강화
　㉡ 도복(쓰러짐) 방지
　㉢ 이랑의 잡초를 제거하는 효과

중경제초작업

논 제초작업

[그림 5-10] 중경제초기

2. 파종기계

(1) 파종법

① 산파 : 종자를 흩어뿌리는 방식
② 조파 : 종자를 간격이 일정한 줄에 연속적으로 파종하는 방식 (동시에 시비가능)
③ 점파 : 일정 간격의 줄에 일정 간격으로 한 알 또는 몇 개의 종자를 파종하는 방식

> ☞ 파종기가 한 번에 한 줄을 심으면 1조식, 2줄을 심으면 2조식이라고 한다.

(2) 산파기

- 종자가 작고 가벼운 목초와 같은 종자를 흩어 뿌리는 기계
- 고속으로 회전하는 회전 원판에 종자를 낙하시켜 회전 원판의 원심력을 이용하여 종자를 멀리 비산
- 파종 폭은 종자의 크기, 원판의 회전속도, 원판의 지상고 등에 따라 다르나 7~10m

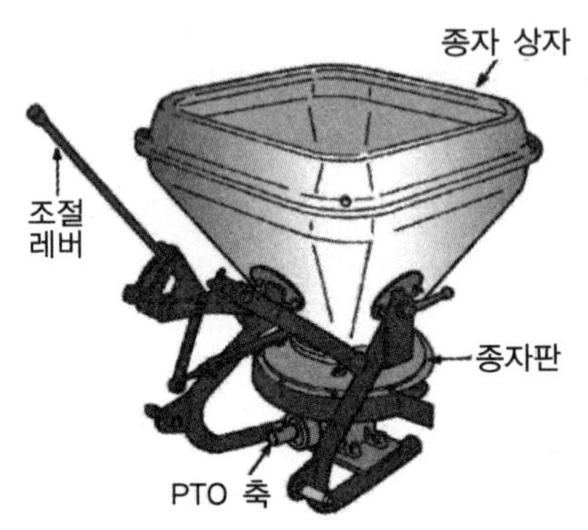

[그림 5-11] 산파기

(3) 조파기

1) 조파기의 구성요소

① 호퍼 : 종자를 부어 종자배출장치에 들어가기 전에 종자가 모여 있는 곳(깔대기 모양의 통)

② 종자배출장치 : 규정된 양의 종자를 종자도관으로 유도하는 장치

- 롤러식 : 원통표면에 같은 간격으로 종자가 들어갈 수 있는 오목한 반구형의 구멍 또는 홈을 파고 롤러가 회전함에 따라 종자를 배출하는 방식

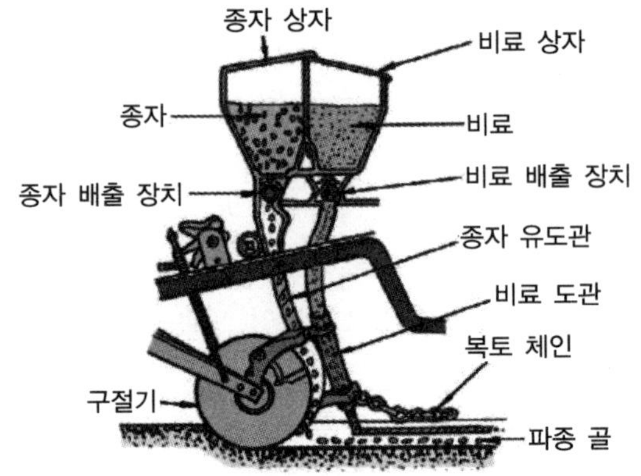

[그림 5-12] 조파기

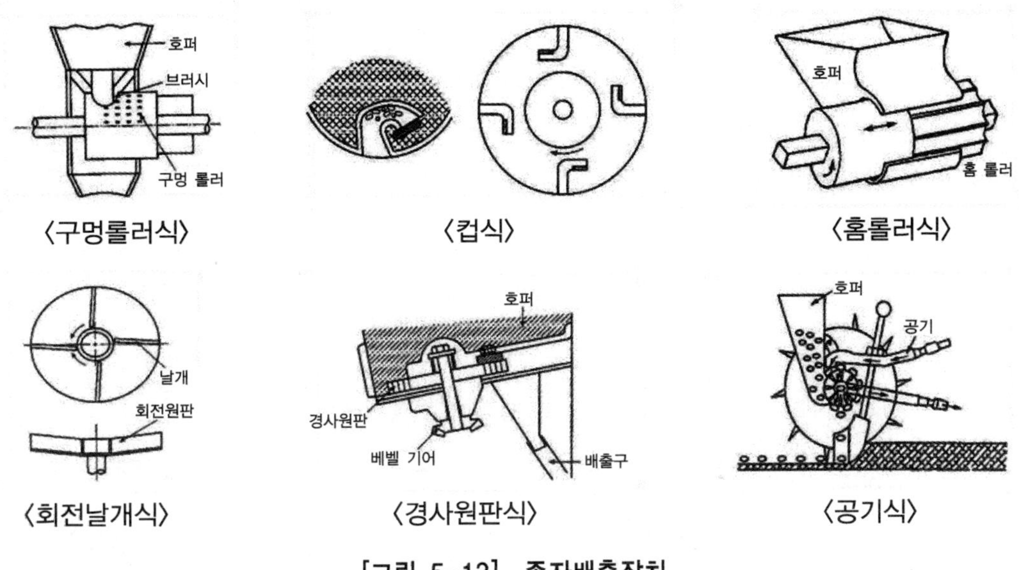

[그림 5-13] 종자배출장치

- 원판식 : 원주 또는 안쪽에 종자가 들어가 홈을 설치하고. 원판이 회전함에 따라 홈에 담긴 종자를 이동하여 자체 무게로 배출되도록 하는 방식
- 벨트식 : 호퍼 밑에 구멍을 낸 벨트를 설치하고 벨트가 회전함에 따라 구멍에 들어간 종자를 배출하는 방식

③ 종자도관 : 종자 배출장치에서 배출된 종자를 파종 골까지 안내하는 관

④ 구절기 : 종자가 떨어질 골을 파는 장치
- 삽형, 호우형, 구두형, 단관형, 복원판형

⑤ 복토기 : 종자도관에서 전달된 종자가 구절기가 파놓은 골에 들어간 후 흙을 덮어주는 장치

⑥ 진압륜(진압기) : 복토된 흙을 다질 때 사용되는 바퀴

(4) 점파기

점파기는 종자를 일정한 간격으로 한 알 또는 몇 알씩 파종하는 기계

1) 점파기의 구성요소

① 종자배출장치 : 종자호퍼에서 정해진 파종량만큼 배출하는 장치

② 종자판 : 수평으로 회전하며 판 둘레의 구멍을 통하여 종자를 배출한다.

③ 차단장치 : 필요 이상의 종자가 종자관 구멍으로 유입되는 것을 차단하기 위한 장치

④ 떨어뜨림 장치 : 구멍 속의 종자를 배출시키기 위한 장치

(5) 감자파종기

씨감자를 하나씩 일정한 가격으로 파종하는 점파식 파종기이다.

① 엘리베이터형 반자동식
② 종자판형 반자동식
③ 픽커힐 전지동식
④ 픽커힐

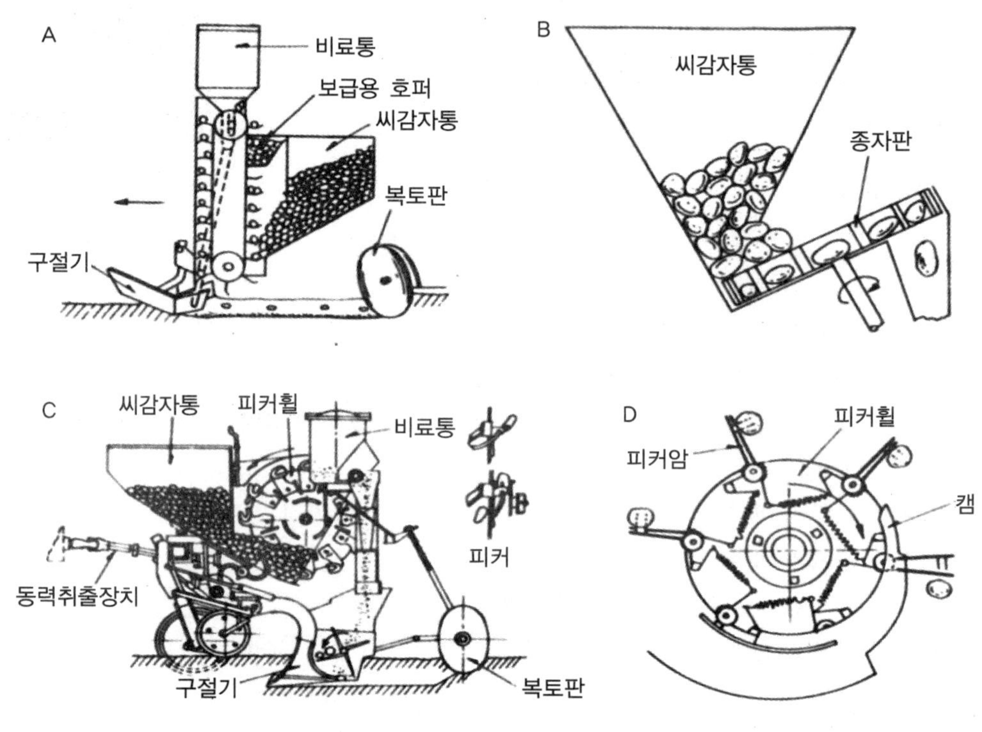

A : 엘리베이터형 반자동식　B : 종자판형 반자동식
C : 픽커힐 전자동식　　　　D : 픽커힐 전자동식

[그림 5-14] 감자파종기의 종류

3. 이식기계

벼, 채소 등과 같은 작물의 모종을 토양으로 옮겨 심는 작업을 하는 데 이용한다. 모를 심는 이앙조의 수에 따라 4조식, 6조식, 8조식 등이 있다.

> ☞ 이식작업의 장점
> ① 솎아내기 관리가 용이하다.
> ② 제초작업 등이 용이하다.
> ③ 제식거리를 일정하게 할 수 있다.

(1) 이앙기 모의 크기

모의 크기는 엽령으로 나눌 수 있다. 벼 이앙 모의 경우 엽령이 2.5 정도 이하의 것을 치묘, 그 이상인 것을 중묘, 이보다 큰 것을 성묘라고 한다.

(2) 이앙육묘상자

플라스틱을 소재로 사용하고 상자의 크기는 안쪽 길이 580mm, 폭 280mm, 깊이 30mm, 바깥쪽 길이는 650mm이다.

(3) 이앙기

1) 이앙기의 구조

기관, 플로트, 차륜, 모탑재대. 식부장치, 각종 조절 레버 등

① 기관 : 보행용 이앙기의 기관은 2~3kw 정도의 출력을 사용하고 승용이앙기는 3~5kw를 사용하였으나 최근 승용이앙기 중 8조식의 경우에는 15kw 이상의 기관을 사용하기도 한다.
② 차륜(바퀴) : 경반에 의해 기체를 지지해주면 구동하는 장치, 무논(물논)상태에서 작업을 하기 때문에 견인력을 좋게 하기 위해 물칼퀴 형태로 되어 있다.
③ 플로트(식부깊이 조절장치) : 경반인 지면에 의해 지지하는 역할을 하며 식부깊이 조절레버를 조작하면 폴로트가 상하로 이동하면서 식부깊이를 조절할 수 있다.
④ 식부장치 : 모를 심는 장치이다.
  * 식부날의 형태 : 절단식, 젓가락식, 통날식, 판날식, 종이포트묘 용, 틀묘 용 등
⑤ 묘떼기량 조절레버 : 묘떼기량 조절레버를 움직이면 식부장치는 일정하게 회전하고 모탑제 대를 조절하여 묘떼는 양을 조절하게 된다.
⑥ 횡이송 장치 : 간헐적 운동에 의한 이송과 연속운동에 의한 이송을 한다.

⑦ 종이송 장치 : 모의 자체 무게에 의하여 이루어짐

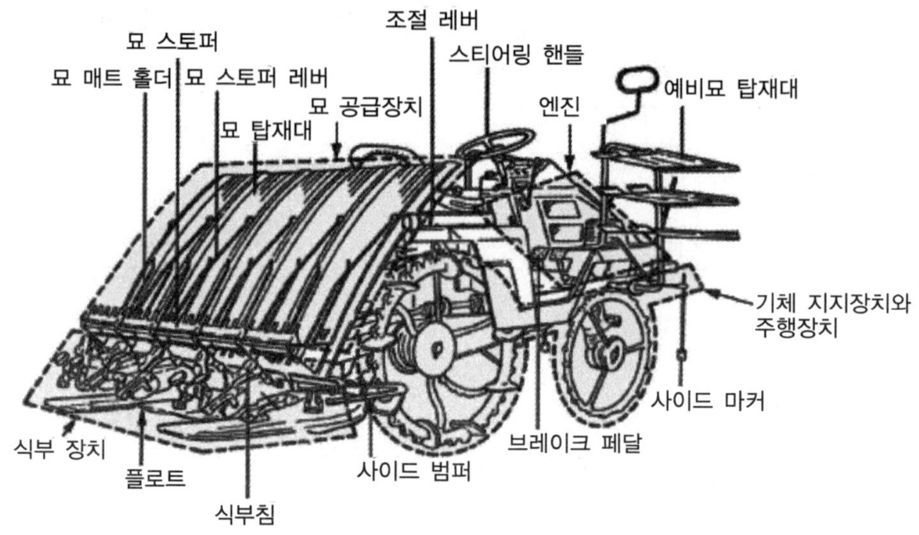

[그림 5-15] 승용이앙기

——주행 정지 중의 궤적　　------주행 식부 중의 궤적

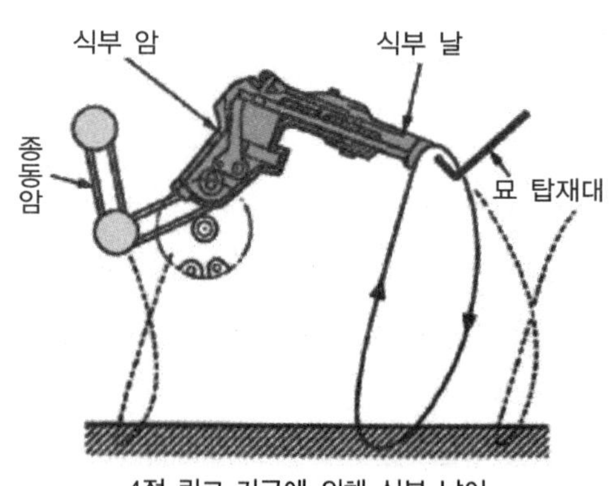

4절 링크 기구에 의해 식부 날이 크랭크 운동을 하여 묘를 채취해 흙 속에 꽂아서 심는 방식

(a) 크랭크식

식부 날 떨림 방지 커버
편심 기어
묘 탑재대
B
A
진행 방향
식부날
식부 포크

유성기어 기구에 편심 기어를 사용해서 식부 날 축 1회전 중에 A, B 2개의 식부 날로 번갈아 묘를 심는 방식

(b) 로터리식

[그림 5-16] 식부장치

2) 동력전달장치

동력원인 엔진에서 모든 동력을 지원해주는 역할을 한다. 동력전달은 주 클러치와 변속기, 차동장치 등으로 구성되어 있다. 변속기는 주 변속과 부 변속으로 되어 있으며 주 변속은 전진 2단, 후진 1단이다. 동력전달장치의 역할은

① 주행장치로의 동력전달
② 유압장치로의 동력전달
③ 식부부로의 동력전달이다.

4. 관개기계

관개는 농작물에 필요한 물을 공급하는 과정이나 작업을 말한다. 관개용 기계로는 양수기, 스프링클러 등이 있다.

(1) 펌프의 종류

1) 원심펌프

① 원심펌프의 구조

- 회전차 : 여러 개의 깃이 회전하며, 깃의 수는 보통 4~8매로 둥근 형태로 되어 있다.
- 안내깃 : 회전차에서 전달되는 물을 와류실로 유도하여 속도 에너지 얻게 해주는 장치
- 와류실 : 송출관 쪽으로 보내는 나선형 동체
- 흡입관 : 흡입수면에 놓이는 관
- 풋밸브 : 액체를 흡입할 때는 열리고 액체가 흐르지 않을 때는 닫히는 체크밸브의 형태
- 송출관 : 와류실과 송출구로 전달해주는 수송관

② 원심펌프의 종류

- 볼류트펌프 : 스크류형으로 되어 있는 방과 프로펠러로 되어 있는 가장 간단한 형태이다. 프로펠러를 고속으로 회전시켜 원심력을 발생시켜 물을 송출하는 형태의 펌프이다.

☞ 양수 고도는 30m 이하로 소형이며 가장 많이 사용

- 터빈펌프 : 원심펌프의 일종으로 안내날개가 달린 펌프

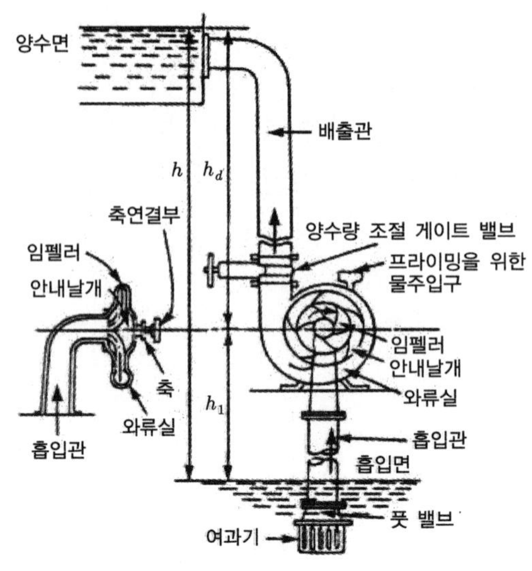

[그림 5-17] 원심펌프의 구조

③ 원심펌프의 특징

㉠ 양정과 양수량의 범위가 크다(성능과 효율이 비교적 좋다).

㉡ 구조가 간단하고 사용하기 쉽다.

㉢ 전동기와 직결하여 사용할 수 있다.

㉣ 마찰과 고장이 적어 오래 사용할 수 있다.

㉤ 물에 흙이나 모래가 섞여 있어도 운전이 가능하다.

㉥ 회전운동을 하기 때문에 진동이 작고 효율이 높다.

㉦ 크기가 작아 좁은 장소에 설치가 가능하다.

☞ V벨트로 동력을 전달할 때 원심펌프와 전동기의 회전비는 1 : 13~15 이하로 하는 것이 좋다. 양수기의 V벨트의 속도는 1,000m/min이 적합하나 최대 1,500rpm 이하이어야 한다.

④ 양수기의 설치

㉠ 홍수 시에 물에 잠길 염려가 없는 한 수원 가까운 곳에 설치한다.

㉡ V벨트로 동력을 전달할 경우는 원동기와 양수기의 풀리가 일직선이 되도록 하고 V벨트의 긴장도가 1~2cm가 되도록 설치한다.

㉢ 원동기와 직결하여 동력을 전달할 경우는 원동기 축과 양수기 축이 일직선이 되도록 연결하고 축이음을 확실하게 연결한다.

㉣ 흡입관을 공기가 새지 않도록 양수기의 흡입구에 확실하게 연결한다.

ⓜ 흡입관은 수직이 되도록 설치해야 풋 밸브가 제대로 작동한다.

ⓗ 너무 얕게 설치하거나 물이 흘러들어 오는 곳에 가까우면 공기가 유입되고 바닥에 너무 가까우면 흙을 빨아들이므로 주의해야 한다.

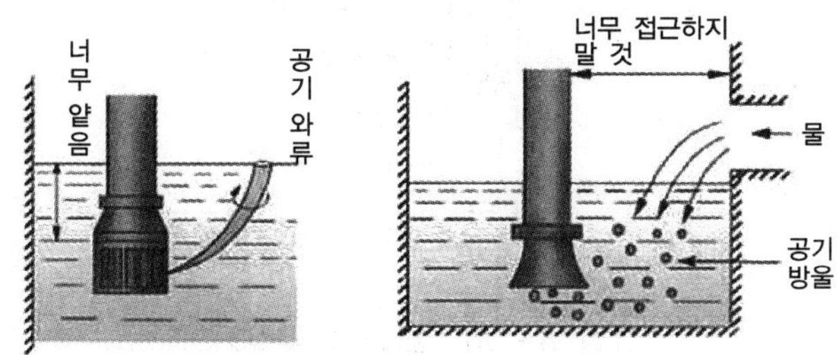

[그림 5-18] 흡입관 설치 시 주의 사항

2) 펌프의 동력과 효율

① 양정 : 흡수면과 양수면과의 수직거리

② 수동력(수마력) : 펌프에 의하여 액체에 공급되는 동력, 유량과 양정, 액체의 비중량과 비례

③ 효율

- 체적효율 : 행정 체적부피와 흡인된 액체의 부피에 상당하는 비율
- 수력효율 : 펌프내에서 생기는 수력 손실
- 기계효율 : 동력이 전달되면서 나타나는 다양한 마찰력에 의한 손실

☞ 원동기에 의하여 펌프를 운전하는 데 필요한 동력

$$L_w = \frac{\gamma HQ}{75 \times 60}(\text{ps}) = \frac{\gamma HQ}{102 \times 60}(\text{kW}) \qquad (5\text{-}1)$$

여기서, L_w=수동력, Q=유량(m/min), H=전양정(m), γ=비중량(kg/m)

3) 스프링클러(살수기)

물을 양수하여 파이프에 송수하고 분사관을 회전시켜 살수하는 장치이다. 물을 가압하여 관로를 통하여 물을 보내어 분사관을 회전시켜 송수된 물을 살수한다.

① 살수기의 구성 요소

㉠ 펌프 : 동력을 전달받아 액체의 압력을 발생시키는 장치

㉡ 원동기 : 펌프를 회전시킬 수 있는 동력을 발생시키는 장치

㉢ 배관 : 펌프가 일정압력으로 밀어줄때 액체를 전달해주는 장치

㉣ 노즐 : 압력의 차이를 발생시켜 액체를 비산시켜주는 장치

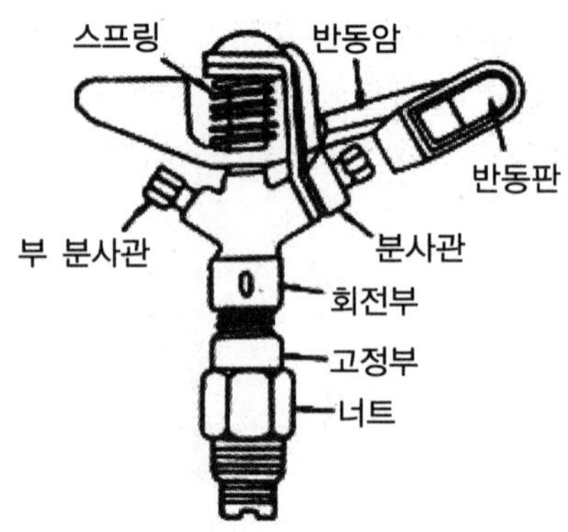

[그림 5-19] 회전식 살수기

② 살수관개의 특징

㉠ 필요할 때 필요한 용수를 균등하게 관개한다.
㉡ 용수량의 20~30% 절약된다.
㉢ 지표를 굳게 하지 않는다.
㉣ 강우와 같은 양상으로 땅에 침투한다.
㉤ 적당한 장치를 추가하면 비료나 농약을 물에 섞어 관개와 동시에 효과적으로 시비나 방제를 할 수 있다.
㉥ 강우와 마찬가지로 잎에 묻은 흙먼지를 씻어 낼 수 있다.
㉦ 겨울에 사용하면 서리피해를 방지할 수도 있다.
㉧ 경사지의 사질토에도 관개 가능하고 지표관개에 비하여 토양의 침식을 적게 한다.

③ 살수기 수압크기

저압식은 0.21~1.05kg/cm^{2}상, 중압식은 1~2kg/cm^2, 고압식은 3.5~72kg/cm^2, 저각도식은 0.81~3.5kg/cm^{2}이다.

☞ 살수관수장치를 운전하기 위해서는 고정식은 1kg/cm^2 이상, 회전식은 2.8kg/cm^2 이상, 회전식 가운데 미스트법은 2.5~10kg/cm^2 이상의 수압이 필요하다.

④ 스프링클러의 배치

㉠ 바람이 없는 경우 : 살수 지름의 65%
㉡ 바람이 3m/sec : 살수 지름의 60%
㉢ 바람이 3~4m/sec : 살수 지름의 50%
㉣ 바람이 4m/sec 이상 : 살수 지름의 22~30%

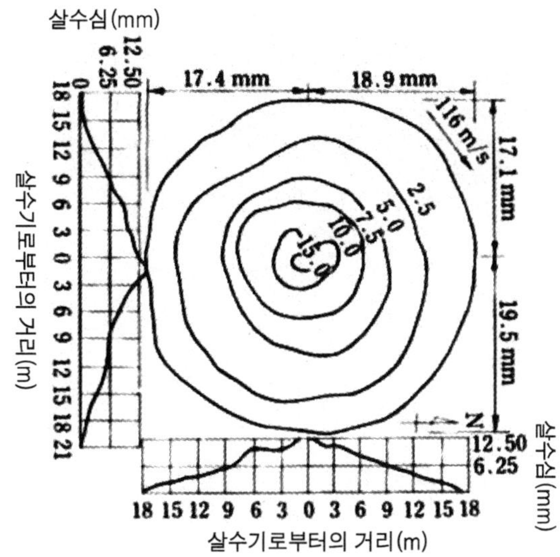

[그림 5-20] 살수분포의 일례

5. 방제기계

분무기란 액체상의 농약에 압력을 가하여 액체를 목표물에 전달하는 기계이다.
방제는 병해충과 잡초로부터 농작물을 보호하는 행위이다.

(1) 효율적인 방제조건

① 방제를 필요로 하는 곳에 약제가 도달하는 성질이 있을 것
② 약제가 방제를 필요로 하는 장소에 균일하게 살포되어 피복면적비가 높을 것
③ 작물에 약제가 부착하는 비율이 높을 것
④ 노력절감 및 작업이 간편할 것, 환경피해를 최소화할 수 있을 것

> ☞ 체적중간직경은 채집된 입자를 큰 입자 순으로 나열한 후에, 입자가 이루는 전체 체적의 1/2이 되는 아래상자에 큰 입자부터 먼저 담고 윗상자에 나머지 입자를 차례로 담으려고 할 때 경계가 되는 바로 그 입자의 지름

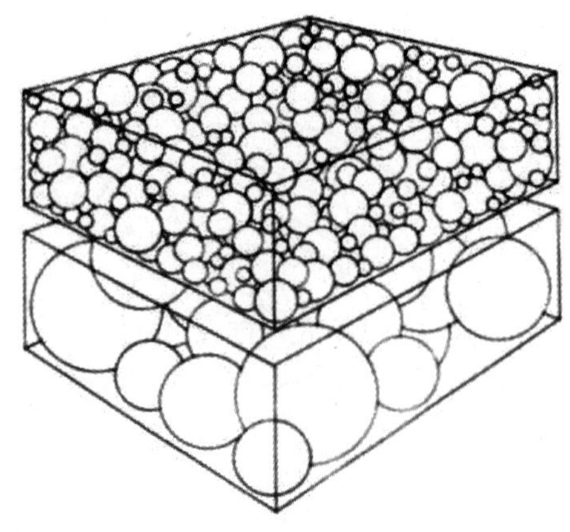

[그림 5-21] 체적중간직경

(2) 분무기의 종류

1) 인력분무기

사람의 힘으로 조작하여 약액을 분무하는 기계

① 약액 전달 과정 : 흡입관 → 펌프 → 약액탱크 → (가압된 약제를 노즐로 보내는)호스 → 분무관 → 노즐

② 인력분무기의 종류 : 어깨걸이식, 배낭식. 배부자동식

2) 동력분무기

동력을 이용하여 분무 약제를 가압하여 살포하는 기계

① 약액 전달 과정 : 펌프 → 공기실 → 압력조절장치 → 노즐로 보내는 호스 → 분무관 → 노즐 → 여수량 양액통

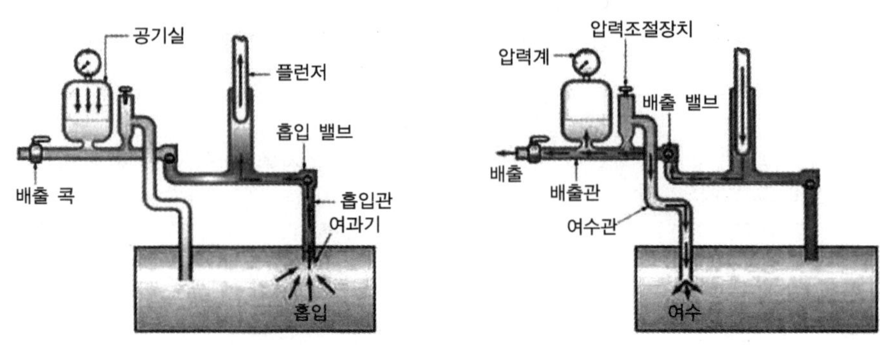

(a) 흡입 과정 (b) 배출 과정

[그림 5-22] 동력분무기 작동원리

② 동력분무기의 종류

- 붐분무기 : 진행방향에서 수직한 긴 붐에 여러 개의 노즐을 설치하여 넓은 면적을 살포하는 장치(승용관리기, 트랙터에 부착하여 활용함)
- 동력살분무기 : 송풍기에서 나오는 고속의 기류를 이용하여 약액을 미립화시키고, 송풍에 의하여 아주 작은 입자를 공중으로 날게 하는 장치(미스트기 라고도 함)
- 연무기 : 공중위생용으로 널리 사용되며 살충제와 살균제의 살포에 많이 사용된다.
- 공기운반분무기(SS기) : 흔히 스피드스프레이어(Speed Sprayer)라고 하며 과수원에서 널리 사용된다.

③ 동력분무기의 구조

- 플런저 펌프, 압력조절장치, 공기실, 크랭크축, 크랭크실 등으로 구성
- 실린더와 플런저 사이에는 약액이 새는 것을 방지하기 위해 V팩킹과 윤활작용을 돕는 그리스링이 부착되어 있다.

☞ 동력분무기의 일반적인 압력은 20~40kg/cm^2 범위이다.

[그림 5-23] 동력분무기 구조

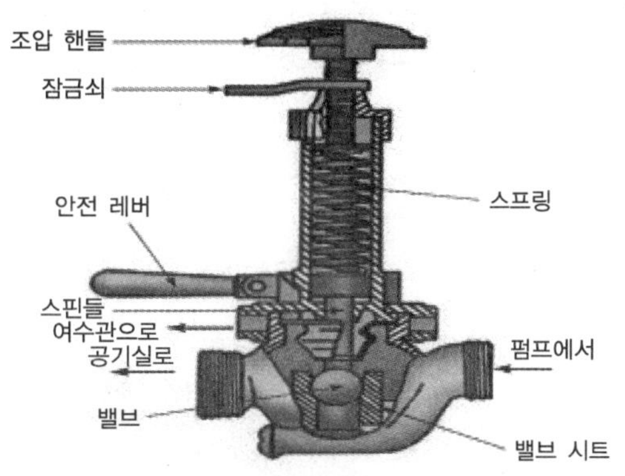

[그림 5-24] 압력조절장치 구조

④ 동력 살분무기

- 고속 기류를 이용하여 액제와 분제를 다 같이 살포할 수 있는 분무 및 살분 겸용기
- 송풍기는 회전수가 7,000~8,000rpm 정도로 매우 고속으로 회전한다.

☞ 미스트발생장치 형태 : 충돌판식, 충돌망 부착 와류노즐식, 공기 분사식, 충돌 프로펠러식, 공기 충돌식

- 약제살포의 제1원칙은 살포된 약제가 살포작업자에 오지 않도록 하는 것이다. 동력살분무기는 다른 방제기에 비하여 매우 작은 미립자를 살포한다. 동력분무기 보다 3~5배 농도가 높은 농후약액을 사용하므로 취급상 특별한 주의를 요한다.
- 분구의 높이는 작물의 최상단으로부터 30cm 정도가 알맞다.

> ☞ 동력 살분무기 살포방법에는 전진법, 후진법, 횡보법이 있다.
> ㉠ 전진법은 분관을 좌우로 흔들면서 전진하는 방법이다.
> ㉡ 후진법은 분관을 좌우로 흔들면서 후진하는 방법이다.
> ㉢ 횡보법은 분관을 좌우로 흔들면서 옆으로 가는 방법이다.
> • 기본적으로 바람을 등지고 작업해야 하며 위험한 약제를 뿌릴 때는 후진법으로 살포한다.

⑤ **연무기**

- 고온 연무기는 연료와 공기의 혼합가스를 연소실내에서 폭발시키고 연소 가스가 배출되면서 냉각되고 배기관 끝 부근에 이르러 70~80℃ 정도가 될 때 약액을 배기관으로 분사하여 연무를 만든다.
- 연소는 1초에 90회 정도의 주기로 팽창, 수축
- 상온 연무기는 압축공기를 이용하여 약제를 미세하게 만들고 미립화된 약제를 송풍기의 바람으로 불어내는 구조로 되어 있다.

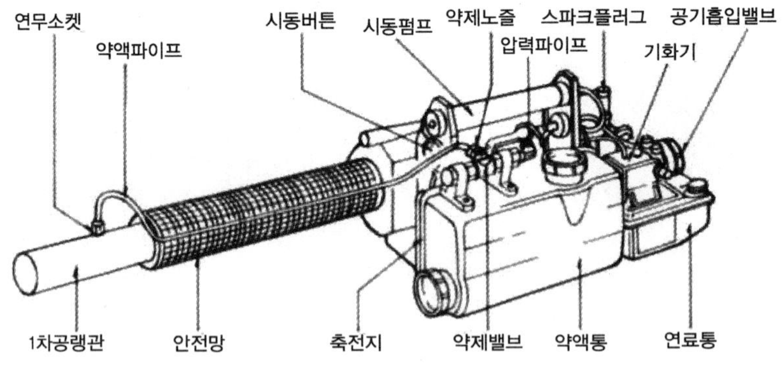

[그림 5-25] 고온 연무기의 구조

(2) 노즐

1) 노즐

분무기와 연무기에서 액체를 미립화하거나 분사하는 기능을 하는 부품

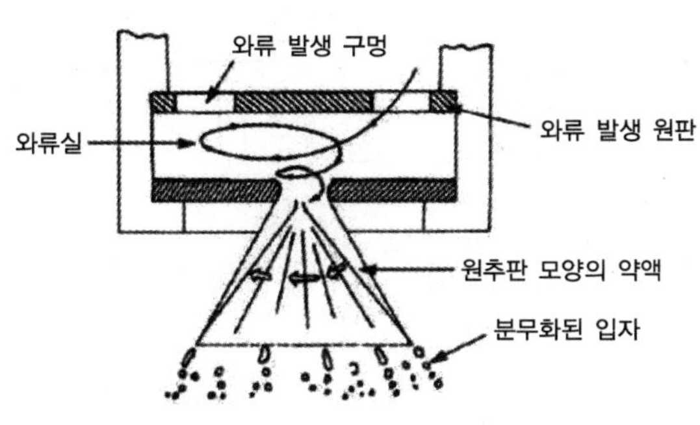

[그림 5-26] 노즐의 구조

2) 노즐의 종류

① 선형 노즐 종류 : 선형 노즐, 균형선형 노즐. 쌍성형 노즐, 편심선형 노즐
② 원추형 노즐 종류 : 원추공형 노즐, 원추실형 노즐. 강우 노즐, 총포 노즐
③ 기타 노즐 종류 : 범람 노즐(활면 노즐, 전향판 노즐), 직사 노즐

☞ 총포형 노즐은 와류판 위치를 앞뒤로 조절하여 분무각 크기 조절이 가능하다.

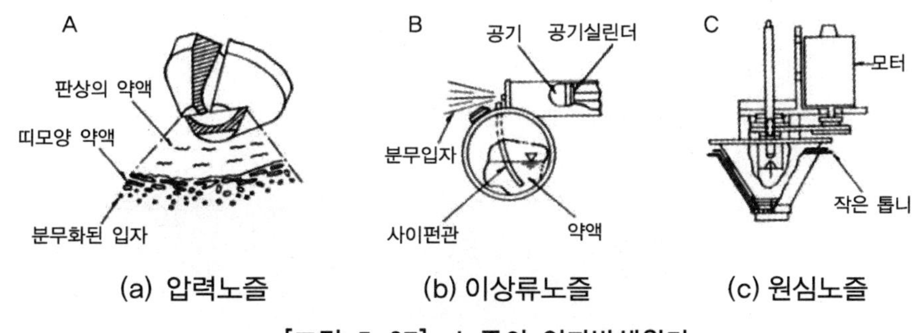

[그림 5-27] 노즐의 입자발생원리

(3) 스피드스프레이어(SS기)

원형 또는 부채꼴 모양의 분무관에서 분무된 미세 입자를 강한 송풍기로 불어 먼 거리까지 살포한다.

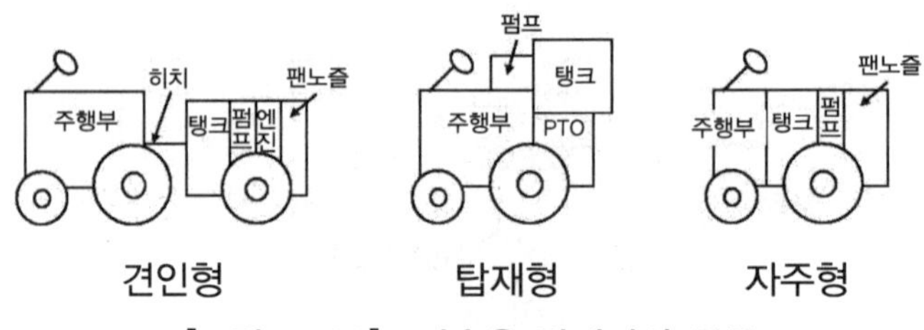

[그림 5-28] 과수용 방제기의 종류

[그림 5-29] 스피드스프레이어의 구조

(4) 드론 방제

- 드론은 탑승 조종사 없이 지상에 있는 사람이 제어하는 비행체
- 드론(drone)은 원래 윙윙 거리를 내며 날아다니는 수벌을 칭하는 영어 단어명
- 항공법에서는 드론이란 용어가 아닌 초경량비행장치로 표기

(a) 고정익

(b) 틸트로터

(c) 회전익

[그림 5-30] 드론의 종류

6. 시비기계

시비기(fertilizing machine)는 작물의 성장에 필요한 거름이나 일정량의 각종 비료를 지표 전면, 토양 속 특정부분, 토양 전층, 토양 심층 등 목적하는 위치에 살포하는 기계이다. 작물을 심기 전에 포장 전체에 비료를 균일하게 살포하는 표면살포 작업은 비료의 종류에 따라 브로드캐스터(broadcaster), 퇴비살포기(manure spreader) 등이 사용된다.

(1) 살포기

비료나 종자 같은 고체상의 입자나 분말을 살포하는 기계이다. 그 종류는 다음과 같다.

① 원심 살포기 : 회전하는 원판 위에 분제를 공급하여 분제가 원심력을 받으면서 원판 위에 있는 안내 깃을 따라 이동하다가 비산하도록 하는 형태

② 낙하 살포기 : 줄 간격을 일정하게 만들고 대상 낙하 살포하는 방식으로 살포 폭에 균일하게 뿌릴 수 있는 형태

③ 붐 살포기 : 긴 붐에 여러 개의 분두를 설치하고 중앙에 있는 강력한 송풍기의 힘으로 살포하는 형태

(2) 퇴비 살포기

① 퇴비 살포기란 : 논 밭에서 퇴비를 운반하여 살포하는 기계

② 퇴비 살포기의 구성 : 운반 트레일러, 퇴비상자, 퇴비이송장치, 비이터(beater), 동력전달장치, 살포장치 등

③ 살포날(비이터)의 형태 : 칼날형, 나선형, 이빨형. 막대형

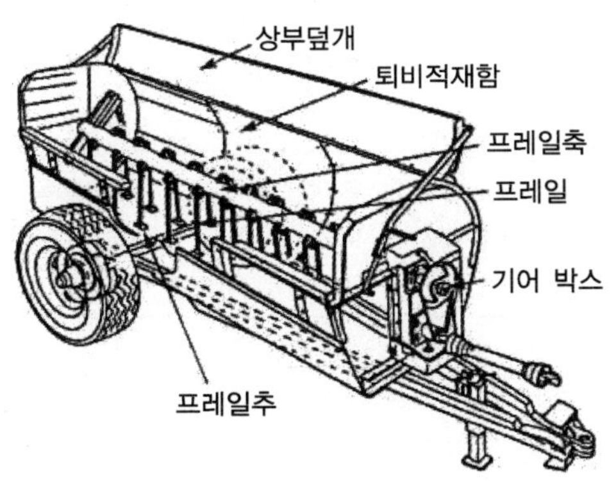

[그림 5-31] 퇴비살포기 구조

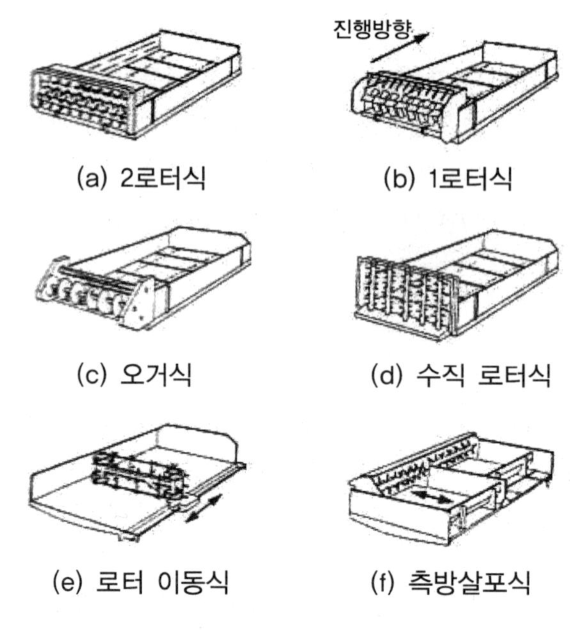

[그림 5-32] 여러 가지 퇴비 살포장치

7. 콤바인

- 작물의 예취, 탈곡, 선별까지 행해지는 일련의 작업을 동시에 하는 수확기
- 예취장치란 작물을 베어 주는 장치를 말한다.
- 콤바인은 주행하면서 작물을 베고 탈곡할 수 있는 수확기계이다.
- 콤바인은 벼가 붙은 이삭 끝부분만 탈곡부에 넣는 자탈형 콤바인과 줄기 전체를 넣는 보통 콤바인(직류 콤바인이라고도 한다)으로 나뉜다.

> ☞ 자탈형 콤바인(head-feeding combine)은 포장을 이동하면서 작물을 예취하고 줄기부분을 붙잡아 운반하면서 이삭부분만을 탈곡 장치에서 탈곡하어 선별하는 자주식 곡물 종합수확기
> • 벼, 보리 수확

> ☞ 보통형 콤바인은 콤바인 하베스터라고 부르며, 예취된 작물의 줄기까지 탈곡장치에 반송과 투입하여 탈곡하고 곡립을 선별하는 수확기
> • 벼, 보리, 밀, 콩, 율무, 수수 등 수확

[그림 5-33] 콤바인

(1) 예취장치의 종류

① 왕복식 예취장치 : 예취장치에서 가장 많이 사용되는 형태로 아래 칼날은 고정이며 윗 칼날을 크랭크장치를 이용하여 왕복하면서 작물을 베는 형태

② 회전식 예취장치 : 회전축을 중심으로 직선형, 곡선형, 완전 원판형, 톱날형, 유성 회전형, 별날형의 형태로 작물을 베는 형태

[그림 5-34] 왕복식 예취장치

(2) 전처리장치

1) 전처리장치

작물을 벨 때 도복된 작물은 일으켜 세우고, 절단부에 무리한 부하를 주거나, 작물을 쓰러뜨리지 않고 절단할 때 사용하는 장치. 즉, 예취작업 전에 행해져야 하는 작업을 하게 된다.

2) 전처리장치의 종류

① 디바이더 : 분초기라고도 하며, 수확기가 통과하면서 한 행정으로 일을 하는 작업 폭을 결정해 주고 미예취부를 분리시키는 역할을 한다.
② 걷어올림장치(Pickup Device) : 체인에 플라스틱을 연결하여 만든 돌기를 부착하여 예취장치 앞쪽에 설치되어 있으며 수평면과 65~80°의 각도로 경사진 체인 케이스 속에서 회전한다. 예취가 잘될 수 있도록 작물을 정확히 세워주는 기능을 한다.
③ 리일(reel) : 작물의 절단시 작물 윗쪽을 받아서 완전한 절단이 가능하도록 하는 일, 도복 된 작물을 걷어올리는 일. 절단한 줄기를 가지런히 반송장치에 인계하는 일을 수행한다.

(3) 탈곡장치

1) 탈곡장치

곡립을 이삭에서 분리하여 곡립, 부서진 줄기와 잎, 기타 혼합물로 이루어지는 탈곡물에서 곡물을 분리하는 장치이다.

2) 탈곡장치의 구성

고속으로 회전하는 원통형 또는 원추형의 급동과 고정된 원호형의 수망으로 이루어져 있다.

3) 탈곡장치의 구비조건

① 탈곡이 깨끗하게 이루어지며 탈곡된 곡립이 가능한 많이 분리되어야 한다.
② 곡립이 파손되거나 탈부되는 일이 적은 것이 좋다.
③ 탈곡 물량의 소요 동력이 작고. 작물의 종류, 상태, 양에 쉽게 적응할 수 있는 것이 좋다.

(4) 급치급동식 탈곡장치

① 급치 급동식 탈곡장치 : 급동. 수망. 급치와 절치 등으로 구성되어 있다.

② 급치의 종류

- 정소치(제1종 급치) : 폭이 넓은 급치로 큰 흡입각을 갖도록 설치
- 보강치(제2종 급치) : 정소치 다음에 배열되어 정소치에서 탈립되지 않은 것을 탈립시키는 급치
- 병치(제3종 급치) : 탈립을 하기 위하여 두 가지 이상의 것을 한 곳에 나란히 설치하는 형태의 급치

(5) 선별장치

1) 선별장치

탈곡실에서 배출된 짚 속에는 분리되지 않은 곡립이 있는데 이를 곡물만 분리하는 장치

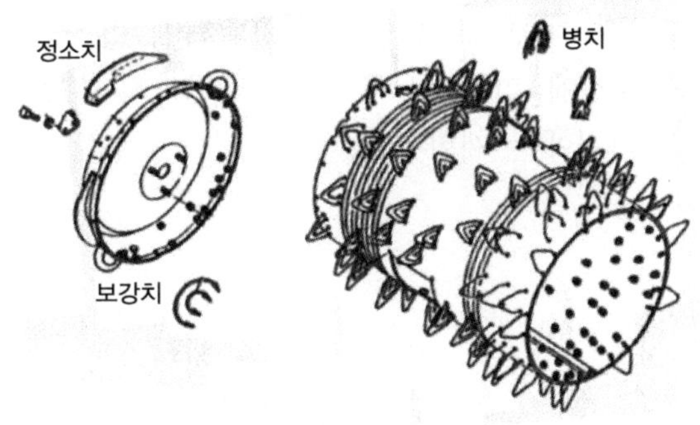

[그림 5-35] 탈곡부

2) 선별방법

① 공기선별방식

- 송풍팬의 의한 방법
- 흡인 팬에 의한 방법
- 송풍과 흡입팬을 병용하는 방법

② 진동 선별 방식

- 송풍팬과 요동체를 병용하는 방식
- 송풍팬과 요동체와 흡인팬을 병용하는 방식

③ 곡립의 크기에 따른 선별(구멍체 선별) : 곡립의 크기는 길이, 폭. 두께로 구분함

- 장방향 구멍체 이용한 곡립 선별
- 원구멍체에 의한 곡립 선별

④ 기류에 의한 선별
- 송풍기의 분류
- 기체가 축방향으로 유동하는 축류식
- 회전차에 들어온 공기가 회전차와 함께 회전하면서 나타나는 원심력을 이용하는 원심식
- 위의 두 가지 특성을 이용한 사류식

(6) 반송장치

① 스크류 켄베이어 방식[나사반송기; 오우거(auger)] : 수평. 경사, 수직으로 반송할 수 있는 구조로 간단하고 신뢰성이 높은 반송기
② 버킷 엘리베이터 : 곡물을 수직방향으로 끌어 올리는 데 사용되는 형태, 탈곡기, 선별기, 건조기, 사료 가공기계 등에 시용되며, 평벨트에 버킷을 고정한 구조
③ 드로우어 : 회전하는 날개에 의하여 곡립을 목적지까지 회전력에 의해 전달하는 방식. 반송 높이와 반송 거리에는 제한이 있다.

8. 목초수확기계

목초수확기계는 예취, 건조, 집초, 운반, 세절, 랩피복 등의 작업에 이용

① 모어 : 예취를 목적으로 하는 기계
② 헤이 컨디셔너 : 압쇄하여 초지에 얇게 펴 말릴 때 사용
③ 헤이 테더 : 목초를 뒤집어 넓게 펴 말려 주는 기계
④ 헤이 레이크 : 걷어 모은 후 한 쪽으로 모으는 기계
⑤ 헤이베일러 : 건초를 압축 성형한 베일로 만들어 주는 기계
⑥ 헤이로더 : 성형베일을 트랙터의 로더 집게로 운송차량에 싣는 작업 기계
⑦ 포리지 하베스터 : 예취된 목초를 수분함량이 40%가 될 때까지 건조 후 절단

(1) 목초의 수확작업 체계

예취 → 압쇄 → 반전 → 집초 → 끌어올림 → 세절 → 결속 → 끌어올림 → 운반 → 건조 → 반송 → 보관

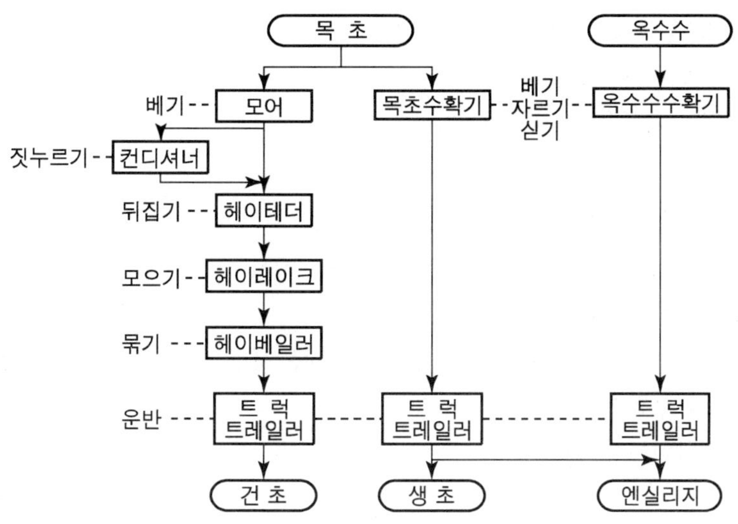

[그림 5-36] 목초 수확 작업 체계

(2) 목초 예취기의 종류

① 왕복식 모어 : 칼날 받침판이 고정되고 절단날이 좌우로 왕복하며 절단하는 모어
② 로터리 모어 : 고속으로 회전하는 칼날을 이용하여 목초를 절단하는 예취기
③ 프레일 모어 : 수평축에 프레일(flail) 예취날을 장착하고, 이를 고속으로 회전시켜 목초를 전방으로 밀면서 절단하는 모어

(a) 왕복식 모어

(b) 로터리 모어

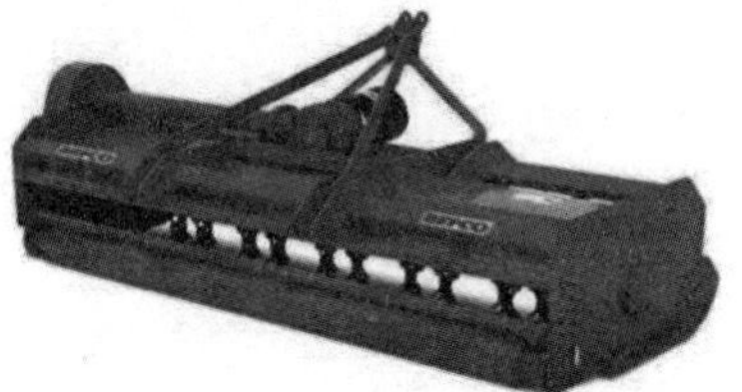
(c) 프레일 모어

[그림 5-37] 목초 예취기 종류

▶ 로터리 모어 작업속도 : 3~4m/s
▶ 원판 회전속도 : 2,000~3,000rpm
▶ 드럼의 회전속도 : 1,400~2,0000rpm

(3) 사료 수확기(forage harvester)

사일리지의 원료가 되는 목초를 예취하고 세절하여 이를 풍력으로 불어 올려 운반차에 적재하는 목초 수확기이다.

① 프레일형 : 프레일 모워를 부착하고 절단된 목초를 세절하여 고속으로 회전시켜 운반차에 적재 형태의 수확기
② 모워바형 : 어태치먼트를 교환할 수 있는 부분과 세단된 목초를 불어 올리기 위한 본체가 결합된 형태

[그림 5-38] 사료 수확기

(4) 헤이 컨디셔너

① 예취한 목초의 자연건조를 촉진하기 위하여 줄기를 압착하는 등 건조가 용이한 상태로 목초를 처리하는 기계
② 장점 : 건조시간 단축. 줄기와 잎의 건조 차이를 감소, 과건조에 의한 잎의 손실을 감소
③ 사용작물 : 알팔파. 수단글래스 등 줄기가 굵은 목초

☞ 건초를 만드는 과정 : 반전 → 확산 → 집초열 반전 → 집초

④ 건초조제에 사용되는 기계
- 헤이테더 : 목초의 반전을 주목적으로 함
- 헤이레이크 : 집초를 주목적으로 함

[그림 5-39] 헤이컨디셔너

(5) 헤이베일러

① 건초를 압축하여 묶는 기계

② 헤이 베일러의 종류 : 각형(사각형)베일러, 원통인 라운드 베일러

③ 각형(사각형)베일러(플런저형 베일러)

- 사각형으로 건초를 묶는 기계

④ 라운드 베일러(원형베일러)

- 원통형으로 건초를 묶는 기계
- 걷어올림 원통, 압축장치, 송입롤러, 성형벨트, 노끈 매는 장치로 구성

▶ 원형베일러 무게 : 350~600kg

- 종류 : 가변형, 고정형
- 가변형은 균일한 밀도를 갖는 베일을 만드는 데 비해 고정형은 베일 중심부의 밀도가 낮게 만들어진다.

[그림 5-40] 원형베일러

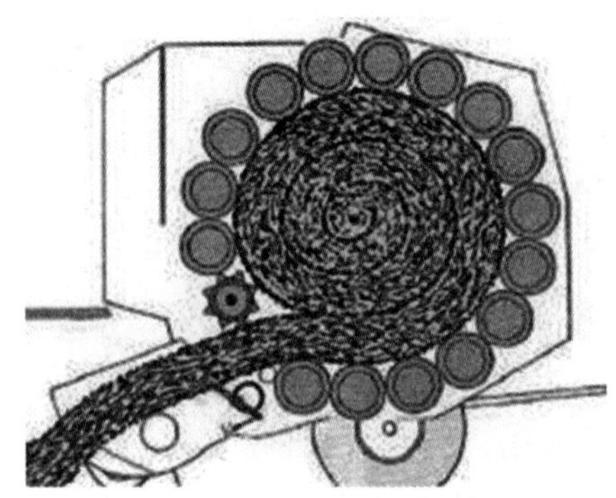

[그림 5-41] 원형 베일의 형성 모양

(6) 래핑기(베일 래퍼)

- 랩 피복기(bale wrapper)는 결속된 베일을 두께가 0.025mm인 얇은 신축성 비닐로 감싸주는 작업기계
- 종류 : 1축 랩 피복기, 2축 랩 피복기
  회전암형, 턴테이블형
- 사일로가 없어도 사일리지를 만들 수 있어 널리 보급
- 최근에는 베일러와 랩 피복기가 일체로 된 원형베일러 랩 피복기

[그림 5-42] 래핑기

(7) 사료 절단기

① 사료 절단기 : 목초, 볏짚, 옥수수줄기 등과 같은 줄기를 세단하는 데 사용되는 기계
② 사료 절단기의 종류 : 플라이휠형, 원통형

③ 플라이휠형 : 회전날은 반경 방향으로 플라이휠에 부착하며. 회전날은 보통 2~6개로 구성된다. 회전날은 직선날과 곡선날이 있으며 직선날은 날이 두꺼워 옥수수줄기 등을 절단하는 데 적합하고, 곡선날은 날이 얇아 풀을 절단하는 데 적합하다.
④ 원통형 : 나선형날은 보통 2~6개가 부착되어 있으며, 절단된 재료를 높은 곳으로 불어 올리기 위하여 송풍기를 부착하는 경우도 있다.

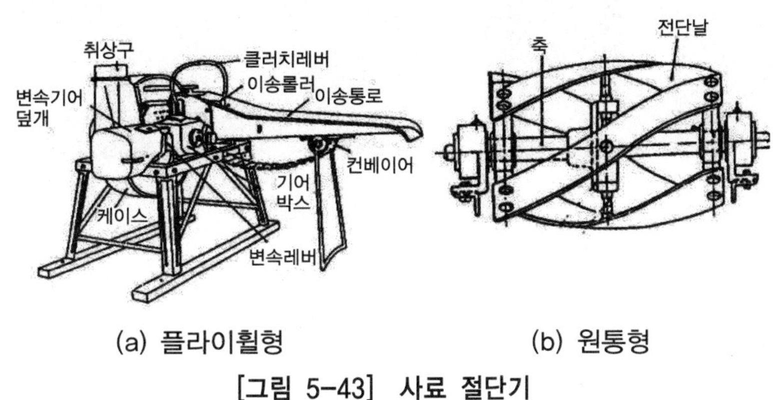

(a) 플라이휠형　　　　(b) 원통형

[그림 5-43] 사료 절단기

(8) 사료 혼합기

사료 혼합기는 연속식과 배치식으로 나뉘며 배치식에는 수평식과 수직식이 있다.

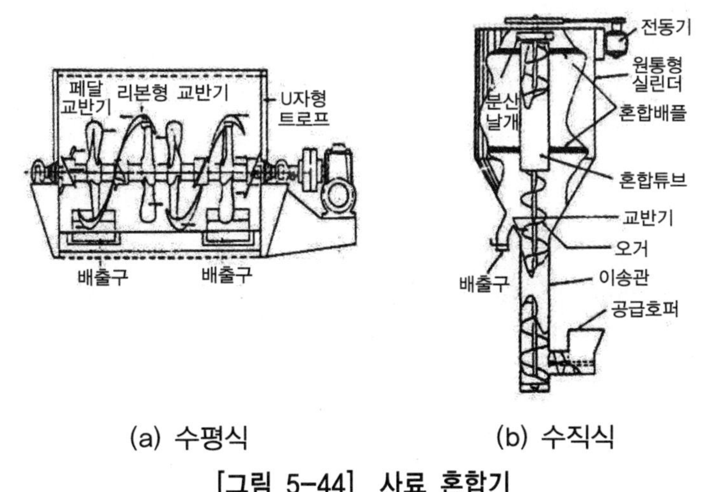

(a) 수평식　　　　(b) 수직식

[그림 5-44] 사료 혼합기

• TMR(total mixed ration) 혼합기

TMR은 조사료와 농후사료, 농산부산물, 비타민, 무기물 등 첨가제를 가축의 영양소 요구량에 맞도록 한 번에 골고루 섞어서 배합한 사료이다.

트랙터의 PTO축에 연결하여 사용하는 방식과 전동기 구동방식이 있다.
대형 목장에서는 바닥에 레일을 깔고 모터에 의해 작동되는 대형 배합기를 사용하기도 한다.

[그림 5-45] TMR 혼합기

9. 농산가공기계

(1) 농산물 건조기계

수확한 농산물은 대부분 수분 함량이 높기 때문에 저장성이 떨어진다. 그리하여 수확한 농산물의 품질을 유지시키고 저장성을 높이기 위해 건조를 실시한다.

- 건조의 목적 : 농산물의 함수율을 감소시켜 농산물 손상 방지
- 건조 3대 요인 : ① 건조용 공기의 온도, ② 상대습도, ③ 공기의 양
- 건조온도한계 : 종자용 곡물 43℃ 이하, 식용을 위한 도정 60℃ 이하, 사료용을 위한 도정의 경우 88℃ 이하

▶ 건조특성곡선

① 예열기간 : 재료의 온도가 습구온도에 접근할 때까지 상승하는 기간
② 항률건조기간 : 재료의 표면에 수막이 형성될 정도로 많은 수분을 포함하고 있는 재료가 건조되는 경우 곡물의 표면수가 증발하여 건조되는 시간
③ 감률건조기간 : 재료의 표면에 수분이 없는 경우로서, 재료의 내부수분이 표면으로 이동하며 증발, 건조속도가 감소하는 시간. 즉, 곡물의 내부가 건조되는 시간
④ 임계함수율 : 항률건조와 감률건조의 경계에 상당하는 함수율

(2) 건조방법

건조방법의 종류에는 대류에 의해 공급된 열로 건조하는 열풍건조 방법, 전도되는 열로 건조하는 접촉식 건조방법, 열선이나 전자파를 조사하여 건조하는 복사건조방법, 수분을 동결시킨 후 저온저압상태에서 얼음을 승화시켜 건조하는 동결 건조방법이 있다.

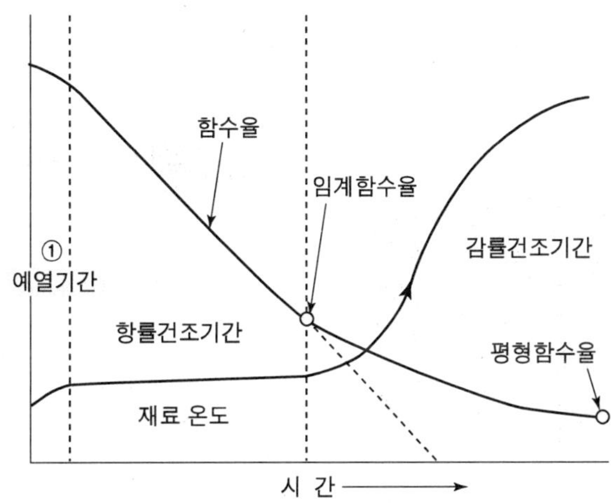

[그림 5-46] 건조 특성 곡선

[표 5-1] 건조방법 종류 및 특징

건조방법	종류 및 특징
열풍건조	• 대류에 의하여 공급된 열로 건조 • 곡물, 채소, 과실, 분말우유 등의 건조 • 상자형 건조기, 터널건조기, 벨트건조기, 분무건조기
접촉건조	• 전도에 의하여 공급된 열로 건조 • 점도가 비교적 높은 액상식품의 건조 • 드럼건조기, 로타리건조기
복사건조	• 열선이나 전자파를 식품에 조사하여 건조 • 적외선 건조기, 마이크로파 건조기
동결건조	• 수분을 동결시키고 저온저압상태에서 주로 전도에 의하여 전달된 열로 얼음을 승화시켜 건조 • 동결건조기

(3) 건조기의 종류 및 특징

1) 상자형 농산물건조기

- 열풍을 만들어 공급해 주는 가열기(전기히터 또는 버너) 및 송풍기, 다공판(덕트), 채반(상자), 배습장치 등으로 구성
- 주로 고추, 버섯, 채소, 각종 과일류 건조에 이용
- 채반에 피 건조물을 1~6cm 두께로 골고루 펴넣고 건조

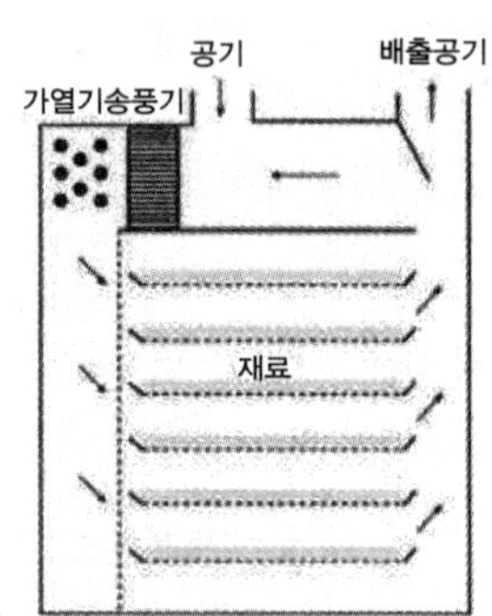

[그림 5-47] 상자형 농산물건조기

2) 채반순환식 건조기

- 건조 중에 건조상자를 순환시킬 수 있도록 된 건조기
- 피건조물이 적재된 상태로 건조실 내부에서 건조채반이 순환하여 균일건조가 됨

[그림 5-48] 채반순환식 건조기

3) 제습 건조기

- 제습건조는 공기 중의 수분을 인위적으로 제거한 일정 습도의 건조한 공기를 송풍하여 피건조물의 품질을 유지하면서 건조 속도를 유지하는 것
- 제습공기 발생장치는 압축기, 증발기, 응축기, 팽창밸브로 구성
- 냉매방식으로 16℃~32℃에서 공기 송풍

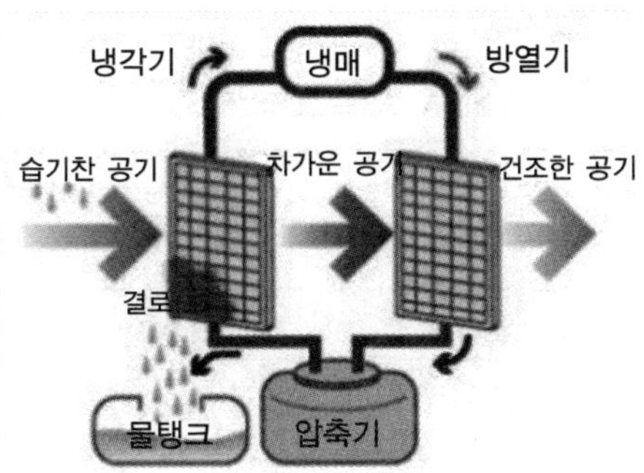

[그림 5-49] 제습기 원리

4) 마이크로파 건조기

- 건조 중에 건조상자를 순환시킬 수 있도록 된 마이크로파가열의 원리는 고주파전계에서 나타나는 유전손실을 이용하는 것이다.
- 건조 중에 건조상자를 순환시킬 수 있도록 된 마이크로파로 물체 속에 물 분자에 엄청난 진동을 일으켜 온도를 상승
- 건조 중에 건조상자를 순환시킬 수 있도록 된 주파수가 300MHz~300GHz의 전자파를 사용
- 마이크로파 건조기는 마이크로파를 열원으로 하는 건조기이다.

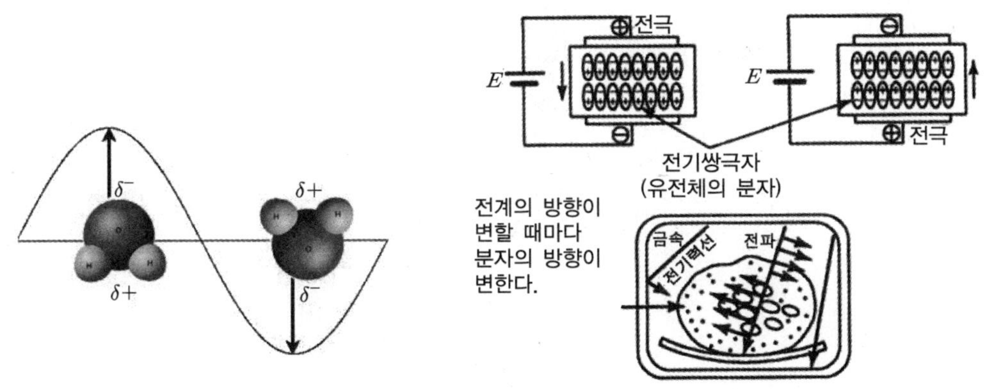

[그림 5-50] 마이크로파가열의 원리

5) 원적외선 건조기

- 원적외선이 어떤 물체에 복사되었을 때 그 물체를 구성하는 분자에 흡수되어 분자의 진동상태를 보다 활성화시킴으로써 물체의 온도는 상승하는 원리를 이용한 것
- 원적외선 건조기는 원적외선 히터에 의한 방사에너지 발생하여 농산물을 가열하고 수

분을 증발시키는 것이다.

- 농산물건조에서 사용하는 파장범위는 2.5~7μm이다.

[표 5-2] 건조기의 특성

건조방법	원리 및 특징
열풍 건조기	• 버너 및 열교환기 이용 • 대류열전달 방식
원적외선 건조기	• 5.6~20μm의 원적외선 파장대에서 건조 • 복사열전달 방식
마이크로파 건조기	• 전자레인지의 원리로 농산물을 건조 응용 • 간헐건조 • 복사열전달 방식

6) 순환식 곡물건조기

- 벼, 보리, 밀 등 곡류의 건조에 이용된다.
- 건조속도는 시간당 0.7~1.1%(w.b.) 정도

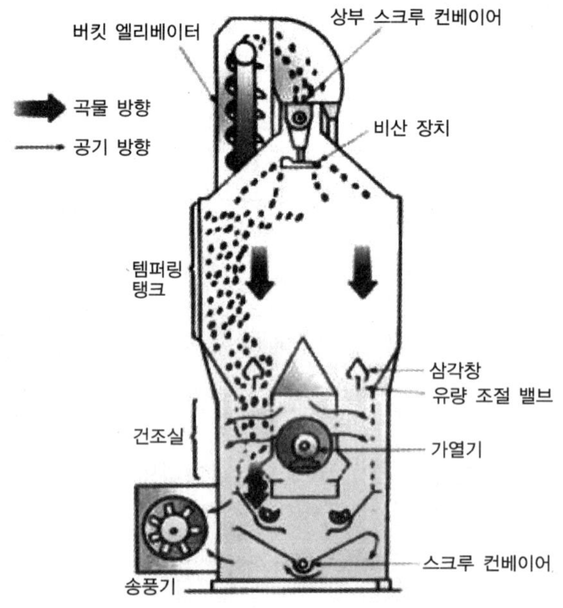

[그림 5-51] 순환식 곡물건조기

① 건조 : 투입된 곡물이 얇은 두께의 건조실 내에서 수직 아래 방향으로 흐르게 되면 열풍이 수평방향으로 통과하면서 건조
② 순환 : 건조실을 통과한 곡물이 버킷엘리베이터를 통해 상부의 탬퍼링 탱크로 이동하는 동안 버킷엘리베이터의 상부에 설치된 송풍기에 의해 검불, 먼지 등이 제거되는 동시에 냉각
③ 탬퍼링 : 일정기간 건조된 곡물이 탬퍼링 탱크에 머물게 되면 곡립의 내부 수분이 표면으로 확산되어 곡물내부의 수분차이가 줄어드는 과정

7) 연속식 곡물건조기

- 곡물이 정지상태에 있지 않고 연속적으로 순환하면서 건조가 이루어지는 건조기
- 횡류 연속식 곡물건조기 : 연속 투입된 원료가 건조실에서 건조가 이루어진 후 탬퍼링 빈으로 이송되어 일정시간 탬퍼링이 이루어지며, 이후 다시 건조기를 통과하면서 건조가 이루어지는 다회통과식 건조방법
- 연속식 건조기 : 미곡종합처리장이나 대형건조저장시설에 설치되고 있다. 일반적으로 벼를 건조할 때 1회 통과시간은 15~30분이고, 1회당 건감율은 2~4%이다.

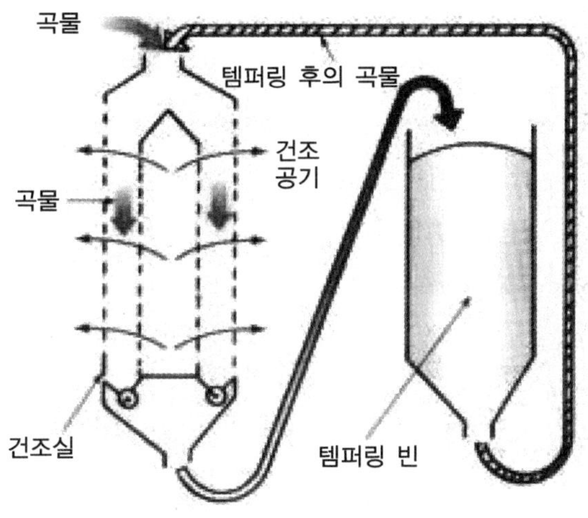

[그림 5-52] 횡류 연속식건조기

(4) 도정기

- 도정 : 벼・보리 등 곡립으로부터 껍질을 제거하는 작업
- 제현, 탈부 : 왕겨를 제거하는 작업
- 정백, 정미 : 강층을 제거하는 작업
- 고무롤러 현미기 구성 : ① 호퍼, ② 고속롤러, ③ 전동장치 ④ 저속롤러

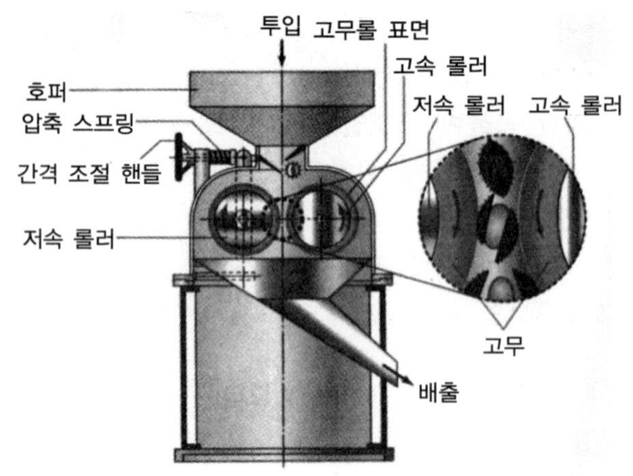

[그림 5-53] 고무롤러 현미기 구조

(5) 정미기

- 현미의 강층(겨층)을 제거하는 기계
- 찰리작용 : 강층을 박리시키는 것
- 연삭작용 : 예리하고 모난 부분을 이용하여 곡립의 표면을 긁어내는 작용

> ☞ 현미기 및 정미기로 벗겨내는 정도에 따라서 3분도미(三分搗米)·7분도미·배아미(胚芽米)·양조용미(釀造用米) 등으로 나눔

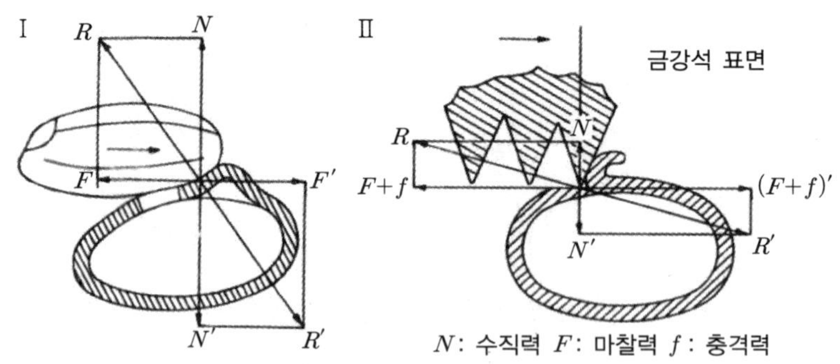

[그림 5-54] 찰리작용(Ⅰ)과 연삭작용(Ⅱ)

1) 연삭식 정미기

- 연삭작용 이용
  ① 도정효율이 높다.

② 쌀의 표면을 깎는 도정이다.
③ 마찰계수가 작아서 싸라기 발생률이 적다.
④ 강도가 낮은 현미의 도정이 가능하다.

• 수평연삭식, 수직연삭식

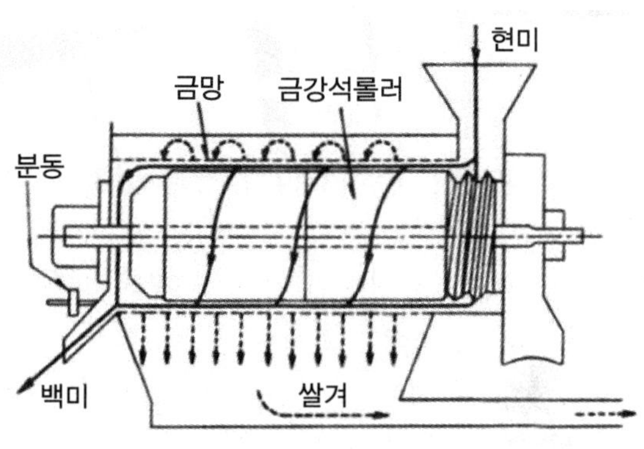

[그림 5-55] 연삭식 정미기

2) 흡인마찰식 정미기

• 마찰과 찰리작용 이용
• 종류 : 원통마찰식, 분풍 또는 흡인마찰식, 자동순환식, 1회통과식

(6) 선별기

• 선별은 모든 농산물의 상품가치 즉 품위를 향상시키는 중요한 작업이다.
• 선별기의 종류 : 중량 선별기, 형상 선별기, 영상처리식 선별기, 내부품질 선별기

1) 중량식 선별기 : 청과물 각 개체를 무게별로 분류하는 선별기이다. 종류에는 스프링식, 추저울식, 음성식, 전자식 중량선별기가 있다.
2) 형상식 선별기 : 크기와 형상에 따라 선별되며, 방울토마토, 감자, 감귤, 양파, 마늘, 매실 등 선별. 종류에는 드럼식, 벨트식, 롤러식, 진동봉식이 있다.
3) 영상처리식 선별기는 육안을 대신하여 농산물의 색채, 형상, 크기, 표면손상 및 결함 등 외관품질을 판정하는 선별기이다.
4) 내부품질판정 선별기는 농산물에 상처를 남기지 않고 당도, 산도, 경도, 수분함량, 숙도, 내부공동 등 내부 품질을 평가하여 선별하는 장치이다.

10. 원예기계

(1) 환기용 기계 및 장치

1) 개폐장치

온실용 동력개폐기는 천창, 측창 및 보온커튼의 개폐에 이용되는 것으로 형식, 감속 방식 등에 따라 다음과 같이 여러 가지로 분류된다.

① 형태에 따른 분류

㉠ 암식 : 전동기 축이 회전하면 고정된 암이 창을 밀거나 당겨 천측창을 개폐 주로 창문식 천측창에 사용

㉡ 랙과 피니언식 : 전동기축이 회전하면 축에 고정된 피니언이 랙을 밀거나 당겨서 개폐. 주로 창문식 천측창에 사용

㉢ 권취식 : 전동기축에 직결된 파이프축이 회전하면서 필름을 감거나 풀어서 천측창 또는 커튼을 개폐. 비닐온실의 천측창, 보온커튼 개폐용

㉣ 견인식 : 전동기축이 회전하면 축에 로프가 감기면서 창이나 커튼을 당겨서 개폐하는 방식. 미닫이 창문, 수평커튼 개폐에 사용

② 사용 전동기에 따른 분류

- AC용은 AC 220V전원을 사용하는 교류전동기 사용하며, 용량은 200～400W(1/4～1/2HP)이다.
- DC용은 직류전동기 사용하며, 전원은 DC 12～24V를 사용하며, 용량은 30～120W이다.

(a) DC모터

(b) AC모터

[그림 5-56] 동력개폐기 종류

③ 감속 방식에 의한 분류

㉠ 웜기어식 : 웜기어로 감속하는 방식으로 감속비가 크며 가격이 저렴하나 기어의 마모가 심한 단점이 있다. 감속비는 300～400 : 1이다.

㉡ 유성기어식 : 유성기어로 감속하는 방식으로 감속비는 60～450 : 1이다.

(2) 온도관리기계 및 장치

- **온풍난방** : 온풍난방기의 송풍기에서 배출되는 40~70℃의 공기를 강제 순환시켜 난방하는 방식으로 실내의 공기유동속도가 빠르고 예열시간이 짧다. 그러나 공기가 건조해지기 쉬우며 온실벽체로부터 외부로 손실되는 대류 열손실이 많다.
- **온수난방** : 온수보일러에서 배출되는 40~90℃의 온수를 온실 내에 설치된 열교환기로 보내 실내공기와의 자연대류로 난방한다. 공기 유동속도가 느려 온실벽체를 통한 대류 열손실이 적고 실내에 균등한 난방이 가능하지만, 철재관이나 에어로핀 관, 알루히트 방열관 등의 열교환기 시설에 비용이 많이 소요된다.

1) 온풍난방기

- 연료의 연소에 의해 발생하는 열을 공기에 전달하여 난방 : 열효율이 80~90%로 높음
- 단시간에 필요한 온도로 가온 하기가 쉬움
- 온풍기의 구성 : 노즐, 버너, 연소로(로통), 열교환기, 송풍기, 온풍토출구, 온도조절장치 등(0~50℃까지 조절)

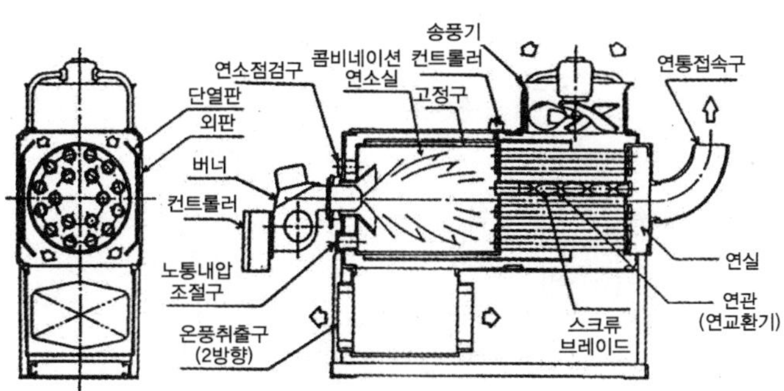

[그림 5-57] 온풍난방기의 구조

2) 온수보일러

- 특징 : 60~80℃의 물을 방열관을 통하여 순환
- 물의 열용량이 커 사용온도가 낮아도 정지후 보존성 높음
- 온수보일러의 구성 및 배관
  - 구조 : 노즐, 버너, 순환펌프, 연소로, 온수탱크, 방열관, 조절장치 등
  - 배관방식 : 리버스 리턴 배관방식, 다이렉트 시스템, 직열식

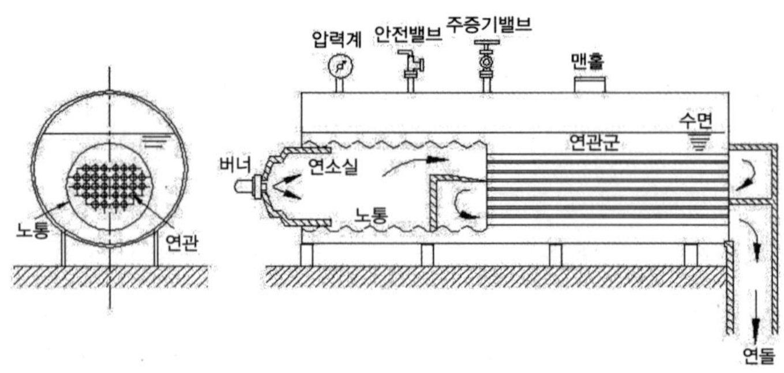

[그림 5-58] 노통연관보일러의 구조

3) 히트펌프

- 히트펌프는 저온의 열원으로부터 열을 흡수하여 고온 열원을 만들어 열이 필요한 곳에 열을 방출하는 장치이다.
- 히트펌프는 냉매가 압축, 응축, 팽창, 증발 4가지 단계를 거치면서 순환하여 온도가 낮은 증발기에서 열을 빼앗아 온도가 높은 응축기로 열을 이동시키는 원리

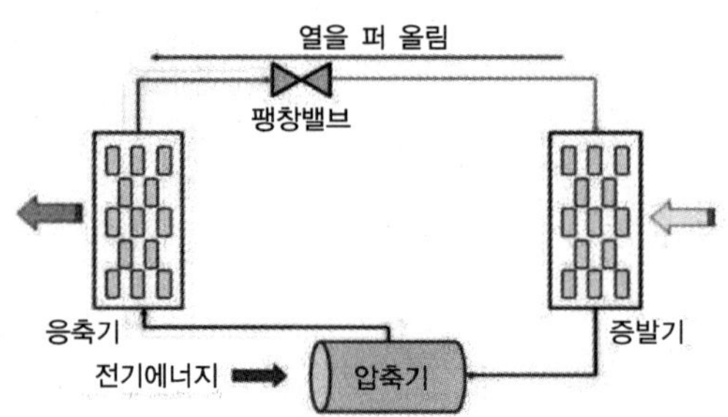

[그림 5-59] 히트펌프의 원리

- 히트펌프의 냉매는 압축기 → 응축기 → 팽창밸브 → 증발기 → 압축기 순으로 순환한다.
- 히트펌프는 냉난방이 가능한데 난방 시에는 실외 열교환기(증발기)에서 열을 흡수하여 실내 열교환기(응축기)를 이용하여 열을 실내로 방출한다. 냉방 시에는 실외 열교환기(응축기)에서 열을 방출(뜨거운 바람)하고 실내 열교환기(응축기)에서는 열을 흡수한다.

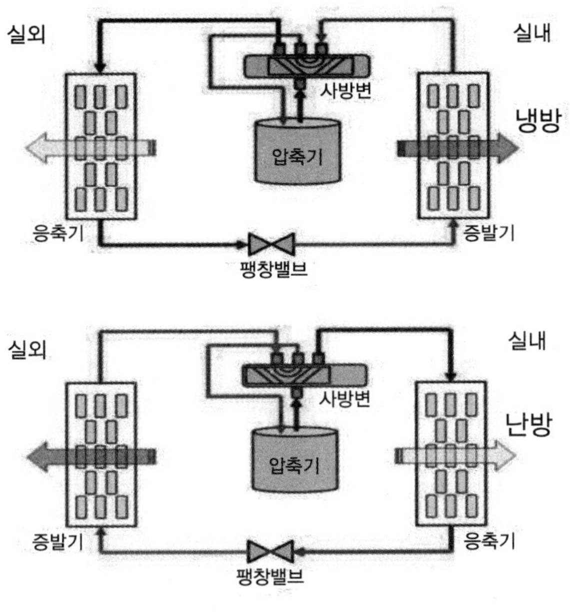

[그림 5-60] 히트펌프의 냉난방운전

① 수직형

보통 두 개의 고밀도 폴리에틸렌 튜브를 수직공 내에 설치하며, 열적으로 단열된 U 자형의 지열루프를 지하 50~150m 깊이로 매설하는 방식인데 냉난방의 부하가 크고 지열루프 설치공간이 제한된 곳에 적합하다.

② 수평형

지하 3m 내외의 땅속에 PE 파이프를 깔고 물을 순환시켜 지열을 흡수, 히트펌프의 열원으로 사용한다. 겨울철에는 5~15℃의 지중열을 흡수하고 히트펌프를 이용 40~50℃로 높여 난방을 한다.

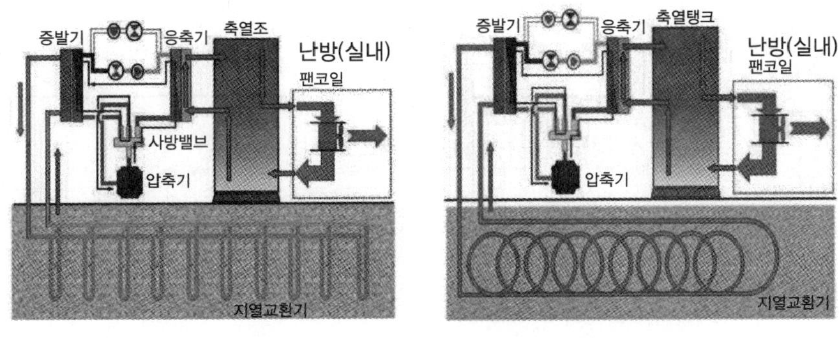

(a) 수직형 (b) 수평형

[그림 5-61] 지열 히트펌프 난방

제6장 농업기계 전기

1. 전기 개요

(1) 전 류

1) 정 의

- 전기의 이동(자유전자들이 도체를 따라 이동)
- 전류의 크기는 1[초, 또는 sec] 동안에 도체를 이동하는 전기의 양으로 나타내며, 그 단위는 A(암페어)를 사용
- 1A는 1초 동안 1쿨롱(coulomb)의 전류가 통과할 때의 크기(6.3×10^{18}개의 전자 이동)

$$I = \frac{Q}{t} \text{ [A]} \qquad (6\text{-}1)$$

여기서, I는 A, Q는 C, t는 시간

2) 전류의 3대 작용

① 발열 작용 : 전구, 예열플러그
② 화학 작용 : 전기도금, 축전지
③ 자기 작용 : 전동기, 발전기, 솔레노이드기구

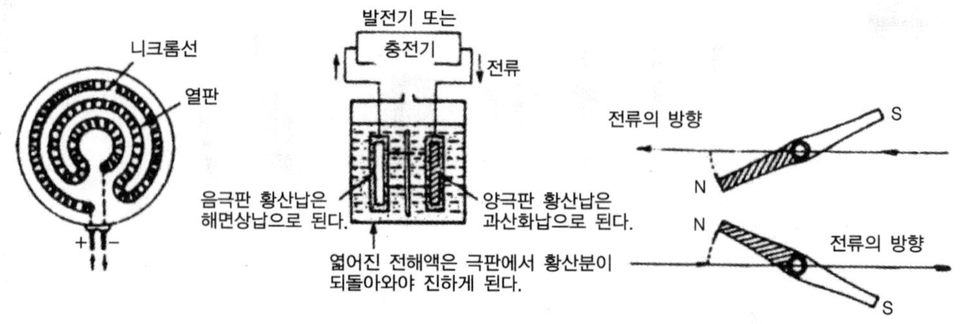

(a) 전류의 발열작용 (b) 전류의 화학작용 (c) 전류의 자기작용

[그림 6-1] 전류의 작용

(2) 전 압

1) 정 의

- 전기적인 압력이며, 전하가 이동하는 힘의 세기이다. 전기를 흐르게 하려면 전기적인 높이의 차가 필요하다.
- 전기적인 높이를 전위(electric potential)라고 하며, 그 차를 전위차(potential difference) 또는 전압(electric voltage)이라 한다.
- 기전력 : 발전기나 전지의 양극이나 음극과 같이 두 점 사이에 전위차를 생기게 하는 힘
- 1[V]는 1옴(Ω)의 도체에 전류를 흐르게 할 수 있는 세기

(3) 저 항

- 자유전자의 이동을 방해하는 요인
- 저항은 자유전자의 수, 원자핵의 구조, 물질의 형상, 온도에 따라 변한다.
- 전압이 일정하면 저항이 커질수록 전류가 작아진다.
- 저항은 길이에 비례하고 단면적에는 반비례한다.
- 1Ω은 1A의 전류가 흐르는 데 1V의 전위 차이가 발생시키는 저항을 말한다.

$$R = \rho \frac{l}{S} [\Omega] \qquad (6-2)$$

여기서, ρ는 도전률, S는 단면적, l은 길이

도체는 온도가 높아지면 물질 속의 원자들이 활발하게 진동하게 되어 전자와 원자들의 충돌 횟수가 증가하여 저항이 커진다.

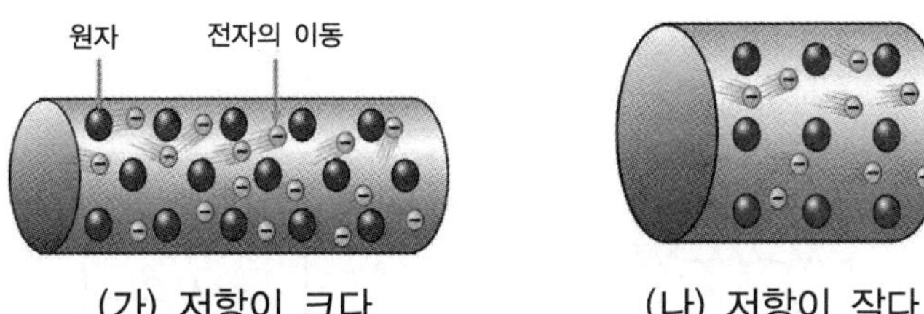

(가) 저항이 크다 (나) 저항이 작다

[그림 6-2] 도선의 저항

- 도체의 경우 온도가 높아지면 저항이 커지고, 반도체나 부도체의 경우는 온도가 높아지면 저항이 일반적으로 작아진다.

2. 전기회로의 법칙

(1) 옴의 법칙

• 독일의 옴이라는 사람이 발견, 단위는 옴(ohm, Ω)
• 전류는 도체에 가해진 전압에 정비례하고 그 도체의 저항에 반비례한다.

$$I=\frac{V}{R},\quad V=IR\,[\mathrm{V}],\quad R=\frac{V}{I} \tag{6-3}$$

여기서, I는 전류(A), V는 전압(V), 저항은 (R)

(2) 저항의 접속 방법

1) 직렬접속법

• 몇 개의 저항을 한 줄로 연결하는 것
• 어느 저항에서나 동일한 전류가 흐르며, 전압이 나누어져 흐른다.
• 합성저항

$$R=R_1+R_2+R_3 \tag{6-4}$$

2) 병렬접속법

• 몇 개의 저항을 나누어서 접속한 것
• 어느 저항에서나 동일한 전압이 흐르나 전류가 나누어져 흐른다.

$$\frac{1}{R}=\frac{1}{R_1}+\frac{1}{R_2}+\frac{1}{R_3} \tag{6-5}$$

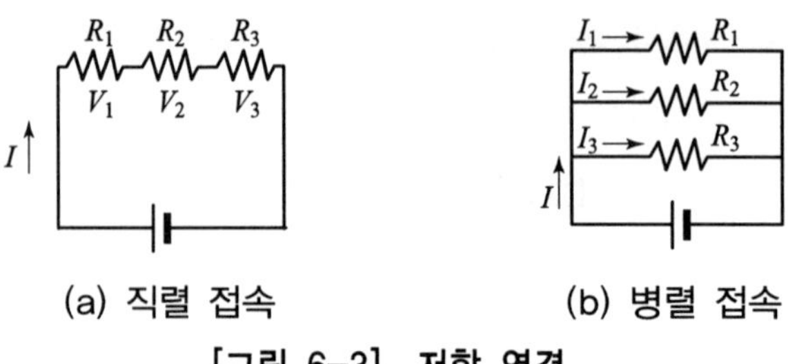

(a) 직렬 접속 (b) 병렬 접속

[그림 6-3] 저항 연결

(3) 키르히호프의 법칙

1) 키르히호프 제1 법칙

회로 내의 어떠한 점에 유입한 전류의 총합과 유출한 전류의 총합은 같다.

2) 키르히호프 제2 법칙

임의의 폐회로에 있어서 기전력의 총합과 저항에 의한 전압강하의 총합은 같다.

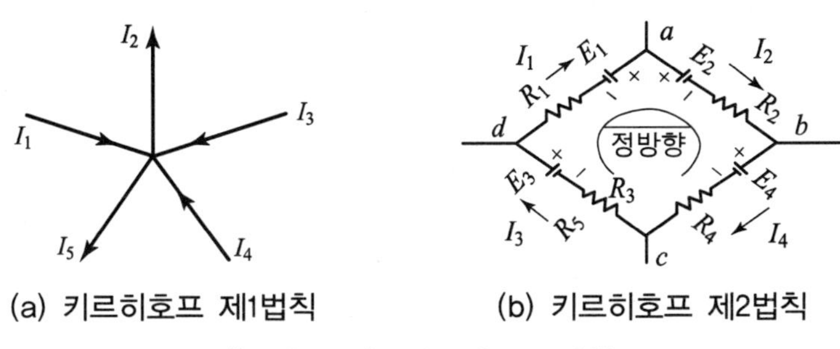

(a) 키르히호프 제1법칙　　(b) 키르히호프 제2법칙

[그림 6-4] 키르히호프 법칙

(4) 전지의 접속

1) 직렬 접속

기전력이 E, 내부저항이 r인 전지 n개를 직렬로 연결하고 외부저항 R인 연결하여 회로를 구성하면 전체의 기전력은 E_n이고 내부저항은 직렬 접속이므로 r_n이 되어 회로에 I_s는 다음과 같다.

$$I = \frac{E_1 + E_2 + E_3 + \cdots + E_n}{r_1 + r_2 + r_3 + \cdots + r_n + R} = \frac{nE_n}{nr + R} \tag{6-6}$$

2) 병렬 접속

$$I = \frac{E}{\frac{r}{N} + R} \tag{6-7}$$

3) 직병렬 접속

$$I = \frac{nE}{\frac{nr}{N}} + R \tag{6-8}$$

3. 전력과 전력량

(1) 전 력

- 전기가 하는 일률(단위 : 와트, w)
- 단위시간 동안 전기장치에 공급되는 전기에너지
- 1W : 1A의 전류가 1V의 전압으로 하는 일률

$$P = V \cdot I, \qquad P = I^2 \cdot R, \qquad P = V^2/R \tag{6-9}$$

여기서, P는 전력(W), I는 전류(A), V는 전압(V), 저항은 (Ω)

(2) 전력량

- 어떤 시간 동안에 한 일의 총량
- 전력과 전력을 사용한 시간을 곱한 값

$$H \fallingdotseq P \cdot t = I^2 \cdot R \cdot t \ (\mathrm{Ws, J}) \tag{6-10}$$

- 줄의 법칙 : 저항에 의해 발생되는 일량이 전류의 제곱과 저항의 제곱에 비례

$$H \mathfrak{J} E I^2 \cdot R \cdot T(\mathrm{J}) = 0.24 I^2 \cdot R \cdot t \ (\mathrm{cal}) \tag{6-11}$$

여기서, H는 전력(J), t는 시간(sec)

4. 전기와 자기

(1) 플레밍의 왼손 법칙

- 전류와 자기장이 있을 때 힘의 방향을 구하는 법칙(전동기)
- 자기장 속에 있는 도선에 흐르면 움직이는 전하에 작용하는 로렌츠힘에 의해 도선도 힘을 받는다.
- 엄지가 가리키는 방향이 도선이 받는 힘의 방향

(2) 플레밍의 오른손 법칙

- 속도와 자기장이 있을 때 기전력을 구하는 법칙(발전기)
- 자기장 속에서 도선이 움직이면 도선 속의 전하가 로렌츠의 힘을 받아 움직이므로 도선 내부에 전류가 흐른다.
- 가운데 손가락이 가리키는 방향이 유도기전력, 유도전류의 방향

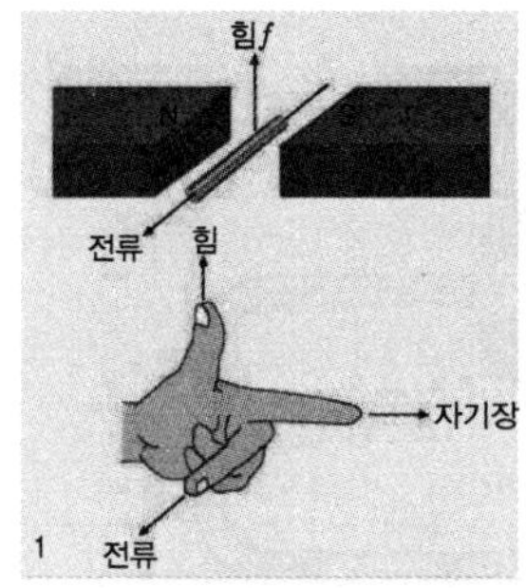

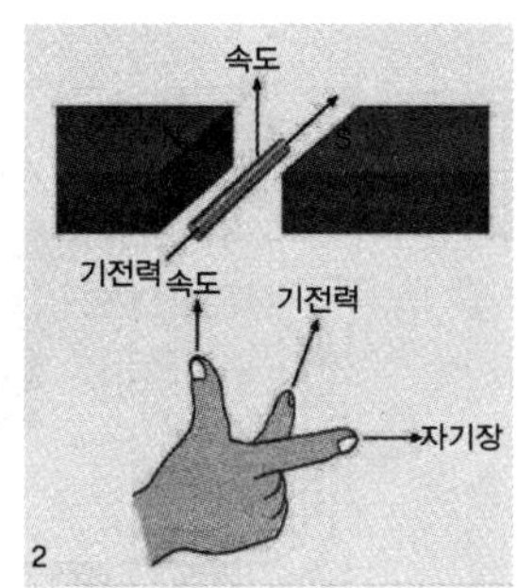

[그림 6-5] 플레밍의 법칙

(3) 전자기유도법칙

변하는 자기장이 도선에 전류를 유도한다는 것이 전자기유도법칙이다.

(4) 전자유도작용

코일을 지나는 자속이 변화하면 코일에 기전력이 생기는 현상을 말하며 이 기전력을 유도전력이라 하고 흐르는 전류를 유도전류라 한다.

(5) 자기유도작용

- 코일에 생성된 자기장의 변화가 전자기유도에 따라 반대방향 기전력을 유도하는 현상
- 코일에 흐르는 전류를 변화시키면 코일과 교차하는 자력선도 변화하여 코일에는 그 변화를 방해하려는 방향으로 기전력이 생긴다.

(6) 상호유도작용

두 개의 코일을 가까이 놓고 한 쪽 코일의 전류의 세기를 변화시키면 다른 코일에 유도기전력이 생기는 현상

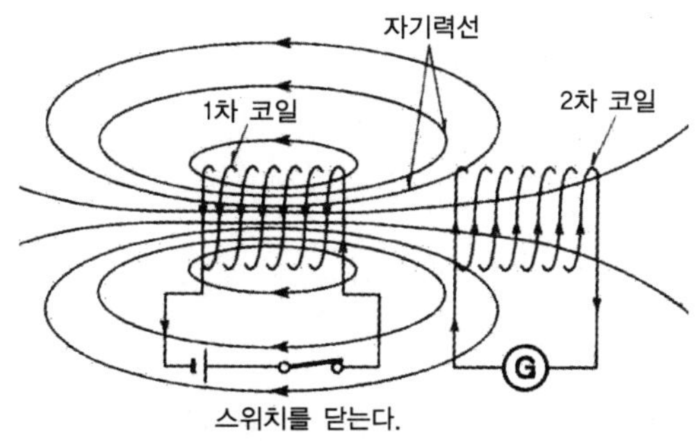

[그림 6-6] 상호유도작용

(7) 전류의 종류

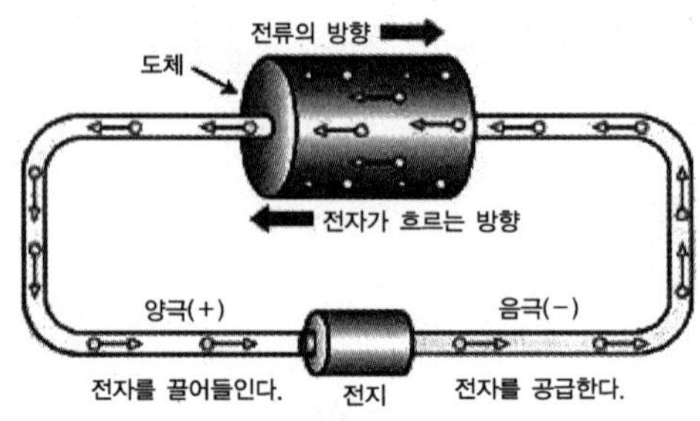

[그림 6-7] 전기 특성

1) 직류와 교류

① 직류

전압이나 전류의 크기와 방향이 시간의 변화에 따라 일정하고 변화가 없는 것

- 사용처 : 휴대용기기, 자동차의 battery

② 교류

전압이나 전류의 크기와 방향이 시간의 변화에 따라 주기적으로 변화하는 것

- 사용처 : 가정용전원, 산업용 전력

> ☞ 교류를 주로 사용하는 이유
> - 변압기를 사용하여 원하는 전압으로 승압/강압이 용이하다.
> - 고압으로 승압하여 장거리 송전이 가능하다.
> - 대용량의 직류는 얻기가 어렵다.(반도체의 발달로 최근에는 가능)
> - 3상 교류의 경우 회전자계를 형성한다.

(8) 주파수(Frequency)

1초 동안에 (+), (−) 극성이 바뀌는 수. 단위는 Hertz

- 우리나라는 60[Hz]를 표준으로 한다.

5. 축전지

(1) 축전지의 용량

완전 충전된 축전지를 일정한 전류로 연속 방전 중의 단자 전압이 규정의 방전 종지 전압이 될 때까지 사용할 수 있는 전기적 용량

☞ 용량의 크기를 결정하는 요소
① 극판의 크기 ② 극판의 수 ③ 전해액의 양
☞ 용량의 표시방법
① 20시간율 ② 25암페어율 ③ 냉각률

(2) 축전지의 종류

1) 납산 축전지

- 축전지 속에 들어 있는 물질 : 묽은 황산, 증류수, 납
- 12V 축전지는 2V셀이 6개 직렬로 연결

2) 납산 축전지의 특징

① 셀당 기전력이 약 2.1~2.2V이다.
② 제작이 쉽고 가격이 싸며 현재 주로 사용한다.
③ 중량이 무겁고 수명이 짧다.
④ 양극판은 과산화납(PbO_2), 음극판은 해면상납(Pb)을 사용하며 전해액은 묽은황산(H_2SO_4)을 사용한다.
⑤ 음극판에서는 충전시 납으로 변화된다.

☞ 축전지를 연결할 때는 접지 케이블을 나중에 연결한다.
☞ 단자의 극성을 역으로 설치하면 발전기의 다이오드가 파손된다.
☞ 극판수 화학적 변형을 고려하여 음극판이 양극판 보다 1장 더 두고 있다.

3) 전해액

온도와 비중의 변화 :
① 전해액의 온도가 1℃ 변화에 비중은 0.0007이 변화된다.
② 온도와 비중은 반비례 관계이다.

$$S_{20} = S_t + 0.0007(t-20) \tag{6-12}$$

* 20℃에서 1.260이다. 온도 10℃이면 =1.267(온도가 내려가면 비중 증가)
③ 전해액 비중과 충전 상태 : 전해액 비중은 방전량에 비례하여 저하된다.
④ 축전지 셀페이션 : 극판의 영구황산납은 축전지의 반전상태가 일정한도 이상 오랫동안 진행되어 극판이 결정화되는 현상

☞ 축전지 셀페이션 원인
① 장기간 방전 상태로 방치시
② 과방전인 경우
③ 전해액 비중이 너무 높거나 낮을 때
④ 전해액에 불순물 포함시
⑤ 불충분한 충전의 반복시
⑥ 극판 노출시

☞ 자기방전(사용하지 않고 방치해두면 조금씩 용량이 감소하는 현상)의 원인
① 구조상 부득이 한 경우
② 불순물이 혼입에 의한 경우
③ 축전지 표면에 전기회로가 생긴 경우
④ 단락에 의한 경우

* 축전지 사용가능시간 = 축전지용량[Ah] / 전류량(A)

6. 반도체

1) **트랜지스터(PNP, NPN) : 증폭 작용, 스위치 작용**

① 다링톤 트랜지스터 : 내부에 트랜지스터가 2개, 아주 작은 전류로 큰 전류 제어
② 다이리스터 또는 사이리스터 : 확실한 스위치 기능인 SCR소자, PNPN
　- ON, OFF의 스위치 작용, 애노드에서 캐소드로 흐름이 전류 정방향

☞ P형 반도체는 전자가 모자라고 N형 반도체는 자유전자를 갖음. P형은 전류를 통하면 +극성을 갖고 -쪽으로 흐른다.

* 브레이크 다운 전압 : 전류가 급격히 흐르기 시작하는 전압
* 베이스 전류의 크기에 따라 콜렉터의 전류, 전압도 비례하여 커진다.

7. 기동장치

기동전동기의 원리(직류전원) : 계자 철심 내에 있는 전기자에 전류가 흐르면 플레밍의 왼손법칙에 따른 방향의 힘을 받음

(1) 전동기의 종류

1) 직권 전동기(직렬연결) : 기동전동기, 분권전동기(병렬) : 발전기(교류, 직류)
2) 복권 전동기(직병렬연결) : 와이퍼 모터

(2) 기동전동기의 구조

1) 전기자 : 전류를 공급받아 회전되는 부분
2) 정류자 : 전류를 한 방향으로만 흐르게 함
   운모의 언더컷 : 0.5~0.8mm
3) 계자코일 : 자력선 형성
4) 브러시
   ① 브러시는 1/3 이상 마모되면 교환한다.
   ② 브러시 스프링 장력은 0.5~2.0cm/cm^2
   * 배터리의 전류를 회전하는 전기자에 공급하고 재질은 금속 흑연계
5) 전동기 스위치
   - 풀인 코일, 홀드인 코일

☞ 연속허용 크랭킹 시간 : 10~15초

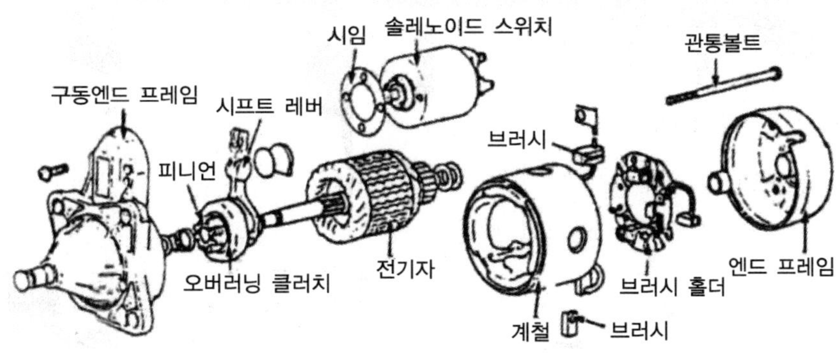

[그림 6-8] 기동전동기 구조

(3) 동력전달기구

1) 벤딕스식 : 나사와 관성작용 원리
2) 전기자 섭동식 : 오버러링 클러치
3) 기동전동기 접촉 불량시 정류자 편 손상을 초래하기 쉬움

(4) 기동전동기의 시험

1) 그로울러 시험기를 테스터로 할 수 있는 것

① 단선시험 : 단선 유무를 검사(파이롯 램프에 불이 오면 정상)
② 단락시험 : 코일과 코일 사이의 접촉 상태
③ 접지시험 : 코일과 케이스와의 접촉 상태 검사

2) 기동전동기의 시험항목 3가지

① 무부하 시험
② 회전력 시험 : 정지 회전력을 측정
③ 저항 시험 : 전류의 크기로써 판정한다.

8. 점화 장치

불꽃점화기관에서 고압의 전기를 발생시켜 점화 플러그의 전기 불꽃으로 흡입한 혼합 가스를 점화 폭발시키는 장치를 점화 장치라 한다.

(1) 마그네트 점화장치

- 자석식 발전기, 소형 가솔린 기관
- 마그네트 전기 점화장치 종류 : 유도자 회전형, 정류자 회전형, 발전자 회전형

(2) 축전기 점화 장치(콘덴서)

- 유도전류를 일시 저장하는 역할
- 축전기는 도체와 부도체가 연이어 감겨 있음

1) 축전기의 명세

① 정전 용량 : 0.2~0.3uF(마이크로 패럿)
② 내열성은 80℃ 이상, 절연저항은 5Ω 이상
③ 온도에 의한 용량의 변화 ±5%
④ 내전압 : 전극과 대지 사이의 전류 1,000V를 가했을 때 1분간 견딜 것
  - 점화코일 : 유도코일

> ☞ 축전기 역할
> ① 단속기 접점의 불꽃 방지한다.
> ② 1차 전류 차단시간을 단축하여 2차 전압을 높인다.
> ③ 접점 사이의 불꽃을 흡수하여 접점의 소손을 방지한다.
> ④ 접점이 닫혔을 때에는 접점이 열릴 때 흡수한 전하를 방출하여 1차 전류의 회복을 빠르게 한다.
> ☞ 콘덴서(축전기) 정전용량은 전압, 면적에 비례하고 거리에 반비례

- 축전기 용량이 규정보다 클 때 진동 접점이 소손한다.

2) 자동 진각 장치(자동진각기) : 점화시기 조절

- 기관의 회전수에 따라 점화 플러그의 불꽃 발생시기를 자동적으로 조정하는 장치

> ☞ 진각장치 종류 : 원심식, 진공식, 원심, 진공병용식

- 원심력과 진각 기구
  ① 기관의 회전속도가 증대되면 원심추에 원심력이 작용하여 조정하는 장치
  ② 배전기 : 1차를 단속하여 2차의 고압을 유도함

(3) 축전지 점화 장치

축전지로부터 흐르는 저압 전류가 1차 코일을 통해 단속기로 흐르고, 단속기가 회전하여 단속기 캠의 작용으로 접점이 열려 1차 회로의 전류가 차단되면 상호 유도 작용으로 2차 코일에 고압 전류가 발생

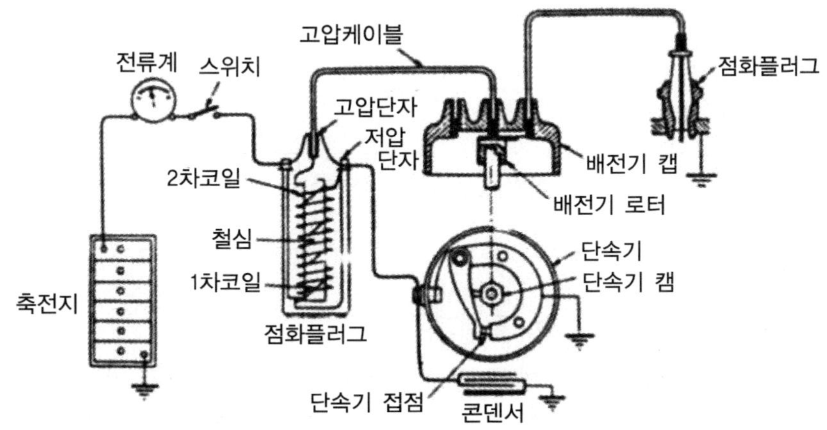

[그림 6-9] 축전지 점화장치

(4) 점화시기 조정법

1) 타이밍 라이트를 사용하지 않는 경우

① 점화스위치를 열고 기관을 회전시켜 압축행정에서 점화시기 표시 배전기의 포인터가 일치하게 된다.

② 기관을 회전시켜 압축행정에서 점화시기 표시와 포인터가 일치되는 순간 접점(0.35mm)이 열리는 위치에 있으면 좋다.

> ☞ 접점 간극 : 단속기 조정볼트로 조정
> ☞ 단속기암 스프링장력이 약하면 고속운전시 실화가 된다.

- 단속기 간극 조정은 접지 접점으로 한다.
- 단속기 필요성 : 전류가 직류이기 때문

(5) 점화플러그

- 요구조건 : 온도변화가 적고, 고온·고압에 견디고, 오손, 과열, 소손 등에 견딜 것

1) 자기 청정 온도

- 500~870℃ 이하 : 카본이 부착되어 절연성 과다로 실화 된다.
- 900℃ 이상 : 조기점화의 원인이 발생 된다.

> ☞ 실화원인 : 자기청정온도 저하, 표준열 값이 작은 플러그 사용, 전극 부위 탄소퇴적

2) 구조 및 정비

- 구성 : 전극, 절연체, 셀, 단자

> ☞ 전극의 틈새가 크면 고속 운전시 불안전 연소가 발생한다.
> ☞ 전극 간극은 0.6~0.8mm

3) 열값의 영향(조기점화, 이상폭발, 플러그과열)

① 냉형 : 열을 받는 면적이 작고 방열 경로가 짧아 고속 고 압축비 기관에서 사용

② 열형 : 열을 받는 면적이 크고 방열 경로가 길어 저속 저 압축비 기관에서 사용

> ☞ 냉형은 고속기관, 열형은 저속기관에 사용

4) **점화 플러그의 점검**

① 점화플러그 시험 : 절연, 불꽃, 기밀시험
② 점화플러그의 기밀시험은 15kg/cm^2 기압이다.
③ 점화플러그는 2,000~4,000km 주행마다 점검. 15,000~20,000km 교환

9. 등화 장치

(1) 전조등의 시험시

전구, 렌즈, 반사경, 타이어 공기압 규정, 차량 수평 상태에서 점검

1) **실드빔형** : 반사경, 렌즈, 필라멘트가 일체로 된 것
헤드라이트의 3대 요소 : 반사경, 렌즈, 필라멘트

2) **세미실드빔형** : 전구만 교환가능

(2) 전조등 전기 회로

구성 : 퓨즈, 라이트(전조등) 스위치, 디머 스위치, 라이트의 빔을 바꾸는 장치

(3) 전구수명 : 단선될 때까지의 시간

점등시간에 반비례하고 도선의 굵기에 영향 받음, 주위온도 영향받음

(4) 조도 (밝기단위 : 룩스, Lx)

조도는 빛 밝기의 정도. 대상면에 입사하는 빛의 양
1 Lx란 1m^{2}의 면적 위에 1 lm의 광속이 균일하게 비춰질 때이다.

☞ 전조등내 전구만 교환 가능한 형식 : 세미실드 빔형
☞ 전조등에서 광도의 측정 단위 : 칸델라(cd)

10. 충전 장치

(1) 직류충전 장치(DC발전기)

1) 직류발전기 3유닛 형식의 구성

직류발전기의 원리는 회전 자속을 끊어 기전력을 얻는다.

2) 다이오드와 브러시

브러시는 슬립링에 접속되어 자계를 형성하며, 다이오드는 교류전류를 직류로 바꾸어 공급

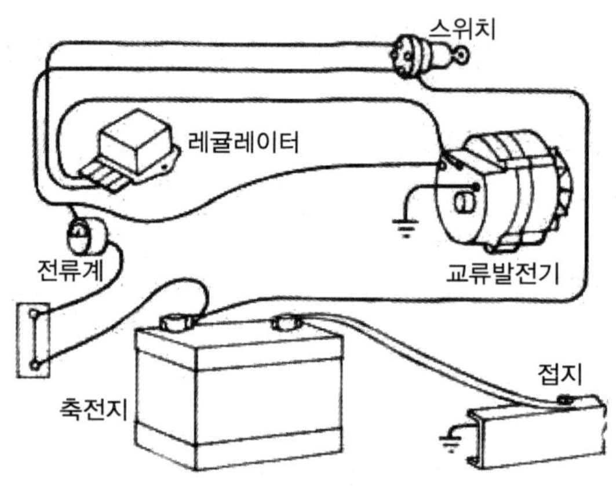

[그림 6-10] 트랙터의 충전회로

(2) 계기장치

1) 유압계 : 기관 가동 중 작동되는 엔진오일 유량을 나타내는 계기
2) 퓨즈 : 정격용량의 것을 사용

(3) AC 발전기의 특성

1) 저속시 발전(충전) 성능이 좋고 공회전 때도 충전이 가능하다.
2) 소형, 경량이고 고속 회전이 가능하다.
3) 정류자가 없으므로 브러시의 마멸이 적다.
4) 극성을 주지 않는다.
5) 고형, 경량, 잡음이 적다.

☞ 교류 발전기에서 전류가 발생하는 곳 : 고정자

(4) DC 발전기의 특성

- DC 발전기 출력 부족 : 정류자, 브러쉬 소손, 전기자 단락

> ☞ 발전기의 기전력은 고정자 권선수, 회전 자석의 강도, 회전속도에 비례
> ☞ 트랙터의 발전기는 크랭크축 풀리와 벨트로 연결

11. 예열장치

디젤 기관의 겨울철 냉시동시 보조기구로 예열 플러그를 사용. 실드형, 코일형 등

(1) 예열플러그

① 예열계통에 흐르는 30A이다.
② 가열시간은 20～25초에서 완전히 적열할 것(너무 예열시간이 길면 단선의 원인이 된다)
③ 예열플러그의 1개 저항은 0.75～1.35Ω 정도
④ 테스터기를 사용하여 점검 시 도통이 없을 경우는 히터선이 단선.

> ☞ 0Ω 일 때는 숏트
> ☞ 경보기의 릴레이 접점은 경보기와 축전지 사이에 설치한다.(소음단위 : 데시벨, dB)

제7장 농업기계 안전관리

1. 안전관리의 정의 및 목적

안전관리란 생산성의 향상과 손실을 최소화할 목적으로 사고가 발생되지 않는 상태를 유지하기 위한 제반 활동이다.
재해로부터 인간의 생명과 재산을 보호하기 위한 계획적이고 체계적인 활동이다.

2. 안전사고

고의성이 없는 어떤 불안전한 행동이나 상태가 선행되어 일을 저해하거나 또는 능률을 저하시키며 직접 또는 간접적으로 인명이나 재산의 손실을 가져올 수 있는 사건을 말한다.

(1) 불안전한 행동 : 작업장의 시설 및 조건이 원원인(보호구 미착용, 안전수칙 미준수 등)

(2) 불안전한 상태 : 작업자의 부주의 및 결함이 주요 원인이다(어두운 조명, 진동, 소음, 교온, 다습 등)

① 불안전한 행위 ② 불안전한 상태 ③ 불안전한 조건

3. 안전관리자의 의무

① 안전장치, 보호구, 소화설비, 재해 방지 시설의 성능에 대한 정기적인 점검 및 정비
② 재해가 발생할 경우 그 원인에 대한 조사와 대책
③ 안전에 대한 보조자의 감독
④ 안전 일치 및 안전에 관한 기록의 작성
⑤ 안전 교육에서 태도 교육은 의욕을 부여해 준다.

4. 사고와 재해

(1) 사고의 종류

충돌현상, 추락현상, 전도현상, 협착현상, 폭발현상

(2) 사고의 원인

유전적 요인과 사회적 환경, 인성의 결함, 인간의 불완전한 행동, 불완전한 상태
* 사고요인 중 기계의 결함은 : 공작상의 결함

(3) 사고의 발생 5단계 순서

① 사회적, 유전적 요소
② 개인의 결함
③ 불완전한 행동과 불완전한 상태
④ 안전사고 종류(교통사고, 화재사고, 기계의 사고)
⑤ 재해사고 종류(폭풍우, 가옥파괴, 지진 등)
⑥ 재해방지 3대요소(교육훈련, 기술개선, 강요와 독려)

(4) 사고의 방지대책

1) 사고예방 대책의 기본 5단계 순서

① 제1단계 : 안전관리 조직
② 제2단계 : 사실의 발견
③ 제3단계 : 분석평가
④ 제4단계 : 시정방법의 선정
⑤ 제5단계 : 시정책의 적용

2) 산업안전 표지와 색깔

① 안전색깔

㉠ 적색 : 위험, 금지, 방화
㉡ 보라색 : 방사능
㉢ 녹색 : 안전과 보조 성능
㉣ 푸른색 : 전기, 스위치, 박스
㉤ 검은색 : 보조색
㉥ 노란색 : 경고, 주의

② 산업안전 표시

㉠ 금지 표시
㉡ 조심표시
㉢ 녹십자 표시

㉣ 방향 표시
㉤ 위험 표시

☞ 평상시 위험장소 경고를 숙지할 것
☞ 안전작업 : 인명피해 예방, 장비손실 생산재의 손실 감소
☞ 안전사고 도수율 : 100만 시간 중 발생사고 건수

3) 안전사고 예방

① 인적요인에 의한 사고 : 운전자의 운전 미숙, 실수, 사용설명서 미준수 등의 사고
② 기계적인 요인에 의한 사고 : 회전체, 돌기부, 틈새, 칼날 등의 안전 덮개 등 안전장치 미설치
③ 환경적 요인에 의한 사고 : 농로, 진출입로, 경사지등 농업기계가 주행하는 조건이 좋지 않아 발생하는 사고

5. 농작업 안전사고 예방

(1) 농작업의 특성

① 노동집약적인 작업특성
② 농번기, 수확기 등 특정기간에 집중
③ 고령화 및 여성 농업인 증가
④ 제한된 인력에 따른 작업량 증가
⑤ 표준화되어 있지 않고 비연속적인 작업

(2) 농작업 안전사고 요인과 안전행동 요령

① 농업기계 사고(사용자 60% 이상이 사고 경험) : 동력경운기>트랙터>제초기
② 부상 신체 부위 : 팔, 손. 손가락, 발가락 등 기타
③ 사고발생원인 : 부주의, 열악한 작업 여건, 운전미숙 등
④ 재해발생 형태 : 넘어짐, 감김, 끼임, 떨어짐 등
⑤ 사망사고 형태 : 떨어짐, 교통사고. 감김. 끼임
⑥ 재해 취약시간 : 오전 10∼12시, 오후 2∼4시

☞ 농업기계 사고요인
① 운전자 부주의 및 운전미숙
② 음주운전
③ 농업기계 안전점검 소홀 및 농업기계 운전 교육 미이수
④ 위험상태에 대한 습관성 무시
⑤ 안전장치 미부착 및 무시
⑥ 비정상 작동 무시
⑦ 고령 인력의 작업수행능력, 대처능력 저하

(3) 농업기계 사고예방과 안전사용법

1) 농업기계 사고예방을 위한 운전자 준비사항

① 정확한 안전장구 착용
② 안전모 착용 : 농업기계 전복 또는 작업 중 머리에 충격에 대한 예방
③ 몸에 맞는 옷 착용 : 늘어진 옷으로 인해 농업기계에 말려 들어가지 않도록 해야 함
④ 안전화 착용 : 농기구가 떨어지거나 발 등이 기계에 끼는 사고 예방
⑤ 운전 미숙련자는 반드시 다른 사람의 도움으로 연습 후 운전
⑥ 피로한 상태 또는 음주 상태에서 농기계 조작 금지
⑦ 조작전 반드시 농업기계에 부착된 안전주의 명판 및 사용설명서 숙지
⑧ 농업기계 관련된 교육수강

2) 농업기계 안전사용

① 농업기계 작업은 진동 소음이 많고 지속적으로 신경을 집중함에 따라 쉽게 피로해지며 집중력이 저하되므로 바쁘더라도 일정한 휴식을 취하며 작업한다.
※ 연속 최대 운전시간 : 2시간 이내
② 혼자 작업할 경우 사고 시 발견이 늦어 큰 사고로 진전될 수 있으므로 비상연락이 가능하도록 조치해야 한다.
③ 야광반사판을 반드시 부착하고 방향지시등, 비상등 작동을 수시로 점검한다.
④ 고령자는 어두운 곳에서 시력 시야가 감소되므로 어스름한 저녁이나 야간운전에 특히 주의한다.
※ 농기계 교통사고가 많은 시간대 : 경운기(오후 6~8시), 트랙터(오후 6~10시)
⑤ 농기계 교통사고에 주의한다.

3) 동력경운기 재해 예방과 안전사용법

① 차폭이 좁아 작업 또는 운전 중 넘어짐 등 위험성이 높음

② 운전자를 보호하기 위한 안전장비 미비
③ 후진시 핸들이 돌아가거나 급격히 꺾여 넘어짐 또는 운전자 끼임이 발생
④ 운전석 및 트레일러에 운전자 이외의 탑승을 하지 않도록 조치

4) 작업 전 주의사항

① 동력경운기 기능에 악영향을 줄 수 있는 외부 또는 내부 기계류의 임의 개조 금지
② 사전 환기 조치하며, 환기가 불충분한 곳에서는 예열운전이나 작업 금지
③ 동력경운기 트레일러에는 탑승 금지
④ 운전자가 뛰어올라 타거나 뛰어내리는 행위 금지
⑤ 트레일러 장착 시마다 히치 취부 고정핀 확인

5) 운전 중 주의사항

① 급출발, 급정지, 급방향 변경을 금한다.
② 지반이 약한 도로나 풀이 많은 도로는 되도록 주행을 삼가한다.
③ 비가 내릴 경우에는 운전자의 시야를 가릴 수 있으므로 서행 운행한다.

6. 배기가스의 안전

(1) 일산화탄소

① 불완전 연소할 때 다량 발생한다.
② 혼합가스가 농후할 때 발생량이 증대된다.
③ 촉매변환기에 의해 CO_2로 전환이 가능하다.
④ 일산화탄소를 흡입하면 인체의 혈액 속에 있는 헤모글로빈과 결합하기 때문에 수족 마비, 정신분열 등을 일으킨다.

(2) 탄화수소

농도가 낮은 탄화수소는 호흡기 계통에 자극을 줄 정도이지만 심하면 점막이나 눈을 자극하게 된다.

☞ 탄화수소 발생원인
① 농후한 연료로 불완전 연소할 때 발생한다.
② 화염전파 후 연소실내의 냉각작용으로 연소되다가 남은 혼합가스이다.
③ 희박한 혼합가스에서 점화, 실화로 인해 발생한다.

(3) 질소산화물

질소산화물은 기관의 연소실 안이 고온·고압이고 공기 과잉일 때 주로 발생되는 가스로 광화학 스모그의 원인이 된다.

> ☞ 질소산화물의 발생원인
> ① 질소는 잘 산화하지 않으나 고온·고압 및 전기불꽃 등이 존재하는 곳에서는 질소산화물을 발생시킨다.
> ② 연소온도가 2,000℃ 이상인 고온연소에서는 급격히 증가한다.
> ③ 질소산화물은 이론 공연비 부근에서 최대값을 나타내며, 이론 공연비보다 농후해지거나 희박해지면 발생률이 낮아진다.

7. 공구에 대한 안전

(1) 수공구 사용 시 유의사항

1) 스패너 렌치

① 스패너의 입이 너트폭과 맞는 것을 사용하고 입이 변형된 것은 사용하지 않는다.
② 스패너를 너트에 단단히 끼워서 앞으로 당기도록 한다.
③ 스패너를 두 개로 이어서 사용하거나 자루에 파이프를 이어 사용해서는 안 된다,
④ 조절 렌치는 웜과 랙의 마모에 유의하여 물림 상태를 확인한 후 사용한다.
⑤ 조절 렌치는 아래 턱 방향으로 돌려서 사용한다.

2) 해머 사용 시 주의사항

① 해머작업 시 장갑을 착용하지 않는다.
② 작업자세를 바르게 잡는다.
③ 마모가 되거나 파손된 해머를 사용하지 않는다.
④ 공작물을 고정시킨 후 작업한다.
⑤ 보호구를 착용한다.
⑥ 1인 이상 작업 시 호흡을 맞춰서 작업한다.
⑦ 열처리된 금속이나 유리 등 깨질 수 있는 물체는 타격하지 않는다.

3) 줄 작업 사용 시 주의사항

① 줄을 해머 대용으로 사용하지 않는다.
② 작업 중 줄자루가 빠지지 않도록 고정상태를 확인한다.
③ 줄은 두드리거나 타격을 가하지 않는다.

④ 줄질에서 생긴 가루는 입으로 불지 않는다.
⑤ 줄 작업 중 무리함 힘을 가하지 않도록 한다.
⑥ 금긋기 시에 무리한 힘을 가하지 않도록 한다.
⑦ 줄은 그 손잡이가 확실한 것을 사용한다.
⑧ 땜질한 줄은 부러지기 쉬우므로 사용하지 않는다.
⑨ 줄을 다른 용도로 활용하지 않는다.
⑩ 줄 작업 중 시선은 반드시 공작물의 절삭이 되는 부분을 바라보고 작업한다.
⑪ 줄은 사용 후 반드시 정해진 자리에 정리정돈 한다.
⑬ 금긋기 바늘은 사용 후 코르크 마개를 끼워서 제자리에 정리정돈 한다.

4) 정 작업

① 머리부위가 이상이 있는 것은 사용하지 않는다.
② 정은 깨끗이 한 후 사용한다.
③ 날끝이 파손되거나 둥글어진 것은 사용하지 않는다.
④ 보호안경을 착용한다.
⑤ 정 작업 시 반대편에 막을 설치한다.
⑥ 정 작업은 처음에는 가볍게 두들기고 목표가 정해진 후에 차츰 세게 두드린다.
⑦ 담금질한 재료를 정으로 타격하지 않는다.

(2) 전동, 공기구 사용 시 유의사항

1) 연삭기 작업

① 안전커버를 떼고 작업해서는 안 된다.
② 숫돌바퀴에 균열이 있는가 확인한다.
③ 나무 해머로 가볍게 두드려 보아 맑은 음이 나는지 확인한다.
④ 숫돌차의 과속 회전을 하지 않는다.
⑤ 숫돌차의 표면이 심하게 변형된 것은 반드시 드레싱하여 사용한다.
⑥ 받침대는 숫돌차의 중심선보다 낮게 하지 않는다.
⑦ 숫돌차의 주면과 받침대와의 간격은 3mm 이내로 한다.
⑧ 숫돌차의 장치와 시운전은 정해진 사람만 하도록 한다.
⑨ 숫돌바퀴가 안전하게 끼워졌는지 확인한다.
⑩ 연삭기의 커버는 충분한 강도를 가진 것으로 규정된 치수의 것을 사용한다.
⑪ 숫돌차의 측면에서 서서 연삭해야 하며 반드시 보호안경을 착용한다.

2) 드릴 작업

① 회선하고 있는 축이나 드릴에 손이나 위험물질(감길 수 있는 물체)을 대거나 머리를 가까이하지 않는다.
② 드릴은 사용 전에 점검하고 상처나 균열이 있는지 확인한다.
③ 가공 중에 드릴날의 절삭분이 불량해지고 이상음이 발생하면 중지하고 즉시 드릴날을 바꾼다.
④ 가공 중 드릴이 깊이 들어가면 기계를 멈추고 손으로 돌려 드릴날은 뽑아낸다.
⑤ 드릴날이나 척을 뽑을 때는 되도록 주축을 내려서 낙하거리를 적게 하고 테이블 등에 나무 조각 등을 놓고 받는다.
⑥ 드릴 머신은 작업 중 컬럼과 암을 확실하게 체결하며, 주위를 조심하여 암을 선회시키고, 정지 시에는 암을 베이스의 중심 위치에 놓는다.
⑦ 드릴링 작업 시 장갑을 끼지 않도록 한다.
⑧ 작은 가공물이라도 가공물을 손으로 고정시키고 작업해서는 안 된다.
⑨ 가공물이 관통될 쯤에 알맞게 힘을 가해야 한다.
⑩ 드릴날 끝이 가공물을 관통하였는지 손으로 확인해서는 안 된다.
⑪ 가공물을 이동시킬 때에는 드릴 날에 손이나 가공물이 접촉되지 않도록 드릴을 안전한 위치에 올려두고 작업해야 한다.
⑫ 드릴날 회전 중 칩 제거하는 것은 위험하므로 절대 하지 않는다.
⑬ 드릴날은 항상 점검하여 상처나 균열이 생긴 드릴을 사용해서는 안 된다.
⑭ 드릴링 시 공작물을 단단히 고정한다.
⑮ 드릴링 시 절삭유를 충분히 준다.
⑯ 주물 소재 칩은 해머나 입으로 불어서 제거해서는 안 된다.
⑰ 드릴날은 척에 고정시킬 때 유동이 되지 않도록 고정시켜야 한다.
⑱ 천공 작업 시 가공물의 반대쪽을 확인하고 작업해야 한다.
⑲ 가공업 중 소음이나 진동이 발생 시에는 작업을 중지하고 기계의 이상 유무를 확인한다.

3) 선반 작업

① 회전 부위에 손을 대지 말 것
② 천조각이나 이물질이 회전부위에 닿지 않도록 한다.
③ 공구를 기계 위에 놓지 않는다.
④ 절삭된 칩은 반드시 쇠솔로 청소하고 손으로 만지지 않는다.
⑤ 치수를 측정할 때는 먼저 선반을 멈추고 측정한다.
⑥ 선반 작업 중 회전의 방향 전환을 하지 말 것
⑦ 작업 전에 심압대가 잘 죄어 있는지 확인한다.

⑧ 절삭면은 손가락으로 만지거나 절삭칩을 손으로 제거하지 않는다.

4) 밀링 작업

① 보호 안경을 착용할 것
② 밀링 커터에 작업복의 소매나 보호장구가 들어가지 않도록 주의할 것
③ 가공품을 풀어 낼 때는 반드시 밀링 커터의 운전을 정지시킨다.
④ 조작 중에 완성면을 손가락으로 만져보지 않는다.
⑤ 칩은 반드시 솔로 털어내고 걸레를 사용하지 않는다.

5) 공기구 작업

① 공기구는 기계의 힘을 응용한 것이기 때문에 활동 부분에는 항상 기름 또는 그리스를 삽입 시키고 원활하게 움직이도록 한다.
② 정상 여부와 사용 가능 여부를 사용 전에 점검하고 이물질은 완전히 떼어낸다.
③ 사용할 때는 반드시 보호안경 및 방진마스크를 사용한다.
④ 밸브를 서서히 열어 속도를 조절하고 한번에 열어서는 안 된다.
⑤ 공기가 전달되는 호스가 꺾이거나 구부러져서는 안 된다.
⑥ 공구 교체 또는 고장 시에는 반드시 밸브를 꼭 잠그고 정비를 실시한다.

6) 전동공구 작업시 안전수칙

① 전동공구는 반드시 접지를 하여야 한다.
② 몸이 젖은 상태이면 저압이라도 전류가 통하기 쉬우므로 위험하다.(보호구 작용)
③ 회전 공구는 회전수를 점검해 두어야 한다.
④ 공구밸브는 서서히 열도록 한다.
⑤ 압축탱크는 정기적으로 물을 빼도록 한다.
⑥ 피뢰기, 방전기 등의 접지 공사는 제1종 접지이다.

(3) 용접 작업시 유의사항

1) 가스용접 작업

① 봄베(가스통) 전체에 녹이 발생하지 않도록 방청제를 바르지 않는다.
② 토치는 반드시 작업대 위에 놓고 기름이나 그리스가 묻지 않도록 한다.
③ 가스를 완전히 멈추지 않거나 점화된 상태로 방치해 두지 않는다.
④ 봄베(가스통)를 던지거나 넘어뜨리지 말 것
⑤ 산소용기의 보관온도는 40℃ 이하로 한다.
⑥ 반드시 소화기를 준비한다.

⑦ 아세틸렌 밸브를 먼저 열고 점화한 후 산소밸브를 연다.
⑧ 점화는 성냥불로 직접 하지 않는다.(전용 숫돌 사용)
⑨ 산소 용접할 때는 역류, 역화가 일어나면 빨리 산소 밸브부터 잠근다.
⑩ 운반할 때는 전용 운반차량을 사용한다.

2) 산소-아세틸렌 작업

① 산소는 산소병에 35t에서 150기압으로 압축 충전한다.
② 아세틸렌의 사용 압력은 1기압이며, 1.5기압 이상이면 폭발할 위험이 있다.
③ 산소 봄베에서 산소의 누출 여부를 확인할 때는 비눗물을 사용한다.
④ 산소통의 메인 밸브가 얼었을 때는 60℃ 이하의 물로 녹여야 한다.
⑤ 아세틸렌 호스는 적색, 산소 도관은 흑색으로 구분한다.

8. 화재예방 및 소화에 대한 안전

(1) 전기류 화재의 원인

① 과전류에 의한 발화
② 단락에 의한 발화
③ 정전기에 의한 발화
④ 누전에 의한 발화
⑤ 접속불량의 과열에 의한 발화
⑥ 열의 축적에 의한 발화
⑦ 절연에 손상 또는 탄화에 의한 발화

(2) 소화기의 분류

소화설비 적용사항(화재의 성질, 작업의 성질, 폭발의 상태)
① A급 화재용 소화기 - 일반 가연물의 화재
② B급 화재용 소화기 - 유류에 의한 화재
③ C급 화재용 소화기 - 전기화재 : 분말소화기, 가스
④ D급 화재용 소화기 - 금속화재

(3) 소화기의 종류

① 포말소화기 (A급 화재) : 백색 - 일반화재
② 분말소화기 (B급 화재) : 황색 - 유류화재

③ CO_2소화기 (C급 화재) : 청색 - 전기화재(분말소화기, 가스)
④ 금속 화재 (D급 화재) : 무색
⑤ 가스 화재 (E급 화재) : 황색

9. 안전 보호구에 대한 사항

(1) 보호구(소극적 안전대책)

① 마스크 : 방독, 방진, 산소마스크 등이 있다.(16kg 이하)
② 보안경 : 철가루, 모래 등이 날리는 작업에 사용(변속기 탈거 시)
③ 귀마개 : 소음이 발생되는 작업장에 사용
④ 안전모 : 전기전선작업, 보수 등에 착용하며 머리부위를 보호한다.
⑤ 안전화 : 중량물의 낙하 또는 날카로운 물체로부터 위험을 제거한다.
⑥ 용접면 : 유해광선에 의한 화상방지, 시력보호
⑦ 작업복 : 작업에 적합하고 몸을 보호할 수가 있고 노출이 작을 것(작업 중 위험 감소 역할)
⑧ 보호 장갑 : 각종 위험 요소에 의한 손의 보호(용접작업) = 가죽제 앞치마 사용
⑨ 방열복 : 고열물로부터 몸의 보호(반드시 갖추어야 할 대상은 아님)
⑩ 차광보호구 : 적외선, 자외선으로부터 보호

☞ 부품세척 중 화학물질(알칼리성)이 눈에 들어갈 때는 수돗물로 씻는다.

(2) 점검과 관리

① 적어도 한 달에 한 번 이상 책임 감독자가 점검
② 청결하고 습기가 없는 장소에 보관
③ 보호구는 항상 깨끗이 보관하고 사용 후에는 세척하여 둘 것
④ 안전모는 두께가 10mm 이상이며, 무게는 440g 정도일 것

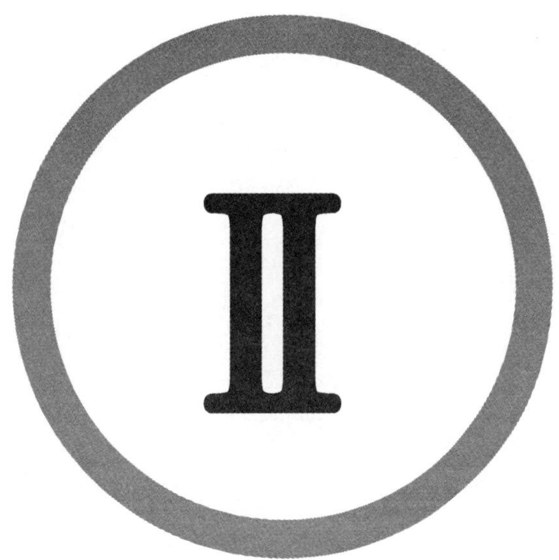

제Ⅱ편 농작업기계 실제

제1장 농업기계 안전

제1절 | 농작업 안전

1. 농작업 안전을 위한 기본사항

① 농작업자는 농업기계에 자신은 물론 타인에게 위해가 가하지 않도록 평소에 안전의식을 갖고 작업에 임하여야 한다.
② 농업기계의 일상점검과 적정한 조작을 통하여 농작업을 안전하게 실시할 수 있도록 노력하면서 주변 환경도 배려해야 한다.
③ 농작업을 시키기 위하여 타인을 농작업자로 고용할 경우 고용주로서 피고 및 고용주는 농작업 안전에 관한 교육과 홍보활동 등에 적극적으로 참가하여 안전의식을 높여야 한다.
④ 농업기계 운전자는 도로 교통법규 등 관계법령을 숙지하는 등 안전한 농작업을 위해 항시 노력해야 한다.
⑤ 음주자 및 연소자, 과로·부상 등으로 정상적인 농작업이 곤란한 자, 미숙련자는 농업기계를 이용한 농작업과 고소작업 등의 위험을 수반한 농작업을 하지 말아야 한다.

2. 농업기계 취급할 때의 유의사항

(1) 계획적인 작업의 실시

① 하루의 작업을 시작하기 전에는 준비운동을 하고 작업 후에는 정리 운동을 하여 몸을 풀어준다.
② 여럿이 작업할 경우에는 사전에 그날의 작업에 대해 미리 협의한다.
③ 기상조건이나 포장조건 등에 의해 작업이 순조롭게 진행되지 않을 때 무리하여 작업하면 사고의 원인이 될 가능성이 많기 때문에 여유를 갖고 무리 하지 않는 작업계획을 세운다.
④ 가능한 한 하루의 작업시간은 8시간을 넘지 않도록 하며 피로가 축척되지 않도록 2시간 마다 정기적으로 휴식을 취하도록 한다.

(2) 농업기계 안전사고의 대비

① 작업을 시작하기 전에는 항상 해당 작업에 위험성을 예측하고 대응책을 생각해 두는 습관을 갖는다.
② 만일의 사고를 대비하여 긴급사항 발생 시에 연락체제를 확인함과 동시에 응급처치에 대한 지식을 몸에 익히는 등 평소에 사전준비를 한다.
③ 안전한 방법으로 여유를 가지고 작업에 임한다.
④ 전도, 추락, 낙하물 등의 위험성이 있는 작업이나 도로 주행을 할 때에는 안전벨트 및 안전모를 착용하여 머리 등을 보호한다.

(3) 건강관리

① 농업기계 취급자는 적당히 쉬고, 정기적으로 건강진단을 받는 등의 평소 건강관리에 노력하여야 한다.
② 질병이 있을 경우에는 의사 등 건강관리 전문가와 상담하고 건강 상태에 따라 무리 없는 작업계획을 수립하여 사고발생으로 이어지지 않도록 한다.

(4) 농업기계 취급조작에 따른 환경점검 및 개선

① 농업기계 취급자는 평상시 작업환경이나 위험지역에 대해 체크하고 작업방법을 재검토하거나 작업환경의 개선 및 위험지역의 표시 등의 안전하고 효율적인 작업을 위해 노력해야 한다.
② 수로, 도랑 등의 유실된 장소에서 농업기계가 빈번히 전복되며, 사각지대의 모퉁이, 좁은 교량, 급커브, 경사지, 미끄러운 바닥 등 농작업 사고의 위험이 있는 곳의 환경을 개선해야 한다.
③ 농업기계 운전자는 수로나 도랑 근처에 너무 가까이 가지 않고 안전하게 회전할 수 있는 충분한 공간을 확보하여야 하며, 위험요소를 숨기고 있는 농로의 가장자리는 제초작업을 잘해서 농로경계, 수로 등을 명확하게 알 수 있도록 한다.
④ 운전자의 시야 확보를 위해서는 나뭇가지를 잘라내고 나무 그루터기나 그 밖의 장애물들은 제거하고 침수된 지역은 뚜렷이 표시해 두거나 채워서 평평하게 한다.
⑤ 위험성이 높은 작업을 할 경우에는 작업자의 부담 경감이나 조기에 위험한 상황을 알려줄 수 있는 보조자를 배치하도록 하고 가능한 한 혼자서는 작업을 하지 않도록 한다. 어쩔 수 없이 혼자 작업할 경우에는 작업내용이나 장소를 가족 등에게 확실히 알려주어 사고가 발생할 때에 조기발견을 위해 필요한 조치를 취해둔다.
⑥ 작업을 수위탁할 경우의 위탁자는 수탁자에게 위험지역이나 주의사항 등에 대해 사전에 설명하고 사고방지에 노력한다.

(5) 복장 및 보호구

① 농작업을 할 때에는 농업기계에 두발이나 의류 등이 말려 들어가지 않도록 각 작업에 적당한 복장과 작업모 및 사고방지에 필요한 보호구를 착용한다.
② 헐렁한 옷이나 소매가 긴 옷을 입거나 장갑을 착용하고 농업기계를 다루는 것은 매우 위험하다.
③ 신발은 발에 꼭 맞는 미끄럼 방지 처리가 된 안전화가 적당하다.
④ 긴 머리카락은 작동하고 있는 기계 안으로 빨려 들어가서 머리손상을 입기 쉬우므로 뒤로 묶거나 모자 속으로 집어넣도록 한다.

(6) 농업기계 안전점검 및 주변 환경 주의

① 농업기계로 작업을 할 경우에는 반드시 사전에 안전장치나 방호커버 등의 안전장비를 포함하여 점검하고, 조작 및 장착방법 등에 대해서도 사전에 확인을 한다.
② 안전장치에 이상이 있을 경우에는 작업 전에 조정 또는 수리 등 필요한 조치를 반드시 한다.
③ 농작업을 임할 때는 다른 작업자나 주변에 있는 사람에게 미치는 위험성을 고려하여 안전성이 충분히 확보되었는지 주의를 기우려 작업을 한다. 특히 어린이가 주변에 있는 경우에는 작동중인 농업기계에 접근하지 않도록 사전에 충분한 주의를 주는 것이 필요하다.
④ 농업기계를 이용한 작업 중 발생되는 소음, 진동, 분진, 악취, 약제의 비산 등으로 주변 주민이나 환경에 영향을 미치지 않도록 작업기계의 선정이나 기상조건 등을 충분히 고려하여 필요한 조치를 강구하여야 한다.

(7) 농업기계 안전운전 요령

① 농로의 안전운전을 위해서는 폭이 좁은 농로나 모퉁이에는 속도를 낮추고 주행을 하고 농로의 가장자리에 너무 붙어 주행하지 않도록 주의한다.
② 작업포장 출입할 경우는 경사방향에서 차체가 옆으로 기울지 않도록 주의하며 논둑을 넘을 때는 직각이 되도록 하고 높이차가 큰 경우 디딤판(사다리 등)을 이용하여 넘는다.
③ 경사지의 작업은 운전자가 경사를 잘못 판단하거나 지면의 상태가 바뀐 것을 인지하지 못한 경우 또는 하중이 농업기계의 균형에 미치는 영향을 인지하지 못할 때 사고가 일어나기 쉽다. 따라서 포장 진출입로, 밭의 배수로 근처, 경사지 등에서 사고의 위험성이 매우 높아 경사면의 농작업시 위험성을 잘 인지해야 하며 경사지나 언덕길에서는 저속으로 주행하고 장착된 작업기는 아래로 내려 무게중심을 낮추어 준다.

④ 농업기계와 기둥이나 벽, 나무 등과의 사이에 끼지 않도록 필요한 간격을 충분히 확보하여 작업한다.
⑤ 하우스나 창고 등 실내에서는 충분한 공간을 마련하여 안전을 확인하고 운전한다.
⑥ 과수원 등에서 작업에 위험을 줄 수 있는 나뭇가지 등을 자르고 지선에는 표시를 해 둔다.
⑦ 작업지역에 전선이 있는지 확인하고 농업기계의 높이와 농업기계가 미치는 범위를 인지하고 주의하여 작업한다.
⑧ 트레일러 또는 운반차 등에 짐을 싣는 경우에도 짐의 높이에 주의한다.
⑨ 교통사고의 위험성이 높은 도로에 대해서는 경찰, 도로관리자 등에게 연락하여 위험 안내표지판 또는 커브밀러 등을 설치하여야 한다.

3. 농작업 및 정비점검 시 환경 유지관리

① 농업기계를 작업 또는 정비를 할 때에는 안전을 위하여 안전화, 보호대 등을 착용하여야 한다.
② 비산물이 안면에 맞는 위험성이 있는 작업을 할 때는 보호안경, 마스크 등의 보호구를 착용한다.
③ 두발은 짧게 정리하여 모자나 헬멧을 쓰고, 수건 등 말려 들어가기 쉬운 것을 몸에 걸치지 말아야 한다.
④ 칼날, 날카로운 돌기 등이 손에 접촉되는 작업 또는 정비를 할 때에는 작업에 적합한 보호 장갑을 사용한다.

4. 농업기계의 등화장치

(1) 등화장치 및 반사판

도로를 주행하는 농업기계는 반드시 방향지시등, 점멸등, 차폭등과 같은 등화장치를 부착하여야 하며, 농업기계의 부착된 등화장치와 반사판은 도로 주행시 상대 차량 운전자에게 보다 빠른 운전정보를 제공해 줌으로써 안전사고 예방에 크게 도움이 된다.

(2) 등화장치 설치

① 농업기계에 부착된 등화장치는 도로 지면으로부터 최소한 0.9m 이상의 높이에 있어야 되고 3m보다 높으면 안 된다.
② 전조등은 규격에 맞는 두 개의 램프가 같은 높이에 붙어 있어야 하고 가능하면 농업기계의 중앙으로부터 동일한 간격으로 멀리 떨어져 있어야 한다.

③ 농업기계에는 작업등이 부착되어야 하며, 뒤쪽을 향해 있는 작업등은 도로를 주행 중에는 사용해서는 안 되지만 그 밖의 경우에는 농업기계 근처의 옆쪽이나 앞쪽은 사용하도록 한다.
④ 2개의 붉은 후미등은 동일한 위치에 중앙으로부터 동일한 간격으로 가능한 멀리 떨어져 있어야 한다.
⑤ 작업폭이 특별히 넓은 농업기계(3.6m 이상)의 경우에는 다른 차량이 측면에서 부딪히는 사고를 막기 위하여 비상등(경고등)이 있어야 하며, 주행 중에는 2개의 램프가 1분에 60~85회 정도로 동시에 깜박이어야 한다.
⑥ 농업기계에는 방향지시등이 부착되어 있어야 한다.

제2절 | 농업기계 구입과 관리방법

1. 구입요령

① 농업기계 구입할 때에는 가격이나 성능뿐만이 아니라 안전성도 선택의 기준으로 삼는다. 이때 일정 수준 이상의 안전성을 가진 농업기계임을 표시하는 형식검사 합격증의 유무를 확인한다.
② 중고농업기계를 구입할 경우에는 안전장비의 상태, 취급설명서의 유무 등을 확인한다. 또한 엔진 등의 각부 장치의 정비수리 여부를 확인하고 구입 또는 구입 후 적절한 정비수리를 하고 사용한다.
③ 농업기계를 인수받을 때에는 농업기계의 조작, 안전장비 등에 대한 충분하게 설명을 들어야 한다.

2. 이용요령

① 취급설명서를 잘 읽고 농업기계의 기능, 사용상의 주의사항, 안전장치의 사용방법, 사용시의 위험 회피방법 등을 알아두며 농업기계에 부착되어 있는 안전표시를 확인해 둔다.
② 취급설명서는 일정한 장소에 보관하여 언제라도 꺼내 읽을 수 있도록 한다.
③ 농업기계를 원래의 목적 이외에는 사용하지 않는다.
④ 안전장치는 절대로 떼어내지 말아야 하며, 임의로 개조해서는 안 된다.
⑤ 사용전후에는 반드시 점검하고 이상이 있을 경우에는 반드시 정비한다.

3. 관리요령

① 운행일지, 점검정비일지 등을 작성 기록한다.
② 보관창고는 출입구의 높이나 폭, 천장높이, 바닥면적 등에 여유가 있어야 하며, 점검 정비 작업을 고려하여 바닥을 가능한 한 포장한다.
③ 보관창고 출입구는 눈에 띄는 색으로 도장하고 도로와 접한 경우에는 커브밀러를 설치한다.
④ 보관창고 내부는 충분한 밝기를 유지하도록 전등을 설치하고 환기창이나 환기팬 등을 설치하여 환기가 좋게 한다.
⑤ 농업기계를 보관할 때에는 승강부를 내리고 시동키를 빼둔다.
⑥ 탑재식이나 견인식 작업기에 스탠드가 부착된 경우는 스탠드를 사용하여 보관한다.
⑦ 작업이 끝난 다음에는 반드시 깨끗이 세척하여 각부 장치에 그리스 및 오일 주입 등 정비를 한 후에 보관한다.

4. 농업기계의 기종별 사고형태와 안전사용방법

(1) 농용트랙터

1) 일반적인 사고형태

① 좁은 도로에서 다른 차와 엇갈리어 통과할 경우 도로면의 붕괴로 전복
② 농로를 오를 때 받침판을 깔고 올라가다 전복으로 인한 압사
③ 경사지에서 운전미숙으로 인한 전복
④ 작업기 주위에 사람이 있는 것으로 확인하지 않고 작업기 작동으로 인한 사고

2) 운전조작 및 도로 주행시 주의사항

① 밀폐된 실내에서 장시간 엔진 가동을 하지 말고, 엔진 가동중에는 급유하지 않는다.
② 운전자 이외에는 탑승을 금하며, 주행 중 운전석 이탈을 하지 않는다.
③ 좌우 브레이크의 유격은 같게 하고 도로 주행중에는 좌우 브레이크를 반드시 연결한다.
④ 고속주행시 급회전은 하지 않으며 안전속도를 유지한다.
⑤ 경사지에서 내려갈 때에는 변속레버를 중립위치에 놓거나 클러티 페달을 밟지 않는다.
⑥ 트랙터가 정지후 승하차를 하고 정차시에는 주차브레이크를 걸어 둔다.

3) 포장작업시 주의사항

① 작업기 부착시에는 엔진을 정지한다.
② 작업기를 조정할 때 작업기를 올린 후에는 받침목을 설치한다.

③ 작업기 부착시 고정핀 대신에 볼트 등을 사용해서는 안 된다.
④ PTO회전시 청소, 손질을 금지하며 작업기 조작시에는 사람 접근을 금지한다.
⑤ 경사지 작업시에는 바퀴폭을 넓게 조정한다.
⑥ 작업시에 브레이크는 독립 브레이크를 사용한다.
⑦ 해로우(harrow)작업시 트랙터 앞에 밸런스 웨이트를 장착하고, 경사지를 운행할 때는 해로우를 땅에 닿지 않을 정도로 내리고 천천히 주행한다.
⑧ 작업기를 들어올린 상태로 방치하지 않도록 한다.
⑨ 로타리 작업시 칼날축과 유니버셜조인트 등의 회전부분에 손을 가까이 하지 말아야 한다.
⑩ 로타리를 들어 올린 채 후진이나 급선회 할 때에는 후방을 반드시 확인한다.

4) 정비점검시 주의사항

① 공기청정기는 50~100시간마다 분해정비하고, 습식인 경우는 윤활유의 오염상태에 따라 교환한다.
② 연료계통 정비 및 점검시에는 화기를 멀리한다.
③ 축전지 충전 중에 가스가 발생하여 폭발할 위험이 있으므로 화기를 엄금한다.
④ 전해액은 묽은 황산 용액이므로 옷이나 피부에 닿지 않도록 한다.
⑤ 축전지의 케이블 단자는 반드시 단자플러를 사용하여 분해한다.
⑥ 부동액은 인화성이 크므로 화기에 주의해야 하고 부동액의 원액도 동결이 되므로 (−20℃) 온도에 유의하여야 한다.
⑦ 경운칼날의 점검과 교환시에는 엔진을 정지시키고, 낙하조정 손잡이를 돌려 유압을 정지하고 로타리 낙하방지를 한다. 이때 트랙터와 로타리 사이에 들어가지 말아야 한다.
⑧ 트랙터, 트레일러 등을 들어올려 그 아래에서 수리, 바퀴폭의 고정과 바퀴 교환 등을 할 경우는 지면에 붙어 있는 바퀴에 고임목을 받쳐준다.

(2) 콤바인

1) 일반적인 사고형태

① 탈곡부의 회전중인 체인에 옷소매가 휘말리는 경우
② 작동중인 예취날을 점검·정비하다가 손을 다치는 경우
③ 피드체인에 손이 휘말리는 경우
④ 경사지 운행 중의 전복

2) 운전조작 및 도로 주행시 주의사항

① 급발진, 급선회는 절대 하지 않는다.

② 연약한 농로 주행시 주의한다.
③ 이동시에 운반용 차량으로 이동하고 차를 싣고 내릴 때는 조향클러치를 사용하지 않는다.
④ 도로나 농로가 요철이 심할 때는 반드시 저속운행을 한다.
⑤ 주행시 디바이더에 범퍼를 부착하고 발진할 때는 전후좌우를 확인하고 출발한다.

3) 포장작업시 주의사항

① 짚이나 검불이 막혔을 때, 탈곡부나 커터부의 막힘 등에는 엔진을 정지한 후 조치한다.
② 보조자가 있을 경우의 시동은 각부의 작동, 후진, 발진 등을 서로 확인하고 실시한다.
③ 손장갑 사용을 하지 않는다.
④ 작업중 체인, 벨트, 예취날 등에 손을 넣지 않는다.
⑤ 손으로 베어낸 벼를 탈곡할 때에는 주행부를 정지시키고 예취클러치를 끊은 다음에 한다.
⑥ 작업중 낫 등을 사용하여 탈곡부나 커버를 청소하지 않는다.

제2장 농업기계 운전

제1절 | 트랙터

1. 운 전

(1) 운전 전 점검

① 각 부의 누유와 누수, 볼트와 너트 풀림, 타이어 공기압을 점검한다.
② 연료와 냉각수 점검, 엔진오일 점검, 클러치 및 브레이크 등 각종 레버를 점검하고 필요시 조정한다.

[그림 2-1] 시동스위치

(2) 시 동

① 주위에 장애물이 있는지, 사람이 옆에 있는지 확인한다.
② 변속 레버가 중립의 위치에 있는지를 확인한다. PTO 스위치는 "OFF" 상태인지 확인한다. 작업기의 위치와 주차 브레이크가 걸려 있는지 확인한다.
③ 조속레버를 시동위치 또는 가속페달을 약간 밟아준다.
④ 시동스위치를 "ON"으로 돌린 상태에서 윤활유 경고등, 충전경고등과 연료계, 냉각수 수온계 등을 확인한다.
⑤ 클러치 페달을 밟고 시동스위치를 시동위치로 돌리고 엔진 시동이 걸리면 곧바로 키를 놓는다. 시동키는 자동으로 "ACC" 위치로 되돌아간다.

> ☞ 시동이 되기 위해서는 클러치를 밟아야 하며 PTO 스위치는 "OFF" 상태이어야 한다.

⑥ 혹한기에 자동예열만으로 시동이 걸리지 않을 경우 수동예열을 실시한다. 예열위치에서 예열을 한 후 시동한다.
⑦ 시동이 한 번에 되지 않을 때에는 시동스위치를 10초 이상 계속 작동시키지 말고 30초 간격을 두었다가 다시 시동스위치를 넣는다.
⑧ 시동이 되면 클러치 페달로부터 발을 뗀 후 약 3~4분(겨울철 10분) 난기운전을 한다.

전진, 후진 레버

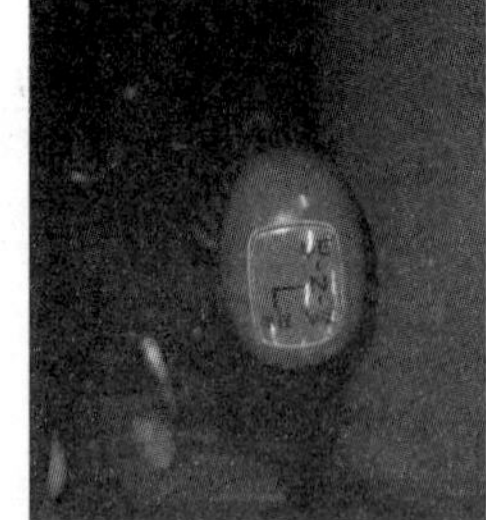

부 변속레버

주 변속레버 및 조속레버

모든 변속레버 중립, 조속레버 중간으로

PTO 스위치 OFF

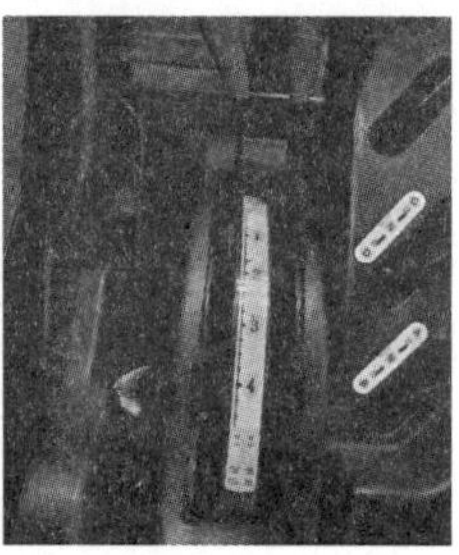

견인, 위치제어 레버 앞으로

클러치 페달 밟기

[그림 2-2] 시동하기

(3) 출 발

① 브레이크 페달을 밟고 주차 브레이크를 풀어준다. 이때 작업기가 부착되어 있으면 위치조정 레버를 이용하여 지면에서 들어올린다.

② 클러치 페달을 완전히 밟고 주변속 레버와 부변속 레버를 원하는 변속단수로 넣는다.

③ 기관 RPM을 공회전에서 중속까지 조속레버로 당겨 서서히 가속한다.

④ 브레이크 페달에서 발을 떼고, 클러치 페달에서 발을 천천히 떼면서 출발한다.

⑤ 진행 방향을 바꿀 때에는 회전 방향의 방향 지시등을 켜고 충분히 감속하여 서행으로 선회를 한다.

⑥ 주변속은 “H” 형태로 1단에서 4단까지 변속이 가능하다. 주변속은 싱크로메쉬 타입으로 주행중 클러치를 끊어 기대가 움직이는 상태에서도 변속이 가능하다. 그러나 부변속 레버는 클러치를 밟고 기대가 완전히 멈추고 변속을 한다.

⑦ 후진할 때에는 전진 주행이 완전히 정지된 후 변속해야 하며, 후방의 안전을 확인하면서 천천히 후진한다.

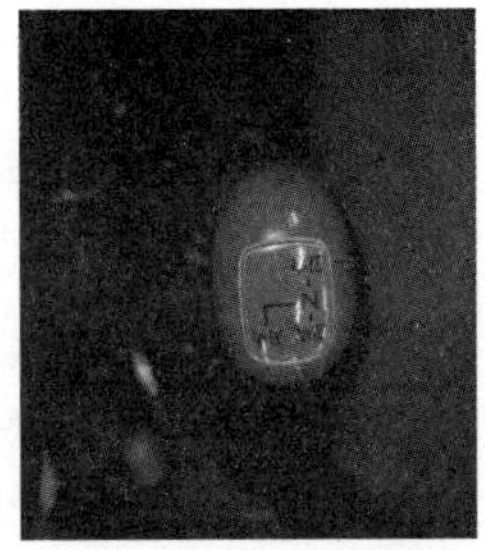

전 후진 레버　　　부 변속 레버　주 변속 레버 및 핸드 악셀
적정속도로 변속, 핸드 악셀 중간으로

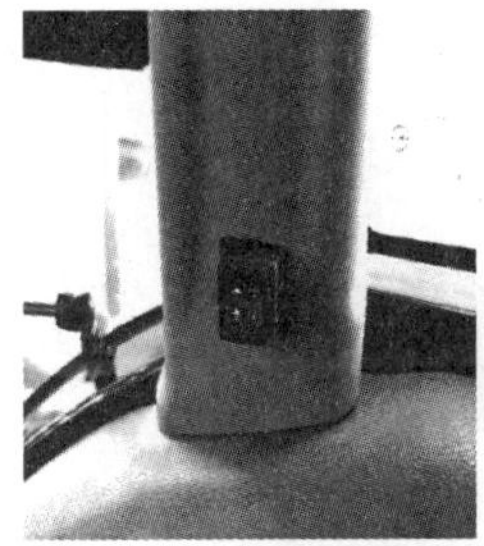

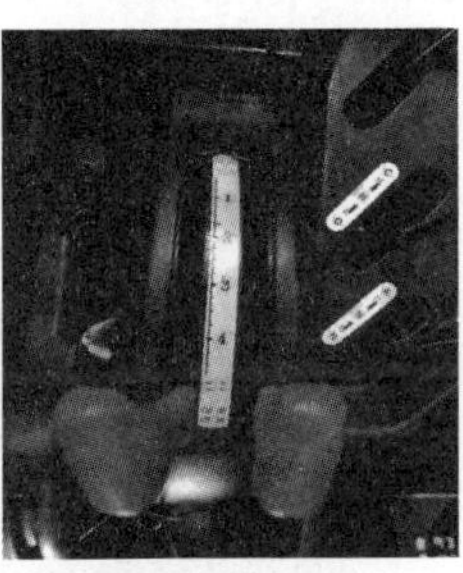

PTO 스위치 OFF　견인, 위치제어 레버 뒤로　　　클러치 페달 밟기

[그림 2-3] 출발하기

※ 주의사항 : 브레이크 페달 좌우가 연결되었는지, 차동고정장치가 해제되었는지 확인한다. 주행 중 클러치페달위에 발을 올려놓지 않는다. 클러치 페달조작은 뗄 때는 빨리, 연결할 때는 천천히 조작한다. 급한 경사도로, 차량에 싣고 내릴 때, 논두렁을 넘는 주행 중에는 주변속레버에 손을 놓은 채 운전하지 않는다.

(4) 차동잠금장치 사용

습지 또는 미끄러운 곳에서 한쪽바퀴가 빠져서 주행을 못할 때, 쟁기작업 등 견인력을 필요로 하는 작업에서 뒷바퀴가 미끄러질 때에는 차동잠금 페달 또는 레버를 눌러준다(도로상에서 고속으로 주행시에 사용해서는 절대 안 된다). 차동고정은 페달에서 발을 떼면 해제된다. 페달이 원위치로 돌아오지 않을 경우에는 순간적으로 클러치 페달을 눌러 주거나 록크나 필요한 바퀴의 브레이크를 약간 누른다. 최근에는 차동고정 자동기능이 채용된 트랙터도 출시되고 있다.

2. 제동 및 기관의 정지

① 핸드 악셀레이터를 앞으로 밀어 기관 RPM을 아이들 상태까지 내려 회전수를 낮춘다.
② 클러치 페달과 브레이크 페달을 밟아 정지 위치에서 주행을 멈춘다.
※ 속도가 빠르거나 내리막길에서는 브레이크 페달을 먼저 밟는다.
③ 트랙터가 완전히 멈추면 주변속과 부변속 레버를 중립으로 한다.
④ 작업기가 부착되어 있을 때 PTO 클러치 스위치와 PTO 변속레버를 중립으로 한다.
⑤ 위치조정 레버를 앞으로 당겨 작업기를 내려놓는다.
⑥ 주차브레이크를 걸어 두고, 시동 스위치 키를 OFF위치로 하여 기관을 정지시킨다.
※ 아이들 900~1,000rpm에서 반드시 약 2~3분 정도 운전 후 시동스위치 키를 OFF 위치로 한다.

[그림 2-4] 차동잠금장치 사용

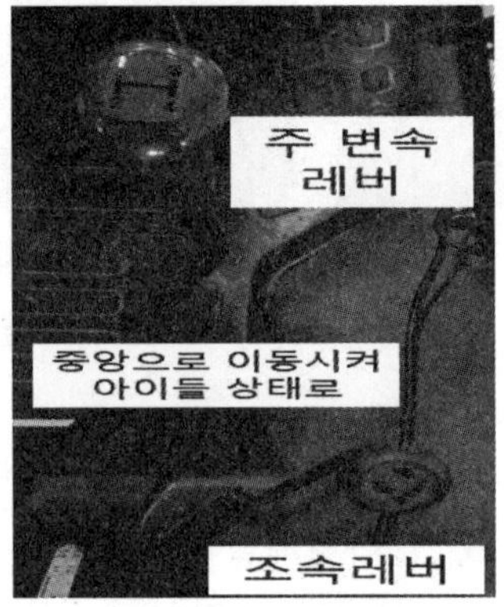

[그림 2-5] 정지하기

3. 안전작업 요령

① 트랙터의 안전한 운전을 위해 생산회사의 취급설명서를 충분히 읽고, 각종 운전조작 장치의 특성, 기능 조작 방법 등을 파악해야 한다.
② 트랙터에는 운전자 이외는 탑승을 해서는 안 되며, 좌석은 운전에 알맞도록 조절하고, 안전벨트를 착용한다.
③ 트랙터 운전을 위한 운전자는 왼쪽으로 타고 내리며, 각종 레버나 페달에 걸리지 않도록 주의한다.
④ 시동스위치는 10초 이상 돌리지 말고, 기관이 회전할 때에는 절대로 시동키를 돌려서는 안 된다.
⑤ 급출발과 급제동은 하지 않는다.

⑥ 경사지에 트랙터를 정차시킬 때에는 기관의 운전을 정지시킨 후 변속레버를 저속위치에 넣고, 주차브레이크를 건 다음 바퀴 밑을 돌이나 받침목으로 괴어야 한다.
⑦ 도로를 주행할 때에는 좌우 브레이크 페달을 연결하고, 교통법규를 준수하여, 도로의 오른쪽 가장자리로 주행을 한다.
⑧ 주행할 때에는 차동고정 장치를 사용해서는 안 되고, 차동고정 장치가 분리되었는지 확인해야 한다.
⑨ 점검이나 수리를 할 때에는 기관을 정지시키고, 각종 작업기가 내려가지 않도록 받침목 등으로 조치해야 한다.

☞ 안전사항
- 트랙터를 이용한 본 작업기의 테스트는 꼭 옥외에서 실행하며 작업 및 회전반경에 사람이 있는지 확인한다.
- 각종 볼트와 너트, 스프링 등의 체결상태를 점검한다.
- 작업복은 몸에 밀착성이 뛰어난 것으로 선택하고, 작업 중에 운전자는 트랙터의 운전석을 떠나지 않는다.
- 기계의 이동 중 또는 작업 중 절대로 사람을 작업기 위에 탑승시키지 않는다.
- 장착하여 작업할 때 또는 이동 중에는 브레이크 작동거리가 길어질 수 있으므로 안전 작업에 유의한다. 또 운전자가 트랙터를 떠나야 할 경우는 반드시 기관을 정지한 후 주차 브레이크를 작동한다.
- 능률적인 작업을 위하여 적정 출력의 트랙터와 PTO 사용회전수를 사용한다. 또한 2인 이상이 작업할 경우 상호 동작을 반드시 확인하고 정확한 의사소통을 하며 작업한다.

4. 트랙터 점검 및 교환

농용트랙터를 사용하기 전에 취급설명서나 정비지침서를 반드시 읽고 조치하는 것이 좋으며, 각 부분의 점검과 교환주기에 알맞게 조치를 해야 고장과 안전사고를 사전에 예방할 수 있다.

(1) 연료 점검 및 보충

시동 스위치를 "ON"으로 돌리고 연료 게이지로 연료의 량을 점검한다. 이때 연료 게이지의 지침이 E(적색) 표시에 근접되어 있거나 연료가 적으면 연료탱크 캡을 열고 연료를 보충한다. 연료 보충시에는 기관을 정지하고, 화기를 멀리해야 한다.

(2) 트랜스미션 오일레벨 점검 및 보충

① 트랙터를 평탄한 지면에 세우고 작업기를 내리고, 주차브레이크를 걸어 놓는다.
② 모든 기어변속을 중립으로 하고 엔진을 정지시킨다.

③ 오일게이지를 뽑아 깨끗이 닦은 후 다시 제자리로 끝까지 넣었다가 빼내어 허용범위 내에 오일이 있는지 확인한다. 이때 오일량이 부족하면 오일게이지 B의 허용범위까지 보충한다.

(3) 기관 오일레벨 점검 및 보충

① 기관오일을 시동전에 매일 점검한다.
② 트랙터를 평탄한 지면에 세우고 작업기를 내린다.
③ 기관이 가동되었다면 오일레벨 점검 전에 약 5분 정도 기다린 후에 오일게이지를 뽑아 깨끗이 닦은 후 다시 제자리로 끝까지 밀어 넣었다가 빼내어 허용범위내에 오일이 있는지 확인한다. 이때 오일량이 부족하면 오일게이지 B의 허용범위까지 보충한다.

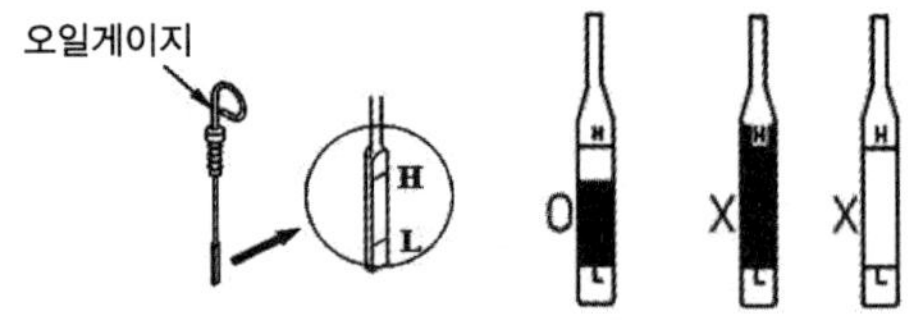

[그림 2-6] 오일점검

(4) 냉각수 레벨 점검 및 교환

① 냉각수 보조탱크의 캡을 열고 냉각수 레벨이 냉각수 보조탱크의 표시 "FULL"과 "LOW" 사이에 있는지 확인한다.
② 냉각수가 부족하여 보충할 때는 "FULL" 레벨까지만 물을 보충한다. 누수의 경우에는 특정한 혼합 비율로 섞인 부동액과 물을 "FULL" 레벨까지 보충한다.

[그림 2-7] 냉각수 점검, 교환

(5) 기관오일교환 및 필터교환

① 트랙터를 평탄한 곳에 주차 시킨 후 기관 시동을 걸어 워밍업 해준다.
② 시동을 끄고 주차 브레이크를 당긴 후 기관 바닥에 오일팬을 설치하고 배유 플러그를 반시계방향으로 돌려 오일을 배출시킨다.
③ 오일이 쉽게 배유 되도록 오일 주입구를 연다.
④ 오일이 다 배출되고 나면 배유플러그를 꽉 조인다.
⑤ 기관 우축의 연료필터 합에 있는 오일필터를 탈거한다.
⑥ 새 필터의 O링에 오일을 엷게 바른 후 손으로 확실히 조여 준다.
⑦ 오일을 규정량까지 보충하고 오일 필터를 규정된 토크로 조여준다. 전용 공구를 이용하여 한 바퀴 정도만 더 조여준다.
⑧ 시동모터를 약 10초간 회전시켜 기관의 각부에 오일을 퍼지도록 한다.
⑨ 약 5분간 기관을 운전한 후 오일 경고등을 통해 이상이 없는가를 확인하고 기관을 정지한다. 이때 기관 운전 중에 오일 경고등이 꺼져 있으면 정상이다.
⑩ 다시 오일게이지로 유면을 확인하고 부족하면 추가로 보충한다.
※ 기관오일 교환은 따스할 때 배유하면 깨끗하게 배유시킬 수 있고, 교환된 폐 기관 오일은 지정된 장소에 버려야 한다.

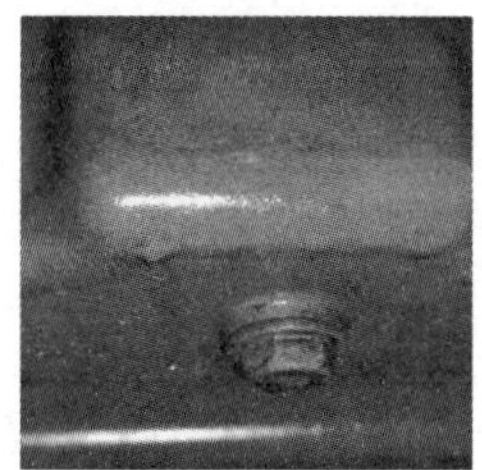
배유 플러그

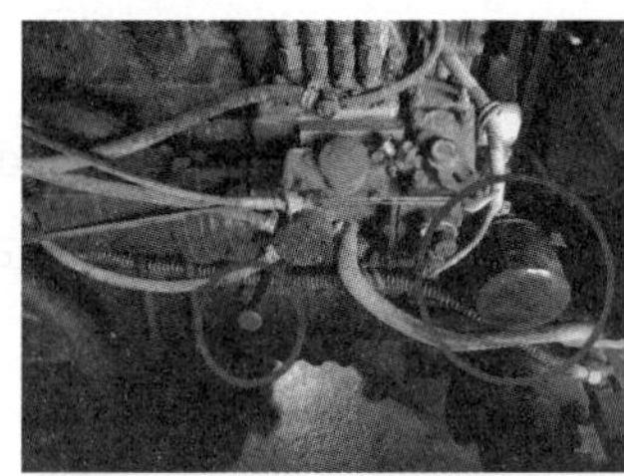
오일 필터 및 오일 게이지

오일 주입구

[그림 2-8] 기관오일 교환

(6) 에어클리너 청소 및 교환

에어클리너는 건식 필터를 사용하며, 필터의 상태가 불량하면 엔진수명이 단축되고 과다한 매연발생과 기관출력이 저하될 수 있다. 따라서 필터는 수시로 점검해야 하며 운행조건에 따라 교환시기가 달라질 수 있으며 다음과 같이 청소 및 교환을 한다.

① 더스트 캡의 중간보다 더 먼지가 쌓이지 않도록 한다. 더스트 캡을 분해하여 먼지를 닦아내고 필터를 1주일에 한 번 청소한다. 단, 먼지가 많은 작업조건에서는 일상점검하고 조치한다.
② 교환은 본넷트를 열고 흡기호스와 에어클리너 하우징의 손상여부를 점검한다.

③ 에어클리너 클립을 풀고 커버를 분리한다.
④ 에어클리너 하우징 내부를 깨끗이 청소를 하고 필터를 교환한다. 이때 하우징 손상여부까지 점검을 하고 이상이 없으면 커버를 부착하고 클립으로 고정한다.
⑤ 필터를 청소할 때는 필터 내부에 깨끗하고 건조한 압축공기만을 사용한다.
⑥ 필터 청소는 안쪽에서 바깥쪽으로, 위에서 아래로 500kPa(5bar, 72psi) 이하의 압축공기를 불어낸다.

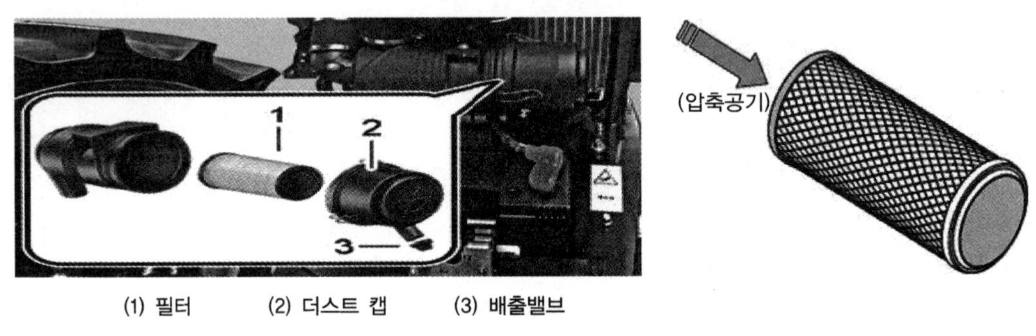

(1) 필터 (2) 더스트 캡 (3) 배출밸브

[그림 2-9] 에어클리너 청소

(7) 트랜스미션 오일 및 필터교환

① 트랙터를 평탄한 곳에 주차시킨 후 기관시동을 걸어 워밍업 해준다.
② 시동을 끄고 엔진바닥에 오일 팬을 설치하고 배유 플러그를 반시계방향으로 돌려 오일을 완전히 배출시킨다.
③ 이때 배유가 느리거나 힘들 경우에는 상부링크 브라켓 좌측 유압 실린더 측면에 있는 플러그를 풀고 배유를 한다.
④ 필터 렌치를 사용하여 트랙터 우측 후방부에 장착되어 있는 오일 필터를 푼다.

유압필터

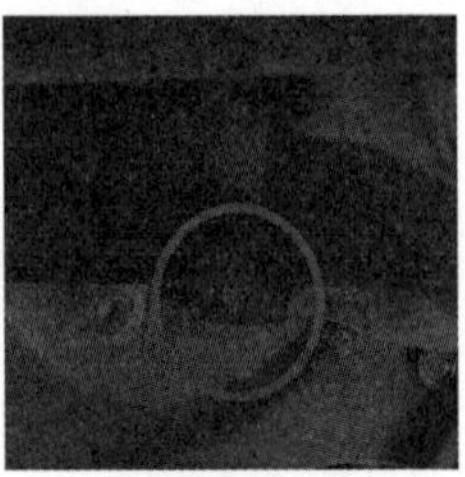

배유플러그

오일 게이지 및 주유구

[그림 2-10] 트랜스미션 오일교환 및 필터교환

⑤ 새 필터의 O링에 오일을 엷게 바른 후 필터를 조립면에 접촉할 때까지 확실하게 조여주고 필터를 조인 후 손으로 절반쯤 더 돌린다.
⑥ 신품 필터를 조립한 후에 몇 분 동안 기관을 가동하고 정지시킨다.
⑦ 오일량을 다시 점검하고 규정된 오일량에 맞도록 오일을 보충한다.

(8) 브레이크 페달 조정

브레이크 페달을 장시간 사용하면 유격이 발생한다. 유격이 발생하면 브레이크 성능이 떨어져 제동장치의 문제가 발생할 수 있다.
① 주차브레이크를 해제한다.
② 저항이 느껴질 때까지 우측 브레이크 페달을 살짝 밟고 최상단에서 자유유격을 측정한다.
③ 조정할 때 고정너트를 풀고 턴버클을 돌려 로드 길이를 원하는 허용범위까지 조정하고, 조정후에는 고정너트를 완전히 체결한다.
④ 좌측 브레이크 페달도 동일한 절차로 반복하고 유격을 측정한다.
⑤ 브레이크 페달을 검사 또는 조정한 후에는 브레이크 페달을 함께 연결한다.(브레이크 페달 자유유격은 제조사마다 차이가 있어 취급설명서를 참고해야 하며, 보통은 15~30mm)

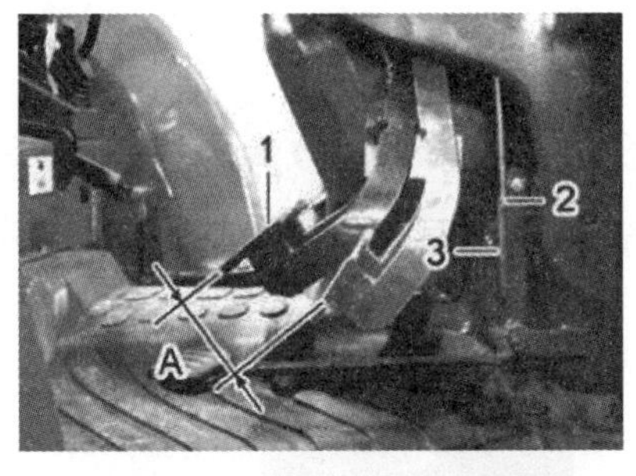

(1) 브레이크 페달 (2) 고정너트
(3) 턴버클 (A) 자유유격

(1) 고정너트 (2) 턴버클

[그림 2-11] 브레이크 페달 조정

(9) 클러치 페달 조정

클러치에 유격이 많아 클러치 작동에 이상이 있을 때에는 주기적으로 유격을 조정한다.
① 유격조정은 고정너트를 풀고 클러치 케이블을 조정한다. 이때 케이블 조정시 케이블이 자연스럽게 연결되도록 한다.(클러치 페달 자유유격은 제조사마다 차이가 있어 취급설명서를 참고해야 하며, 보통은 20~30mm)
② 정확하게 유격을 조정한 후에는 고정너트를 확실하게 체결한다.

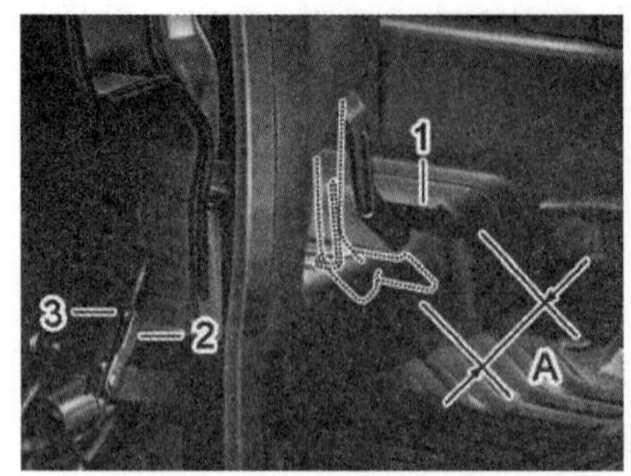

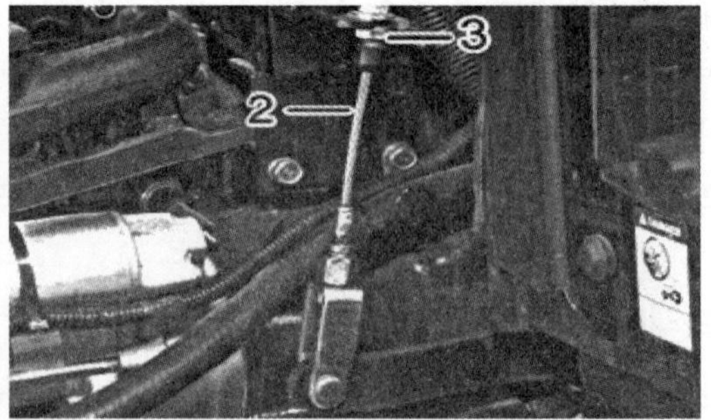

(1) 클러치 페달 (2) 클러치케이블 (3) 고정너트 (A) 자유유격

[그림 2-12] 클러치 페달 조정

(10) 연료필터

① 연료필터 수분제거는 연료필터 아래 플러그를 풀고서 배수를 하고, 배수 후 손으로 죄어 준다(공구를 사용하지 않는다). 그리고 기관을 시동하고 연료가 누유여부를 확인한다.

② 연료필터 교환은 연료필터 표면을 깨끗이 한다. 연료필터 아래에 있는 플러그를 풀어 연료를 배출시키고, 연료필터를 분리하여 먼지 등 이물질을 깨끗이 제거하고 새 연료필터로 교환한다.

③ 연료장치 공기빼기는 연료통에 연료가 충분한지 확인한다. 프리 및 메인 필터 내에 공기가 들어 있는 경우 공기 빼기볼트를 푼 후 시동키를 돌려 시동모터를 구동한다. 공기빼기 볼트를 통해 연료필터내의 공기가 배출되면 볼트를 조이고 시동을 한다.

※ 시동모터는 5초 이상 연속구동하지 말고 5초 이내로 여러 번 실시한다.

(1) 연료필터 (2) 배유플러그

[그림 2-13] 연료필터 수분제거, 교환

(1) 가동펌프 (2) 에어플러그

[그림 2-14] 연료필터 공기빼기

(11) 배터리

점검창	배터리 상태
	배터리 충전상태
	배터리 방전 즉시 충전
	배터리 교환

① 배터리 점검은 점검 창을 확인하여 배터리를 최상의 상태가 되도록 관리한다.

② 배터리는 충전시의 전기분해 또는 자연증발에 따라 전해액이 감소하므로 규정량이 들어있는지 점검하고 부족하면 증류수로 보충한다.

③ 배터리의 보관은 장기간 트랙터를 보관할 때는 배터리를 트랙터로부터 분리하여 햇빛이 직접적으로 비추지 않는 건조한 곳에 저장한다. 장착한 상태로 보관할 때는 흑색(-)단자를 떼어 둔다. 단자를 뗄 때는 접지선(-) 단자측부터 떼내고 부착할 때는 (+)단자 측부터 연결한다.

④ 배터리는 사용하지 않아도 1일 약 0.5% 전후의 자기방전을 하므로 보관 중에도 1개월에 1회 보충 충전을 한다.

※ 점프케이블을 이용한 시동방법은 ① 모든 전기장치를 끈다. ② 방전된 배터리의 (+)극과 정상배터리의 (+)극을 점프케이블로 연결한다. ③ 정상배터리의 (-)극과 방전된 트랙터의 엔진본체를 점프케이블로 연결한다. ④ 먼저 정상인 기계의 시동을 걸고 방전된 트랙터의 시동을 건다. ⑤ 엔진이 시동되면 먼저 (-)극 케이블을 분리 후 (+)극을 분리한다. ⑥ 방전된 트랙터는 시동 후 약 30분 정도 충전한다.

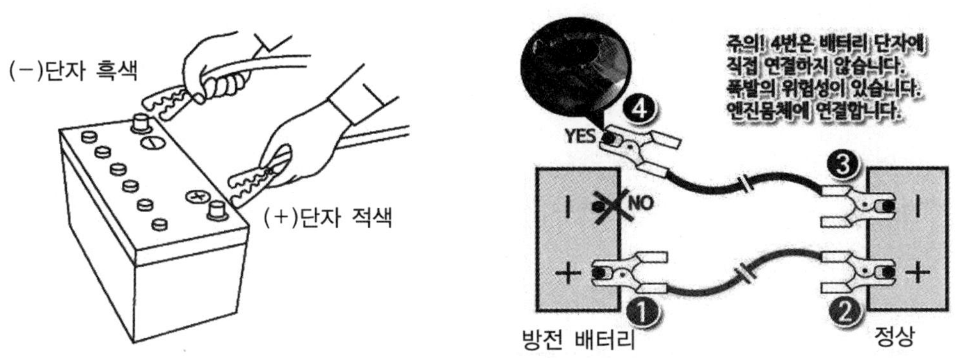

[그림 2-15] 점프케이블 이용한 시동방법

5. 트랙터 보관관리

(1) 일상보관

① 트랙터는 깨끗하게 청소하여 보관해야 하고 작업 후에는 반드시 세척을 한다.
② 가능한 한 실내에 보관하고 실외 보관시는 커버를 덮어준다.
③ 동절기에는 배터리를 분리하여 실내의 통풍이 잘되는 곳에 보관한다.
④ 겨울철에는 라디에이터의 동파방지를 위해 부동액을 보충하여 사용한다.
⑤ 시동키는 항상 빼서 보관을 한다.
※ 밀폐된 장소에서 트랙터를 시동할 때는 환기가 잘될 수 있도록 조치를 해야 인체에 손상을 입지 않는다.

(2) 장기보관

① 트랙터의 각 부위에 볼트, 너트 등이 풀린 것이 없는지 확인하고, 필요시 조여 준다.
② 금속이 녹슬 수 있는 회전부에는 그리스나 오일을 도포한다.
③ 엔진오일을 교환하고 오일이 엔진 내부에 순환되도록 엔진을 5분 정도 공회전한다.
④ 작업기는 지면에 내리고 밖에 노출된 유압실린더 피스톤 로드는 그리스를 도포한다.
⑤ 트랙터로부터 배터리를 탈거하여 통풍이 잘되는 장소에 타이어 압력을 평소보다 조금 높게 넣어서 보관한다.
⑥ 모든 제어장치는 중립으로 한다.
⑦ 브레이크 페달 양쪽을 고정하고 주차브레이크를 걸어준다.
⑧ 트랙터는 비가 맞지 않는 건조한 장소에 보관하고 야외 주차시 커버를 씌워서 보관한다.

(3) 장기보관후의 사용

① 타이어 공기압을 확인하고 적당한 공기를 주입한다.
② 배터리의 상태를 점검하고 배터리를 설치한다.
③ 팬벨트 장력을 점검한다.
④ 엔진오일, 트랜스밋션오일, 유압오일, 냉각수 등을 확인한다.
⑤ 클러치 페달을 밟고 걸림쇠 고리를 풀어준다.
⑥ 트랙터에 탑승하여 시동을 건다.
⑦ 계기판과 각부장치가 정확하게 작동되는지를 관찰하면서 몇분 동안 엔진을 가동한다.
⑧ 트랙터를 움직이고 작동여부를 확인한다.
⑨ 엔진 시동을 걸고 주차브레이크를 해제한 후 브레이크 작동여부를 확인한다. 필요시 유격을 조정한다.
⑩ 엔진을 멈추고 누유를 점검한다.

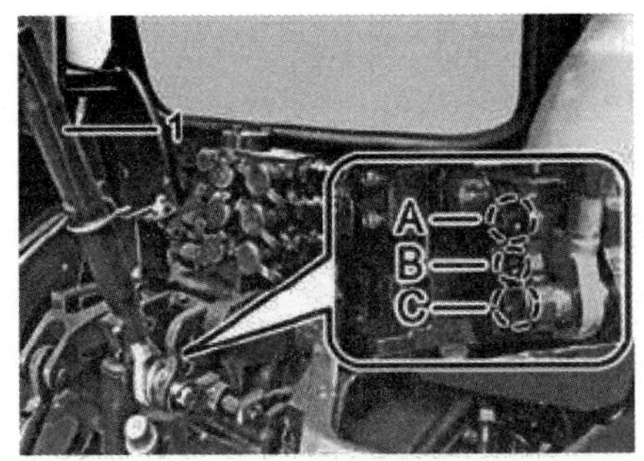

[그림 2-16] 상부링크 구멍 사용

6. 트랙터 농작업

(1) 3점 히치 작업기 장착

상부링크 구멍의 사용방법 : 작업기 부착시는 견인력에 따라 다음과 같이 연결하여 사용한다. A포트는 견인력이 필요하지 않은 작업, B포트는 중부하 견인작업, C포트 경부하 견인작업에 알맞다. 작업기의 각도는 상부링크의 길이를 줄이거나 늘여서 원하는 위치로 조정한다. 상부링크의 적절한 길이는 사용하는 작업기의 형태에 따라 다소 차이는 있다.

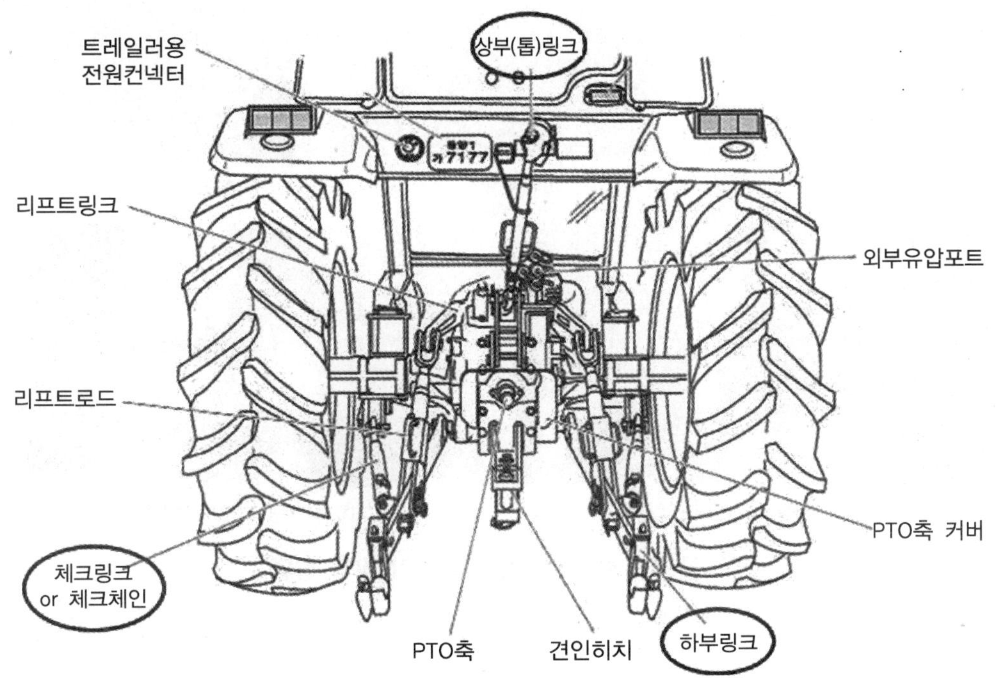

[그림 2-17] 3점링크 히치

① 트랙터의 하부 링크를 내리고 체크 체인을 푼다. 그리고 트랙터를 천천히 후진시켜 트랙터의 3점 히치와 쟁기의 마스트와 일치시킨다. 하부링크 높이를 작업기 핀 위치보다 낮게 조정한다.
② 기어변속을 중립으로 놓고 기관시동을 정지한 후 주차브레이크를 걸어놓는다.
③ 양쪽 체크링크 고정 핀을 제거한다.
④ 가이드 핀 작동레버를 눌러서 볼조합을 빼내고 볼조합을 작업기에 부착한다.
⑤ 하부링크를 상승시키면 딱하고 고정된다.
⑥ 상부링크 브라켓에서 상부링크를 분리하여 작업기 상부 브라켓 장착구멍에 근접하도록 돌려 길이를 조정하고, 장착구멍에 끼운 후 고정핀을 넣고 스냅핀으로 고정한다.
⑦ 상부링크를 돌려 작업기를 수평상태로 맞춘 후 작업기를 약간 들고 좌, 우로 흔들어 적당위치에서 체크링크 고정 핀을 꽂아 고정한다.
⑧ 필요에 따라 PTO 축에 유니버셜 조인트를 연결을 하며, 이때 반드시 기관 시동은 정지하고 작업기는 지면에 하강, PTO 기어는 중립상태로 한다.
⑨ 작업기 탈착은 부착의 역순으로 하되 필요에 따라 작업기 받침대를 사용한다.

(1) 작업기 지지대 (2) 하부링크

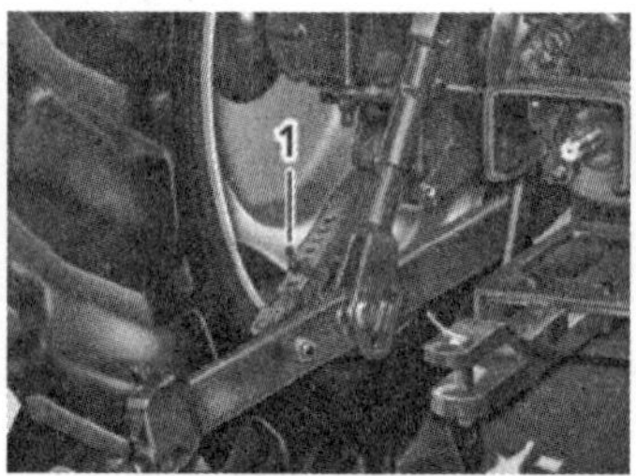

(1) 체크링크 핀

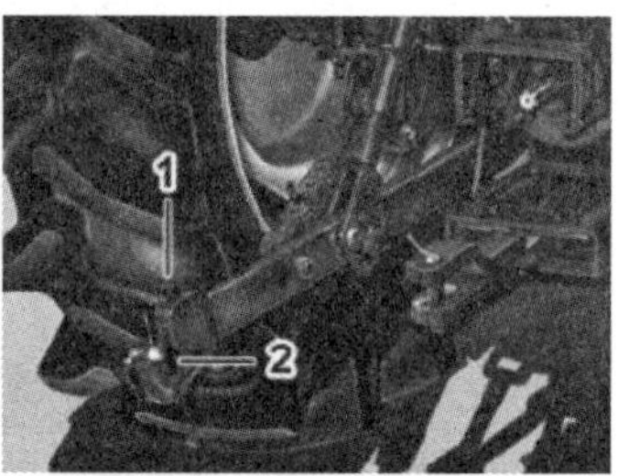

(1) 작동레버 (2) 볼조합

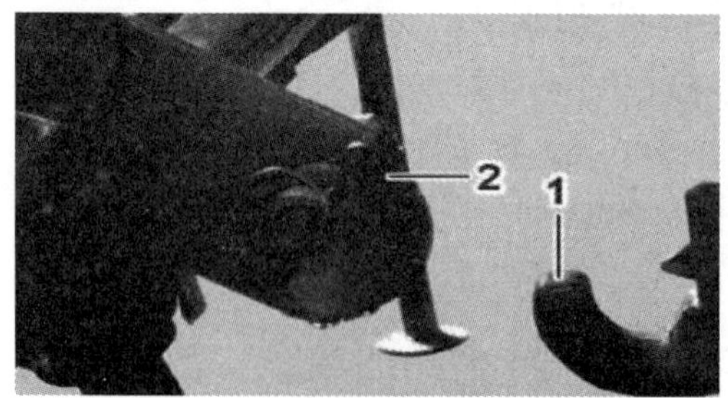

(1) 하부링크 (2) 볼조합

(1) 하부링크 (2) 볼조합

[그림 2-18] 3점 히치 작업기 장착 방법

(2) 쟁기의 탈·부착과 조정

① 트랙터의 하부 링크를 내리고 체크 체인을 푼다. 그리고 트랙터를 천천히 후진시켜 트랙터의 3점 히치와 쟁기의 마스트와 일치시킨다.

② 작업기 부착은 좌측 하부링크 → 우측 하부링크 → 상부 링크 순으로 부착하고, 분리할 때는 역순으로 한다.

③ 작업기의 좌우 균형 조정은 우측 리프트 링크 또는 좌우 수평 제어 유압 실린더의 길이로 조절하며, 앞 이체와 뒤 이체 간 경심조절은 상부 링크의 길이로 조절한다.

④ 트랙터와 쟁기의 중심을 맞춘 후 체크 체인으로 고정시킨다. 이때 이동시에는 완전히 고정을 해주고, 작업을 할 때에는 중·소형은 5~6cm, 대형은 12~15cm 정도로 좌우가 움직임이 있도록 조정을 해준다.

⑤ 하부링크 좌·우 높이를 같게 하고 후방에서 보아 좌·우 수평이 되도록 우측 하부링크 조절레버로 높이를 조절한다.

⑥ 경심조절은 트랙터의 위치 조절레버를 조정한 후 견인부하 조절레버에 의해 자동적으로 유지되는데, 만약 작업 시 쟁기가 계속 깊이 파고 들어가면 유압레버를 올렸다가 되돌려 준다. 쟁기의 전후좌우가 수평이 되도록 상부 링크를 조정한다.
- 경심을 깊게 할 때 : 상부링크를 죈다(짧게)
- 경심을 얕게 할 때 : 상부링크를 푼다(길게)
- 확인 및 조정 : 끝 쟁기의 지측판이 끌려온 자국이 선명하게 나타나야 한다. 따라서 자국이 생기지 않으면(경심이 깊을 때) 상부링크를 풀어주고 자국이 너무 많이 생기면 (경심이 얕을 때) 보습 끝이 지중으로 파고드는데 시간이 걸리므로 상부링크를 죄어 준다.

⑦ 경폭조절은 경폭조절 너트로 조절할 수 있는데 쟁기가 한쪽으로 치우칠 때 조절하여야 하며 작업시작 전에도 경폭을 조절하여야 한다. 또한 토양 조건 및 경사지 방향에 따라 조절하면 균일한 경폭을 유지할 수 있다.

⑧ 좌우조정은 쟁기를 들고 경폭조정레버를 돌리면서 적당하게 이동시킨다. 우측으로 이동 경운할 때는 좌측으로, 좌측으로 이동 경운할 때는 우측으로 가게 한다.

☞ 쟁기 탈·부착 방법

① 트랙터를 평탄한 곳에서 쟁기를 착탈함

② 하부링크 좌·우 높이를 같게 하고 후방에서 보아 좌·우 수평이 되도록 우측 하부링크 조절레버로 높이를 조절함

③ 쟁기가 트랙터 중앙에 오도록 좌우 체크체인으로 조절하고 고정너트로 풀리지 않도록 조여줌

④ 부착 순서는 좌우 하부링크, 우측 하부링크, 상부링크 부착 순으로 하며 분리는 역순으로 함

(3) 로타베이터의 탈·부착

① 트랙터의 하부 링크를 내리고 체크 체인을 푼다. 그리고 트랙터를 천천히 후진시켜 트랙터의 3점 히치와 로타리의 마스트와 일치시킨다.

② 작업기 부착은 좌측 하부링크 → 우측 하부링크 → 상부 링크 → 유니버설 조인트 순으로 결합한다. 분리할 때는 역순으로 한다.

③ 작업기의 좌우 균형 조정은 우측 리프트 링크 또는 좌우 수평 제어 유압 실린더의 길이로 조절하며, 전후 조절은 상부 링크의 길이로 윗덮개가 지면과 수평이 되도록 조절한다.

④ 트랙터와 로타리의 중심을 맞춘 후 체크 체인으로 2~2.5cm 정도가 좌우로 움직임이 있도록 조정을 해준다.

- 스키드 조정 : 알맞는 경심이 유지되게 조정레버를 풀어 스키드의 높낮이를 조정한다.
- 전후밸런스 조정 : 상부링크를 풀거나 죄어서 작업기가 전후 수평이 되도록 전후 밸런스를 조정한다.
- 좌·우 밸런스(높낮이)조정 : 레벨핸들을 돌리거나 하부링크조절버튼으로 우축 하부링크 길이로 조정한다. 좌·우 밸런스가 맞지 않으면 좌·우 경심이 차이가 난다. 트랙터의 양쪽 뒷차축과 작업기의 위프레임이 서로 나란히 유지하도록 조정한다.

☞ 로타베이터 탈·부착 방법

① 이탈방법

유니버셜조인트 → 톱(상부)링크 → 우측 하부링크 → 좌측 하부링크

② 부착방법

좌측 하부링크 → 우측 하부링크 → 톱(상부)링크 → 유니버셜조인트

[주의]

* P.T.O구동용 작업기를 탈부착하기 전에 주차브레이크를 반드시 채울 것
* 주·부변속레버는 중립에 있는가 확인할 것
* P.T.O 동력은 끊어진 상태일 것

7. 땅속작물수확 작업

(1) 동력경운기, 관리기 부착형 땅속작물수확기

① 작업에 들어가기 전에 4곳 모서리의 선회구를 인력으로 수확하고 비닐피복이 되어 있는 경우에는 수확 직전에 인력으로 제거한다.
② 작물에 따라 작업기의 미륜을 적당한 높이로 조정하여 작업을 해본 후 수확할 작물에 손상이 없는지를 확인하고 깊이를 조정한다. 또한 토양조건과 작황에 따라 굴취날 각도를 조정한다. 흙분리가 미흡하면 각도를 높이고 작물의 후방배출이 잘 안되거나 작물손상이 많이 발생하면 각도를 낮춘다.
③ 작업속도는 토성에 따라 흙분리가 용이하고 수확물의 손상이 적은 저속 1~2단 범위 내에서 작업한다.
④ 작업 중 선회시에는 조속레버를 저속으로 하고 작업기가 후방부착형으로 핸들을 들어 올리면서 선회한다. 이때 다리가 다치지 않도록 안전에 주의가 필요하다.
⑤ 작업 중 기체의 이상이 있을 때에는 동력을 끊고 평탄하고 안전한 장소에서 점검을 하고 결함이 완전히 해소된 상태에서 작업을 한다.

(2) 트랙터 부착형 땅속작물수확기

① 작물과 토양조건에 따라 상부링크 조정에 따른 굴취날 각도와 굴취깊이조절 미륜으로 굴취 깊이를 조정한다. 작업을 해본 후 수확할 작물에 손상이 없는지를 확인하고 깊이를 조정한다.
② (체인컨베이어식) 스키드를 올리면 굴취깊이가 깊어지고 내리면 얕아진다. 줄기절단용 디스크날이 부착된 고구마수확기는 효과적으로 줄기절단이 되도록 굴취날보다 디스크날이 20~30mm 정도 낮게 조정한다.
(진동식 수확기) 진동폭은 진동조절판의 구멍위치 변환으로 조절되며, 진동수는 PTO 회전속도의 변화에 따라 조절된다. 진동수가 빨라지면 흙 털림이 좋아지고 느리면 덜 털리게 된다.
③ 작업방법은 작업기의 형식, 트랙터 바퀴에 의한 작물손상 등을 고려하여 왕복순차법, 1두둑씩 건너서 왕복작업방법 중에서 선택하여 작업한다.
④ 작업 중 선회시에는 조속레버를 저속으로 하고 유압레버를 상승하여 작업기를 들어 올린 후 선회한다.
⑤ 작업 중 기체의 이상이 있을 때에는 동력을 끊고 평탄하고 안전한 장소에서 점검을 하고 결함이 완전히 해소된 상태에서 작업을 한다.

제2절 | 승용이앙기

1. 주요부 기능

① 엑셀레버 : 기관회전수를 올리고 내릴 때 사용하며 작업시 [고속] 측으로(아래쪽으로 당김) 하면 기관회전수가 올라가고 [저속] 측(위로 밀면) 기관회전수는 내려간다.
② HST 변속페달 : 주행속도 조절 및 주행을 정지할 때 사용한다. 변속페달을 발로 밟으면 주행속도가 빨라지고 발을 떼면 느려지거나 정지한다.
③ 계기판 : 계기판은 연료수준, 기관오일 상태, 수온상태, 모의 보충, 충전램프 등 중요한 기계의 작동상태를 나타내는 장치이다.

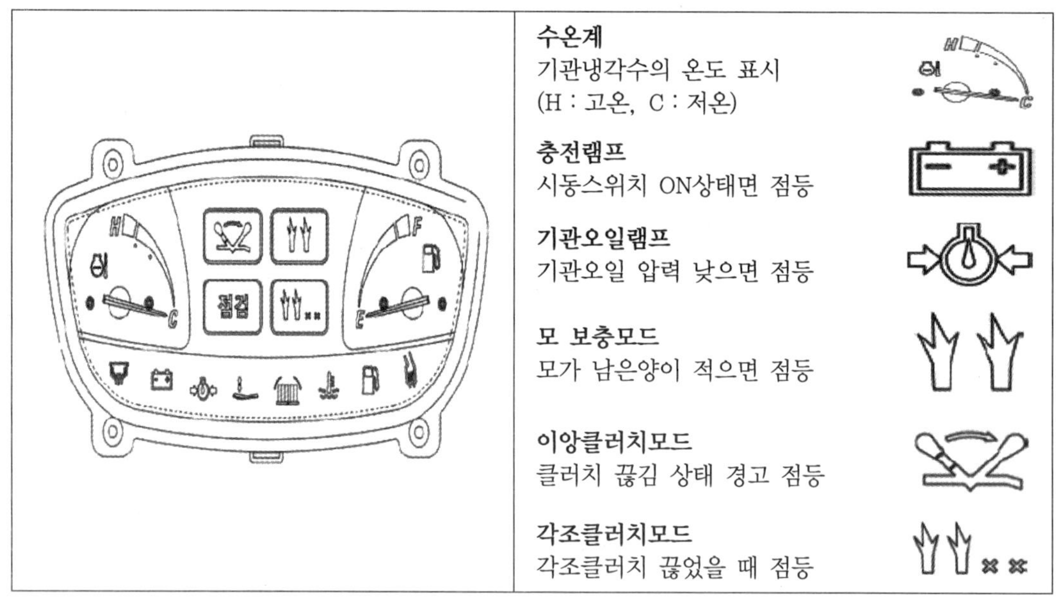

[그림 2-19] 승용이앙기 계기판넬

④ 변속 레버 : 진행방향과 주행속도의 변환에 사용되며 [전진 2단], [중립], [후진], [모 연결]의 변환을 할 수 있다. 또는 [포장작업], [중립], [노상주행], [전진], [후진]의 위치와 모양이 다른 종류의 레버도 있다. 이때 레버의 위치를 바꿀 때는 기체를 정지한 후 실시한다.

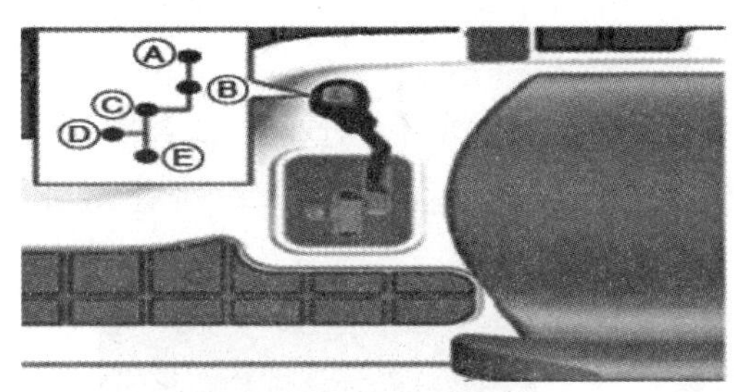

(A) 이동주행 (B)중립
(C) 전진 (D) 묘공급
(E) 후진

〈주 변속 레버, K사〉

(1) 변속레버
(A) 노상 (B) 포장 (C) 중립
(D) 후진

〈주 변속 레버, D사〉

[그림 2-20] 변속레버

⑤ 이앙클러치 레버 : 이앙 작업을 위해 사용하며 기관을 시동할 때에는 이앙클러치도 반드시 [끊김] 위치로 한다. 이앙클러치는 유압장치와 연동으로 작동하며 [끊김]에서 상승하고 [심음]에서 하강한다.

⑥ 유압감도조절 레버 : 플로트에 의해 포장 표면을 정지하기 위해 포장의 무른 정도에 맞춰 유압제어 감도를 조절할 때 사용한다.

(1) 이앙클러치 레버
(A) 이앙 (B) 하강
(C) 중립 (D) 상승

〈이앙클러치 레버〉

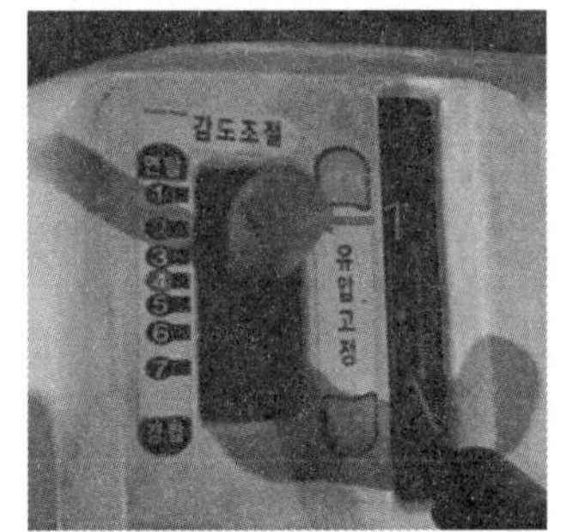

(1) 피드센서 레버

〈피드센서(유압 감도조절) 레버〉

[그림 2-21] 이앙클러치, 피드센서 레버

⑦ 주간변속 레버 : 이앙주간의 조절하는 레버이며 주간조절은 5단계로 조절할 수 있다. (90주, 80주, 70주, 60주, 50주)

⑧ 심음깊이 조절 레버 : 심음깊이를 조절 할 때에 사용하며 6단계로 조절할 수 있다. 심음깊이 조절레버를 [얕음] 쪽으로 하면 깊이가 낮고, [깊음] 쪽으로 하면 깊다.

(1) 주간변속 레버

〈주간변속 레버〉

(1) 심음깊이 조절레버
(A) 얕게 (B) 깊게

〈심음깊이 조절 레버〉

[그림 2-22] 주간변속, 심음깊이 조절 레버

2. 운 전

(1) 운전 전 점검

연료주입 시 담배나 조명은 절대 가까이 할지 말 것, 본기 주위를 살펴보고 외관 등 이상 유무를 확인한다. 연료의 양과 엔진오일 양 등을 점검하고 누유여부를 확인한다. 브레이크 페달의 유격과 기관시동 후 이상음 등을 확인한다. 천천히 출발해 보고 브레이크 작동상태와 주변속 및 변속페달의 작동상태를 확인한다.

(2) 시 동

1) 기관 시동전의 준비

기관을 시동전의 연료코크 레버를 열림 위치로 한다. 주변속 레버를 [모연결] 위치로 한다. 유압식부 레버를 식부승강[중립] 위치로 한다. 액셀 레버를 [고속] 쪽과 [저속] 의 중간 위치로 한다.

2) 기관시동

HST 변속페달과 변속레버 위치의 중립을 확인한다. 액셀레버를 작업범위까지 당긴다.

기관시동을 한다. 이때 초크레버를 당기고, 브레이크 페달을 최대로 밟고, 시동키를 [ON] 위치하여 시동을 한다. 기관의 회전 상태를 보면서 초크레버를 밀어준다.

(1) 변속레버
(A) 노상 (B) 포장 (C) 중립
(D) 후진

〈HST 변속레버 중립〉

(1) 엑셀레버

〈엑셀레버 조작〉

[그림 2-23] 운전 조작

3) 출발

기관시동을 걸고 변속레버를 [포장작업] 위치로 한다. 변속레버를 조작하여 [전진] 또는 [후진]을 결정하고 HST 변속페달을 밟는다. 주행 중 변속레버를 변속하고자 할 때에는 기계를 정지한 후 실시한다.
논출입시 저속으로 주행한다. 논 출입시는 바퀴와 논두렁을 직각으로 넘는다. 논둑이 높을 경우 보조발판을 사용한다. 경사지 운전은 [후진]으로 한다.

(3) 기관의 정지

엑셀레버를 저회전 위치로 한다. HST 변속페달과 변속레버를 [중립]으로 한다. 브레이크 페달을 밟는다.
※ 주정차시 브레이크 페달을 고정하고 비탈길의 경우 바퀴에 받침목을 고인다.

(4) 차량의 운반

후크가 달린 알루미늄 사다리를 준비한다. 이때 사다리의 길이는 차량 적재함 높이의 4배 이상 되어야 안전하다. 운반차량은 평탄한 장소에 정차를 하고 변속은 주차브레이크를 걸고 기어를 1단 또는 후진의 위치로 한다. 변속레버는 포장작업 위치로 하고 HST 변속페달을 천천히 조작하여 저속으로 주행한다. 이앙기를 적재할 때는 후진으로 하고 내려올 때는 전진으로 내려온다. 이때 핸들 조작은 하지 않는다. 주차브레이크 레버를 걸어둔다. 바퀴를 로프로 걸어 확실하게 고정을 한다.

〈적재할 때는 후진〉

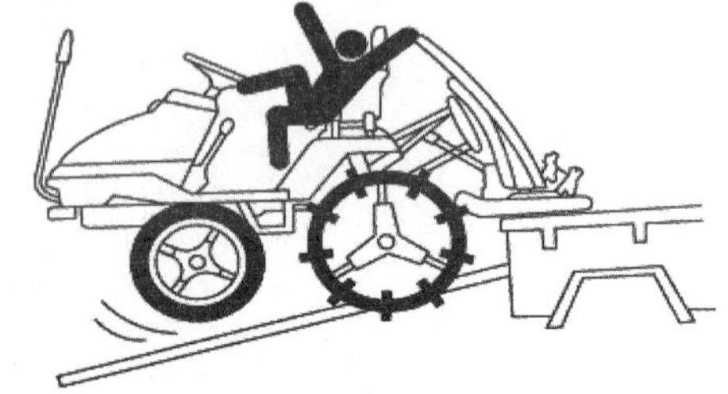

〈적재시의 핸들조작은 위험〉

[그림 2-24] 상하차 요령

3. 이앙작업

(1) 이앙작업 전의 점검 조정

모 운반 판의 끝부분에 모의 뿌리가 뭉쳐 덩어리가 되어 결주의 원인이 될 수 있으니 뿌리를 제거해 준다. 또 모지지대에 세팅위치는 모판 표면에서 1~1.5cm 정도가 표준이지만 모의 조건에 따라 다를 수 있고 모 지지대와 모 탑재대가 평행한지 확인한다.

① 주간변속 레버로 주간조절을 한다. 이때 주수를 변경시에는 변속 레버와 이앙클러치 레버는 [중립]으로 한다. 주간은 5단계로 12cm~22cm 범위에 있고 지역마다 다르나 보통 16cm~19cm(60~70주)를 선택하고 있다.

② 가로이송량을 모의 종류에 따라(치묘, 중묘, 성묘) 조절을 한다. 이때 변속레버는 [중립]으로 하고, 가로이송조절 레버를 26회, 20회 또는 18회로 변경하여 이앙클러치를 넣으면 된다.

③ 피드센서(유압감도조절)로 포장의 조건에 알맞게 조정한다. 처음 [4]의 위치에 고정을 하고 연한포장의 레버를 [1~3], 단단한 포장은 [5~7]로 조정한다. 이때 피드센서 레버를 조정했을 때 심음 깊이가 변경될 수가 있으니 확인하고, 심음깊이의 조정도 동시에 한다.

④ 식부깊이 자동 조절은 식부깊이 제어스위치를 [ON] 상태에 두고 HST 변속페달을 밟으면 이앙속도는 빨라지고 식부깊이 제어가 작동되어 이앙 깊이 조절레버가 [깊게] 측으로 이동하면서 이앙 작업이 진행된다.

(1) 주간변속레버

〈주간변속 조절〉

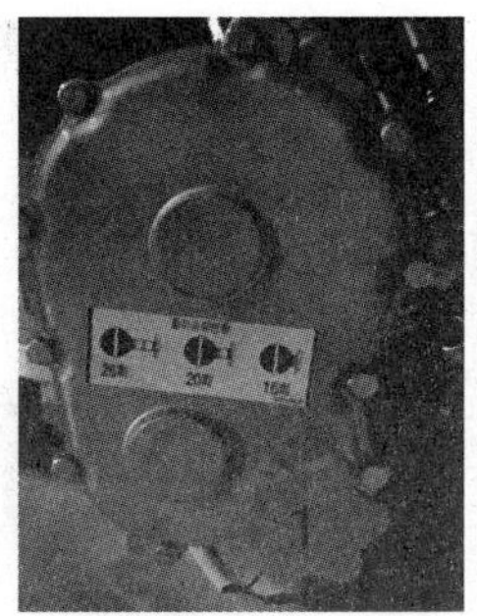

(1) 횡이송변속레버
(A) 18 (B) 20 (C) 26

〈가로이송량 조절〉

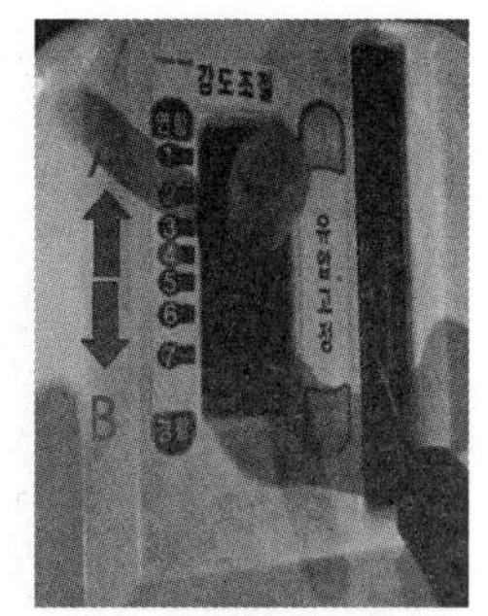

(A) 무른 포장 (B) 단단한 포장

〈피드센서 조절〉

주간(cm)	12	14	16	19	22
주수(주/3.3m^3)	90	80	70	60	50

〈주간조절 일람표〉

연(1)→경(2)	깊어진다 (연한땅→굳은땅)
경(2)→연(1)	얕아진다 (굳은땅→연한땅)

〈유압감도 조절〉

〈식부 자동제어〉

[그림 2-25] 각부 조절

1) 모떼기량 조절

각조의 모가 줄어드는 량이 다를 때에는 이앙암 집게의 높이가 다르므로 다음과 같이 조정한다.

① 기관시동 후 이앙클러치 레버 상승위치로 한다.

② 유압승강레버를 고정에 두고 이앙클러치레버를 다시 이앙위치로 하고 엔진을 정지한다.

③ 모떼는 량 조절레버를 표준위치로 한다. 미끄럼판 홈부에 모떼기 게이지를 맞추고 집게를 게이지에 부딪칠 때까지 이앙회전케이스를 손으로 돌려준다.

④ 이앙암의 2개의 고정볼트를 풀고 집게 높이 조절핀을 돌려 집게의 높이를 모 떼는 량 게이지의 마크에 맞춘다.

⑤ 조정이 끝나면 2개의 고절볼트를 충분히 조이고 회전케이스를 돌려 다른 이앙집게도 같은 방법으로 조정을 한다.

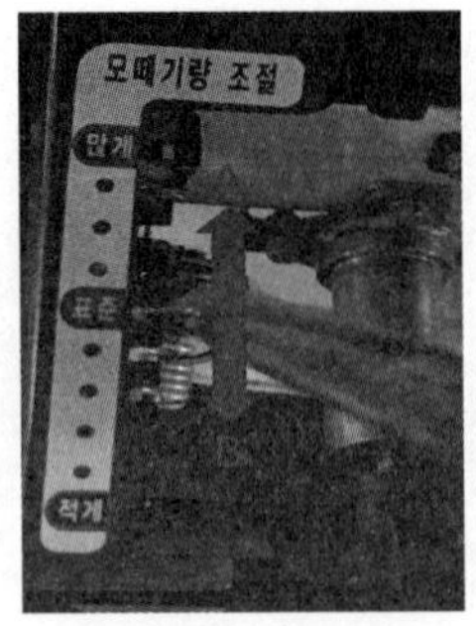

(1) 모떼기 조절 레버
(A) 많게 (B) 적게

(1) 고정볼트 (2) 조절핀 (3) 이앙암
(A) 내려옴 (B) 올라감

[그림 2-26] 모떼기량 조절

2) 심음깊이 조절

심음깊이 조절은 6단계로 조절레버를 이용하여 조절한다. 이때 심음깊이는 약 3cm가 적합하다.

① 심음깊이 조절레버를 [4] 위치에서 작업을 시작하여 4~5m 진행한 다음 심음깊이를 확인하고 필요한 만큼 조절한다.

② 심음깊이 조절레버를 [얕음] 쪽으로 하면 심음깊이가 얕아지고 [깊은] 쪽으로 하면 깊어진다.

3) 모의 보급

이앙작업을 할 때 모의 잔량이 적어지면 모 탑재대의 센서가 작동하여 계기판의 모 보충 램프가 점등되고 부저가 울림으로 모를 보충하여야 한다.

① HST변속페달을 조작해 주행을 정지한다.

② 이앙클러치 레버를 중립 위치로 하고 주차브레이크를 걸어 둔다.

③ 예비모 탑재대의 모종이나 준비한 모중을 보급한다. 이때 모 보급시에는 남은 모와 보급모의 이음선을 잘 일치 시켜야 결주를 방지할 수 있다.

④ 보급이 끝나고 이앙작업을 시작할 때는 이앙클러치 레버를 이앙 위치로 하고 주차브레이크 풀어주고 천천히 작업을 시작한다.

4) 논두렁의 이앙작업

논두렁에서의 이앙은 최종 이앙조수를 사용 기계의 조수로 맞출 필요가 있다. 이때 각조클러치를 사용해 아래 그림과 같은 이앙방법으로 조치한다.

(1) 심음깊이 조절레버
(A) 얕게 (B) 깊게

[그림 2-27] 심음깊이 조절

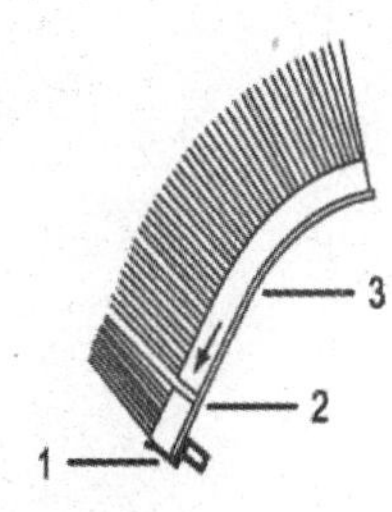

(1) 미끄럼판
(2) 보급묘와 남은묘가 맞도록 할 것
(3) 묘탑재대

[그림 2-28] 모의 보급

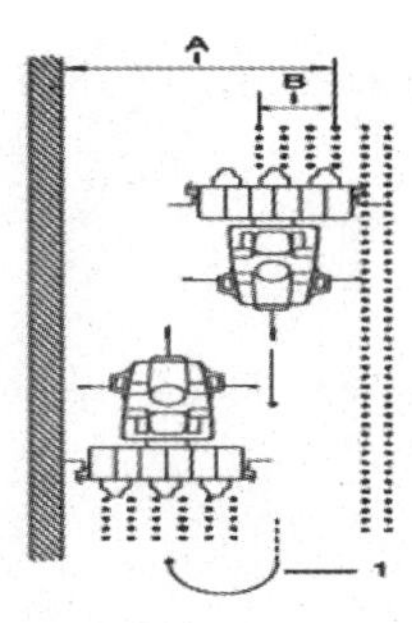

(1) 돌아올 때 6조 이앙
(A) 10조 남음 (B) 4조

[그림 2-29] 논두렁의 이앙작업

① 이앙작업의 순서

이앙작업을 위해 논에 들어오면 평탄한 장소에 주행을 정지한다.

㉠ 이앙부를 올려 유압고정레버를 고정위치에 둔다.

㉡ 변속레버 중립 및 이앙클러치 레버를 이앙 위치로 하고 HST 변속페달을 조작하여 모탑재대를 좌측이나 우측의 어느 쪽으로든지 보낸다.

㉢ 모 이송벨트가 작동하기 전에 이앙클러치 레버를 하강 위치로 하여 이앙부 구동을 정지한다.

㉣ 유압고정레버를 천천히 해제 위치로 놓고 이앙부를 하강시킨다.

㉤ 기관을 정지하고 모 탑재대에 모를 탑재한다.

㉥ 마스코트와 인접마크를 세팅한다.

㉦ 기관시동 후 액셀레버를 작업범위로 이동시키고 라인마카를 다음 이앙하는 측으로 펼쳐준다.

㉧ 경보정지 스위치를 눌러서 램프가 점등되고 있는 것을 확인하고 변속레버를 포장작업 위치로 하여 이앙작업을 실시한다.

㉨ 이앙작업을 시작한지 약 4~5m 전진 후 주행을 정지하고 모떼기량, 이앙 깊이, 이앙주간, 이앙자세 등을 확인한 후 이앙작업을 계속한다.

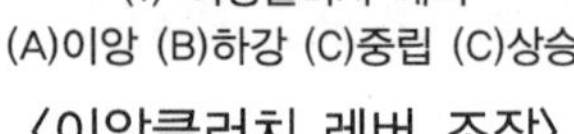
(1) 이앙클러치 레버
(A)이앙 (B)하강 (C)중립 (C)상승

〈이앙클러치 레버 조작〉

〈경보정지 스위치〉

1주량 (묘떼기량)	묘떼기량 조절레버 가로이송 조절레버
이앙 깊이	이앙깊이 조절레버, 피드센서
이앙 주간	주간 조절레버
이앙 자세	피드센서, 모지지대
결 주	모누름봉

〈이앙시작 후 점검 및 조치〉

[그림 2-30] 이앙작업시 조작 및 점검사항

② 이앙작업시 선회 방법

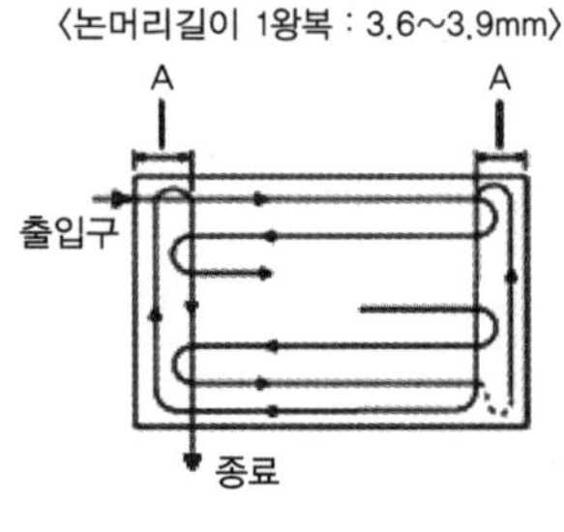

(A) 논머리

〈입구와 출구가 다른 경우〉

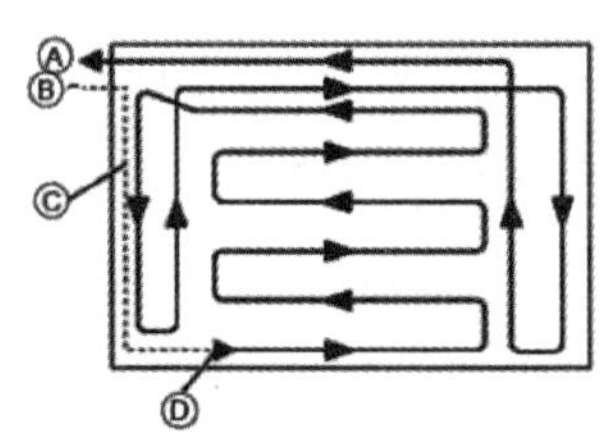

(A)종료 (B)출입구 (C)이앙공회전
(D)시작

〈조수 맞추기 필요 없는 경우〉

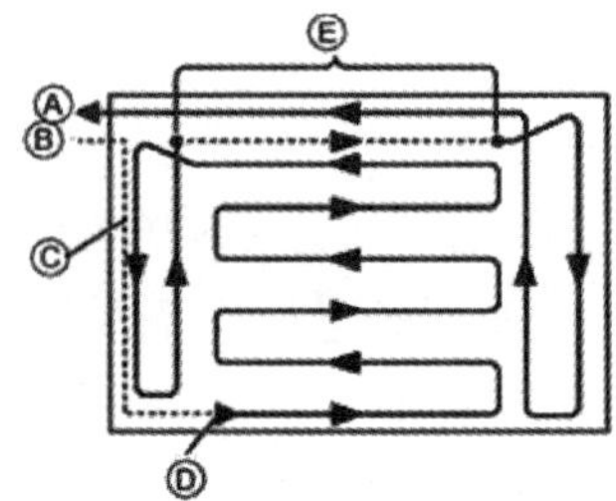

(A)종료 (B)출입구
(C)이앙공회전 (D)시작
(E)이 구간 유니트 클러치 사용(4조분 이앙)

〈조수 맞추기 필요한 경우〉

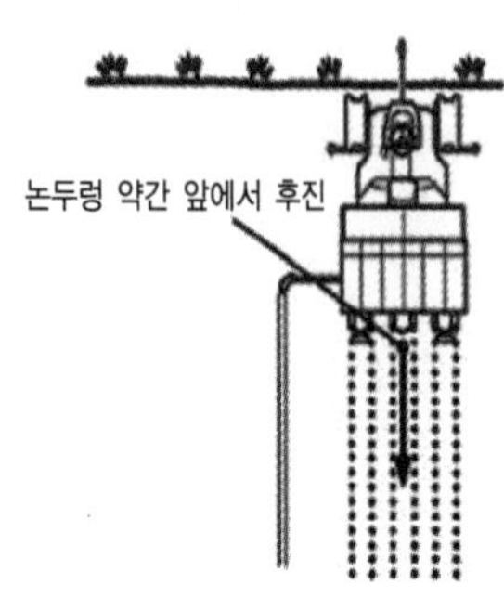

유압식부 레버를 식부 승강 「하」

①
②
③

(1) 라인마카 (2) 센터마카
(3) 인접마카

[그림 2-31] 이앙작업시 선회 방법

※ 이앙작업을 할 때에는 논의 조건에 따라 어떠한 순서로 작업할 것인가를 먼저 결정한다.
① 논머리를 미리 1왕복 회분(3.6~3.9m) 남기고 이앙한다.
② 이앙시작은 논의 장방 방향의 논두렁의 직선측으로부터 이앙한다.
③ 논머리가 가까워지면 HST변속페달을 조작해 감속하고 이앙클러치 레버를 조작하여 이앙부를 상승시킨다.
④ 다음에 심을 주 옆으로 핸들을 돌려 선회하고 마스코트와 인접마카로 인접조간이 맞도록 기대를 똑바로 한다. 이때 라인마카로 그은 선이 보이지 않을 때는 먼저 심은 인접모에 인접마카를 일치시킨다면 조간 30cm를 유지할 수 있다.
⑤ 이앙클러치 레버를 하강 위치로 하여 이앙부를 하강시키고 이앙부가 지면에 닿은 것을 확인한 후에 라인마카를 고정과 동시에 HST변속페달을 조작하여 이앙속도를 올려 이앙작업을 실시한다.

※ 논에 수심이 너무 깊으면 선긋기를 하고도 보이지 않을 수 있다. 논의 수심을 1~2cm 정도가 되도록 물을 빼준다.

4. 점검정비와 보관관리

이앙기를 사용하기 전에 취급설명서를 반드시 읽고 조치하는 것이 좋으며, 각 부분의 점검과 교환주기에 맞추어 작업을 한다.

(1) 점검정비

1) 작업 전의 정비

연료, 기관오일, 밋션오일, 에어클리너의 청소, 각 와이어 및 레버 등의 점검을 한다.
① 오일의 점검, 보급, 교환은 평탄한 장소에서 실시한다. 이때 교환 작업은 엔진이 따스한 상태에서 교환해야 오일 찌꺼기를 모두 빼낼 수 있다.
② 배유플러그를 풀고 급유구마개를 열어 오일을 완전히 배출한다.
③ 오일을 규정량만큼 급유하고 배유플러그를 단단히 조인다.
※ 기관오일 교환 : 최초 20~30시간, 이후 100시간마다 한다.

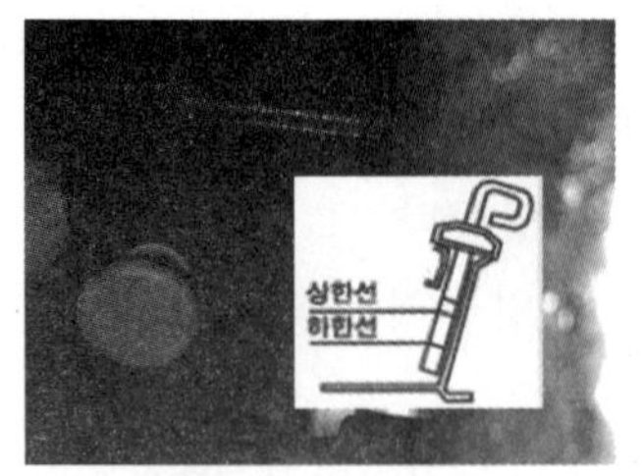

〈엔진오일 검유구〉

〈엔진오일 배유플러그〉

〈엔진오일 급유구〉

[그림 2-32] 엔진오일 점검

2) 에어클리너의 점검과 청소

엘리먼트는 50시간마다 청소하고 더러워지면 압축공기를 사용하여 청소한다.

3) 라디에이터 냉각수의 점검과 교환

냉각수의 양은 보조물탱크 양을 점검하면 된다. 점검은 본네트를 연 후에 보조 탱크의 수위가 [LOW], [FULL] 사이에 있는가를 확인한다. 이때 [LOW]의 선보다 밑에 있을 경우 저장탱크의 캡을 열고 냉각수를 보충한다. 교환은 라디에이터 캡과 드레인 플러그를 반시계 방향으로 돌려서 탈거한다. 라디에이터 및 보조 물탱크에 냉각수와 부동액을 혼합하여 주입하고 라디에이터 탭을 눌러 시계방향으로 돌려 담근다. 이때 라디에이터 캡은 기관 운전 중이나 정지 직후에 열면 화상의 위험이 크므로 충분히 식히고 열어야 한다.(부동액50%, 물50% = 어는점 −35℃)

4) 기관오일 필터 카트리지 교환

기관오일을 교환할 때 함께 교체를 해준다. 새 필터 교환 시 O링에 오일 엷게 바르고 손으로 조인다. 오일게이지의 상한선까지 오일을 보충하고 5분 정도 기관을 공회전 시킨 뒤 각 부 및 유압의 이상유무를 점검한다.

5) 유압오일 필터 카트리지 교환

교환은 이앙부를 하강시키고 유압오일 배유플러그를 풀어 유압오일을 배출시킨다. 새 필터 교환 시 O링에 오일 엷게 바르고 손으로 조인다. 엔진을 시동하여 약 5분 정도 공회전 시킨 뒤 유압오일 경고등을 통하여 이상 유무를 점검한다.

[그림 2-33] 에어클리너 하우징

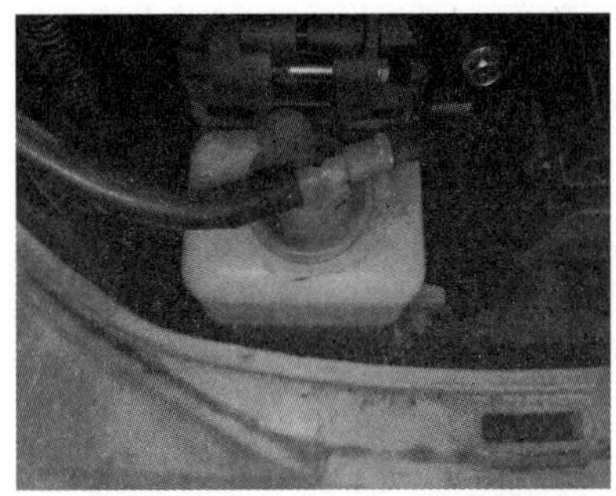

[그림 2-34] 냉각수 보조물탱크

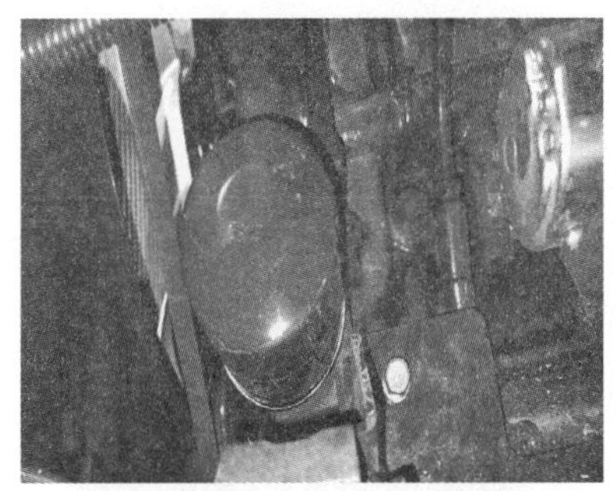

〈기관오일 필터〉

(A) 유압유 배유 플러그 (B) 유압오일 필터

〈배유 플러그 및 유압오일 필터〉

[그림 2-35] 필터 카트리지 교환

6) 작업 후의 손질

물로 잘 씻어 물기를 말리고 각 동작되는 부위에 그리스를 도포한다. 이앙집게의 선단 등 녹슬기 쉬운 곳에는 그리스를 발라 준다. 각부 벨트나 나사 부위가 풀렸으면 조여 준다. 이앙암 내부, 모탑재대 슈, 로울러부 등은 상시 정비점검이 필요한 곳으로 그리스를 도포해 준다.

7) 장기보관 방법

① 이앙기의 보관은 직사일광과 비가 맞지 않는 통풍이 잘되는 장소에 보관을 한다.
② 연료탱크 및 기화기의 연료를 빼준다. 이앙부는 내린 상태에 놓는다.
③ 브레이크 페달을 밟고 고정레버를 걸어 놓는다.
④ 배터리는 코드를 떼내어 어둡고 건조한 장소에 보관한다.
⑤ 메인 스위치의 키는 빼내어 보관한다.

제3절 | 보행형 관리기

1. 운전과 작업

(1) 시동하기

① 주 클러치 레버를 끊김으로 당겨준다.
② 변속레버를 중립으로 놓는다.
③ 갈이변속레버를 중립으로 한다.
④ 로타리 클러치 레버를 끊김으로 한다.
⑤ 연료코크를 열어준다.
⑥ 조속레버를 저속과 고속의 중간 위치로 한다.
⑦ 기화기의 초크레버를 닫힘으로 한다.

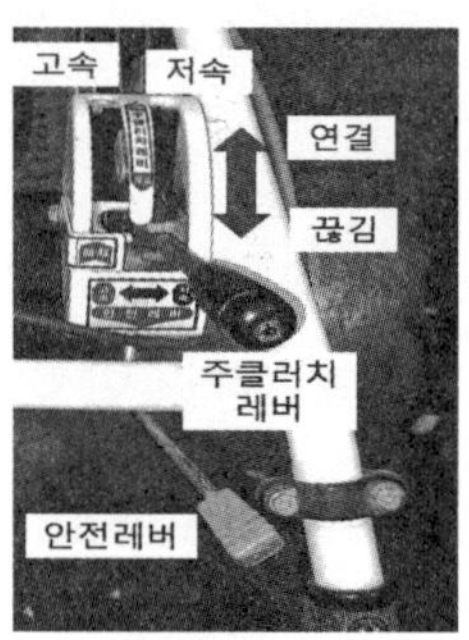

① 주 클러치(끊김)

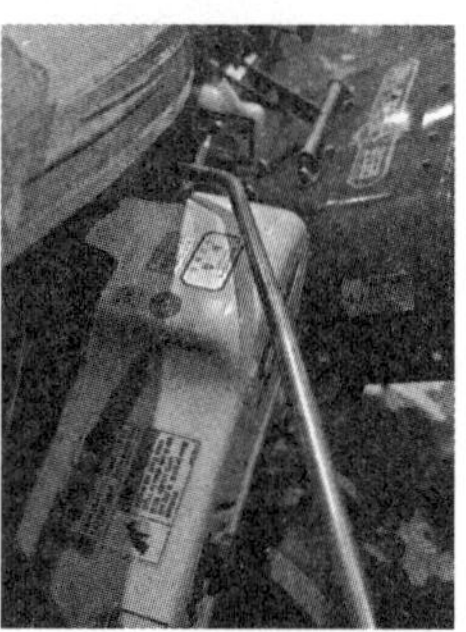
② 변속레버(중립)

③ 갈이변속레버(중립)

④ 로타리클러치(끊김)

⑤ 연료코크(ON)

⑥ 조속레버(시동)

⑦ 초크레버(닫힘)

[그림 2-36] 관리기 시동 방법

1) 수동시동 방법

① 정지스위치를 운전으로 한다.

② 리코일 스타트 시동로프를 압축을 느낄 때까지 가볍게 당기고, 로프를 다시 되돌림 시킨 후 힘차게 당긴다. 3회 이상 반복하게 되면 연료의 흡입이 과다하여 시동이 곤란하게 되므로 초크레버를 열림으로 하고 시동한다.

③ 리코일 스타트를 잡아당기는 방향에 사람이나 장애물의 유무를 확인하고 시동한다.

④ 시동이 걸리고 나면 기화기의 초크레버를 열림 위치로 한다.

① 정지스위치(수동)

② 시동로프(당김)

③ 초크레버(열림)

[그림 2-37] 관리기 수동시동 방법

2) 전기 시동방법

① 전기시동과 수동시동 전환 스위치를 전기시동으로 전환한다.

② 키스위치에 키를 넣고 운전(ON) 위치에서 시동(START)로 키를 돌려준다. 이때 시동 시간은 5초 이내로 하고 시동이 되지 않을 경우 5초 경과 후에 다시 시동을 한다.

③ 시동이 걸리고 나면 기화기의 초크레버를 열림 위치로 조정을 한다.

① 정지스위치(전기)

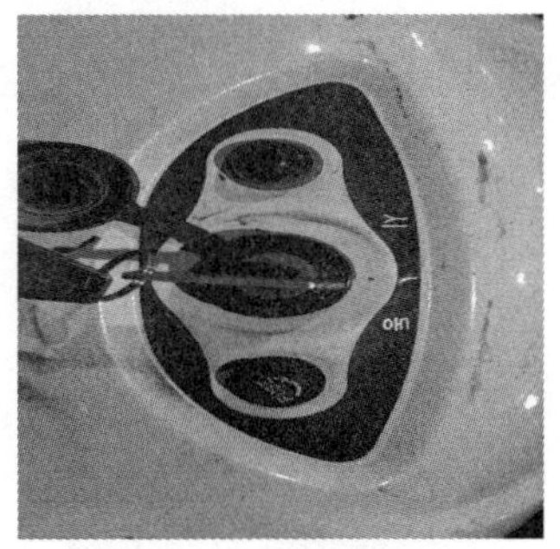
② 키스위치

③ 초크레버(열림)

[그림 2-38] 전기시동

(2) 정지하기

① 주 클러치 레버를 끊김으로 당겨준다.
② 로타리 클러치 레버를 끊김으로 한다.
③ 조속레버를 저속으로 한다.
④ 변속레버를 중립으로 한다.
⑤ 갈이변속 레버를 끊김으로 한다.
⑥ 정지스위치를 정지로 한다(수동시동), 키스위치를 정지 위치로 한다.(전기시동의 경우)

> ☞ 주의 : 기관 정지 후 소음기는 고온이니 조심(화상의 위험)
> ☞ 중요 : 기관 정지 후 리코일 스타트를 천천히 당겨 압축이 걸리는 지점으로 한다. 압축이 없는 곳에서 정지되면 공기 중의 먼지나 습기에 의해 밸브 오버랩 상태의 고착 등의 시동 불량과 같은 고장 원인됨

(3) 작업하기

① 변속레버와 갈이변속레버를 작업에 알맞은 단수를 선택하여 변속한다.(전작로타리 작업의 경우 전진 저속 1단과 로타리 변속 잘게 1단으로 하고, 토질에 따라 전진 2단 작업도 가능하다.)
② 로타리 클러치 레버를 신속히 연결로 밀어 넣는다.
③ 주 클러치 레버를 천천히 연결로 밀어 넣는다.
④ 조속레버 속도는 중속이상의 작업으로 조절한다.

> ☞ 주의사항 : 기관 작동 중에는 소음기 접촉 금지(화상의 위험), 후진할 때 핸들이 튀어 오르는 것을 방지하기 위해 주 클러치 레버 연결을 천천히 하고, 구굴 작업이나 로타리 작업을 할 때에는 돌이나 장애물에 의하여 기계가 갑자기 뒤로 튕겨 나오는 경우가 있으니 주의한다. 또한 작업할 때에는 반드시 양손으로 핸들을 꼭 잡고 위급한 상황이 발생되면 안전레버를 작동할 수 있도록 항상 준비한다.
> ☞ 중요사항 : 기계의 수명연장을 위해 최초 2~3시간 동안은 무리한 작업을 피하는 길내기 운전을 한다.

2. 작업기 이용관리

(1) 작업기 부착

1) 로타리 작업기 부착방법

① 고정 히치 상하를 접속판에 조립한다.
② 로타리 조합을 접속판 녹크핀 2개소와 맞춘 다음에 히치핀을 끼우고 핸들을 상하로 조금씩 움직여서 히치핀이 밑으로 완전히 내려오도록 한다.
③ 고정쇠 당김 볼트를 완전히 조여 로타리 유격이 없도록 한다.
④ 연결체인 케이스를 잘게 상태로 조립한다.
⑤ 와이어 연결링크를 분해하여 클러치 와이어를 클러치레버 홈부에 삽입한 후 와이어 연결링크를 조립한다.

2) 구굴 작업기 부착방법

① 양쪽 밀어내기를 할 경우에는 경운 로타리를 떼어내고 구굴로타리 좌, 우를 조립한다.
② 한쪽 밀어내기는 구굴로타리 좌측은 조립된 상태로 두고 우측만 분해한 다음 편구굴 로타리로 교환한다.
③ 구굴(골파기) 작업을 할 경우에는 고무타이어를 빼고 철바퀴를 부착하고, 작업시 로타리 변속은 잘게 2 단, 주행은 전진 1 단(저속)으로 한다.
④ 구굴 작업, 이랑 및 배수로 작업, 북돋우기 작업, 두둑 성형 작업을 할 경우 정지판을 부착하여 사용할 수 있다.
⑤ 깊게 구굴 작업은 여러 차례의 반복 작업으로 하고, 1 회에 좀더 깊게 작업할 때에는 로타리 변속은 잘게 1 단으로 작업한다.

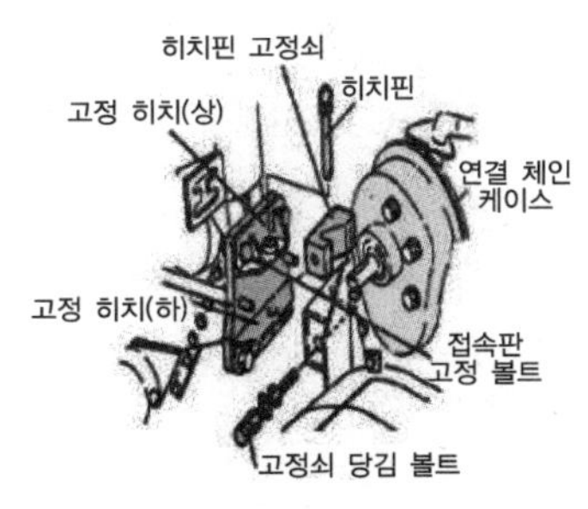

로타리 부착

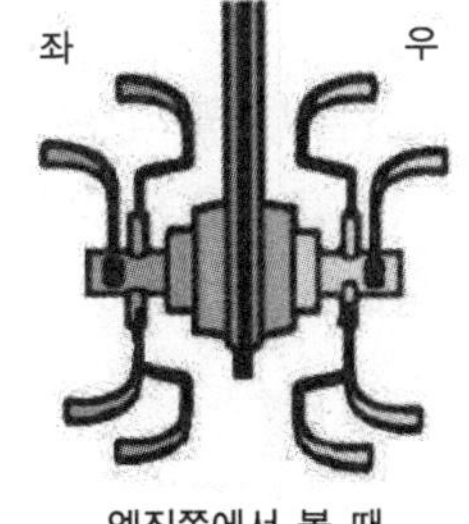

양쪽밀어내기 구굴작업

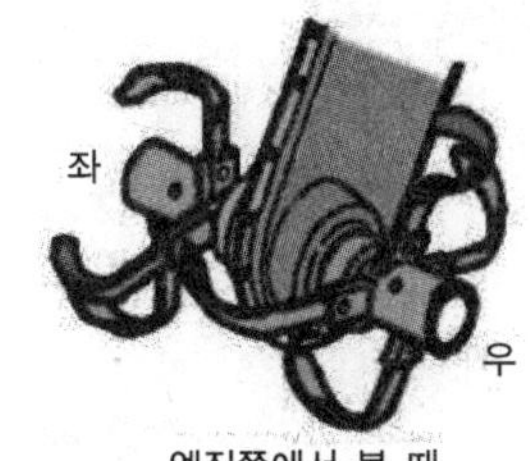

한쪽 밀어내기 구굴작업

[그림 2-39] 작업기 부착방법

3) 복토 작업기 부착방법

① 구굴 로타리를 분해한 후 스크류 세트 좌우를 구분하여 멈춤 볼트로 확실하게 조립한다.
② 철바퀴를 빼고 고무 타이어로 교환 조립하고 작업에 알맞은 폭으로 조정하여 사용한다.
③ 스크류 세트를 한쪽으로만 사용하고자 할 때에는 그림과 같이 한쪽 스크류 세트를 떼어내고 보호관을 부착하여 사용한다.

☞ 주의사항 : 한 번에 복토가 되지 않을 경우 반복 작업을 한다. 이때 미륜 핸들을 돌려서 알맞은 작업높이로 조정한다.

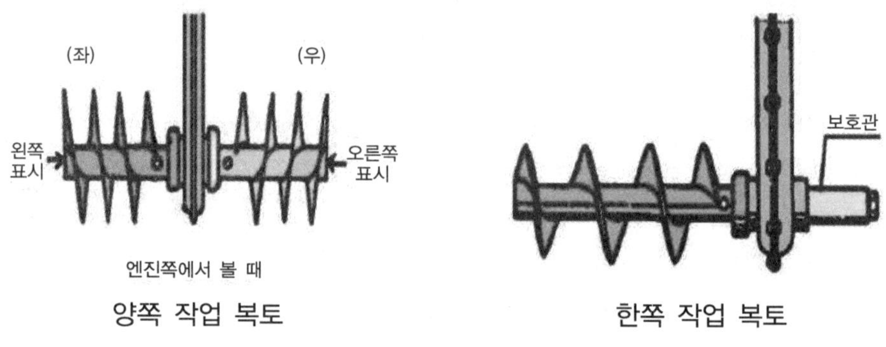

양쪽 작업 복토 한쪽 작업 복토

[그림 2-40] 복토 작업기 부착방법

4) 로타리 변속레버 조작

① 일반적으로 전진 4단, 후진 4단으로 변속할 수 있다. 중경 로타리 작업에는 정회전 1단과 구굴 작업에는 정회전 2단을 사용한다. 구굴 작업을 깊게 할 경우 정회전 1단을 사용한다.
② 작업 용도에 따라 연결체인 케이스를 전후 교체하여 사용한다.
③ 로타리 변속 레버 조작은 주 클러치를 "끊김" 상태에서 실시하고, 레버가 잘 작동되지 않을 때에는 로타리를 손으로 돌리면서 변속한다. 이때 엔진은 정지된 상태이다.
④ 역회전 작업의 경우 핸들을 180° 회전시킨 다음 좌우 작업기를 바꾸어 조립한다.

5) 미륜의 조정

① 중경 로타리의 제초 작업, 구굴 작업, 복토 작업 등 작업 깊이를 조절할 필요가 있을 경우는 그림과 같이 미륜의 높이로 조정한다.
② 많은 양의 조정은 고정 나사를 풀고 육각 파이프를 올리거나 내리고, 작은 양의 조정은 미륜 조정 핸들을 돌리면서 한다.

③ 휴립기와 배토기 등을 부착하여 사용해야 할 경우에는 미륜 지지대를 빼내고 필요한 작업기를 부착하여 사용한다.

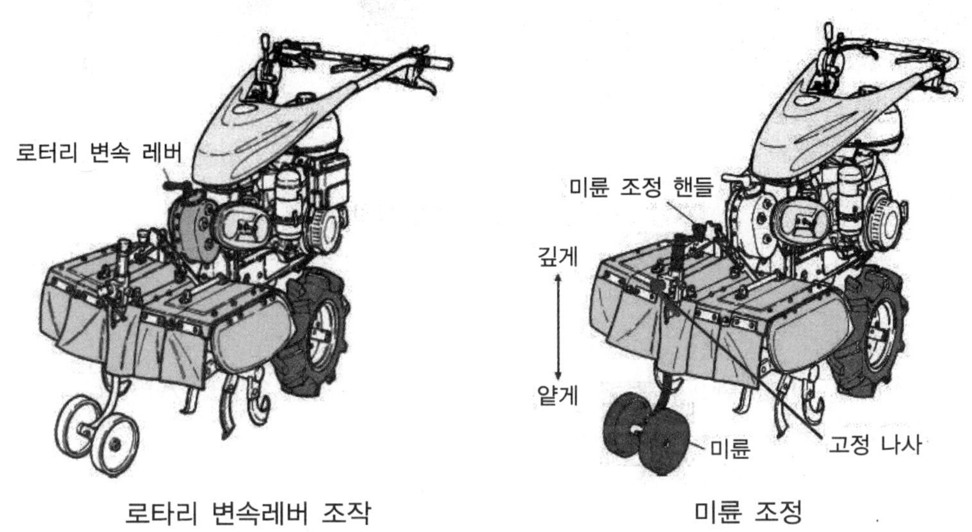

[그림 2-41] **복토 작업기 부착방법**

3. 포장작업

(1) 경운 로타리

1) 작업용도 및 작업 능률

논농사의 갈이 및 평탄작업, 중경제초작업, 표면시비, 금질 작업, 물 논 로타리 및 정지 작업, 작업 폭 62cm, 작업 깊이 15cm, 작업능률 1일 6,600m^{2}이다.

2) 작업기 부착방법

① 관리기 본체의 갈이 축에 부착된 작업기를 분리시킨다.
② 경운 로타리를 엔진 쪽에서 좌・우 구분하여 대칭되도록 조립한다.
③ 작업기 멈춤 볼트 및 너트로 확실하게 경운축 안쪽 홈에 고정한다.
④ 연결체인 케이스는 잘게 글씨가 바로 보이도록 조립한다.
⑤ 습지 포장에서는 고무타이어를 불리하고 철 바퀴로 교환한다.
⑥ 경운 로타리용 미륜으로 교환한다.

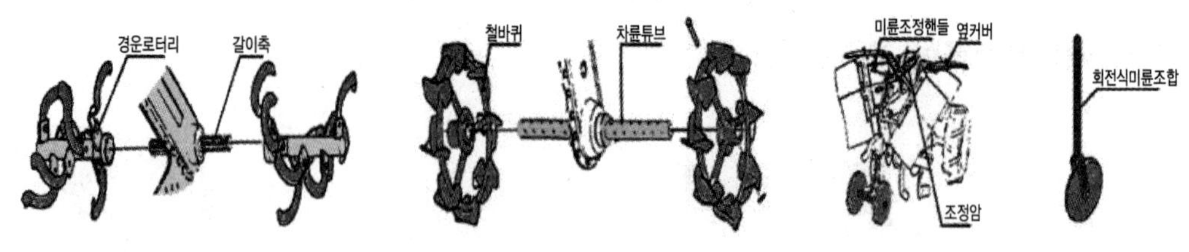

로타리 부착　　　　습지 철바퀴 부착　　　　미륜 조합 조립

[그림 2-42] 주요 작업기 부착방법

3) 작업요령

① 주행변속은 전진 저속 1단으로 한다.
② 로타리 변속은 잘게 1단으로 하고 토질에 따라 저속2단으로 작업도 가능하다.
③ 주 클러치는 필히 저속으로 작업한다.
④ 핸들을 엔진 쪽으로 돌려서 작업을 한다.

[표 2-1] 주행속도와 로타리 변속에 따른 사용작업

구분	주클러치	연결체인	로터리변속	사용작업
정회전	저속	잘게	1단	중경로터리, 배토, 휴립, 깊은 구굴작업
			2단	구굴, 복토작업
		굵게	1단	로터리작업
			2단	중경 로터리, 복토, 중경 제초작업
	고속	잘게	1단	
			2단	
		굵게	1단	
			2단	
역회전	저속	잘게	1단	구굴 및 배토작업
		굵게	2단	중경 로터리작업
	고속	잘게	1단	
		굵게	2단	

(2) 구굴기

1) 작업용도 및 작업 능률

과수원, 하우스의 시비용 구굴작업 및 배수로 및 관수작업, 딸기나 야채재배 등의 두둑작업, 농수로 및 배수로작업, 전작물의 복토 및 북주기작업, 인삼밭 삼포 만들기 작업, 작업 폭 25, 30, 48cm, 작업 깊이 15~40cm, 작업능률 1일 4,000m이다.

2) 작업기 부착방법

① 양쪽으로 흙을 배토(양 배토) 할 경우 아래 그림과 같이 구굴세트를 좌·우 구분하여 대칭으로 조립한다.

② 한쪽으로 흙을 배토(편 배토) 할 경우 편 배토 구굴세트로 조립한다.(편 배토용 구굴 세트 적색)

③ 부착시는 스프라인 경운축에 있는 홈에 맞도록 구굴세트를 끼우고 작업기 멈춤 볼트로 확실히 고정한다.

④ 고무바퀴를 빼고 철 바퀴를 조립한다.(무른땅 작업은 고무바퀴 부착)

⑤ 구굴작업, 이랑 및 배수로작업, 북주기 작업, 두둑성형작업을 할 경우 정지 판을 부착한다.

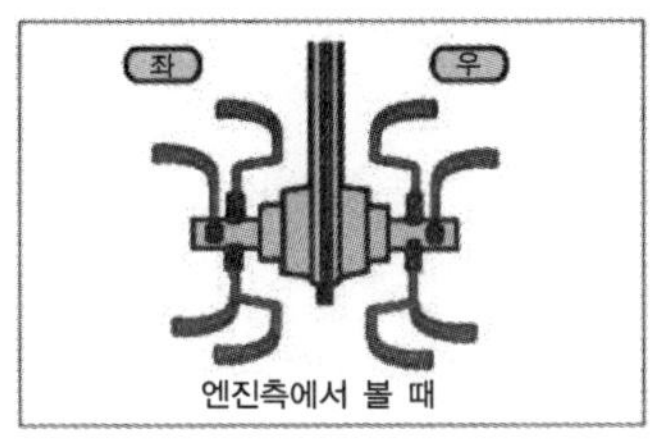

양배토 구굴세트 조립

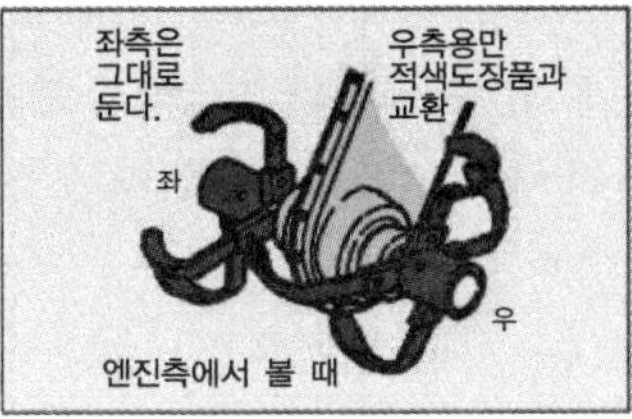

편배토 구굴세트 조립

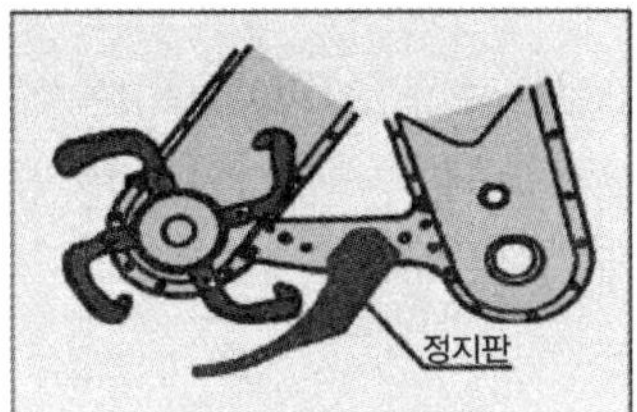

정지판 부착

[그림 2-43] 구굴기 부착방법

3) 작업요령

① 로타리 변속은 주행변속을 중립위치에서 잘게 2단으로 한다.

② 주 클러치는 저속과 주행변속은 1단으로 작업한다.

③ 구굴작업 시 돌이나 장애물에 의하여 관리기가 갑자기 뒤로 튕겨 나오는 경우가 있으므로 주의하여야 한다.

④ 초기심경은 5~10cm 정도 얕게 기초 작업 후 2차와 3차 작업시 깊게 작업한다.

⑤ 복토작업이 필요한 경우, 흙이 멀리 비산되지 않도록 로타리 커버를 조정한다.

⑥ 경폭을 좁게 작업할 경우, 좌우 칼날 각 2개를 빼내고 작업을 한다.

⑦ 흙 비산거리에 맞춰 로타리커버를 조정한다.

⑧ 로타리변속은 토질 흙의 비산거리에 따라 로타리변속을 한다.

(3) 복토기

1) 작업용도 및 작업능률

과수원의 심경구굴 후 퇴비를 넣은 다음 복토작업, 전작 과수원의 땅고르기 및 제초작업, 작업 폭 150cm, 작업능률 1일 6,000m이다.

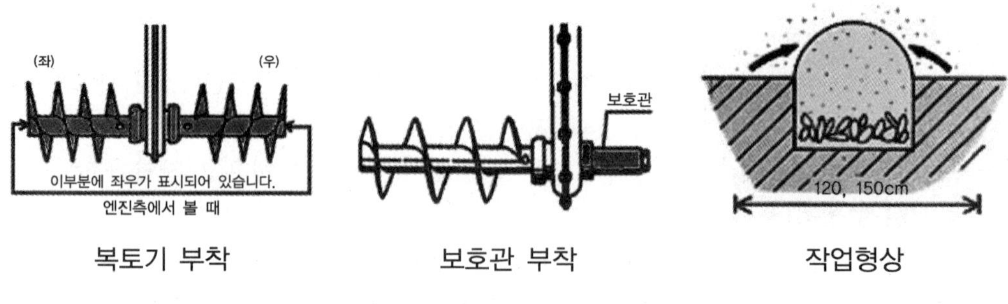

복토기 부착 보호관 부착 작업형상

[그림 2-44] 구굴기 부착방법

2) 작업기 부착방법

① 고무바퀴로 하고 차폭은 작업에 알맞은 폭으로 조정한다.

② 로타리에 부착된 로타를 분해한 다음 복토세트 좌우를 구분하여 멈춤 너트로 확실하게 조인다.

③ 복토 작업 시 복토세트를 한쪽만 사용하고자 할 때는 한쪽 스크루를 빼고 로타리 축을 보호하기 위해 보호관을 씌운다.

④ 미륜을 골 밖으로 나오도록 하여 작업할 경우 미륜을 별도 구입 하여 미륜 축에 조립하여 사용한다.

3) 작업요령

① 바퀴가 심경한 굳은 땅을 지나가도록 조정하며 작업한다.

② 복토량은 미륜을 상, 하로 조정하여 조절한다.

③ 작업조건에 따라 복토기를 한쪽만 부착하여 사용한다.

④ 작업에 따라 복토기 좌, 우를 교환하여 사용한다.

4. 점검정비 및 보관관리 방법

(1) 기관오일

1) 점검

기계를 평탄한 장소에 세우고, 오일게이지를 뽑아 기관오일이 규정 유면까지 있는지 점검한다. 부족할 때에는 규정 유면까지 보충한다.

2) 교환

기관 아래쪽에 있는 배유볼트를 풀어서 배유하고 새 기관오일을 급유구로 규정된 유량을 주입한다. 이때 기관이 따스할 때 빼줘야 하고 경사지 25도 이상 작업시에는 5시간마다 점검하고 부족하면 즉시 보충해준다.(기관오일량 1.2리터). 기관오일 교환 시기는 최초 20시간 사용 후 교환하고 그 이후에는 50시간마다 교체를 해준다.

☞ 주의 : 환경오염을 방지하기 위해 폐유류는 지정된 장소에 버린다.

기관오일 주유구, 배유구

기관오일 규정유면

[그림 2-45] 기관오일 교환

(2) 밋션오일

1) 점검

기계를 평탄한 장소에 세우고, 밋션에 있는 주유구 마개를 열어 오일의 양을 점검한다. 이때 부족할 경우 #90 기어오일을 주유구를 통해서 보충한다.

2) 교환

배유구를 풀어서 배유하고 규정된 유량을 주입구를 통해 보충해 준다. 교환 시기는 최초 구입 후 10~20시간 사용 한 후에 오일을 교환해주고, 년 1~2회 교환한다.(밋션 오일량 2.5리터, #90기어오일)

(3) 로타리케이스 오일

1) 점검

기계를 평탄한 장소에 세우고, 주유구 마개를 열어 오일의 양을 점검하고 부족할 경우 #90 기어오일을 보충한다.

2) 교환

로타리케이스의 아래쪽에 있는 배유나사를 풀어 오일을 배유하고 규정된 유량을 주입한다. 교환 시기는 밋션오일과 같으며 오일량은 1.3리터이다.

(4) 에어클리너

1) 점검

오일을 점검하고 부족할 경우 #90 기어오일을 규정 유면가지 보충한다.

2) 교환

오일이 오염되었을 경우 오염된 오일을 교환하고 거름망은 등유로 씻은 후 반드시 #90 기어오일에 담근 후 손으로 짜서(방울이 떨어지지 않을 정도) 조립한다.(50시간 사용 후)

에어클리너 점검　　　　에어클리너 구조

[그림 2-46] 에어클리너 점검 교환

(5) 연결체인케이스, 차축 및 로타리축의 그리스

1) 연결체인케이스 점검

케이스 내부의 그리스를 점검하고 부족한 경우 채워준다. 이때 먼지나 수분 등이 섞이지 않게 주의하고 그리스의 양은 0.3리터이며 년1회 교환한다. (차축 및 로타리 축의 그리스 점검) 바퀴, 바퀴튜브 등을 차축에 조립할 때나 중경로타, 구굴로타 등을 로타리 축에 부착할 때는 차축과 로타리 축에 그리스를 얇게 발라 준다.

분해 순서
• 연결체인케이스 탈거 – ①번 고정핸들을 분해한다. • 연결체인케이스 분해 – ②번 캡너트를 분해한다. • 년 1회로 구리스를 교환 • 조립은 분해의 역순

연결체인케이스 점검

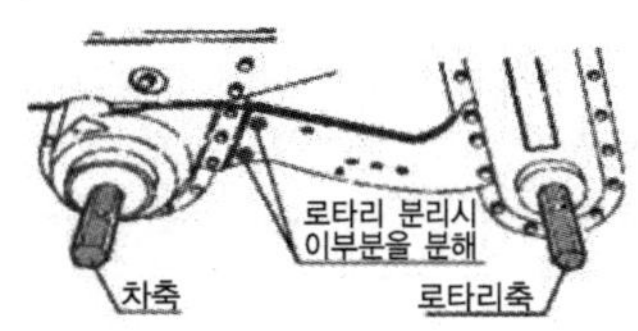

차축과 로타리축 점검

[그림 2-47] 연결체인케이스 점검

(6) 배터리

1) 점검

일반점검으로 배터리액이 최고액면과 최저액면 사이에 있는지 수시로 점검한다. 최저액면 이하로 줄어 있으면 증류수를 보충한다. 시동이 되지 않을 때, 시동키를 조작해도 시동이 안 될 경우 다음 사항을 확인한다.

2) 교환

① 반드시 엔진 시동을 끄고 키를 뽑아낸다.
② (−) 단자를 분리한 후 (+) 단자를 분리한다.
③ 새 배터리로 교체하여 고정한 후 (+) 단자를 먼저 연결하고 (−) 단자를 연결한다. 이때 단자를 확실하게 고정한다.
④ 단자 주위에 그리스나 부식방지액을 발라준다.

[표 2-2] 배터리 점검 및 조치

현 상	점검 및 조치
키를 운전(ON)위치로 돌렸을 때 충전 경보등이 켜지지 않고, 시동(START)위치로 돌렸을 때 시동모터가 작동되지 않는다.	• 퓨즈의 이상유무를 확인하고 이상이 있으면 교환한다(12V 30A) • 배선의 연결 상태 등의 이상유무를 확인하고 조치한다.
키를 운전(ON)위치로 돌렸을 때 충전 경보등이 켜지나, 시동(START)위치로 돌렸을 때 시동모터가 덜거덕거리고 회전되지 않는다.	배터리 충전 부족이므로 키를 운전(ON)위치에 둔 상태로 수동으로 시동하여 운전하면 배터리가 충전된다.

☞ 경고 : 배터리액이 몸이나 옷에 묻으면 화상이나 옷이 손상되는 위험이 있으므로 주의한다. 만약 배터리액이 몸이나 옷에 묻으면 즉시 깨끗한 물로 씻어 준다.
☞ 잠깐 : 기계를 사용하지 않고 장기간 보관할 때에는 배터리가 자연방전이 일어나 배터리가 소모되므로 여름에는 1개월, 겨울에는 2개월에 한번 보충충전 한다.

(7) 보관요령

1) 일시보관

① 작업이 끝나면 기계를 깨끗하게 청소한 후 보관한다.
② 옥외에 보관할 때에는 비나 눈에 의한 피해가 없도록 보관한다.
③ 각 작동 부위는 정비와 점검, 주유 등을 반드시 시행한다.

2) 장기보관

① 기계를 깨끗하게 청소한다.
② 리코일스타트 조합을 분해하여 회전축 중심부에 오일을 2~3방울 주유한 다음 재조립한다.
③ 연료코크를 잠근 다음 시동을 걸어서 엔진이 정지될 때까지 운전하여 기화기 내부에 남아 있는 연료를 완전히 소모한다. 또는 기화기 배유볼트를 풀고 잔류연료를 빼낸다.
④ 리코일스타트를 당겨 압축 걸리는 지점에서 정지 보관한다.
⑤ 각 부분의 볼트, 너트의 조임 및 파손상태를 점검하고 조치한다.
⑥ 작동부나 녹슬기 쉬운 부위에는 오일이나 그리스를 발라둔다.
⑦ 커버를 씌워 통풍이 잘되는 옥내에 보관한다.

☞ 주의 : 화재의 위험이 있으므로 기관의 열을 충분히 식은 후 커버를 씌운다.

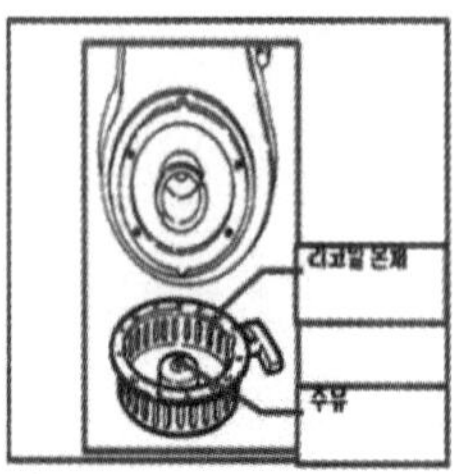

리코일스타트 본체

시동로프 당김

기화기 배유구

[그림 2-48] 장기보관

(8) 운반방법

관리기를 트럭이나 트레일러 등을 이용하여 운반할 때에는 다음의 사항을 준수한다.

① 트럭이나 트레일러를 노면이 평탄한 곳에 주차하고, 주차브레이크를 걸어 차가 움직이지 않게 고정한다.

② 상차 대를 트럭에 확실히 고정한다.

③ 기계를 트럭에 실은 다음 갈이변속레버를 끊김에, 변속레버를 전진 1단에 넣은 후 주클러치 레버를 연결로 한다.

④ 로프로 기계를 트럭에 확실히 고정한다. ※ 연료 코크를 닫힘으로 한다.

☞ 주의 : 상하차할 때, 절대로 주 클러치레버, 변속레버 조작을 금지한다.

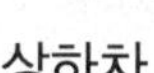

상하차

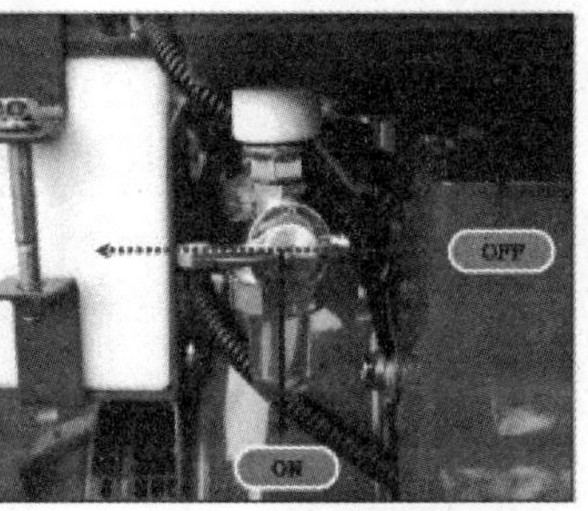

연료콕크
• 연료탱크에서 엔진으로의 연료 공급, 정지할 때 사용 [ON](열림)–연료공급 [OFF](닫음)–연료정지

연료콕크 OFF

[그림 2-49] 운반 요령

제4절 | 동력분무기

1. 운전준비

① 볼트 너트 및 각부를 점검한다.

② 펌프의 몸통은 4개의 볼트로 기틀에 고정되어 있어 앞뒤로 자유롭게 분무기를 움직이면서 벨트의 긴장도를 조절할 수 있다.

③ 기관은 분무기와 일치되도록 결합시키고 이때 분무기 엔진의 풀리가 일직선이 되도록 하고 벨트가 미끄러지지 않도록 조절을 한다.

④ 크랭크 상부의 주유구에서 오일게이지 중앙(붉은점 위치)까지 엔진오일(SAE20~40)을 넣어준다.
⑤ V벨트는 원동기와 펌프의 중앙부를 손으로 가볍게 눌러 약 2~3cm 정도가 밑으로 처지는 상태에서 원동기와 펌프를 고정시켜야 한다.(너무 팽팽하면 부하가 걸리게 되고 헐거우면 슬립이 일어난다)
⑥ 분무작업 전에 그리스컵의 뚜껑을 우로 2~3회전 돌려서 V패킹에 그리스를 주유한다.

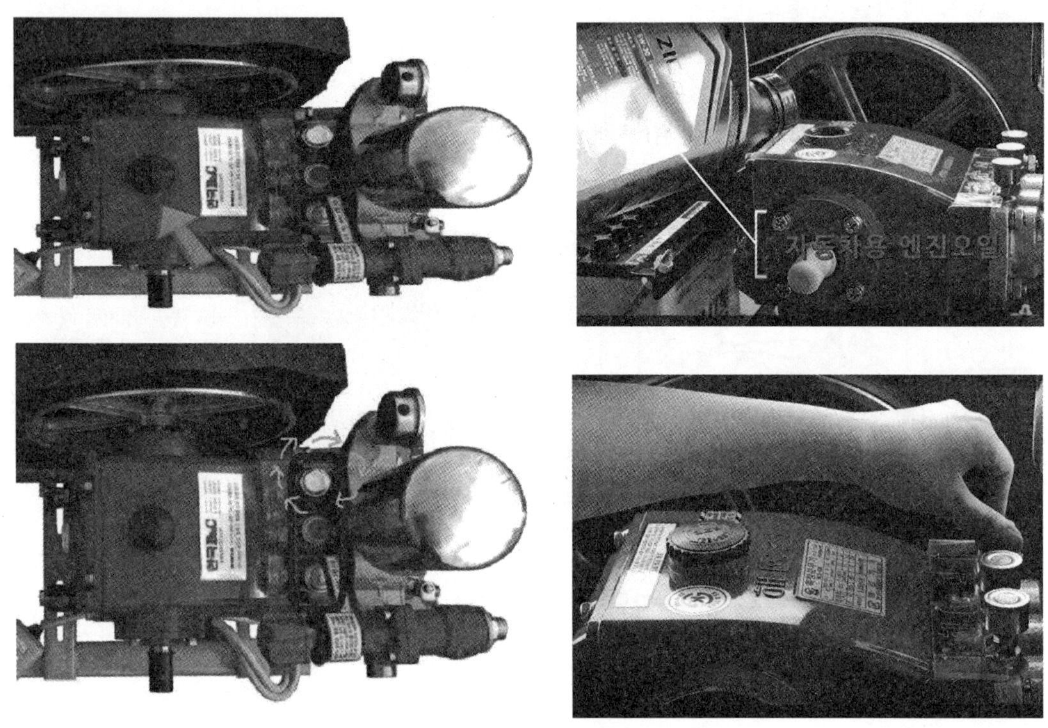

[그림 2-50] 동력분무기 운전 준비

2. 작업 전 운전

① 약액통 바닥에 흡입과 여수호스를 넣는다.
② 분무기의 토출코크를 모두 닫고 조압밸브를 압력이 걸리지 않도록 하고 엔진을 시동한다. 이때 흡입호스와 여수호스를 약액통에 충분히 잠기도록 한다.
③ 엔진이 시동되면 여수호스에서 약액이 나오는가를 확인한 후에 선단을 약액 속에 넣고 기포가 나오는가 보고 기포가 발생하면 호스의 연결부를 확인 하고 잘 조여 준다.
④ 조압밸브레버를 아래로 젖힌 다음에 상부에 있는 핸들을 좌우로 돌려 규정압력이 20~25kg/cm^{2}으로 조정한 후 로크너트로 고정한다.

3. 분무작업

조압레버를 치켜 올려 무압 상태로 하여 기관을 시동한다.
여수호스를 약제에 담그고 호스에서 기포가 나오지 않는가를 확인한다.

① 노즐 코크를 서서히 열어 노즐에서 분무되는 상태를 보면서 압력을 가감한다. 압력조절이 끝나면 로크너트를 잠근다.(볼 밸브호스에 연결된 밸브를 열고 분무작업을 시작하면 압력이 갑자기 내려가나 호스에 약액이 충만해지면 서서히 상용압력으로 올라감)
② 엔진의 회전수를 조절해도 분무 압력이 안정되지 않을 경우에는 먼저 토출밸브를 잠그고 다시 압력조절의 순서로 한다.
③ 노즐은 오랫동안 사용하면 분관이 마모되어 구멍이 커지므로 만족할 만한 분무효과를 얻을 수 없으며 이러한 경우는 분관(노즐)을 신품으로 교환해 준다.
④ 작업하는 3~4시간마다 그리스컵을 2~3회 정도 돌려 V팩킹에 주유를 실시한다.

☞ 주의사항 : ① 흡입스트레이너가 약제에 담겨져 있는지 수시점검하고 만일 약액 위로 스트레이너가 노출되어 공기가 흡입되었을 때는 반드시 조압레버를 올려 무압상태로 하여 여수호스에 약액이 순조로이 흐르게 한 후 조압레버를 내려놓으면 압력이 원상태로 올라간다. ② 만약 최고압력이 35kg/cm^{2}으로 사용할 경우 분무작업 중 갑자기 노즐밸브를 닫으면 기체내에 순간적인 압력상승으로 분무기에 무리가 걸려 고장의 원인이 된다. ③ 5분 이상 공회전을 하면 안 된다(V패킹, 플런저 등이 손상될 우려가 있음).
☞ 중요사항 : 분무작업 중 호스파열 등 돌발적인 사고 발생될 경우 신속하게 조압레버를 위로 올리고 호스에 연결된 밸브를 닫는다.

4. 작업 후 관리

① 작업이 끝나면 엔진을 바로 정지하지 말고 흡입호스의 끝을 맑은 물속에 넣어 5~10분간 분무시켜 펌프와 노즐의 내부를 청소한다.
② 남은 물은 분무가 끝나고 나면 조압핸들을 무압으로 하고 흡입호스를 들어 올려 여수호스에서 공기가 나오도록 해주어 호스내의 수분을 제거해준다. 이때 공회전은 2분 이하로 한다.
③ 조압장치를 조작하여 압력계의 압력이 "0"이 되도록 하여 잔류 압을 제거하고 엔진을 정지한다.

제5절 | 스피드 스프레이어

1. 일상점검

① 주행기관의 연료, 윤활유, 냉각수의 량을 점검하고 부족하면 보충한다.
② 분무기의 오일량과 그리스컵의 그리스가 2/3 이상 있는지 점검한다.
③ 주행기관 V벨트 장력, 유압펌프 벨트 및 송풍기관의 팬벨트 장력 등을 점검한다.
④ 송풍기관의 연료, 윤활유를 점검한다.
⑤ 각종 레버와 주행클러치 및 브레이크 페달 작동 이상유무를 점검하고 조정한다.
⑥ 각부의 누유, 누수, 연료 및 약액의 누출 등을 점검한다.

☞ 주의사항 : ① 약액을 살포하기 전에 압력을 체크해서 부품을 교체·수리해줘야 한다.(일정한 기관 R.P.M에서 압력이 조절이 잘 안되면 점검) ② 압력이 많이 올라가지만 토출량이 적을 경우에는 반드시 걸름망을 청소해야 한다. 연료걸름망 엘리멘트(성분)는 경유 등으로 세정한다. ③ 에어크리너에 이물이 끼면 공기흡입저항이 상승하여 엔진 고장의 원인이 되므로 주기적으로 청소 및 교환한다. 매 50시간마다 엘레멘트 내측에서 압축공기를 불어 내어 이물질을 제거하고 매 200시간마다 또는 엘레멘트가 극도로 막혔거나 찢어진 경우에도 교환한다.

☞ 중요사항 : 펌프수리시기 판단하는 방법은 노즐이 좌·우·상단 등 3단계로 되어 있는데 한 단계를 열면 25~30BAR가 되지만 2단계를 열면 압력이 떨어지고 3단계를 열면 압력이 쭉 떨어질 때가 펌프의 수리시기라고 판단하면 된다.

2. 살포방법

약제 살포 방법에는 한쪽 살포법과 양쪽 살포법이 있다. 한쪽 살포법은 작업능률이 좋으나 살포 상태가 고르지 못하며, 양쪽 살포법은 살포 상태는 고르나 작업능률이 떨어진다. 과수용 방제기의 주행속도는 단위 면적당 살포량, 살포 효과, 작업능률에 큰 영향을 끼치며, 일반적으로 주행속도는 과수 작기에 있어서 4~5월은 4km/hr이고 잎이 무성한 6~8월에는 시간당 2km/hr의 주행속도가 알맞다. 이러한 과수용 방제기는 경사지 방제 작업에는 적합하지 않으며 특히 견인형과 탑재형은 포장의 경사각이 8~12°를 초과하면 트랙터가 미끄러질 수 있어 작업이 곤란하다.

3. 운 전

(1) 주행기관 시동

① 주 변속레버와 부 변속레버를 중립위치에 놓는다.

② 조속레버는 중속위치에 두고, 주행 초크레버를 당긴 상태에서 시동키를 시동(START) 위치로 돌리면 시동이 걸리고 손을 놓으면 "ON" 위치로 간다.
③ 기관 시동이 되면 초크레버를 밀어 넣고 조속레버를 저속으로 한다.
④ 난기 운전이 끝나면 조속레버를 당겨 필요한 회전수로 올리고 운전을 한다.
⑤ 운전이 끝나면 조속레버를 저속위치로 하여 1~2분 동안 공회전을 시키고 기관을 정지한다.

(2) 송풍기관 시동

① 송풍 팬 클러치레버를 끊김 위치에 놓고 전자 클러치 스위치는 "OFF" 위치에 놓는다.
② 시동키를 "ON" 위치에 놓고 기관 오일 경고등과 충전 경고등이 점등되나 확인하고, 초크레버를 가볍게 당기고 시동키를 START 위치로 돌려 시동을 한다. 시동이 되면 경고등이 꺼지는지 확인을 한다.
③ 송풍기관 사용할 때는 적절한 회전수로 조절하고 작업에 따른 송풍기관 회전수는 아래의 표와 같다.
④ 방제작업이 끝나고 송풍기관의 시동을 정지할 때는 조속레버를 완전히 내리고 송풍 팬 클러치레버를 끊김 위치로 전자클러치 스위치는 "OFF" 위치로 한 다음 기관을 1~2분 정도 공회전 시키고 정지한다.

[표 2-3] 작업별 적정 회전수

작 업	회전수(rpm)
기관 공회전시	850~1,000
송풍팬 연결시	1,500~2,000
제트펌프 사용시	2,000~2,500
방제작업시(교목성)	2,600~3,000
방제작업시(왜성)	2,000~2,500

(3) 분무장치 운전

① 송풍기관을 시동 한 후 난기 운전이 끝나면 기관 회전수를 2,000rpm 부근에 맞추고, 송풍 팬 클러치 레버를 서서히 연결시켜 팬이 회전한 후 전자 클러치 스위치를 "ON" 시킨다.
② 기관 회전수는 과수 상태에 따라 2,000~3,000rpm 사이로 조정한 다음 레귤레이터로

조정하여 분무압력을 15～20kgf/cm^{2}에 맞춘 후 볼 밸브를 개방시켜 방제 작업을 한다.

③ 방제 작업이 끝나면 먼저 송풍기관 회전수를 낮추고 송풍 팬 클러치레버를 끊김 위치로 하고 전자 클러치 스위치를 "OFF" 위치로 한다.

④ 약액탱크에 급수할 때는 먼저 약액탱크에 10L 이상의 물을 채운 후 기관 회전수를 2,000～2,500rpm에 맞추고 첵 펌프의 가는 호스를 퀵커플링에, 큰 호스는 약 탱크의 거름망 홀에 고정시킨다.

⑤ 전자 클러치스위치를 "ON"시킨 후 압력 게이지의 눈금을 15～20kgf/cm^{2}에 맞추고 퀵커플링 볼 밸브를 열면 급수가 시작된다.

※ 급수원이 깊거나 시간을 단축코자 할 때는 압력을 20～30kgf/cm^{2}로 올려 사용하고 급수가 끝나면 15～20kgf/cm^2 압력으로 조정한다.

4. 작업 후 관리 및 보관

① 방제작업이 끝나면 약액탱크에 깨끗한 물을 넣어 5분 이상 운전을 하고 분무호스 배출관 안의 약액과 물을 배출한다.

② 차체 외부와 차체 밑에 약액, 흙 등을 깨끗이 청소하고 각 주유부에 그리스 및 오일을 도포해 준다.

③ 타이어 공기압을 약간 높게 주입한다.

④ 연료탱크, 약액탱크는 완전히 비운다.

⑤ 축전지(배터리)는 분리하여 전해액량을 점검하고 건조한 곳에 보관하며 여름철에는 월 1회 정도, 겨울철은 2개월에 1회 정도 충전을 해준다.

제6절 | 드 론

1. 드론의 구조와 원리

통상적인 드론은 다수의 로터(모터+프로펠러)를 기체에 수직한 방향으로 대칭적으로 장착, 각 로터의 회전수를 다르게 제어함으로 기체의 회전을 발생시켜 추력 방향을 vectoring하고 이와 동시에 추력의 크기를 조정하여 원하는 방향으로 비행할 수 있도록 고안되었다. 모든 모터의 출력을 동일하게 높이면 수직 상승한다. 드론은 작은 프로펠러를 여러 개 사용한다. 그래서 흔히 드론을 멀티콥터(multi-copter)라고 한다. 당연히 프로펠러의 수에 따라 명칭도 달라진다. 프로펠러가 3개면 트라이콥터(tri-copter), 4개면 쿼드콥터(quadi-copter), 8개면 옥타콥터(octa-copter)라고 한다. 이 중 근래에 가장 주목받고 있는 쿼드콥터이다.

[그림 2-51] 드론

2. 드론의 작동

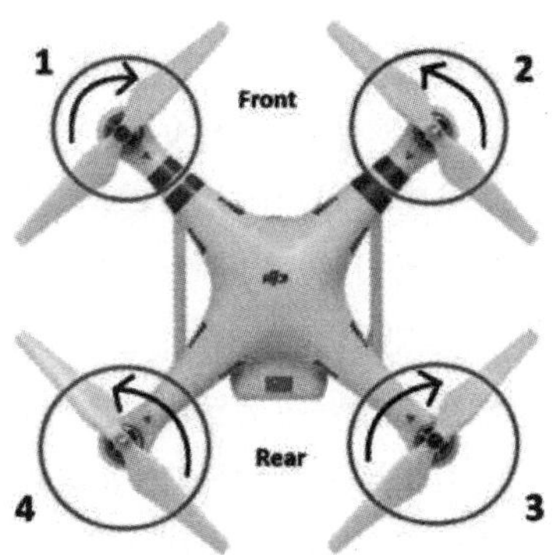

[그림 2-52] 드론의 이륙원리

드론은 공기 흐름에 반작용을 이용한 것이다. 프로펠러가 회전하면서 공기를 아래로 밀어내면 밀려나가는 공기가 반작용으로 드론 기체를 위로 띄우는 것이다. 쿼드콥터는 [그림 2-53]에서 프로펠러 1과 3은 같은 방향으로 회전하지만 2와 4는 반대 방향으로 회전한다. 2쌍씩 서로 다른 방향으로 회전하기 때문에 헬리콥터처럼 반토크를 막기 위한 꼬리날개 같은 장치를 만들 필요가 없다. 드론(쿼드콥터)의 이동은 2,4의 프로펠러 회전속도가 1,3의 프로펠러 회전속도보다 빨라지면 반작용의 균형은 무너지고 무너진 반작용의 균형은 쿼드콥터를 반시계방향으로 회전시킨다. 피치 제어는 쿼드콥터를 전진, 후진하게 하는데 뒤쪽에 위치한 프로펠러 2개의 회전속도를 증가시키면 뒷부분이 앞부분에 비해 상대적으로 위로 들리면서 쿼드콥터를 앞쪽으로 기울게 하고, 이 자세의 기울기에 의해 앞쪽으로 진행하는 추진력이 발생되어 쿼드콥터가 전진하게 된다. 후진이나 좌・우로의 이동도 모두 전진과 같은 원리이다. 쿼드콥터의 상승과 하강은 프로펠러를 모두 같은 속도로 빠르게 회전시키거나 느리게 회전시키면 간단히 해결된다. 요우는 비행기의 수평회전을 의미하고, 피치는 전후 이동을 의미하고, 롤은 좌우 이동을 의미한다. 스로틀은 추진력으로 기체의 상승하강을 의미한다.

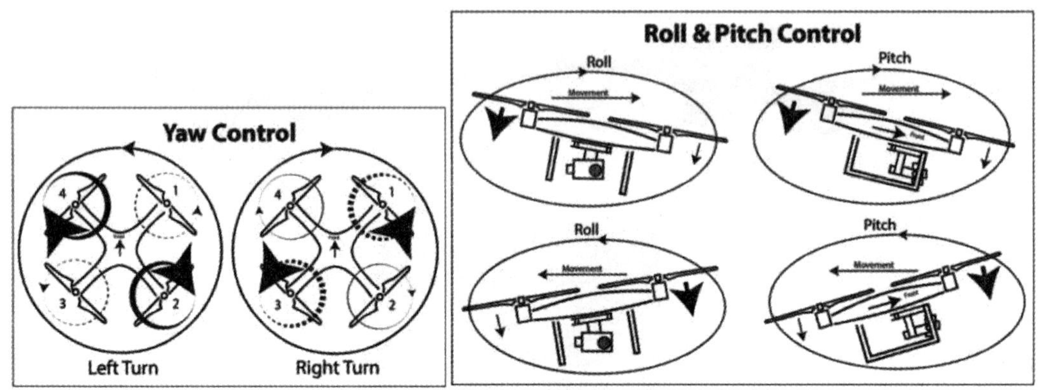

[그림 2-53] 쿼드콥터의 이동

3. 드론의 조종

(1) 준 비

① 조종기, 기체 배터리, 모바일장치를 미리 충전해 둔다.
② 모바일 장치를 사용할 경우 클램프에 모바일 장치를 장착한다.
③ 모바일장치 유형에 맞는 케이블을 연결한다. 조종기 안테나를 편다.
④ 프로펠러가 제자리에 단단히 고정되어 있는지 체크 한다.
(프로펠러 부착방법 : 흰색 링이 있는 프로펠러를 흰색 표시가 있는 마운팅 베이스에 부착한다. 프로펠러를 아래쪽으로 눌러 마운팅 플레이트에 끼우고 단단히 고정될 때까지 잠금 방향으로 돌린다.)
⑤ 조종기를 켜고 모바일장치에 연결한 다음 기체를 켠다. 기체 배터리와 조종기 배터리의 수준을 확인한다. 전용 앱을 시작한다. 앱이 기체에 성공적으로 연결되어 있는지 확인한다. 필요한 경우 Micro SD가 삽입되어 있는지, 짐벌이 정상적으로 작동하는지 체크 한다.

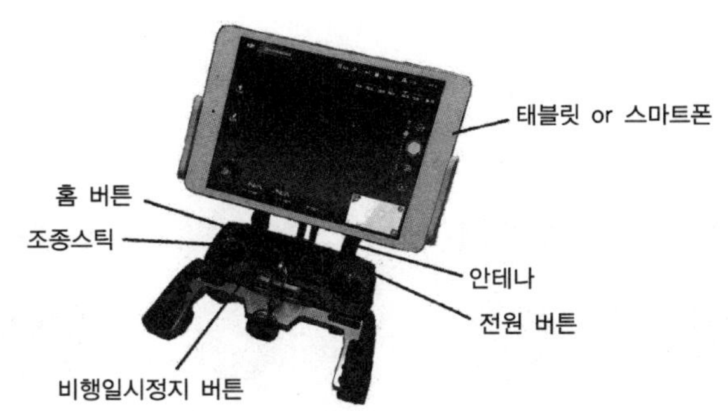

[그림 2-54] 조종기 구조와 명칭

(2) 조 정

① 시야가 확보된 평평한 장소에 기체를 배터리 수준 표시기가 사용자를 바라보도록 놓는다.

② 조종기와 모바일장치를 켠 다음 기체 배터리를 켠다. 전원 버튼을 누른 다음 다시 길게 누르면 조종기가 켜진다. 끄는 방법은 켜는 방법과 같다.

③ 전용 앱을 시작하고 카메라 페이지로 이동한다.

④ 기체 표시기가 녹색으로 깜박일 때까지 기다린다.

⑤ 양쪽 스틱을 안쪽 아래로 밀어 모터를 시동한다. 모터가 회전을 시작하면 양쪽 스틱을 동시에 놓는다.

⑥ 왼쪽스틱을 천천히 밀어 올려 이륙시킨다. [그림 2-55] 조작방법으로 드론을 조종한다. 왼쪽스틱을 밀어올리면 상승하고 내리면 하강한다. 오른쪽스틱을 밀어올리면 전방으로 비행하고 내리면 후방으로 비행한다. 기체를 시계 반대 방향으로 회전시키려면 스틱을 왼쪽으로 밀고 시계방향으로 회전시키려면 오른쪽으로 민다. 기체를 왼쪽으로 기울이며 왼쪽으로 움직이려면 스틱을 왼쪽으로 밀고 기체를 오른쪽으로 움직이려면 스틱을 오른쪽으로 민다(조종기에는 스틱 조작 방식에 따라 모드 1과 모드 2가 있는데, 모드 1은 과거에 많이 쓰이던 방식이고, 현재는 대부분 모드 2 방식을 사용한다).

⑦ 드론이 착륙하면 왼쪽스틱을 아래로 누르고 모터가 중지할 때까지 유지하거나 스틱을 아래로 누르고 양쪽 스틱을 안쪽 아래로 밀어 모터를 즉시 중지시킨다.

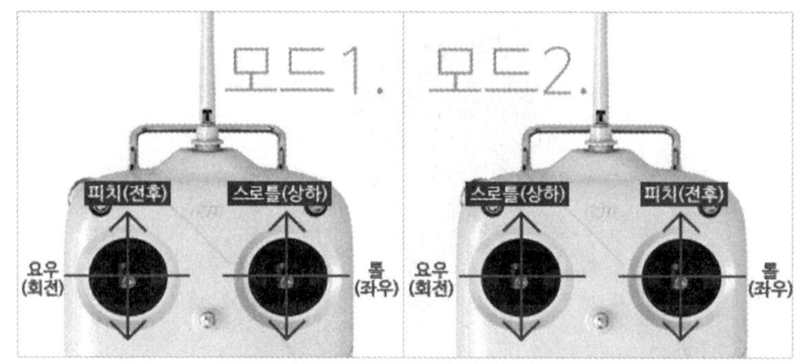

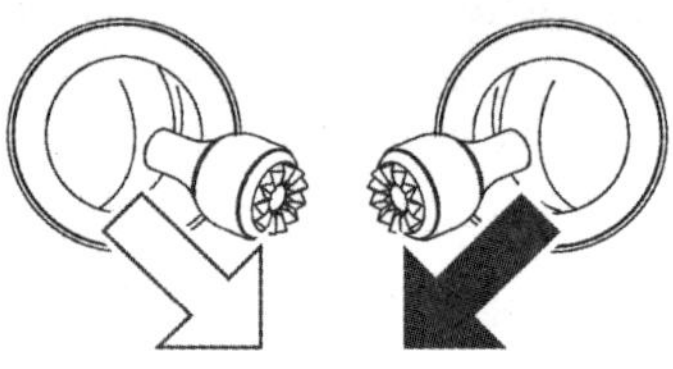

[그림 2-55] 조종기 모드와 모터 가동

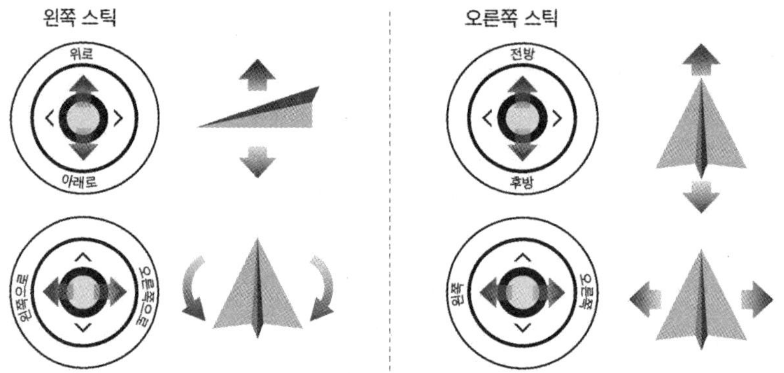

[그림 2-56] 조종기 조작방법

제3장 농업용 건설기계

제1절 | 지게차

지게차는 주로 경하물 적재 및 적하작업에 효과적인 건설기계이다. 지게차는 이름 그대로 그 뜻을 살펴보면 '지게와 같은 일을 하는 차'이다. 즉, 자동차의 구조를 가진 차로서 하는 일은 짐을 들고, 나르고, 그리고 일정한 장소에 적재하는 것이 주목적인 차이다.
동력원에 따른 분류와 기능형식에 따른 분류로 나누어 볼 수가 있다.

(1) 동력원에 따른 분류

이 방법은 지게차의 동력을 기준으로 한 분류로서 지게차를 움직이는 동력이 어떤 에너지원 인가에 따른 분류방식이다. 이에 따른 구분으로는 크게 내연기관 방식의 동력과 전동기 방식의 동력으로 나뉘고 내연기관 방식은 또 사용하는 연료의 종류에 따라 가솔린기관, 디젤기관, 그리고 LPG기관 등 3가지로 나뉜다.

1) 내연기관 방식

내연기관 방식은 사용하는 연료에 따라 다음의 3가지로 분류되며, 각 기관을 장착한 지게차는 다시 클러치 타입과 노클러치 타입으로 분류된다. 여기에서 또다시 장착한 타이어에 따라 공기압 타입과 쿠션 타입으로 세분된다. 연료비가 다소 싸고 내구성이 좋아 현재 대부분의 지게차들이 디젤기관을 채용하고 있다.

2) 전동 방식

흔히 배터리 방식이라고 불리는 전동지게차는 축전지를 동력원으로 하여 개별 전동기를 가지고 주행 및 하역을 하는 지게차이다. 배기가스가 없고 소음이 현저히 작기 때문에 공장내부 또는 바닥이 고른 창고 등 주로 실내에서 많이 사용한다. 전동 방식의 지게차는 보수유지비가 적게 들고 운전조작이 쉬운 장점이 있다. 그러나 배터리의 용량에 한계가 있기 때문에 장시간 연속작업 때에는 일정한 시간마다 배터리를 교체해 주어야 하는 단점도 있다.

(2) 기능에 따른 분류

이 방법은 지게차의 기능과 형태에 따라 나누는 방법으로 포크와 마스트의 위치 또는 기능에 따라 다음과 같은 방식이 있다.

1) 카운터 밸런스(counter balance)형

전방에 화물을 운반할 수 있는 포크와 마스트가 있으며, 전방의 화물중량과 균형을 맞추기 위해 장비의 후부에 웨이트를 장착한 장비이다. 일반적으로 가장 많이 볼 수 있는 형태의 지게차로서 전륜구동, 후륜조향 방식이다.

2) 리치(reach)형

전방으로 튀어나온 2개의 프레임 끝단에 전륜(바퀴)을 고정하고 이 다리(straddle arm)의 내측에 마스트를 장착하여 마스트와 포크가 전후로 이동이 가능한 장비인 리치식 지게차를 보여준다. 랙창고의 하역작업에 주로 사용되며 입승식과 좌승식 2가지가 있다. 동력원은 배터리이며 후륜구동, 후륜조향 방식을 채택한다.

1. 지게차 구조

전면에 장치된 포크(fork, 물건을 들기 위해 앞으로 길게 나온 2개의 받침)이다. 지게차는 일반적으로 포크리프트(pork lift)라고 알려져 있으나 원래 정확한 명칭은 포크리프트 트럭(pork lift truck)이다. 이것은 말 그대로 트럭, 자동차를 일컫는 말로서 지게차는 트럭에 여러 가지 형태의 자재를 옮기기 위한 작업장치와 트럭의 몸체로 구성되어 있다.

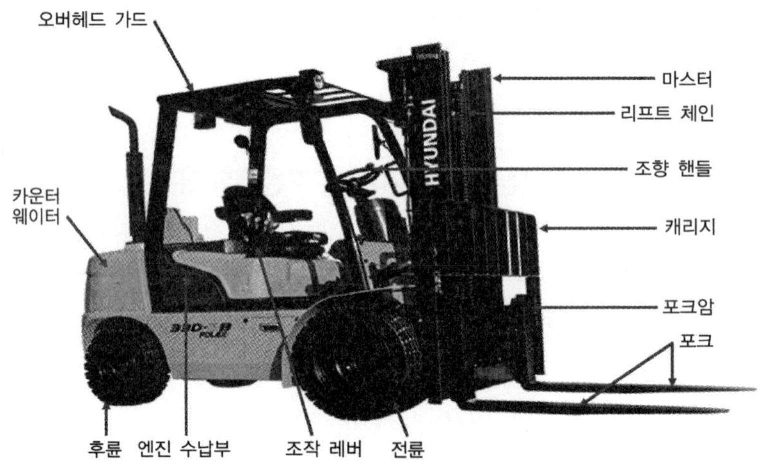

[그림 3-1] 지게차의 구조와 명칭

트럭몸체는 카운터웨이트와 주요 이동장치의 역할을 하고 있으며 작업장치는 포크와 마스트로 나뉘어져 있다. 두 개의 포크는 수직프레임을 따라 상승 및 하강을 한다. 그런데 지게차는 한정된 좁은 장소에서 활동을 하는 것이 주목적이므로 속도를 내기위한 것보다 운전편이성, 선회기능, 균형, 그리고 견고한 몸체 등이 중요하다.

(1) 지게차의 구성

포크부분과 카운터웨이트를 제외하고는 통상의 자동차가 운전을 위하여 갖는 다음의 장치로 구성되어 있다.

1) 기관식 지게차

① 기 관

지게차가 주행 및 하역작업을 하는 데 필요한 동력을 발생하는 장치이다.

② 동력전달장치

기관에서 발생한 동력을 주행할 수 있도록 구동바퀴에 전달하는 장치이다. 동력전달장치 중 마찰 클러치형은 엔진 → 클러치 → 변속기 → 종감속기어 및 차동장치 → 앞구동축 → 바퀴로 동력이 전달되고, 토크 컨버터형은 엔진 → 토크컨버터 → 변속기 → 앞구동축 → 최종감속기 → 바퀴

③ 조향장치

지게차의 운행방향을 임의로 조절하기 위한 장치이다. 지게차는 앞바퀴 쪽에 적재장치가 있어 위험하므로 앞바퀴 구동, 뒷바퀴 조향 방식을 사용한다. 지게차에 롤링이 생기면 적하물이 떨어지기 때문에 자동차와 같은 스프링을 사용하지 않고 지게차의 앞바퀴는 직접 프레임에 설치된다.

④ 주행장치

타이어와 바퀴 등이 주행장치에 속하며 지게차 하중의 부담과 완충작용, 구동력과 제동력 등 주행에서 발생하는 여러 부하작용들을 잘 견딜 수 있는 구조로 되어 있다.

⑤ 제동장치

주행하는 지게차의 속도를 줄이거나 장비를 정지시키거나 주차하는 장치를 말하며, 비탈길 또는 정밀을 요하는 작업시에 제동작업을 한다.

⑥ 작업장치

지게차의 전방부분에 위치하며 일명 업라이트(upright)라고도 한다. 포크, 마스트 등으로 구성되며 화물을 취급하는 부위의 장치이다.

⑦ 유압장치

크게 메인 유압시스템과 조향 유압시스템으로 나눌 수 있다. 메인유압은 포크의 상승과 하강 및 마스트의 틸팅을 조절하며 조향유압은 지게차의 진행 및 후진방향을 조절하기 위한 유압장치이다.

⑧ 기타장치

지게차가 작업하는 데 필요한 계기류, 램프(등화)류, 경음기, 방향지시기 등이 있다.

2) 전동식 지게차

① 배터리

화학적 에너지를 전기적 에너지로 변환시켜 저장하는 장치를 말한다.

② 동력전달장치

모터에서 발생하는 동력을 제어기기를 통하여 주행상대에 따라 구동바퀴에 전달하는 장치이다.

③ 속도 제어장치

배터리에서 나온 전류에 의해 움직이는 모터의 회전을 변화시켜 속도를 제어하는 장치이다.

④ 충전장치

배터리를 사용한 후 방전이 되었을 때 교류를 직류로 변환시켜 배터리를 재충전하여 주는 장치이다.

(2) 지게차의 작업장치

지게차의 작업장치는 마스트, 핑거보드, 백레스트, 리프트 체인 및 리프트, 틸트 실린더로 구성되어 있다.

1) **마스트** : 아웃 마스터와 인너 마스트로 구성되며 롤러 베어링에 의하여 작동이 된다.
2) **리프트 체인** : 포크의 좌우 수평 높이를 조정해 주는 부분으로 리프트 실린더와 함께 포크의 상승 및 하강을 도와주는 부분이다.
3) **백레스트** : 포크로 화물 적재시 화물 후면을 받쳐주는 부분이다.
4) **포크** : 화물을 떠받치는 역할을 한다.
5) **틸트 실린더** : 마스트를 전경 또는 후경 시키는 실린더로 복동식 실린더를 사용한다.
   ☞ 틸트 록 장치 : 기관이 정지되었을 때 틸트 록 밸브 스프링에 의하여 틸트 록 밸브가 유압회로를 차단하여 레버를 밀어도 마스트가 경사되지 않게 하는 장치

6) 리프트 실린더

포크를 상승 또는 하강시키는 실린더로 포크를 상승 시킬 때에는 유압이 가해지고 하강시에는 포크 및 적재물의 자중으로 하강 되는 단동 실린더를 사용한다.

☞ 포크를 상승시킬 때에는 가속페달을 밟고 리프트 레버를 당기며, 하강시에는 가속페달을 밟지 않고 리프트 레버를 밀어준다.

(3) 지게차의 조종레버 명칭

1) 리프트 레버 : 포크를 상승 또는 하강시키는 데 사용한다.
2) 틸트 레버 : 마스트를 전・후로 기울여 작동되는 데 사용한다.
3) 전후진 선택 레버 : 기체를 전 후진하는 데 사용한다.

(a) 전, 후진 선택 레버

(b) 리프트, 틸트 레버

[그림 3-2] 조종레버

(4) 지게차의 안전

일반적으로 지게차는 차체의 앞쪽에 짐을 싣고 운반하므로 짐이 규정된 적재능력을 초과할 시는 전복될 수 있다. 또한, 마스트가 뒤로 기울어진 상태에서 짐을 너무 높게 올리면 옆으로 넘어질 수 있다. 리치타입 지게차를 제외하면 일반적으로 뒷쪽으로 전복될 위험은 없다. 전복이 되면 화물의 손상은 물론 작업자의 부상이나 큰 사고로 인하여 인명까지 잃는 일이 발생할 수 있으므로 지게차의 안정성에 관한 이러한 지식들을 지게차 구조의 특징과 더불어 잘 숙지하는 일이 매우 중요하다. 또한, 지게차는 화물을 들고 움직이는 차이므로 지게차의 정적 및 동적원리를 충분히 이해하는 것은 보다 안전한 운전을 보장해 줄 것이다. 짐을 높이 올렸을 때에는 차체의 무게중심보다 높게 올라간 짐은 지면 가까이 위치한 짐에 비하여 안정성과 균형성이 떨어진다. 만일 마스트가 뒤로 기울어진 상태에서 짐을 높게 올리면 지게차는 전 후방향으로는 문제가 없으나 옆 방향으로의 안정성은 감소하여 결국 지게차는 옆으로 쓰러질 것이다. 그런 까닭에 짐을 높게 올린 상태에서의 지게차운전은 조심하지 않으면 안 된다. 그러므로 짐을 너무 높게 올린 지게차는 옆으로 쓰러질 수 있다는 것을 명심해야 한다.

> ☞ 지게차 운전 시 주의사항
> ① 주행 시 포크를 지면에서 약 20cm 정도 들고 이동한다.
> ② 화물을 내릴 때에는 마스트를 수직으로 한다.
> ③ 정격용량 이상을 초과해서는 안 된다.
> ④ 포크로 물건을 끌어서 올리지 않는다.
> ⑤ 운전자 외 다른 사람을 태우고 운전을 해서는 안 된다.
> ⑥ 후진 시 에는 반드시 뒤를 살펴야 한다.
> ⑦ 전·후진 변속시 에는 지게차를 정지시킨 후 변속한다.
> ⑧ 주·정차 시에는 포크를 지면에 내려놓고 주차브레이크를 체결한다.
> ⑨ 화물 적재 후 경사지를 내려올 때에는 반드시 후진으로 주행한다.
> ⑩ 급선회, 급가속, 급제동은 피하고, 내리막길에서는 저속으로 운행한다.

2. 지게차의 운전

(1) 운전 전 점검

① 각 부의 누유와 누수, 볼트와 너트 풀림, 타이어 공기압을 점검한다.
② 연료와 냉각수 점검, 엔진오일 점검, 유압유를 점검하고 작업장치 핀 부분의 니쁠에 그리스를 주유한다.

(2) 시동 및 출발

① 주위에 장애물이 있는지, 사람이 옆에 있는지 확인한다.
② 시동스위치를 "ON"으로 돌린다.
③ 브레이크페달을 밟고 주차 브레이크를 해제한다.
④ 전후진 레버를 선택한다.
⑤ 브레이크페달에서 발을 떼고 가속페달을 밟는다.

[그림 3-3] 시동스위치

(3) 레버 조작

① 핸들 좌측에 있는 전 후진 레버는 앞쪽으로 밀면 전진, 중간이면 중립, 당기면 후진 상태로 전환된다.
② 리프트 레버를 앞으로 밀면 포크가 내려가고 당기면 포크가 올라간다.

③ 틸트 레버를 앞으로 밀면 마스트가 앞쪽으로 기울어지고 당기면 마스트가 뒤로 기울어진다.

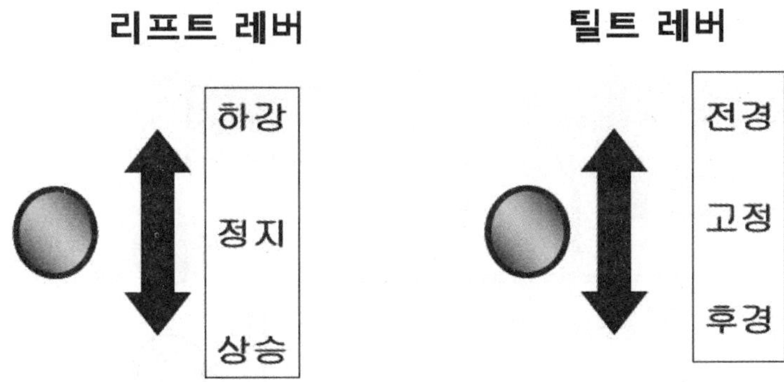

[그림 3-4] 지게차 조작레버

제2절 | 굴착기

1. 굴착기 개요

굴착기의 주요 용도는 토사 굴토, 굴착 작업, 도랑 파기 작업, 토사 상차 작업등이며 최근에는 암석, 콘크리트, 아스팔트 등의 파괴를 위한 브레이커(breaker)를 부착하기도 한다. 굴착기의 종류로는 크롤라식과 휠식이 있으며 현재 가장 많이 사용하는 건설기계이다. 휠굴착기는 고무 타이어로 차체가 지지되어 기동성이 좋고 포장된 도로 및 실내에서도 작업할 수 있는 잇점이 있다. 크롤라 굴착기는 논 같은 연약한 지반, 모래 땅, 미끄러운 지역에서의 작업이 가능하며 궤도에 의해 차체가 지지되기 때문에 휠굴착기에 비해 견인력이 좋다.

굴착기의 구조는 상부 선회부, 하부 주행부, 전부장치 등 3등분으로 구성되며 상부 선회체의 앞부분은 핀에 의해 붐과 작업장치가 연결되어 있고 하부는 선회베어링에 의해 연결되어 있다. 상부 선회체의 왼쪽에는 조종실, 오른쪽에는 연료 탱크와 오일 탱크, 뒤쪽에는 엔진과 펌프가 설치되어 있다.

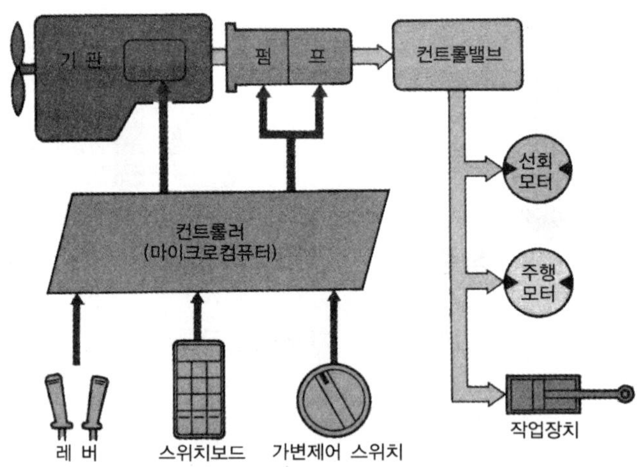

[그림 3-5] 굴착기의 구성

2. 굴착기의 주요구조

굴착기의 3주요부는 작업장치, 상부 회전체, 하부 주행 장치로 구성되어 있다.

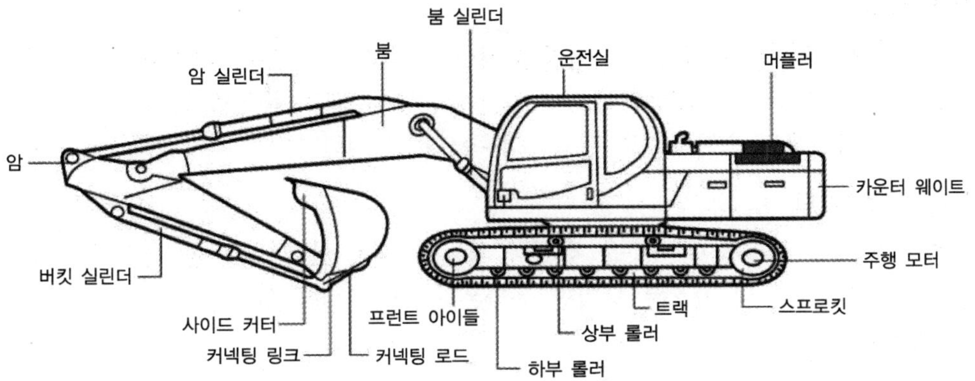

[그림 3-6] 궤도형 굴착기 구조

(1) 작업장치(front attachment)

작업장치는 붐(boom), 암(arm), 버킷(bucket) 등으로 구성되며 3~4개의 유압실린더에 의해 작동된다.

(2) 상부 회전체

1) 운전석

상부 회전체는 하부 주행 장치의 프레임 위에 설치되며, 엔진, 유압펌프, 운전석, 선회장치, 작동유 탱크, 컨트롤밸브, 센터조인트 등이 설치되어 있고 앞쪽에는 붐, 뒤쪽에는 평형추가 설치되며 아래쪽에는 스윙 불레이스와 결합되어 있으며, 장비가 360도 회전이 된다.

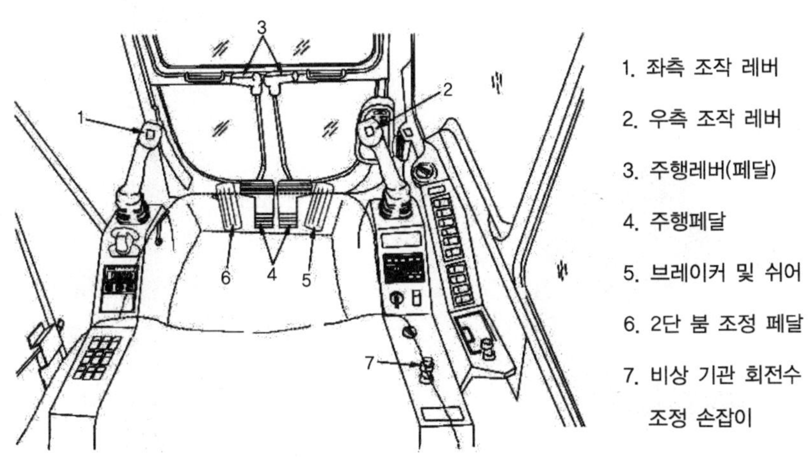

[그림 3-7] 굴착기의 각부 명칭

① 좌측 작업 레버

암의 길이를 조정하며 굴착기의 몸통을 좌우로 회전시켜 준다. 레버를 운전석 쪽으로 밀면 암이 펴지고 내 쪽으로 당기면 암이 접힌다. 또 왼쪽으로 밀면 굴착기 몸통이 왼쪽으로 회전하고 오른쪽으로 밀면 오른쪽으로 회전한다.

② 우측 작업 레버

붐의 높낮이를 조정하며 버킷을 접었다 펴는 조작을 한다. 레버를 운전석 쪽으로 밀면 붐이 내려가고 내 쪽으로 당기면 올라온다. 또 레버를 왼쪽으로 밀면 버킷이 접히고 오른쪽으로 밀면 쫙 펴진다.

2) 선회장치

굴착기 상부가 자유롭게 360도 회전을 할 수 있는 장치이다. 스윙모터는 스윙 피니언을 구동시켜 상부 회전체를 회전시키는 역할을 하는 장치로서 레이디얼 플런저 모터가 많이 사용된다. 스윙감속기어는 스윙모터의 회전속도를 감속하여 회전력을 증대시키고, 상부 회전체의 고속 회전채의 고속 회전으로 인한 선회 장치 각부의 파손을 방지한다.

3) 센터 조인트(center joint)

센터 조인트는 상부 회전체의 중심부에 설치되어 있으며, 상부회전체의 오일을 하부 주행체(주행모터)로 공급해 주는 부품이다. 또, 이 조인트는 상부 회전체가 회전하더라도 호스, 파이프 등이 꼬이지 않고 원활히 송유한다.

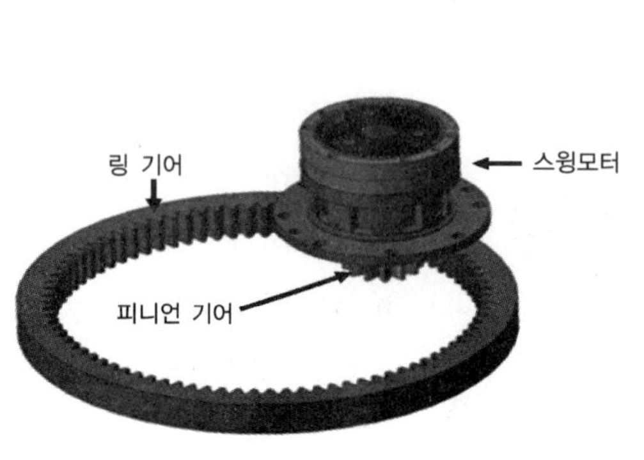

[그림 3-8] 스윙장치의 구조

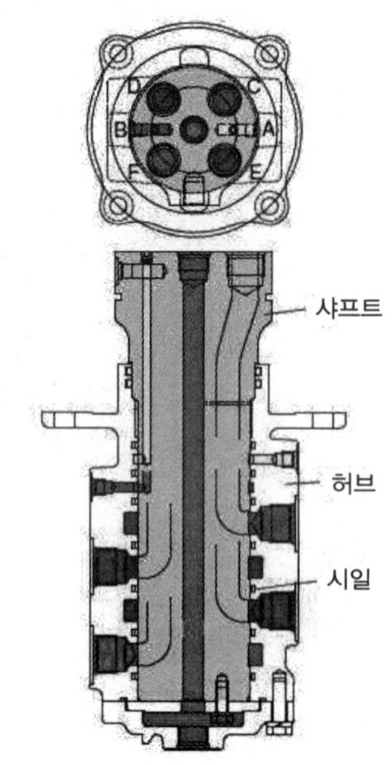

[그림 3-9] 센터 조인트의 구조

4) **평형추(카운터 웨이트)**

작업을 할 때 뒷부분에 하중을 주어 굴착기 전체에 안정감을 잡아주고 균형을 잡아주는 장치로 작업자의 안락하고 편안한 작업에 필요하다.

(3) 하부장치

1) **주행방식에 따른 분류**

① **무한궤도형**(crawler type or track type ; 크롤러형 또는 트랙형)

무한궤도형은 접지 면적이 넓고 접지 압력(0.5kg/cm^2 정도)이 낮아 습지(濕地), 모래땅 등의 작업이 가능하며 견인력, 등판능력이 좋아 험한 지역에서 작업이 가능하다. 무한궤도형은 주로 유압모터를 구동하여 궤도를 회전시키고 이동하는 유압식이다.

② **타이어형**(tire type or wheel type ; 휠형)

타이어형은 주행 속도가 30~40km/h 정도로 기동성이 좋고 포장된 도로의 주행이 가능하다. 그러나 견인력이 적고 접지 압력(2.5~3.0kg/cm^2)이 커 습지, 모래땅 및 험한 지역에서의 작업이 곤란하여 주로 이동작업이 많은 작업에 적합하다. 타이어형은 엔진의 동력이 바퀴에 전달되는 방식인 기계식과 유압식이 있다.

2) **하부장치의 구성**

굴착기 하부장치는 하부로울러 스프로켓, 니플, 리코일스프링, 아이들로울러, 상부로울러 구동모터 등으로 구성된다.

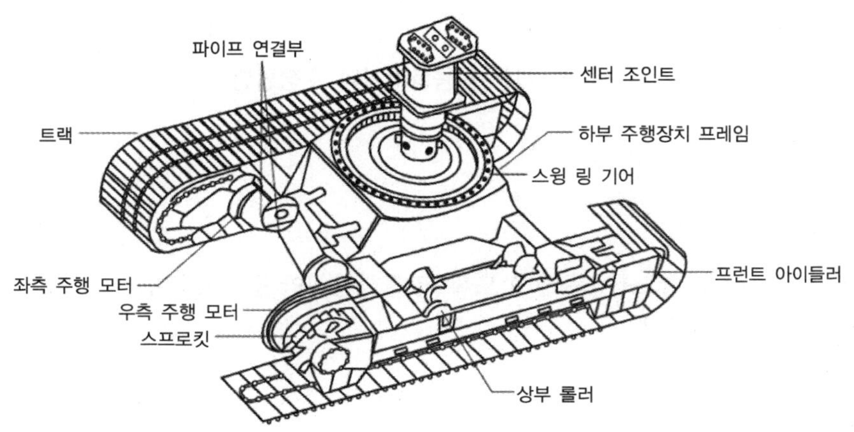

[그림 3-10] 하부장치의 구조

3. 주행방법

(1) 농용굴착기 전후진주행

농용굴착기의 좌우 2개의 주행레버를 동시에 전방으로 밀면 전진하고 당기면 후진한다.

1) 피봇턴

한쪽 크롤러만 구동시켜 방향을 전환시킨다.

2) 스핀턴

좌우 크롤러를 서로 반대방향으로 움직여 그 자리에서 방향전환을 한다.

3) 주행의 정지

주행 레버를 중립 위치로 하면 자동으로 브레이크가 걸려 정지한다.

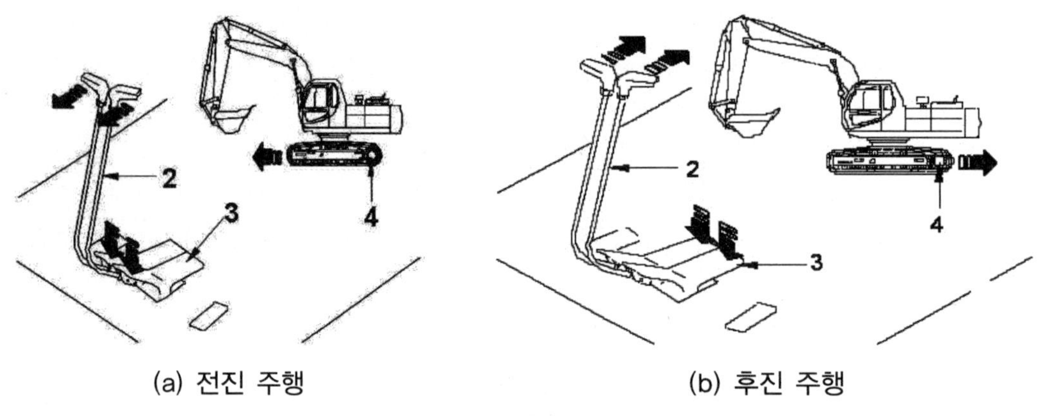

(a) 전진 주행　　(b) 후진 주행

[그림 3-11] 농용굴착기의 주행방법

(2) 차륜형 굴착기 주행

틸트레버를 밟고 핸들 각도를 몸에 맞도록 조절한다. 안전벨트를 멘다. 각종 레버가 중립이 되어 있는지 확인한다.

1) 키 스위치 방식

시동키를 꽂고 ON 위치로 돌려 이상유무를 점검한다. 예열 표시등이 점등되면 예열표시등이 커질 때까지 기다렸다가 예열표시등이 커지면 10초 이내에 시동키를 START 위치로 돌려 엔진을 시동한다. 엔진이 시동된 후에는 키를 신속히 놓는다.

2) START 버튼 방식

시동버튼을 한 번 눌러 시동 준비상태가 되면 시동버튼을 길게 눌러 기관이 시동한다.

3) 난기운전

기관을 저속으로 5분간 공회전한다. 휠굴착기 주행시는 선회동작이 되지 않도록 잠금장치 기능 사용을 위해 모드 스위치를 T(Trace)운행모드로 맞춰 놓는다. 브레이크 고정장치를 밟아 주차브레이크를 해제한다. 주변속 기어를 살짝 들어 전진 기어를 넣고 가속페달을 천천히 밟으면 서서히 출발한다.

틸트 페달

모드 스위치

변속레버

각종 페달, 레버

[그림 3-12] 굴착기의 주행방법

4. 운전 및 농작업

(1) 조종레버

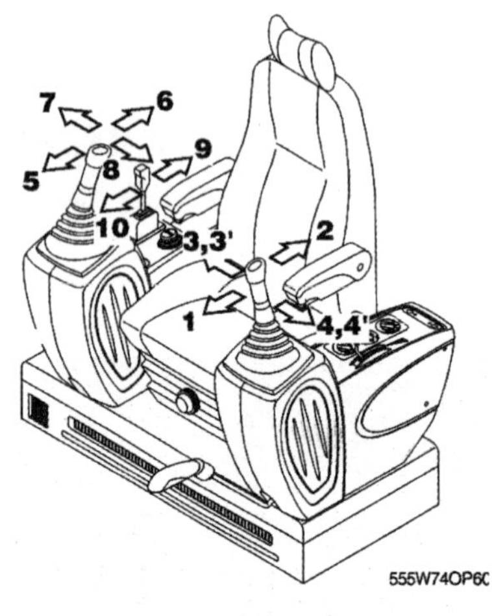

* 좌측 조종레버
  1 암 펼침
  2 암 오무림
  3 상부 우회전
  4 상부 좌회전
  3´ 붐 우회전(붐 선회 스위치 선택시)
  4´ 붐 좌회전(붐 선회 스위치 선택시)

* 우측 조종레버
  5 붐 하강
  6 붐 상승
  7 버켓 펼침
  8 버켓 오무림

* 좌측 조종레버
  1 암 펼침
  2 암 오무림
  3 상부 우회전
  4 상부 좌회전
  3´ 붐 우회전(붐 선회 스위치 선택시)
  4´ 붐 좌회전(붐 선회 스위치 선택시)

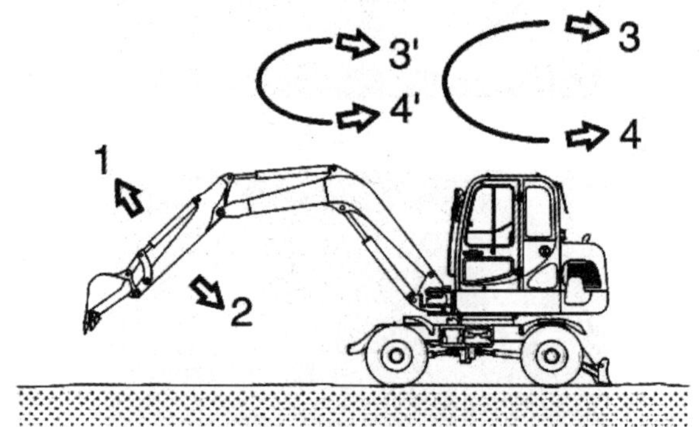

* 우측 조종레버
  5 붐 하강
  6 붐 상승
  7 버켓 펼침
  8 버켓 오무림

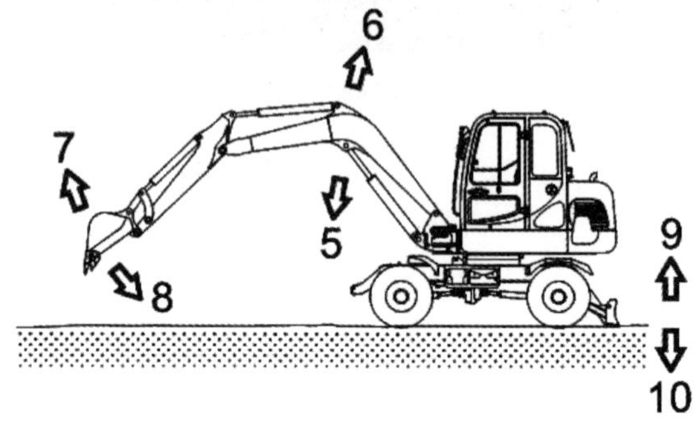

5. 안전수칙

○ 버킷이 움직이는 작업구역 내에는 타인의 통행을 금지
○ 협착방지를 위한 반경간 고정물체와의 안전거리 확보
○ 구배면 끝부분과의 안전거리 유지
○ 고압선과의 안전거리 유지
○ 작업전 점검정비를 철저
○ 운전자 이외의 사람 동승금지
○ 굴삭 용도외 사용금지
○ 작업 참여자는 보호구 착용
○ 붐을 떨어뜨리거나, 곡괭이 대신 버켓을 사용하여 작업하지 말 것
○ 때리는 방식으로 굴삭하거나 연속해서 때리면 장비의 뒤쪽에 과부하가 걸려 작업장치가 손상되므로 매우 위험함

(1) 트레일러 상하차시

○ 유도자를 배치할 것
○ 상차 및 하차시 충분한 강도의 경사대 및 경사각 유지
○ 엔진 회전은 저속으로 할 것
○ 트레일러 차륜에 고임목 설치
○ 상차 후에는 차륜에 고임목 설치
○ 트레일러에 굴착기를 완전하게 결속

(2) 운전석 이탈시

○ 버킷을 반드시 지면에 내려 놓는다.
○ 엔진을 정지하고 브레이크 체결
○ 운전석 시건장치 확인

(3) 점검 정비시

○ 기관은 반드시 정지할 것
○ 운전석에 정비중이란 표지 부착
○ 붐과 암으로 차체를 들어올린 상태에서는 절대로 밑에 들어가지 말 것
○ 붐을 올리고 점검 정비일 땐 안전블럭 또는 지지대를 설치
○ 작업감독관을 지정한다.

(4) 운전 중

○ 운전 중에는 지상 장애물 주의
○ 굴삭 전에 전선, 배관 등의 위치를 사전에 확인
○ 언덕에서 엔진 정지시 버킷을 지면에 내려놓을 것

제4장 공구 사용법

제1절 | 일반공구

1. 볼트 및 너트를 체결(풀고, 조임)

(1) 공구의 종류

○ 볼트나 너트를 체결하는 공구에는 스패너, 옵셋렌치, 편구렌치, 소켓렌치, T렌치, 조절렌치 등이 있다.
○ 소켓렌치는 라쳇핸들이나 스핀핸들을 같이 사용한다.
○ 공구의 호칭은 구경의 양면폭의 치수로 나타낸다.
○ 예를 들면, 소켓렌치 12란 2면 폭이 12mm인 것을 말한다.

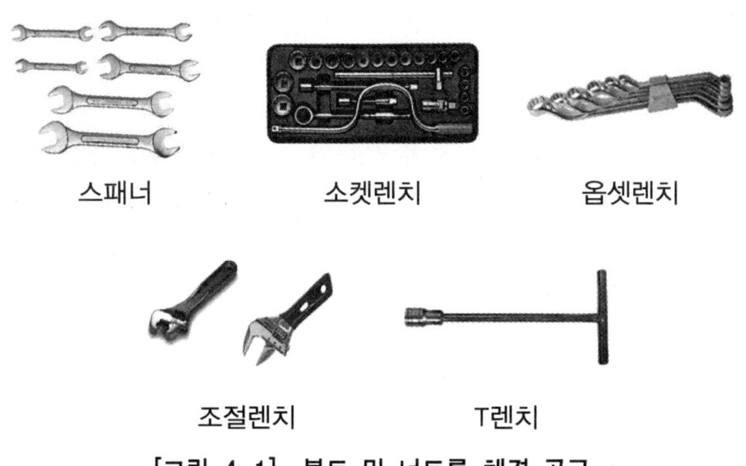

[그림 4-1] 볼트 및 너트를 체결 공구

(2) 공구의 선택

1) 공구를 선택하는 데 있어 다음 사항에 유의할 것
○ 작업내용에 적합한 공구를 선택한다.

○ 작업의 효율(속도)을 항상 생각한다. 예를 들면, 옵셋렌치와 T렌치를 각각 사용하여 볼트, 너트를 분해하거나, 취부하는 경우 작업 공간이 확보되면 T렌치 쪽이 작업을 빠르게 할 수 있다.

○ 볼트, 너트를 풀 때는 작은 힘으로도 작업이 가능토록 자루가 긴 공구를 사용한다. 단, 결할 때는 긴 렌치를 사용하면 오버 토크가 되어 볼트를 파손할 수 있으므로 주의한다.

(3) 공구 사용시 주의사항

① 볼트, 너트의 2면 폭에 맞는 적당한 공구를 사용하여 틈이나 유격이 없도록 확실히 끼운다.

② 공구를 돌릴 때는 기본적으로 몸쪽으로 당기는 쪽으로 힘을 가한다. 단, 당기는 방향이 틈이 없을 때는 손을 펴서 밀도록 한다.

③ 체결이 끝나면 반드시 토크 렌치를 사용하여 규정 토크로 체결한다.

(4) 공구 사용법

1) 스패너

○ 스패너는 볼트, 너트의 2면 폭을 2개소에 물려 돌리는 공구다. 스패너는 크기가 다른 구경부가 좌, 우 2개소에 있는 양구 스패너가 일반적이다.

○ 스패너의 호칭은 구경의 2면폭 수치로 나타낸다. 예를 들면, 양구 스패너 10X12란 2면폭 10mm와 12mm의 볼트, 너트에 사용하는 것을 나타낸다.

○ 자루에 대해 구경부에는 15°의 각도가 주어져 있어 스패너를 뒤집어 사용하는 것이 좁은 장소에서도 가능하다.(돌림각 30°가 되므로 양쪽의 각도로 돌리는 것이 가능하다.)

○ 볼트, 너트에 대해 횡 방향에서 공구를 끼워 사용할 수 있다.(위쪽에서 공구를 끼울 수 없는 볼트, 너트에 사용 가능하다.)

○ 사용방법은 볼트, 너트의 속까지 똑바로 확실히 끼워(기울려지면 안됨) 유격이 없는 것을 확인하고 스패너를 돌린다.

○ 스패너는 많은 토크를 걸면 볼트의 모서리, 각이 파손되므로, 본체결에는 사용하지 말아야 한다.

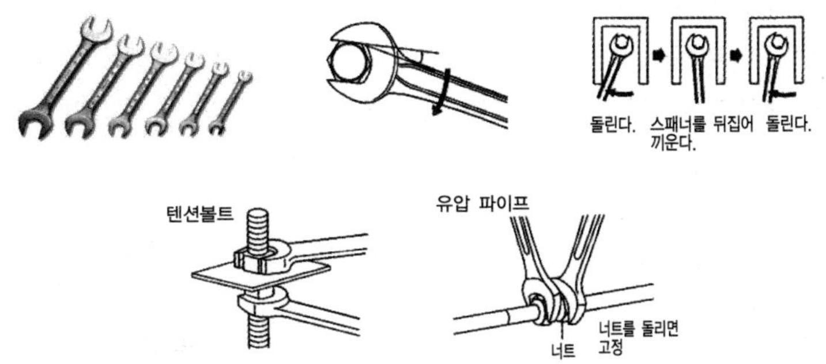

[그림 4-2] 스패너 사용방법

2) 옵셋렌치

○ 옵셋렌치는 볼트, 너트의 각을 6점으로 맞춰 돌리는 공구다. 또 머리부는 링 형상으로 되어 있어 볼트, 너트를 분리시에 균등한 힘이 걸린다.(큰 힘의 토크가 걸림)
○ 옵셋렌치의 호칭은 구경의 2면폭 치수로 나타낸다. 예를 들면, 옵셋렌치 10X12는 2면폭이 10mm와 12mm의 볼트, 너트에 사용하는 것을 표시한다.
○ 구경부가 2중 육각으로 되어 있으므로 볼트, 너트에 걸기 쉽고, 이탈은 어렵다.(흔들림 각 30°로 볼트, 너트를 돌린다)
○ 스패너가 볼트, 너트를 2점으로 잡는 것에 비해 6점으로 균일하게 힘이 걸려 볼트의 머리부 손상을 방지한다.
○ 자루에는 각도가 되어 있으므로 볼트, 너트에 대해 머리부를 수평이 되도록 끼워 유격이 없는 것을 확인한다.

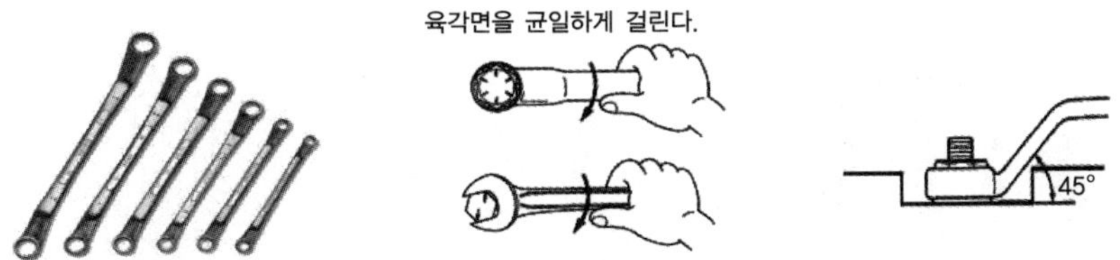

[그림 4-3] 옵셋렌치 사용방법

3) 복스렌치

○ 복스렌치란 소켓렌치의 소켓과 자루를 고정한 것으로 그 자루의 형상을 여러 가지로 변형한 것이다. 자루에는 L형, T형, +형, Y형 등이 있다.
○ 소켓부의 형상은 6각이다. 또 내부에 자석이 부착되어 있는 것도 있어, 너트를 뺄 때 낙하방지도 한다.
○ 자루가 길어 싶은 속까지 볼트, 너트를 풀거나 조일 때 사용한다. 공구를 끼울 필요

가 없으므로, 작업이 빠르다.

○ 사용방법은 볼트, 너트에 대해 T렌치를 수직으로 끼운다(죠인트 타입은 약간 구부러진 곳에 사용한다). 풀 때는 T형부를 양손으로 돌려 일단 풀리면, 쉽게 손가락으로 돌린다.

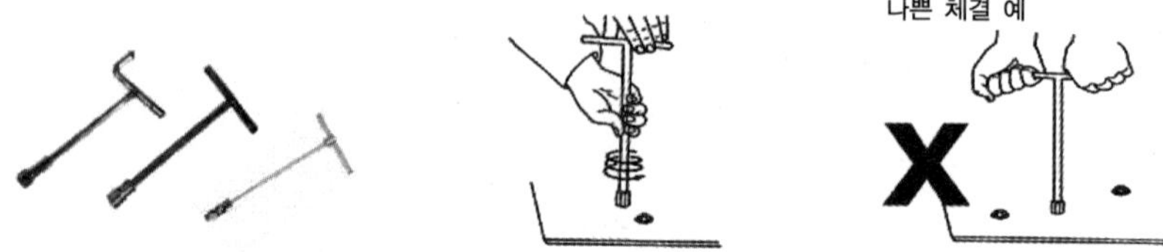

[그림 4-4] 복스렌치 사용방법

4) 소켓렌치

○ 소켓렌치란 라쳇핸들이나 스패너핸들과 조합하여 사용한다. 소켓렌치의 삽입부는 소켓의 구경에 따라 다르며, 일반적으로 9.5°나 12.7°에 잘 사용된다.

○ 삽입 각도 9.5°는 폭이 3/8인치(9.5mm), 12.7°는 폭이 1/2인치(12.7mm), 19°는 폭이 3/4인치(19mm)이다.

○ 소켓렌치는 표준타입과 깊은 타입이 있어, 각각의 용도에 맞게 사용한다.

○ 구경부가 2중 6각과 6각의 2종류가 있고, 6각은 볼트, 너트에 대해 닿는 면이 넓으므로, 힘이 걸리는 볼트나 너트를 풀 때 효과적이다.

○ 사용방법은 볼트, 너트에 대해 똑바로 깊숙히 너트의 경우, 볼트의 돌출부가 많아 소켓렌치의 걸림이 낮을 때는 깊은 타입의 소켓을 사용한다.

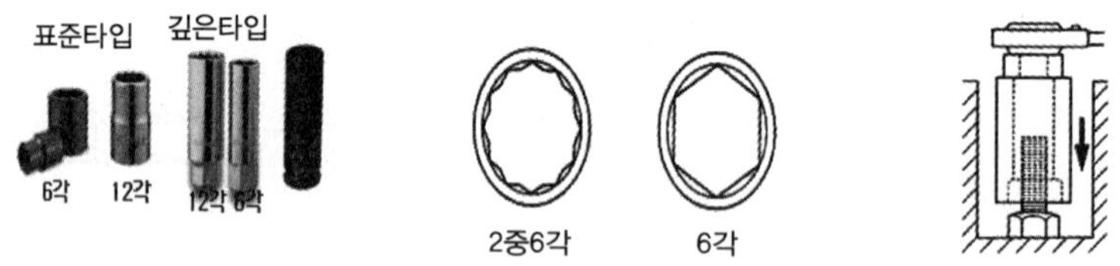

[그림 4-5] 소켓렌치 사용방법

5) 라쳇 핸들

○ 라쳇핸들은 소켓렌치를 끼워 고침 없이도 셋트 레버로 방향을 셋트 하면 그 방향만으로 회전하고 반대 방향으로는 겉돌기 때문에 볼트, 너트를 돌려서 하는 작업이 가능하다.

○ 좁은 장소에서 작업에 적합하고, 작업능률이 오른다.

○ 소켓렌치를 라쳇핸들의 소켓에 끼워 확실히 고정 셋트 레버는 체결할 때는 우측으로 풀 때는 좌측으로 셋트 한다.
○ 양호한 작업효율을 올릴 때는 핸들의 머리부를 손으로 잡고 작업한다.
○ 과도한 토크를 걸면, 라쳇부가 파손되므로 본 체결 및 최초에 풀 때는 사용하지 않는다.

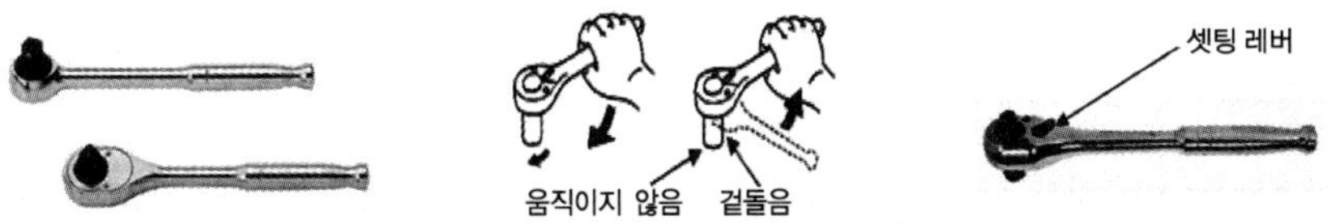

[그림 4-6] 라쳇 핸들 사용방법

6) 스핀 핸들

○ 소켓 렌치를 끼워 사용한다. 끼우는 곳이 회동하므로 핸들의 각도를 자유롭게 할 수 있다.
○ 두부의 각도가 자유롭게 변하므로, 주변에 걸림 등이 있어도 사용할 수 있다.
○ 비교적 큰 토크가 필요할 때 사용한다.
○ 소켓렌치를 스핀핸들의 소켓삽입부에 확실히 끼운다.
○ 볼트, 너트를 풀 때는 기본적으로 90°의 각도로 사용하고 어느 정도 풀리면 핸들을 세워서 돌린다.

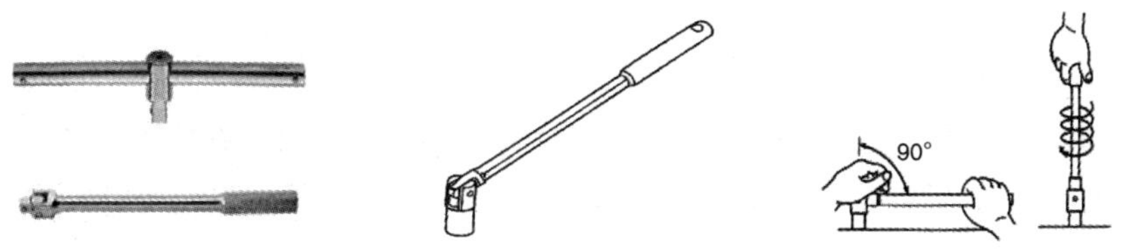

[그림 4-7] 스핀 핸들 사용방법

7) 소켓 어댑터

○ 소켓의 삽입구의 크기를 변환할 때의 연결구로 사용한다.
○ 큰 규격의 소켓렌치를 보통라쳇핸들을 사용하여 빠르게 돌릴 때는 凹(소)X凸(대)를 끼운다.
○ 작은 규격의 소켓렌치를 보통 스핀핸들을 사용하여 작은 힘으로 돌릴 때는 凸(대)X凹(소)를 끼운다.

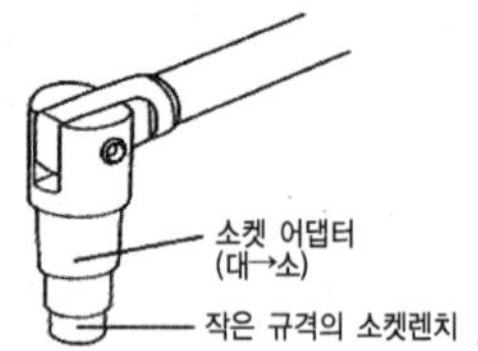

[그림 4-8] 소켓 어댑터 사용방법

8) 연결대

○ 라쳇핸들이나 스핀핸들과 소켓렌치의 연결 도구로 사용한다.

○ 소켓렌치와 핸들의 사이에 연결대를 설치하여 깊은곳 쪽에 있는 볼트, 너트를 풀거나 조일 때 사용한다.

○ 핸들을 들 수가 있으므로 작업 중에 돌리는 것이 방해가 되지 않는다.

○ 핸들에서 소켓렌치 까지 길기 때문에 경사 되기 쉽다(내려오기 쉽다). 핸들의 머리부를 손으로 누르면서 사용한다.

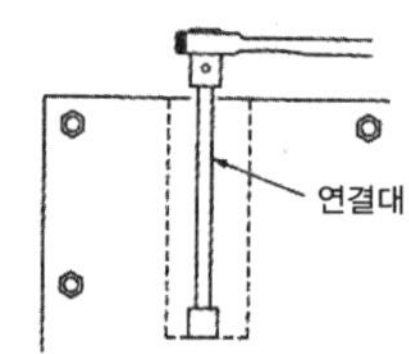

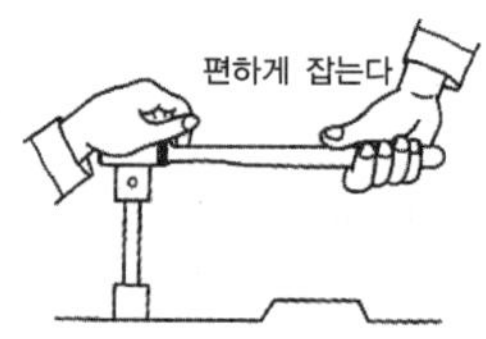

[그림 4-9] 연결대 사용방법

9) 유니버셜 조인트

○ 소켓렌치와 라쳇핸들 등의 연결구로 사용한다. 핸들의 각도를 변화하는 것이 가능하다.

○ 각도를 자유롭게 변화할 수 있으므로, 좁은 장소나 깊은 곳 등의 작업이 가능하다.

○ 핸들의 각도는 기울어져 있어도 좋으나 소켓렌치는 정확히 부착해서 체결한다.

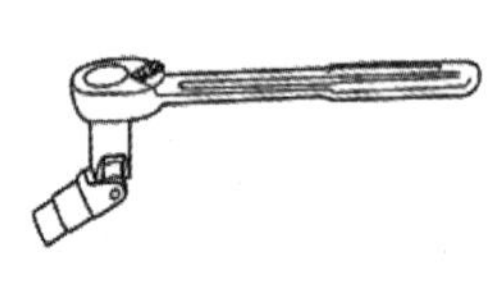
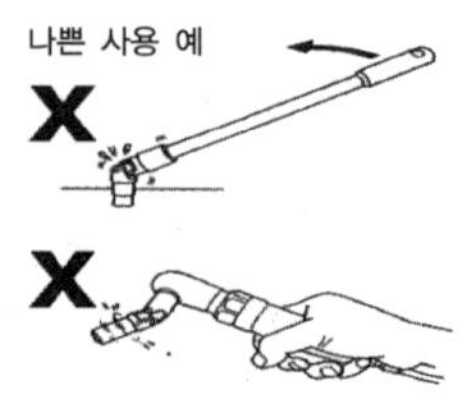

[그림 4-10] 유니버셜 조인트 사용방법

10) 플러그 렌치

○ 플러그 렌치는 가솔린엔진의 스파크 플러그를 분해 조립시 사용하는 전용 공구이다. 스파크 플러그의 채결 부분의 2면 폭에 따라 13mm, 16mm, 18mm, 19mm, 20.6mm 등 여러 가지의 크기가 있다.
○ 소켓렌치식의 것은 상부에 스패너 등이 걸릴 수 있도록 6각 형상으로 되어 있는 것도 있다.
○ 소켓식의 것은 내부에 자석이 있어, 플러그의 떨어짐을 방지한다.
○ 사용방법은 스파크 플러그의 공구가 걸리는 부분에 확실히 건다.
○ 풀 때는 고착되어 있는 플러그를 풀기 위해 플러그 렌치를 사용하고 푼 후에는 플러그 렌치를 떼어내고 손으로 돌린다.
○ 조일 때는 손으로 체결한 후, 최후에 플러그 렌치를 사용한다.

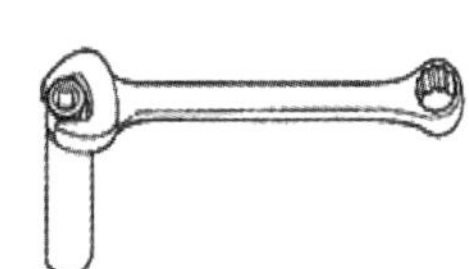

[그림 4-11] 플러그 렌치 사용방법

11) 조절 렌치

○ 조절 렌치 머리부가 볼트, 너트의 폭에 따라 자유롭게 조절되는 렌치이다. 그 머리부가 원숭이의 비슷해서 몽키 렌치라고 부르기도 한다.
○ 조절 렌치는 규격외의 볼트, 너트에 사용한다.
○ 조절렌치의 호칭은 100, 150, 200, 250, 300, 375 등의 6종이 있고, 전장은 1인치 25mm로서의 배수로 표시한 것이 있다.
○ 웜을 돌려서 구경을 자유로이 조절한다.
○ 볼트, 너트는 홈의 속까지 완전히 넣어 렌치를 움직이면서 조절 렌치의 턱 부까지 볼트의 틈새가 없도록 웜을 체결한다.

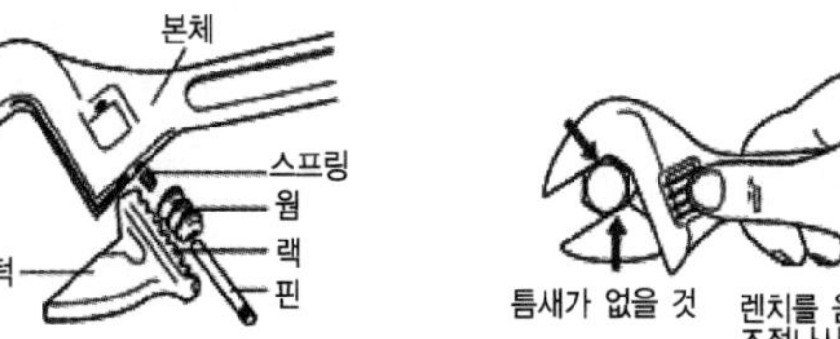

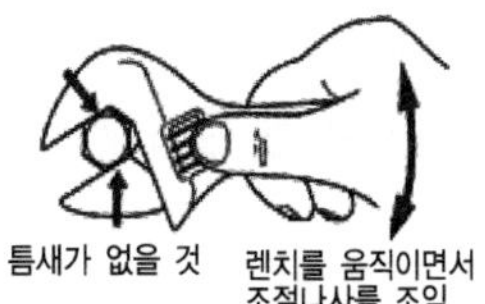

[그림 4-12] 조절 렌치 사용방법(1)

○ 돌리는 방향은 아래턱 쪽으로 돌린다. 거꾸로 돌리면 아래턱의 틀이 커져 파손된다.

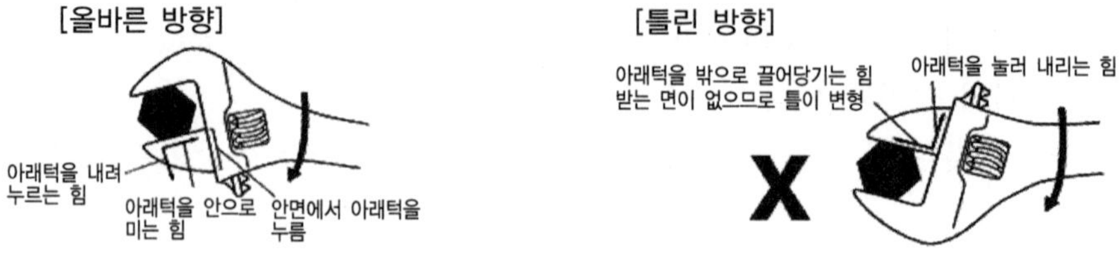

[그림 4-13] 조절 렌치 사용방법(2)

12) 육각 렌치

○ 육각 렌치 볼트를 풀거나, 조이는 데 사용한다.
○ 단체로 사용하는 것과 소켓 타입으로 된 것이 있다.
○ 렌치의 규격은 6각의 2면 폭으로 나타낸다.
○ 일반적으로는 L자의 짧은 쪽을 6각 렌치 볼트 6각 구멍의 바닥까지 완전히 끼워, 움직임이 없도록 확인하고 L자의 긴 쪽을 돌려서 사용한다.

[그림 4-14] 육각 렌치 사용방법

13) 드라이버

○ 드라이버는 칼끝 형상으로 "－"드라이버와 "＋"드라이버가 있다.
○ 보통형 드라이버와 관통형 드라이버가 있고, 관통형은 망치로 출격을 주어 사용할 수 있다. 단, 두드려서 사용할 수 있는 전용 드라이버도 있다.
○ 나사의 규격과 드라이버의 날 끝이 유격이 있으면 나사의 머리부가 손상, "-"드라이버의 경우는 드라이버가 파손된다.
○ 나사를 취부할 때는 힘이 안 걸리는 안쪽은 본체의 가는 쪽이나 축을 손가락으로 돌리고, 나중에 끝마무리는 꽉 쥐고 누르면서 조인다.
○ 나사를 풀 때는 누르면서 돌린다.

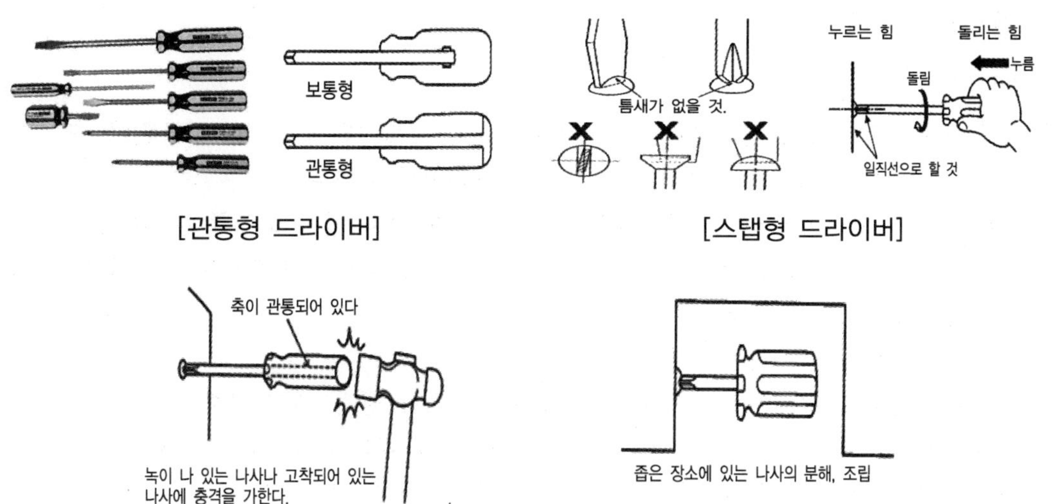

[그림 4-15] 드라이버 사용방법

14) 쇼크(충격) 드라이버

○ 쇼크 드라이버는 자루의 머리부를 망치로 칠 수 있도록 압력과 회전력을 발생시켜 고착된 나사를 풀 때 사용하는 공구이다.

○ 선단 빗트는 교체 가능하며, 나사의 크기에 적합한 빗트를 선택한다.

○ 자루 부분을 돌리므로, 선단 빗트의 회전 방향이 바뀌므로 역 나사도 사용 가능하다. L : 좌회전, R : 우회전

○ 나사의 크기에 적당한 빗트를 선택하여 취부하고 회전 방향을 확인한다.

○ 우나사의 경우는 풀릴 때 L측으로 한다.

○ 나사에 의해 드라이버를 곧바로 설치하여 쇠망치를 사용하고, 어느 정도 큰 힘으로 자루의 두부를 친다.

○ 풀기 전에 나사에 윤활제를 도포하면 풀기 쉽다.

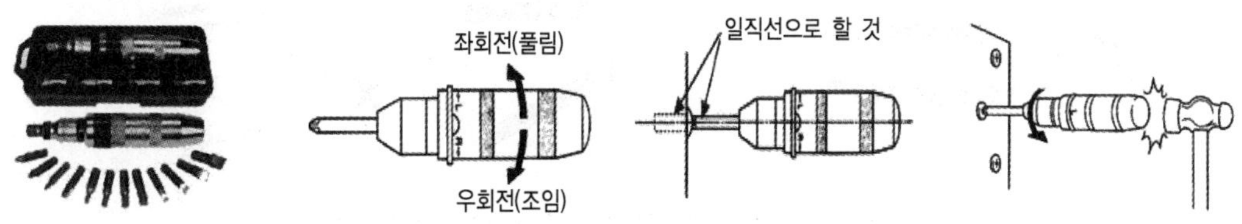

[그림 4-16] 쇼크(충격) 드라이버 사용방법

(5) 물건을 잡거나 자름

1) 플라이어

○ 플라이어는 물건을 잡거나 와이어를 자르거나, 구부릴 때 목적으로 사용된다. 또, 그림의 플라이어는 정확한 명칭은 콤비네이션 플러이어라 한다.
○ 자루를 90° 가까이 벌려 연결부(지점)을 조금 옮겨 턱을 열어 조정할 수 있다.
○ 턱의 선단은 판상으로 편평하여 잡기 쉽고, 턱의 중앙부는 환봉이나 파이프를 잡기 쉽도록 둥글게 되어 있다.
○ 각각의 용도에 따라, 잡는 위치를 변형하여 사용한다.
○ 턱으로 부품을 잡을 때는 상처가 나기 쉬우므로 헝겊 등을 대어 보호한다.
○ 플라이어는 볼트, 너트를 돌리거나, 굵은 선을 자를 때는 사용하지 않는다.
○ 자루의 아래 부분을 잡고 작업하면, 손을 끼일 수 있으므로 주의한다.

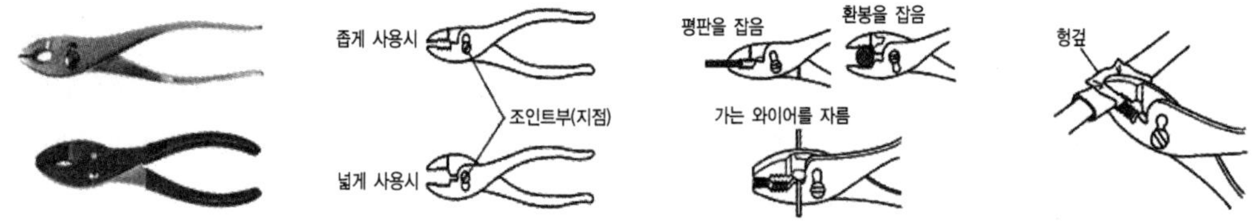

[그림 4-17] 플라이어 사용방법

2) 워터펌프 플라이어

○ 워터펌프 플라이어는 턱의 열림을 여러 단계로 넓힐 수 있어, 배관용의 파이프나 큰 환봉을 잡을 때 사용한다.
○ 조인트부(지점)을 조금 옮겨 턱의 열림을 여러 단계로 조절한다.
○ 잡는 것의 크기에 맞춰 턱의 열림을 조절한다.

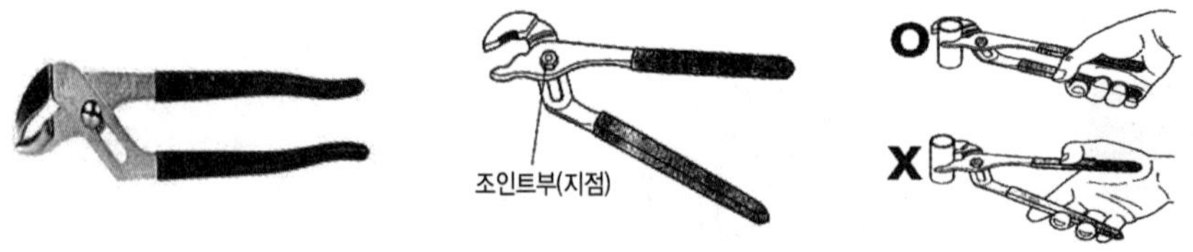

[그림 4-18] 워터펌프 플라이어 사용방법

3) 바이스 플라이어

○ 바이스 플라이어는 부품을 잡은 채로 고정하는 데 사용한다.
○ 지렛대의 원리를 이용 2중의 레버에 의해 항시 강한 힘으로 잡고 유지할 수 있다.

○ 자루 뒤쪽의 조절 볼트에 의해 물림 폭 조절이 가능하다.
○ 무는 것의 폭에 따라 약간씩 입구 끝의 상태를 조절 볼트로 조절한다.
○ 분리 레버를 해제하고, 입구 끝을 넓힌다.
○ 부품을 입구에 물리고, 그립을 잡아 부품을 잡는다.
○ 부품을 뺄 때는 분리 레버를 아래로 하면 내부의 스프링에 의해 입구가 열린다.

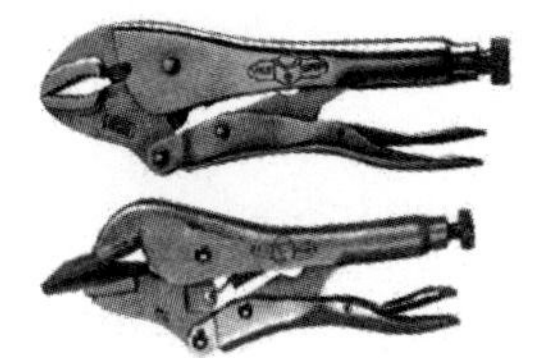
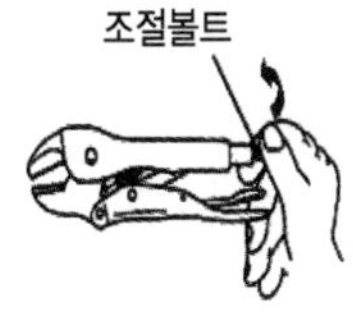

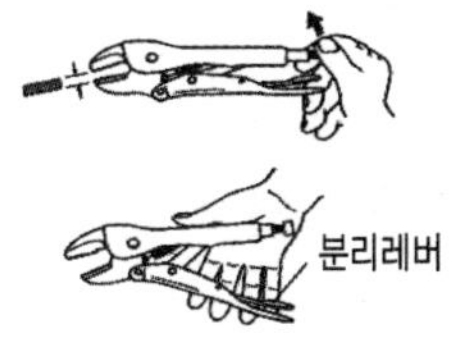

[그림 4-19] 바이스 플라이어 사용방법

4) 뺀 치

○ 뺀치는 선재(철사류)를 자르거나, 구부릴 때 사용한다.
○ 뺀치로 선을 자를 때는, 가능한 날의 안쪽에서 자르면 힘도 필요 없이 효과적이다. 또 잡는 위치도 자루 부위를 되도록 끝단 쪽을 잡는 것이 효율적이다.
○ 뺀치로 선을 구부릴 때는 연한 재질로 가는 선은 문제가 없지만, 약간 굵고 강하면 선재에 대해 안에서부터 조금씩 구부리는 것보다도 끝에서부터 조금씩 구부리는 것이 힘도 적게 들면서 효율적이다.
○ 굵은 선을 자를 때는 한 번에 자르지 말고, 부품을 돌리면서 자른다.

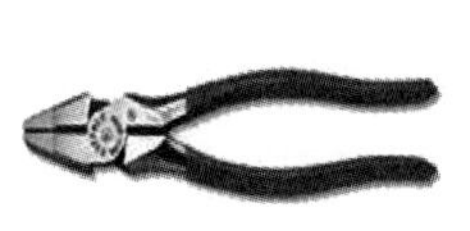
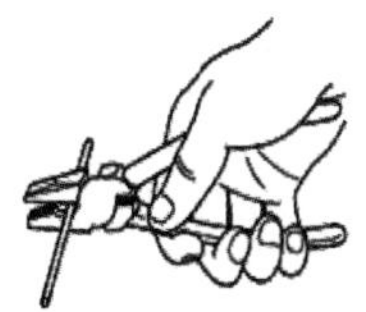

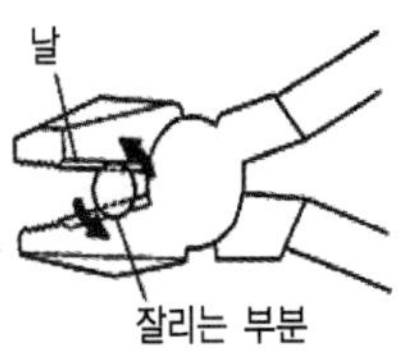

[그림 4-20] 뺀치 사용방법

5) 롱로우즈(라디오 뺀치)

○ 라디오 뺀치는 선재를 자르거나, 작은 것을 구부릴 때 사용한다. 이름과 같이 라디오 등의 배선작업과 같이 좁은 장소의 작업에 적합하다.
○ 입구가 작고 길어 가는 것의 작업에 적합하다.
○ 턱의 측면에 날이 붙어 있어, 가는 와이어를 자르거나 전선의 피복을 벗길 때 사용한다.
○ 물건을 잡을 때는 선단부를 사용한다.
○ 물건을 자를 때는 날의 안쪽에서 자르면 적은 힘으로 효과를 얻을 수 있다.

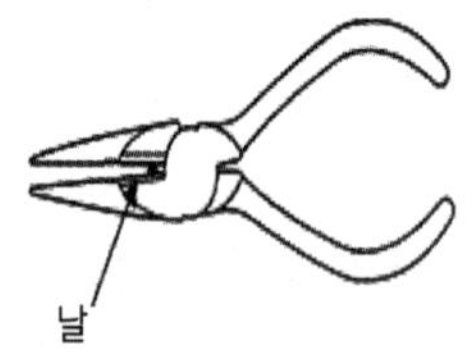

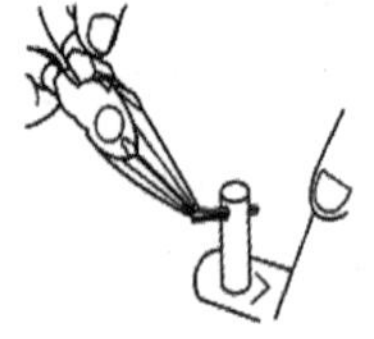

[그림 4-21] 롱로우즈 사용방법

6) 니 퍼

○ 턱의 전체가 날로 되어 있어, 가는 와이어나 전선을 자를 때 사용한다.

○ 뻰치나 플라이어에 비해 자르기가 편리하며, 전선의 피복을 벗기기 위해 날에 홈이 나 있다.

○ 자른 재료가 짧으면 날라가 버리므로 잘려 떨어지는 쪽을 필히 아래로 하고 자른다.

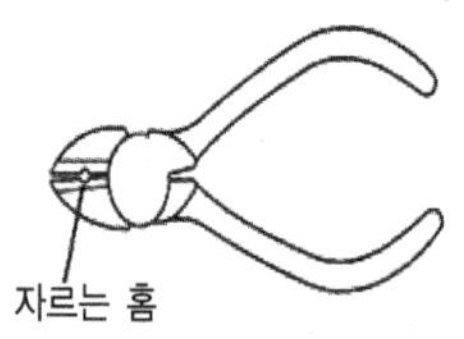

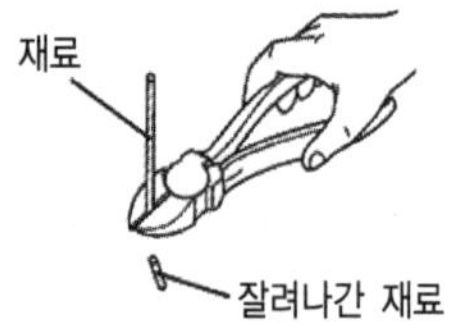

[그림 4-22] 니퍼 사용방법

(6) 두드릴 때 사용

1) 망치(햄머)

○ 망치는 못이나 목재, 석재나 콘크리트 등을 치거나 두드리는 도구이다(일반적으로 쇠망치라 함). 주로 사용되는 망치로는 한쪽 망치가 있고, 한쪽이 평평하고 반대쪽이 둥근형이 있다.

○ 망치의 크기는 $\frac{3}{4}$, 1, $1\frac{1}{2}$번 등으로 나타낸다. 이것은 단위를 수치로 나타낸 것으로 1파운드는 0.45kg이다.

○ 망치의 종류로는 표면에 손상을 주지 않아야 될 경우에 동망치, 고무망치, 우레탄망치 등이 있다.

○ 용도에 적합한 망치를 선택 직접 쳐서 변형하는 곳에는 받침목이나 쇠붙이를 사용한다.

○ 세게 두드릴 때 - 자루의 끝을 잡고 세게 친다.

○ 약하게 두드릴 때 - 자루를 짧게 잡고 살살 약하게 때린다.

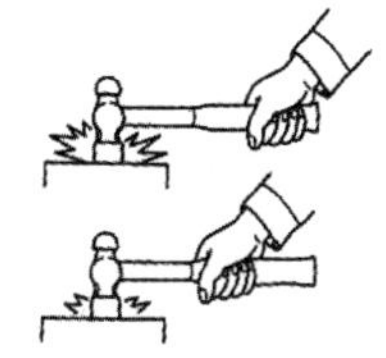

[그림 4-23] 망치 사용방법

2) 황동봉

○ 황동봉은 망치로 직접 두드릴 때, 손상 발생시 손상 방지 보조 도구로 사용한다.
○ 가능한 부품(철)보다 먼저 변형이 되므로 부품 손상을 방지한다.
○ 부품에 황동봉을 대고 망치로 때린다.
○ 선단부가 변형되면 그라인더로 수정한다.

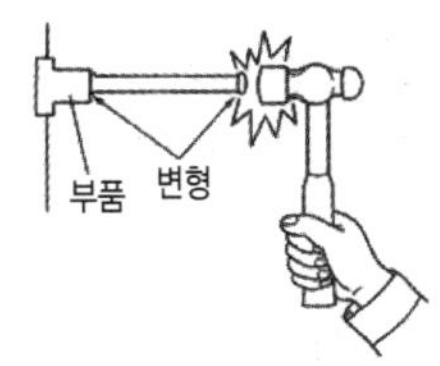

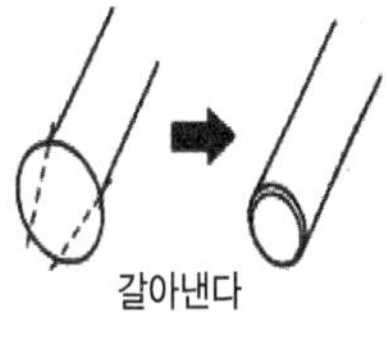

[그림 4-24] 황동봉 사용방법

3) 센터펀치

○ 펀치는 끝이 뾰족한 공구로 드릴 구멍을 뚫을 때, 중심을 결정하기 위해 사용한다. 또, 펀치는 부품의 분해, 탈착시에 표시를 할 때 등에도 사용한다.
○ 날 끝을 열처리하여 경도가 높게 되어 있다.
○ 구멍을 시공하기 위해 가공물에 구멍의 중심이 되는 위치 표시(선 등으로 표시)한다.
○ 펀치의 끝을 위치, 결정된 곳의 중심에 수직으로 댄 다음 망치로 쳐서 표시한다.
○ 마킹을 할 때는 너무 세게 치지 말아야 한다(선단이 찌그러짐).
○ 펀치 끝을 오일 스톤으로 수정한다.
○ 펀치의 치는 방향(A : 펀치로 구멍을 시공하는 위치가 틀림, 약간 우측으로 이동, B : 우측 방향으로 펀치를 비스듬하게 침, C : 정상의 위치로 펀치 구멍을 위치이동)

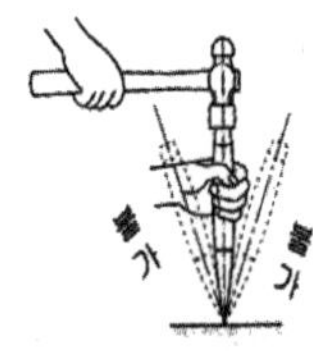
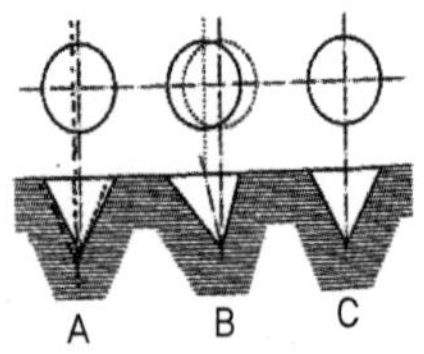

[그림 4-25] 센터펀치 사용방법

4) 정

○ 정은 주물의 거스러미(바리)를 제거, 판금주물 제작시 작은 환봉을 절단, 마무리가 많은 것에서 줄로 다듬기 전 거친 것들을 제거할 때 등 사용한다.
○ 날 끝은 탄소강으로 되어 있고, 열처리가 되어 있어 경도가 높다.
○ 정을 한쪽으로 잡고, 날 끝과 가공물과의 각도를 약 30° 되게 한다.
○ 망치로 쳐서 조금씩 제거한다.
○ 제거한 찌꺼기 등이 튀므로 안전에 주의한다.
○ 가공물에 따라 정 날의 각도가 다르며 연강은 50°, 경강은 60~70°이다.

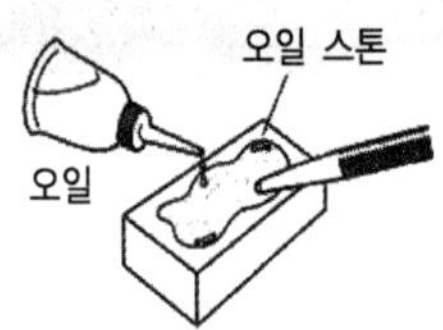

[그림 4-26] 정 사용방법

5) 로크 핀 펀치

○ 로크 핀 펀치는 스프링 핀 등의 각종 핀을 분해, 조립시 사용한다.
○ 때려 박을 때에 상대부품이 손상되지 않도록 방진 고무가 붙어 있는 것도 있다.
○ 방진 고무에 핀을 설치하여 조립이 가능하다.
○ 분해(조립) 핀의 외경에 맞춰 로크 핀 펀치를 선택한다.
○ 핀에 대해 로크 핀 펀치를 똑바로 대고, 펀치의 뒤쪽을 망치로 친다.
○ 스프링 핀을 때려 박을 때는 로크 핀 펀치의 방지 고무에 핀을 조금 끼운 상태로 하면 작업이 용이하다.
○ 조립시는 스프링 핀의 분리부의 방향을 올바른 방향으로 한다.

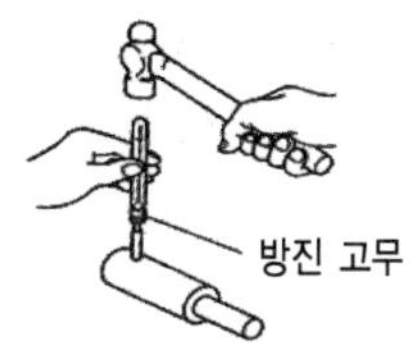

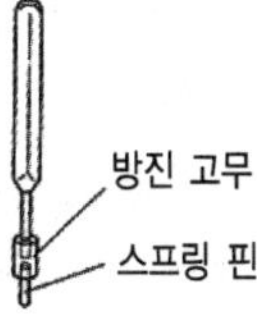

[그림 4-27] 로크 핀 펀치 사용방법

제2절 | 특수공구

1. 공구의 종류

(1) 멈춤링 분해조립

1) 스냅링 플라이어

○ 스냅링 플라이어는 스냅링의 탈착에 사용하는 공구로 축용과 구멍용이 있다. 그립을 잡고 선단부를 오므리거나 벌리거나 한다.
○ 선단부를 교체하여 여러 가지 구멍에 따라 사용이 가능하다.
○ 구멍용 스냅링의 선단을 스냅링의 구멍에 확실히 끼운다.
○ 선단이 미끄러지지 않도록 누르면서 손잡이를 쥐고 그 상태에서 서서히 빼낸다.
○ 선단의 삽입이 불완전하면, 스냅링이 빠져 튀므로 주의한다.
○ 축용 스냅링은 필요 이상으로 벌리지 말아야 한다.

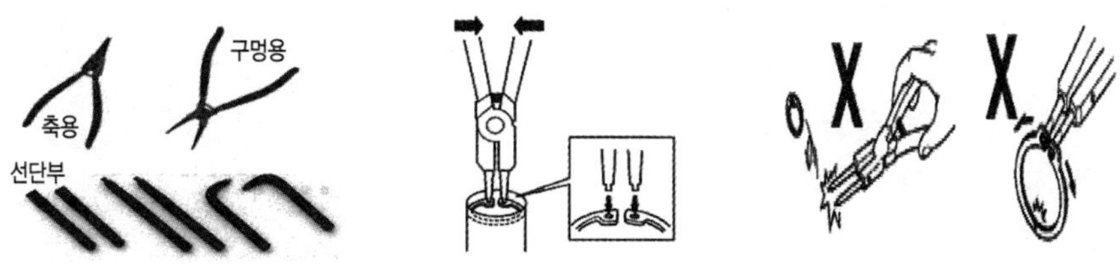

[그림 4-28] 스냅링 플라이어 사용방법

(2) 나사산 만듦, 수정

1) 탭

○ 탭은 재료에 암나사를 만듦(일반적으로 산을 냄) 탭으로는 탄소 공구강, 특수 공구강,

특수강 등 경도가 높은 재료로 되어 있다.

○ 탭의 형상은 볼트와 비슷하지만, 축방향으로 (종) 3~5본의 홈이 나 있다. 이 홈에 가공된 나사부의 단에서 생긴 공작물에 의해 나사가 만들어진다.

○ 나사를 내는 재료에 우선 드릴 등으로 아래 구멍을 만든다. 아래 구멍은 일반적으로 나사경의 0.8을 시공, 그 치수의 드릴로 아래 구멍을 만든다.

○ 우선 1번 탭으로 구멍에 탭을 낸다. 핸들은 우측 방향으로 돌린다. 탭을 낼 때는 한 번에 돌리지 말고, 2/3회전만큼 돌려 조금씩 반복, 또 틀린 부분을 반복하여 2번, 3번 탭으로 작업을 하여 완성한다.

○ 나사에 공구를 직각으로 누르면서 작업한다.

○ 탭과 재료의 사이에 열이 발생하므로 윤활제를 도포 하면서 작업한다.

○ 잘린 찌꺼기를 제거하면서 작업한다.

※ 일반적으로 탭은 3개가 1조로 되어 있다. 내용은 1번 탭(첫 탭), 2번 탭(중간 탭), 3번 탭(마무리 탭)의 3개로 각각의 다른 점은 가공부(탭의 선단부)가 달라 1번 탭은 9산, 2번 탭은 5산, 3번 탭은 1.5산의 나사산을 만들어 낸다.

[그림 4-29] 탭 사용방법

2) 다이스

○ 다이스는 탭과는 반대로 "수나사", 즉 볼트를 만드는 용도로 소재는 탭과 같다.

○ 다이스는 조절 나사에 따라 나사의 공차가 조절된다.(나사를 조이면 커진다.)

○ 가공부측의 나사산이 비스듬하게 3산으로 가공할 수 있다.

○ 나사를 내는 환봉의 선단을 비스듬히 면취한다.

○ 다이스를 핸들에 취부한다. 이 때 다이스는 각인되어 있는 쪽을 위로하여 핸들의 멈춤 나사를 확실히 조인다.

○ 재료를 다이스에 확실히 고정한다.

○ 핸들을 양손으로 잡고 2/3회전 하면서 조금씩 반복하고, 때때로 다이스와 재료 사이에 윤활제를 도포 하면서 작업한다.

○ 나사에 공구를 직각으로 누르면서 작업한다.

○ 탭과 재료의 사이에 열이 발생하므로 윤활제를 도포 하면서 작업한다.

○ 잘린 찌꺼기를 제거하면서 작업한다.

○ 환봉에 새로운 나사를 내는 경우는 흑피의 그 상태로 사용하지 말아야 한다.

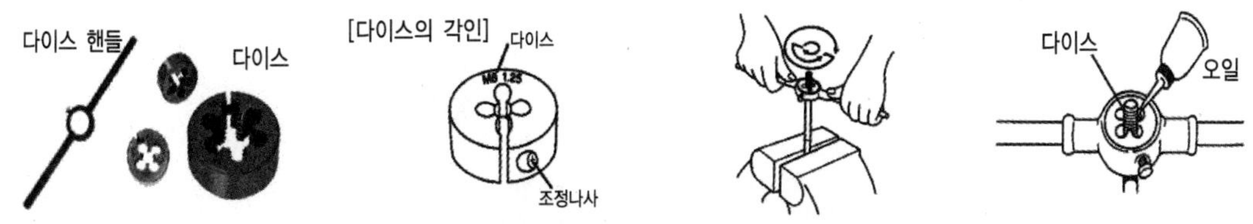

[그림 4-30] 다이스 사용방법

3) 스크류 익스트랙터(나사 뽑기)

○ 날이 반대형상으로 나 있어, 쐐기형, 드릴형, 역 탭형 등이 있다.
○ 잘린 볼트의 윗면을 평면으로 가공한다.
○ 볼트의 중심에 센터펀치로 표시한다.
○ 볼트경의 50~60%로 아래구멍(경은 사용하는 스크류 익스트랙터에 맞춤)을 볼트 중심에 만든다.
○ 스크류 익스트랙터를 아래 구멍에 가공하여, 나사를 풀림 방향으로 돌린다.
○ 그대로 계속 돌려, 부러진 볼트를 뽑는다.
○ 뽑은 후에는 볼트를 바이스에 물려, 스크류 익스트랙터를 나사의 채결방향(무방향)으로 돌려 볼트에서 빼낸다.

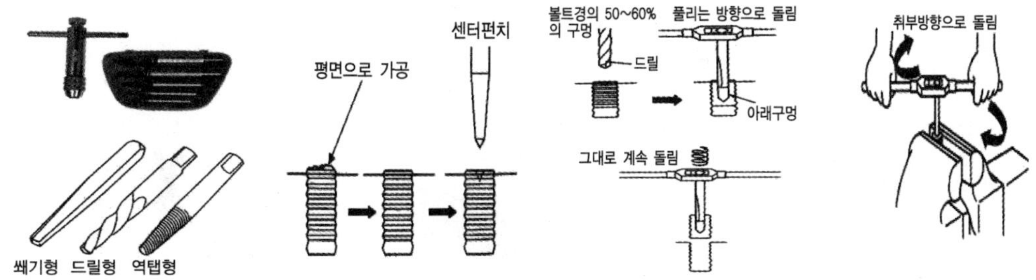

[그림 4-31] 스크류 익스트랙터 사용방법

(3) 심음볼트 분해

1) 심음볼트 리무버(스텃볼트 뽑기)

○ 심음볼트 리무버는 스텃볼트(심음볼트)를 분해하는 공구이다. 축부 또는 나사부에 심음볼트 리부버를 걸어 조립하는 상태로 돌려 분해한다.
○ 심음볼트의 축 또는 나사부에 심음볼트 리무버를 걸고 파들어가듯이 돌려 분해한다. 핸들은 라쳇트 핸들이나 스핀핸들 등을 사용한다.

○ 나사부에 걸은 경우는 나사가 파손되므로 심음볼트를 다시 사용할 경우에는 나사부에 걸지 않도록 한다.

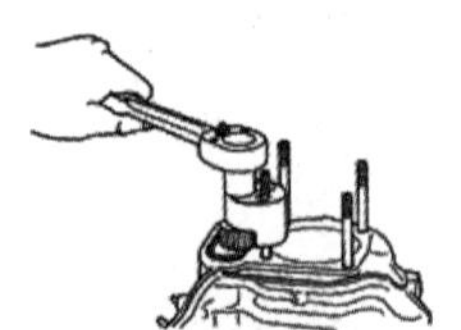

[그림 4-32] 심음볼트 리무버 사용방법

(4) 가스켓, 액체본드 제거

1) 스크레이퍼

○ 스크레이퍼는 스탠래이스 또는 강재로 되어 구두 주걱 모양에 자루가 달린 공구이다.
○ 스크레이퍼의 사용에는 실린더 블록과 실린더 커버 사이에 있는 패킹 등을 분리시에 사용하기도 하고 본드 등을 제거할 때에 사용한다.
○ 제거면에 스크레이퍼의 날 끝을 누르며 부드럽고 깨끗하게 조금씩 제거한다.
○ 날은 반드시 제거면이 위로 위치하여 사용한다. 반대일 경우 편면이 안되고 요철이 된다.
○ 상처를 방지하기 위해 날의 양끝에 손을 놓지 말아야 한다.
○ 날 끝은 오일스톤으로 수정한다.

[그림 4-33] 스크레이퍼 사용방법

2) 오일 팬 씰 컷터

○ 오일 팬 씰 컷터는 액체 본드를 사용하고 있는 오일 팬의 분리시에 사용한다.
○ 날이 얇고 면적도 넓어 본드(씰제)를 떼어내는 일이 가능하다.
○ 처음 쳐서 끼울 때는 오일 팬이 변형되기 쉽지만 접합부에 날 전체를 바로 균일하게 쳐서 끼운다.
○ 역방향으로 이동시킬 때는 오일 팬 씰 컷터의 경사면 모서리부에 황동봉을 대고 친다.

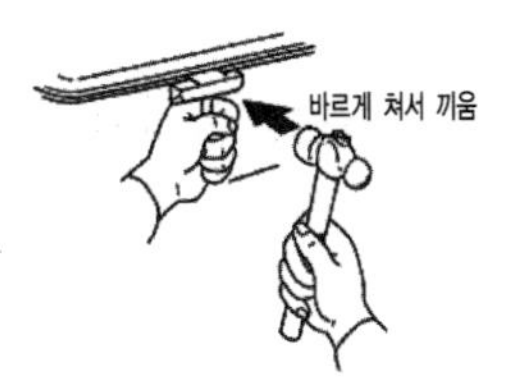

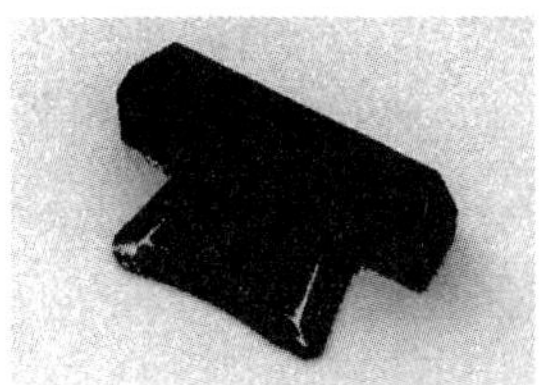
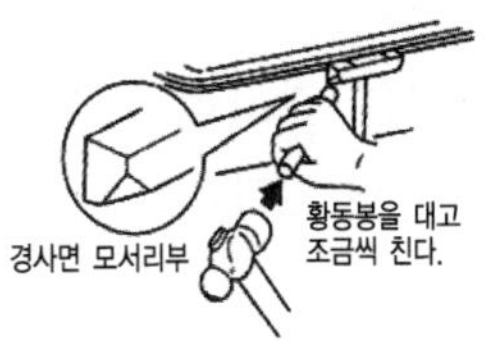

[그림 4-34] 오일 팬 씰 컷터 사용방법

(5) 부품을 자석으로 빼냄

1) 마그네틱 픽업(자석 핸드)

○ 자석핸드는 선단에 강력자석을 부착한 공구로 좁은 곳에 떨어진 부품 등을 꺼내는 데 사용한다.
○ 축 부분은 스프링 형태로 되어 있어 자유롭게 구부릴 수 있어 손이 들어가지 않는 부분의 부품도 꺼낼 수 있다.
○ 끝단부에 부품을 달라 붙여 꺼낸다.

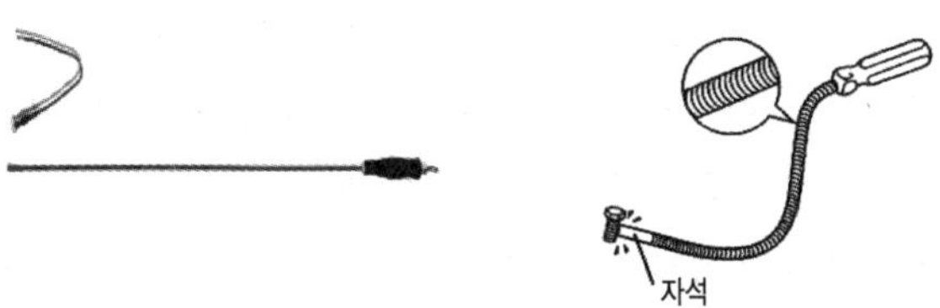

[그림 4-35] 마그네틱 픽업(자석 핸드) 사용방법

(6) 기어나 풀리 뽑음

1) 기어, 풀리 뽑기

○ 기어 풀러는 기어(치차)나 풀리 등을 축에서 뽑을 때 사용하는 공구이다.
○ 기어 뽑기는 기계식과 유압식이 있지만, 농기계의 정비에는 우측 그림과 같이 기계식을 많이 사용하고 있다.
○ 뽑아 내리는 기어 혹은 풀리에 기어 뽑기의 갈고리를 단단히 건다.
○ 기어 뽑기의 중앙에 있는 나사를 돌려 전진시켜 축의 중앙에 나사 선단이 바르게 접촉할 때까지 돌려 기어 뽑기를 안전 시킨다.
○ 스패너 등을 이용하여 나사를 우선 돌린다.
○ 축보다 풀리나 기어가 튀어나온 경우는 기어풀러의 볼트부에 망치 등으로 충격을 가한다.

○ 빼내가 어려운 경우에는 윤활유를 도포 한다.

○ 기어 뽑기의 갈고리가 정확히 걸리지 않으면 작업중에 빠지거나, 풀리나 기어가 파손되는 경우가 있다.

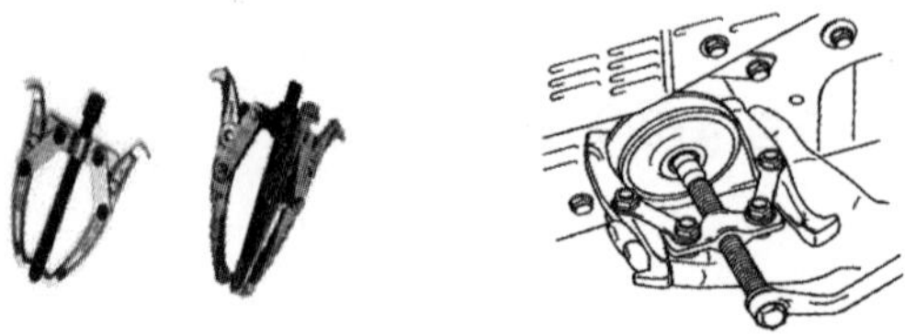

[그림 4-36] 기어, 풀리 뽑기 사용방법

(7) 거친 곳 다듬질

1) 줄

○ 줄은 판상 또는 황봉상, 삼각, 반원 형상의 강재에 목적에 적합한 눈금을 만들어 열처리한 공구이다.

○ 재료를 갈아내기도 하지만 눈금의 가늘기에 따라 거친 것부터 마무리까지 사용 용도가 나뉜다. 또 재료의 종류(알루미늄, 납, 동, 연철)에 따라 눈금 치수도 다르다.

○ 줄은 밀 때에 재료가 잘 깎이도록 눈금이 새겨 있다.

○ 사용하는 부위에 따라 다음의 종류가 있다.

- 평 줄 : 비교적 큰 평면을 다듬을 때나 면취에 사용
- 반달 줄 : 평면이나 곡면을 다듬질
- 둥근 줄 : 구멍이나 작은 곡면을 다듬질

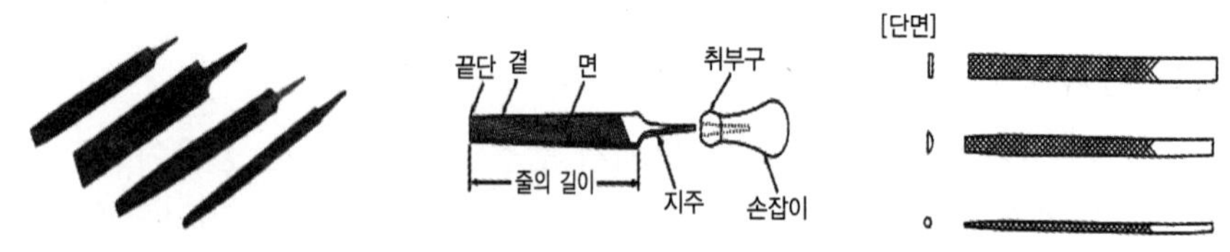

[그림 4-37] 줄 종류

○ 줄눈의 방향은 미는 방향에 다듬질이 되도록 되어 있어 체중을 줄에 실어 밀 수 있도록 해서 다듬을 한다.

○ 평면은 직진 방향만이 아니라 교차하기도 하고, 비스듬한 방향에 걸기도 한다.

○ 환봉은 시소의 움직임처럼 하면서 밀면서 다듬는다.

○ 구멍을 마무리할 때는 둥근줄을 돌려서 민다.
○ 줄의 눈금에는 깎인 가루가 묻어 있으므로 때때로 와이어 브러시 등으로 가루를 제거한다.
○ 샌드페이퍼(사포) : 부품을 마무리하거나, 연마할 때 사용한다. 번호가 있어 번호가 커지는 정도에 따라 입자가 가늘어진다.

[그림 4-38] 줄 사용방법

(8) 피스톤 링을 압입, 탈착

1) 피스톤 링 콤프레서

○ 피스톤 링 콤프레서는 피스톤을 실린더 라이너에 삽입할 때 피스톤을 압축해 피스톤을 삽입하기 쉽게 하는 공구이다.
○ 압축은 육각렌치를 사용하고, 풀 때는 고정레버를 해제한다.
○ 피스톤의 크기에 따라 여러 가지 크기가 있다.
○ 피스톤을 삽입하여, 렌치를 돌려 피스톤 링 콤푸레서를 조인다.(피스톤 링의 조합 부위는 흔들림이 없을 것.)
○ 피스톤을 실린더 로크에 삽입해 피스톤 링 콤푸레서를 가벼운 망치로 두드려 어긋남이 없도록 한다.

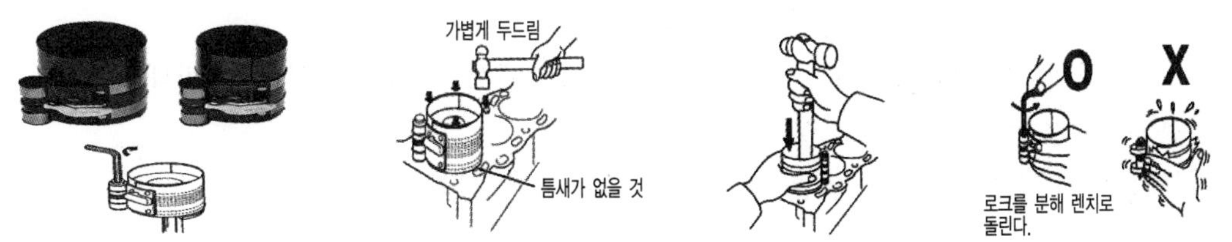

[그림 4-39] 피스톤 링 콤프레서 사용방법

2) 피스톤 링 공구

○ 피스톤 링 공구는 엔진의 피스톤 링 탈착을 하는 공구다.
○ 피스톤 링에 적합하게 공구의 선단을 걸고 손잡이를 쥐면 피스톤이 링이 벌어져 탈착

이 쉽게 할 수 있다. 간단한 형태와 피스톤 링 자체를 유지하는 기능의 것이다.

○ 피스톤 링에 적합하게 맞춰 공구 선단을 확실히 건다.

○ 손으로 피스톤을 잡으면서 공구의 손잡이를 쥐어, 피스톤 링의 맞춤 위치를 넓힌다. 그 상태에서 위쪽으로 끌어올려 링을 분해한다.

○ 피스톤 링은 꺾이기 쉬우므로 너무 넓게 벌리지 말아야 한다.

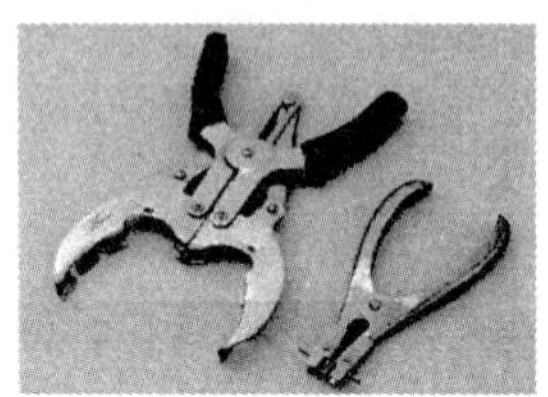

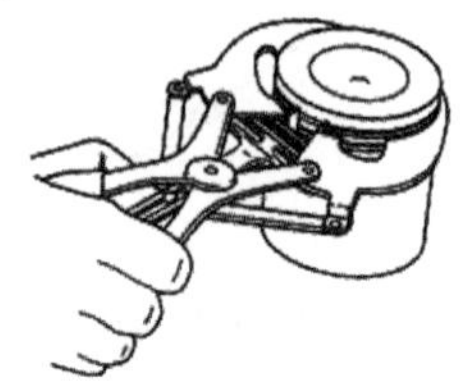

[그림 4-40] 피스톤 링 공구 사용방법

(9) 부품을 고정

1) 바이스

○ 바이스는 작업대에 취부한 것을 단단하게 잡아 고정하고 정 작업, 줄 작업, 쇠톱 등에 의한 절단 작업 등을 하는 것이다.

○ 크게 횡형 바이스와 종형 바이스가 있어, 세세한 분류로는 여러 종류의 바이스가 있다. 그 중에 작업대에 취부하지 않고 직접 가공재료를 잡는 것도 있다.

○ 농업기계 정비공장 등에서는 일반적으로 그림과 같이 황형 크기의 작업대로 볼트 등을 고정하여 사용한다.

○ 바이스의 핸들을 돌릴 때마다 척이 열리거나 닫힌다.

○ 척은 열처리한 강재로 되어있어, 확실하고 강하게 채결해야 할 재료를 고정할 수 있다.

○ 핸들을 돌려 폭을 넓혀, 부품을 취부 후 조여서 고정한다.

○ 부품은 척의 중앙에 고정한다. 부득이해서 끝단에서 해야 할 경우는 반대측에 그의 부품과 같은 폭의 나무 조각을 끼운다.

○ 상처가 나기 쉬운 것을 물릴 때는 지그, 헝겊 등을 사용한다.

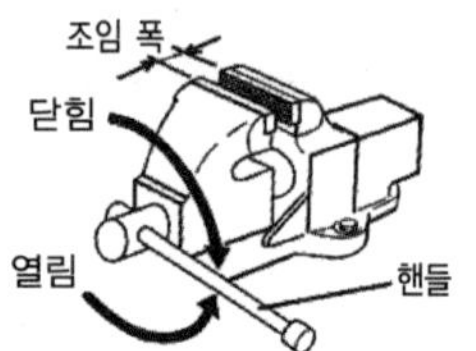

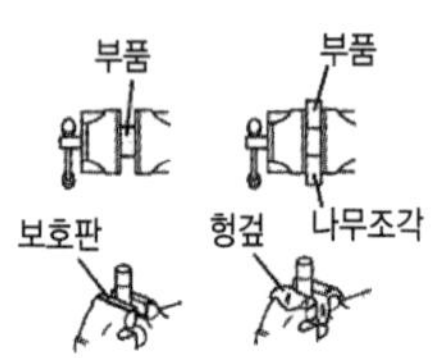

[그림 4-41] 바이스 사용방법

제3절 | 전동 및 에어공구

1. 공구의 종류

(1) 구멍을 시공

1) 전기드릴

○ 드릴은 구멍을 시공하는 데 사용한다.
○ 동력으로 전기를 사용하고, 모터의 축에 드릴 척을 취부한 것이다. 취부 가능한 드릴의 경은 6.5mm 이하의 것과 13mm 이하의 것이 있다. 모터도 1/6~1/3(1/8~1/4마력) 정도의 것을 사용한다.
○ 사용방법은 먼저 구멍을 뚫는 곳의 중심에 센터펀치로 표시할 것.
○ 드릴은 양발, 전신을 안정한 상태로 하고, 양팔로 전체를 확실히 받치고 드릴의 축선을 구멍 면에 수직으로 세워 위치를 정하고 스위치를 당긴다. 그리고 축선을 흔들리지 않도록 누르고 고정한다.
○ 장갑을 끼고 작업하면 감길 위험이 있으므로 장갑을 끼지 말아야 한다.
○ 드릴 척에 드릴을 정확히 고정하고 구멍을 시공한다. 이때 필요 이상의 힘을 가하면 모터의 회전이 떨어져 능률이 저하되고 극심한 경우 드릴을 부러뜨릴 우려가 있다. 또 움직이지 않는 드릴을 작동하여 스위치를 ON/OFF 하면 모터가 소착되는 원인이 되고 그럴 때는 드릴에 힘을 빼고, 모터에 걸린 저항을 줄인다.

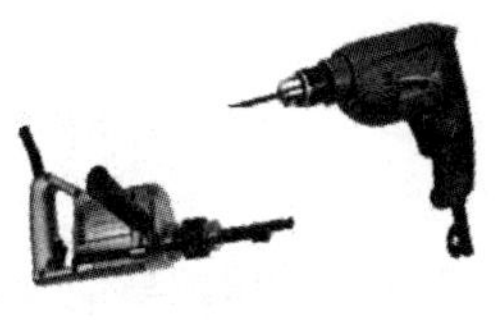
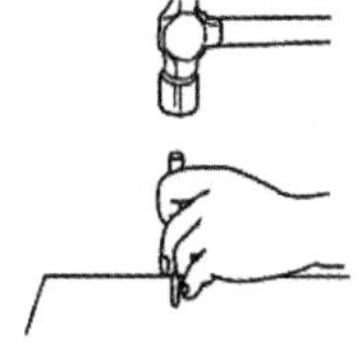
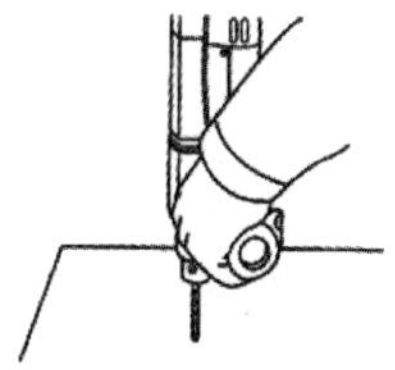

[그림 4-42] 전기드릴 사용방법

2) 탁상 드릴 머신(볼반)

○ 드릴을 회전시켜 고정한 공작물에 구멍을 시공하는 것이 탁상 드릴머신 이다.
○ 탁상 드릴은 일반적으로 13mm 이하의 구멍에 사용한다.
○ 모터 회전은 V풀리를 통해 드릴의 회전에 전해진다.
○ V풀리는 3~4단의 변속이 가능하고 커다란 구멍은 주축의 회전수를 늦추고, 작은 구멍은 회전수를 빠르게 조정, 주축의 우측 옆 핸들을 앞으로 당겨 돌리면 드릴이 내려

와 케이블에 고정된 가공물의 구멍을 시공한다.

○ 주축의 내림량은 눈금을 읽어 측정하면서 구멍의 깊이를 정한 치수로 가공할 수 있다.

○ 사용하는 드릴에 적합한 회전을 얻기 위해 V 벨트를 걸어 회전속도를 조정한다.

○ 테이블 위에 바이스를 고정하고 바이스에 가공물을 고정한다.

○ 드릴을 회전시키지 않고 핸들을 회전시켜 주축을 서서히 내려, 드릴의 끝단이 가공물에 접촉되게 한다.

○ 구멍이 가공되는 위치에서 드릴이 내려오는 것을 확인하면서 주축의 내림량을 눈금을 보며, 가공 깊이를 결정한다.

○ 드릴을 위쪽 위치로 돌려서 여기서 초기부터 모터를 회전시켜 작업한다.

○ 드릴의 회전력이 크고, 가공물이 동시에 회전하는 일이 있으므로 반드시 바이스에 고정한다.

○ 장갑을 끼고 작업을 하면 감길 위험이 있으므로 장갑은 끼지 않는다.

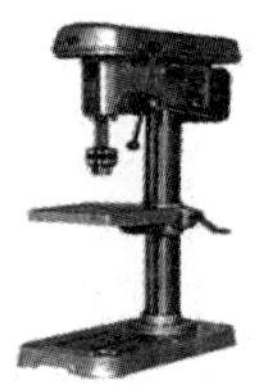

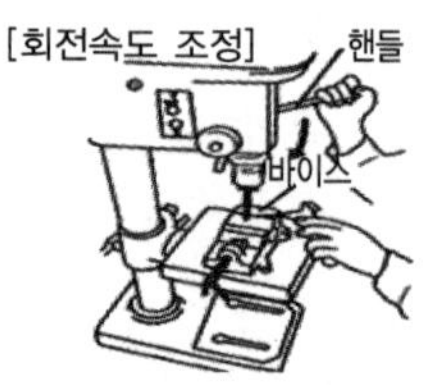

[그림 4-43] 탁상 드릴 머신 사용방법

(2) 부품연마

1) 핸드 그라인더

○ 핸드 그라인더는 부품을 연마하는 데 사용한다.

○ 저석 부분을 교환할 수 있도록 되어 있어 저석 외에 와이어 브러쉬 등도 취부할 수 있다.

○ 저석은 전용 공구로 확실히 부착한다.

○ 스위치를 “연결”로 하고 저석을 부품에 대고 연마한다.

○ 회전 방향이 있으므로 불꽃이 몸쪽으로 오지 않도록 한다.

○ 자연물 가까이에서는 작업하지 않는다.

○ 작업은 보호 안경을 착용한다.

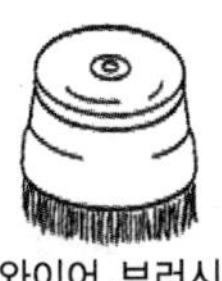

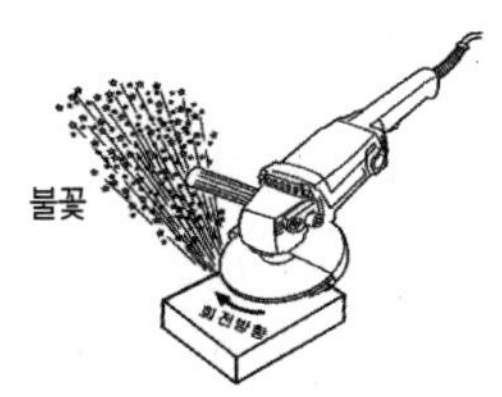

[그림 4-44] 핸드 그라인더 사용방법

2) 그라인더

○ 그라인더는 공구, 날물, 부품 등을 연마하는 데 사용한다. 또 연마하는 데 발행하는 불꽃에 의해 강재의 재질을 판단하는 경우에도 사용한다.
○ 탁상 그라인더는 모터의 주축 양쪽에 저석을 취부한 것으로 탁상 그라인더라고도 한다.
○ 저석에는 용도에 따라 여러 가지 입도의 것이 있어 일반적으로 좌우의 저석은 입도가 다른 것을 사용한다.
○ 저석은 그라인더에 취부하기 전에 타격음 검사를 할 필요가 있다.(검사는 저석의 측면을 소형 나무망치 등으로 쳐서 음색을 파악하는 것으로 균열이 있으면 둔탁한 소리가 난다.)
○ 저석에 상표가 붙어 있을 때는 그대로 그라인더에 취부한다.
○ 상표가 없으면 저석과 그라인더 사이에 얇은 패킹을 넣고 취부한다. 이것은 저석의 안정에 좋고 파괴를 방지하는 의미에서 대단히 중요하다. 그라인더에 커다란 공작물을 연마할 때, 띠를 한 번에 크게 취부하면, 저석에 무리한 힘이 가해져 갈라지는 경우가 생기므로 주의한다.
○ 저석은 깨지기 쉬우므로 아래와 같이 사용법에 충분히 주의한다.
  - 저석에 균열이 있을 때
  - 그라인더에 맞춰 저석을 사용하지 않을 때
  - 저석 구멍에 정확히 취부하지 않을 때
  - 난폭하고 거칠게 사용할 때
○ 반드시 커버를 부착하고, 보호 안경을 착용 후 작업한다.

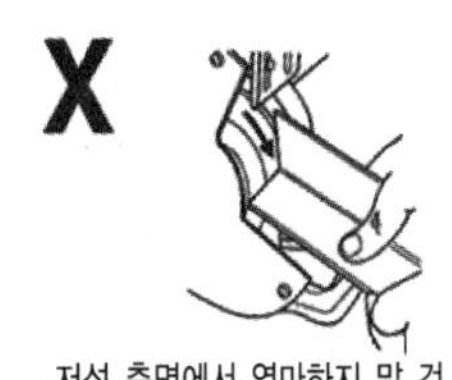

[그림 4-45] 그라인더 사용방법

(3) 볼트 너트 체결

1) 에어 임팩트 렌치

○ 조절 다이얼에 의해 토크의 크기를 변화할 수 있다.
○ 후부의 레버(버턴)에 의해 회전 방향을 변화할 수 있다.
○ 전용 소켓렌치를 취부할 것. 보통의 소켓렌치를 사용하면 렌치의 취부부가 손상된다.
○ 볼트, 너트를 분해 볼트, 너트가 나사 구멍에서 완전히 분리되기 전에 중지 최후에는 손으로 푼다(힘이 강해서 너트가 튀어 나감).
○ 볼트, 너트를 조립할 때는 최초의 나사를 끼울 때는 반드시 손으로 끼운다(처음부터 사용하면 나사산이 손상될 수 있음).

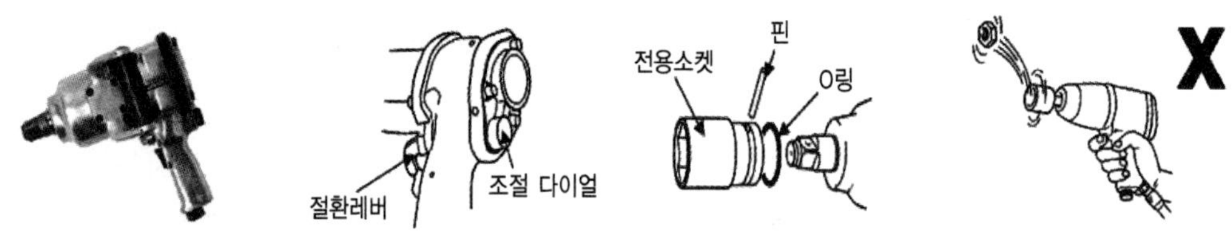

[그림 4-46] 에어 임팩트 렌치 사용방법(1)

○ 임팩트 렌치는 양손으로 확실히 고정한다(한 손으로 취급시 손목을 다침).
○ 회전부에는 흔들리지 않도록 한다.
○ 너무 강하지 않도록 한다. 어느 정도 조이면 사용을 중단 후 토크렌치를 사용하여 규정 토크로 조인다.
○ 에어 배관에 있는 수분이 임팩트 렌치 내부로 들어가므로 정기적으로 오일을 에어입구로 보충한다.

[그림 4-47] 에어 임팩트 렌치 사용방법(2)

2) 에어 라쳇 렌치

○ 에어로 볼트/너트의 체결, 분해가 되는 공구임. 또 본체에 라쳇기구를 적용할 수 있도록 라쳇트로도 사용할 수 있다.

○ 볼트, 너트를 처음에 풀 때, 또는 나중에 체결이 라쳇과 똑같이 사용할 수 있다.
○ 회전 방향의 변환이 가능하다.
○ 보통의 소켓렌치를 끼워 사용한다.
○ 기타 주의점은 에어 임팩트 렌치와 같다.

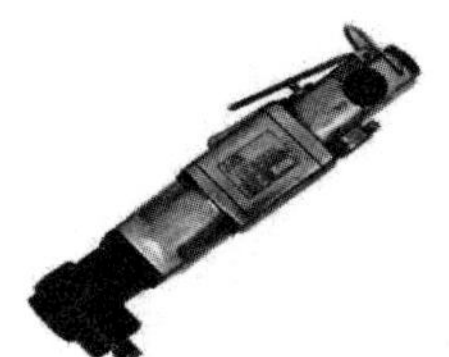

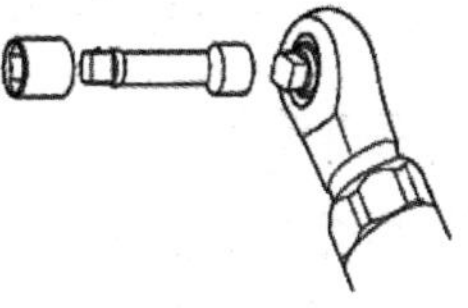

[그림 4-48] 에어 라쳇 렌치 사용방법

(4) 먼지등 청소

1) 에어 건

○ 에어 건은 선단에서 압축공기가 강하게 불어 나온다.
○ 에어 건은 실린더 블록 등의 작은 구멍의 청소나 연료 파이프의 관 등 테스터 또는 조합 부품의 표면먼지나 오일을 불어 청소하는 것이다.
○ 세차할 때 등 기체를 빨리 건조시키기 위해 물기를 불어 날릴 때 사용한다.
○ 콤바인의 탈곡실 내부의 청소를 할 때도 사용한다.
○ 조절에어건의 레버를 누르면 노즐에서 공기를 분출하며 압축공기의 분출량도 이 밸브의 누름면 된다.
○ 배관호스를 떼어낼 때는 에어 건을 잡고 뗀다.(에어의 힘으로 에어 건이 튈 수 있다.)
○ 에어나 먼지가 눈에 들어가지 않도록 조심한다.
○ 에어클리너 엘레멘트를 청소할 때는 공기압력을 5kgf/cm^2 이하로 사용한다.

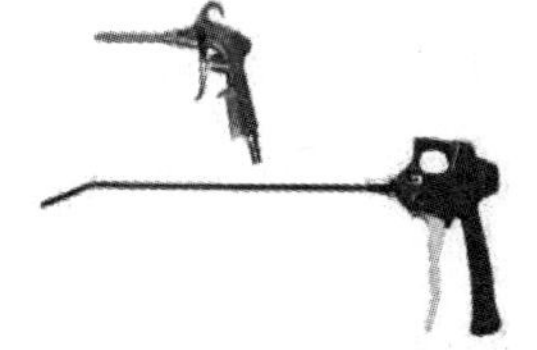

[그림 4-49] 에어 건 사용방법

제4절 | 계측기

1. 계측기의 종류

(1) 길이, 깊이, 틈새를 측정

1) 버니어 캘리퍼스

○ 버니어 캘리퍼스는 축의 길이, 외경, 내경, 깊이를 측정하는 것이다.
○ 죠, 부리, 깊이바와 여러 가지 부위를 사용하여 정확히 측정한다.
○ 0.05mm(1/20mm의 캘리퍼스) 정도까지 측정 가능하다.
○ 길이의 측정 : 죠와 부척(아들자)을 잡고 측정물에 부리를 댄다.
○ 외경의 측정 : 아들자부를 미끌어 뜨려 측정물에 죠를 댄다.
○ 내경의 측정 : 아들자부를 미끌어 뜨려 측정물에 부리에 댄다.
○ 깊이의 측정 : 아들자부를 미끌어 뜨려 측정물에 깊이바에 댄다.

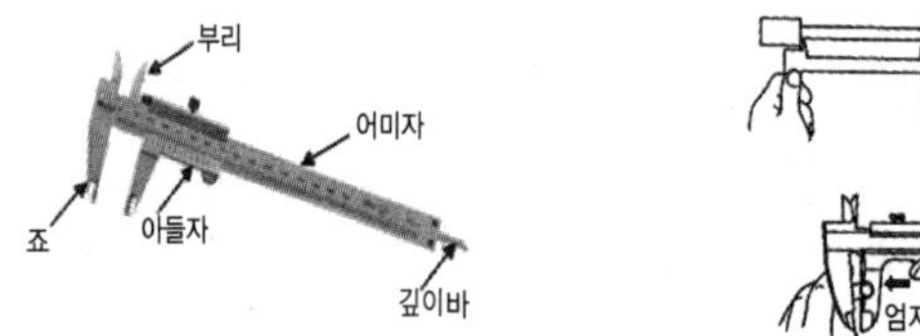

[그림 4-50] 버니어 캘리퍼스 사용방법(1)

○ 측정물에 정확하게 대고 고정나사로 아들자를 고정하면 수치를 읽기 쉽다.
○ 측정값 읽는 법(1/20mm 캘리퍼스의 경우)
  ① 부척(아들자)의 눈금 0부터 좌축과 주척(어미자)의 눈금 수치를 읽음.
    ※ 우측 그림의 예에서는 55mm가 됨.
  ② 다음에 어미자의 눈금과 아들자의 눈금이 일치하고 있는 아들자의 눈금을 읽음.
    ※ 우측에서는 0.25mm가 됨.
  ③ 따라서 측정값은 ①+②=55mm+0.25mm=55.25mm가 됨.
○ 아래 그림은 어미자 9mm를 10등분한 눈금을 아들자(캘리퍼스)에 표시된 예이다. 아들자는 어미자 9mm를 10등분하므로, 한 눈금은 0.9mm이다. 또 그림1을 보면 어미자 한 눈금과 부착한 눈금과의 사이는 0.1mm 틈이 있다. 그림1에 의해, 아들자와 어미자의 0 눈금이 일치하고 있다. 다음의 아들자를 우로 옮긴다. 어미자 1mm의 눈금과 아들자의 1 눈금이 딱 맞게 된다. 이때 어미자 1mm에 대해 아들자는 결국 9/10mm가

맞게 나오므로 2차는 1~0.9mm=0.1mm로 된다. 그림2를 보면 어미자, 아들자 모두 4에 맞게 있다. 결국 측정 치수는 0.4mm로 읽을 수 있다.

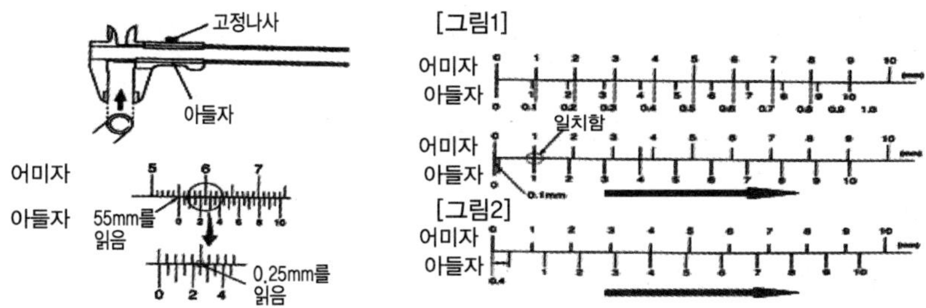

[그림 4-51] 버니어 캘리퍼스 사용방법(2)

2) 마이크로미터

○ 마이크로미터는 축의 외경이나 스페이스 등의 두께를 측정하는 데 사용한다.
○ 0.01mm의 매우 높은 정도로 측정할 수 있다.
○ 측정물의 크기에 따라 여러 가지가 있다.
○ 엔빌에 부품을 대고, 라쳇 스톱퍼를 오른쪽으로 돌림 스핀들을 부품에 댄 후에 라쳇 스톱퍼를 몇 회전하면 돌린 측정치를 읽는다. 공회전시는 까락까락 소리가 난다.
○ 직경을 측정할 때는 반드시 센터에 대고, 또 축에 대해 똑바로 댄다.

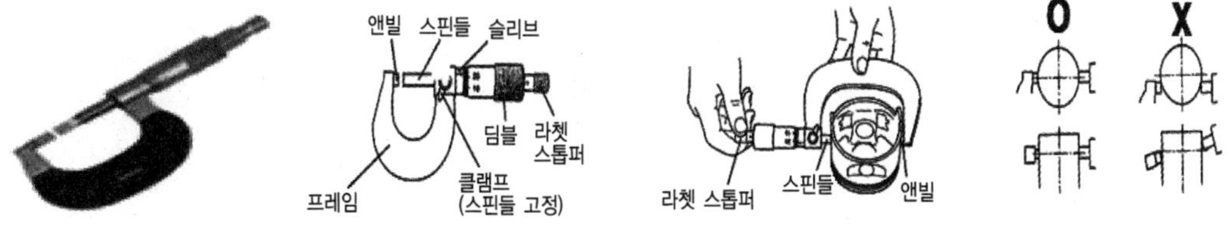

[그림 4-52] 마이크로미터 사용방법(1)

○ 측정값 읽는 법 : 슬리브에는 0.5mm 단위로 눈금이 있음
  ① 딤블의 좌측단부터 좌측 슬리브의 수치를 읽는다.
    ※ 아래 그림의 예에서는 5.5mm가 됨.
  ② 다음에 슬리브의 기준선과 일치하고 있는 딤블의 눈금을 읽는다.
    ※ 우측 아래에서는 0.45mm가 됨.
  ③ 따라서 측정값은 ①+②=5.5mm+0.45mm=5.95mm가 됨.
○ 측정물에 댄 상태에서 딤블을 직접 돌려서 부하를 걸지 말아야 한다(라쳇이 부서지거나, 정도가 나빠짐)
○ 0~25mm의 크기는 보관시에 앤빌과 스핀들의 사이에 틈새를 벌려 놓는다.

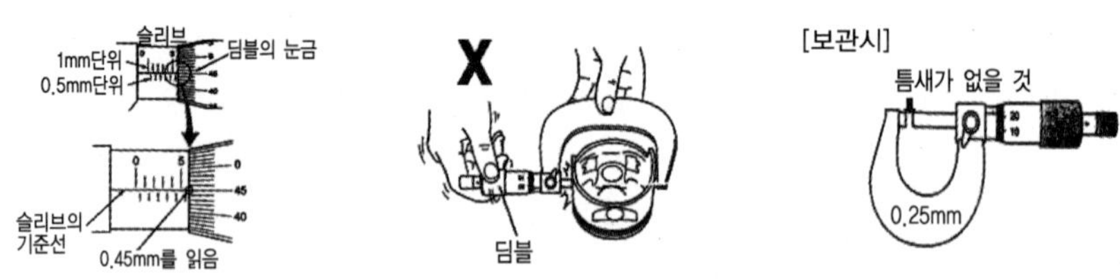

[그림 4-53] 마이크로미터 사용방법(2)

3) 다이얼게이지

○ 다이얼게이지는 축의 벤딩이나 흔들림을 측정한다. 또 단체로 사용하지 않고 마그넷 스탠드에 취부하여 사용한다.
○ 0.01mm의 매우 높은 정도로 측정할 수 있다.
○ 측정자가 상하로 움직여 지침을 움직여 사용한다.
○ 마그네틱 스탠드에 다이얼 게이지를 부착한다.
○ 측정물에 대해 스핀들의 위치를 중간 정도로 되도록 셋팅한다.
○ 눈금반을 돌려 다시 초점을 맞춘다.

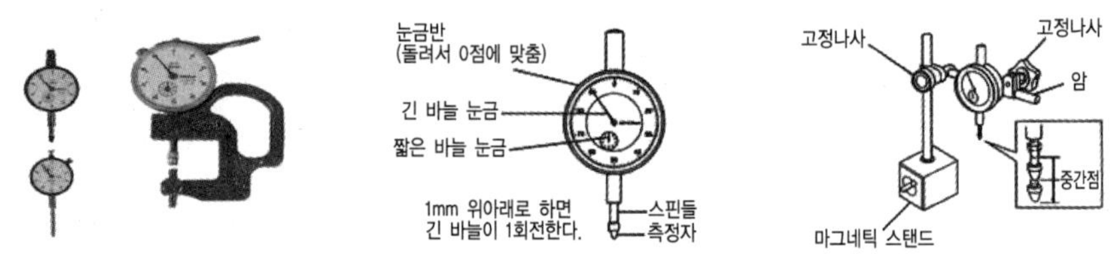

[그림 4-54] 다이얼게이지 사용방법(1)

○ 사용 예(축의 휨 측정) : 축을 회전시켜 지침의 흔들림 폭을 읽는다.
○ 마그네틱 스탠드 : 베이스 부분의 스위치를 조작할 때마다 자석이 되므로 철의 부품을 고정한다.
○ V블록 : 축의 점검 등에 사용하는 지지대로 상부에 90˚의 V형의 홈이나 있다. 정반과 조합하여 사용한다.

[그림 4-55] 다이얼게이지 사용방법(2)

4) 실린더게이지

○ 실린더게이지는 실린더의 마모 상태를 조사하기 위해 실린더의 내경을 측정할 때에 사용한다.
○ 0.01mm의 매우 높은 정도로 측정할 수 있다.
○ 측정자가 작동을 다이얼 게이지로 측정한다.
○ 측정하는 실린더의 내경을 버니어 캘리퍼스로 측정하고 기준 치수를 조사한다.

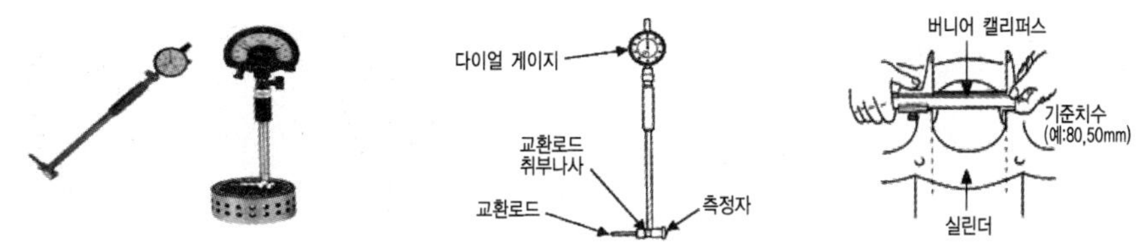

[그림 4-56] 실린더게이지 사용방법(1)

○ 사용방법은 측정하는 실린더의 내경을 버니어 캘리퍼스로 측정하고 기준 치수를 조사한다.
○ 실린더의 내경에서 게이지가 0.5~1.0mm 정도 길게 되도록 교환로드 조정 와셔를 셋팅한다.
○ 다이얼 게이지의 스핀들을 1mm 정도 눌러 취부한다. 스핀들을 너무 세게 누르면 측정자가 튀어 오른다.
○ 실린더 게이지의 "0"점을 조정
  ① 버니어 캘리퍼스로 측정한 기준 치수에 마이크로미터를 셋팅하고, 클램프로 스핀들을 고정한다.
  ② 교환로드를 지점으로 하여 게이지를 움직여본다. 그리고 거리가 가장 가까운 위치를 찾아, 눈금반을 돌려 "0"에 맞춘다.

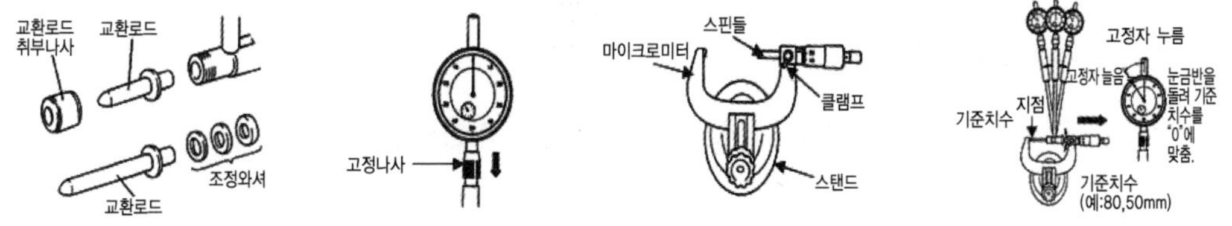

[그림 4-57] 실린더게이지 사용방법(2)

○ 실린더의 속에 실린더게이지를 서서히 삽입하여 게이지를 움직여 거리가 가장 짧은 위치를 찾는다. 그때의 수치를 읽는다.

○ 측정값 읽는 법

- 게이지가 늘어난 축(눈금이 좌회전)이 된 때 : 측정치=기준치수+게이지 눈금
- 게이지가 줄어든 후(눈금이 우회전)이 된 때 : 측정치=기준치수−게이지 눈금

○ 측정치

- 버니어 캘리퍼스로 측정한 기준치수가 80.50mm로 다이얼게이지 읽음이 우측과 같으면 실린더 내경=80.50mm−0.15mm=80.35mm

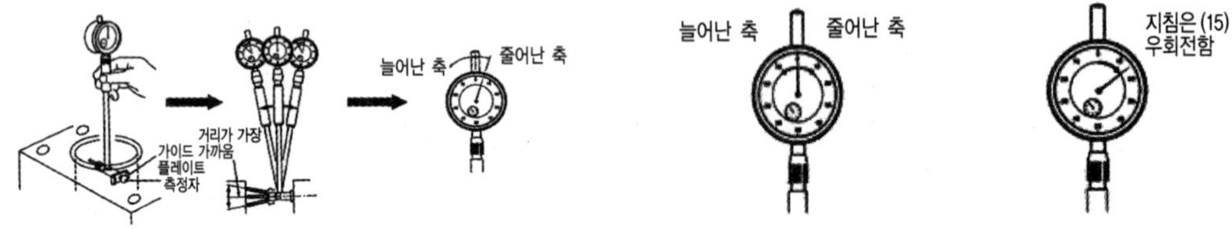

[그림 4-58] 실린더게이지 사용방법(3)

5) 간극(두께)게이지

○ 실린더 게이지는 실린더의 마모 상태를 조사하기 위해 실린더의 내경을 측정할 때에 사용한다.

○ 일반적으로는 0.03mm∼3.0mm까지의 두께를 나누어 강판의 박판이 1조로 되어 있다.

○ 측정하려는 틈새에 게이지를 삽입하여 작은 저항이 있는 정도로 넣다 뺀 두께가 측정치가 된다.

○ 사용 후는 게이지 표면을 깨끗이 하여 기름을 얇게 도포한다.

○ 게이지를 구부리지 않도록 사용한다.

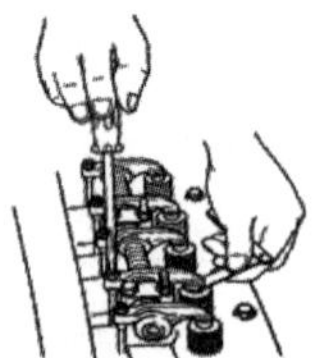

[그림 4-59] 간극게이지 사용방법

(2) 볼트, 너트의 토크 측정

1) 토크렌치

○ 토크렌치는 볼트나 너트의 규정 토크로 체결할 때 사용한다.

○ 플레이트형, 프리셋트형이 있고, 일반적으로는 플레이트형이 많이 사용된다.
○ 플레이트 형 사용방법
  - 토크렌치의 凸부에 소켓렌치를 취부한다.
  - 손잡이를 잡고 한쪽 손으로 토크렌치의 끝을 누르고 앞쪽으로 당겨 조인다.
○ 프리셋트 형 사용방법
  - 일반적인 정비에 많이 사용되며 토크렌치의 凸부에 소켓렌치를 취부한다.
  - 토크렌치의 뒤쪽에 로크를 해제하여 슬리브를 돌려 체결하려는 수치에 맞춘다.
  - 라쳇으로 되어 있으므로, 체결하는 방향으로 레버를 돌려 체결한다.
  - 설정한 규정 토크에 도달하면 "따깍"하는 소리가 나므로 체결 완료된 것이다.
○ 토크렌치로 처음부터 체결하면 작업성이 나쁘므로, 어느 정도까지는 다른 렌치를 사용해 가체결 한다.
○ 규정 토크에 대해 눈금판이 50~70%에서 사용하면 안정되어 힘을 가하기가 쉽다.
○ 여러 개의 볼트로 체결되어 있을 때는 2~3회 나누어 실시한다.

(3) 배터리의 비중 측정

1) 배터리 비중계

○ 배터리 비중계는 배터리 전해액의 비중을 측정할 때 사용한다.
○ 스포이드와 같은 형태로 되어 있어 유리관의 내부에 플로트가 들어 있다. 플로트가 떠오르는 상태로 비중을 알 수 있다.
○ 배터리 캡을 열어 전해액을 흡입한다.
○ 전해액은 적정량으로 하고, 플로트가 유리관 벽에 부착되지 않도록 수직으로 세운다.
○ 액의 눈금 위에 있는 곳의 수치를 읽는다.
○ 배터리의 전해액은 유산(묽은 황산)이다. 건조한 유산과 같아 부식성이 매우 높은 물질로 위험하므로 취급시 주의하고 측정 후 비중계는 물로 씻는다.

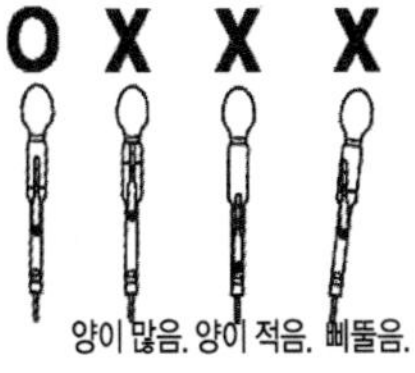

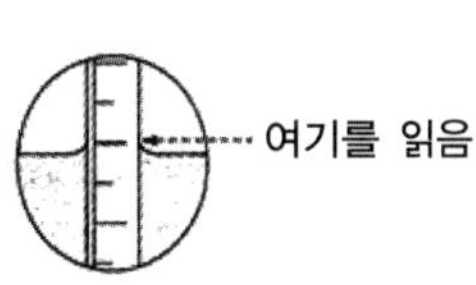

[그림 4-60] 배터리 비중계 사용방법

(4) 냉각수의 농도 측정

1) 부동액(쿨런트) 스코프

○ 부동액 스코프는 냉각수 중의 부동액의 농도를 측정하는 데 사용한다.
○ 배터리의 전해액 비중도 측정할 수 있다.
○ 부속 채취기로 프리즘면에 냉각수(또는 전해액)를 떨어뜨린다.
○ 프리즘면 전체에 번질 정도로 묻힌다.
○ 밝은 쪽을 앞쪽으로 향해 접안경을 통해 본다. 핀트가 안 맞을 때는 접안경을 돌린다.
○ 푸른 경계선의 눈금을 옆으로 나타난 곳을 읽는다.

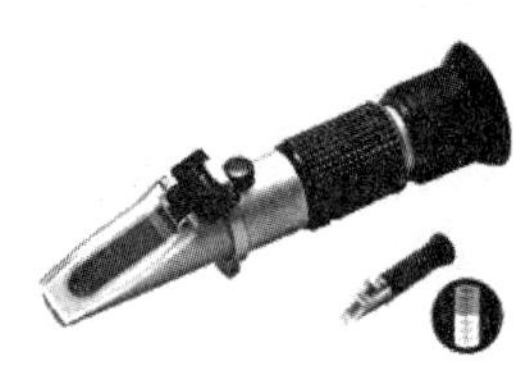

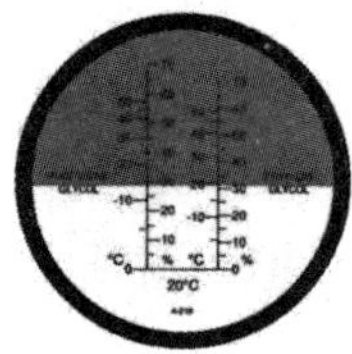

[그림 4-61] 부동액(쿨런트) 스코프 사용방법(1)

○ 사용 후는 물티슈로 프리즘, 채광판 및 주변에 묻은 액을 깨끗이 닦아내고, 마른 티슈로 수분을 제거한다.
○ 부동액(쿨런트) 스코프 0점 조정요령

① 채광판을 열어 프리즘면에 증류수를 1~2방울 떨어뜨린다.

② 액이 퍼지도록 서서히 채광판을 닫는다.

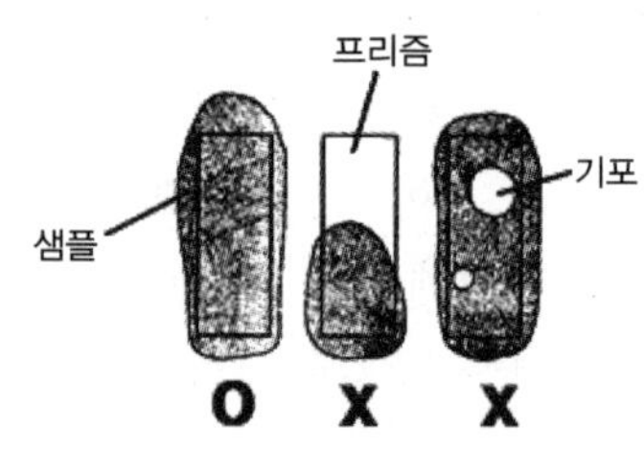

③ 증류수가 프리즘면 전체에 넓게 퍼져 있는 것을 확인한다.

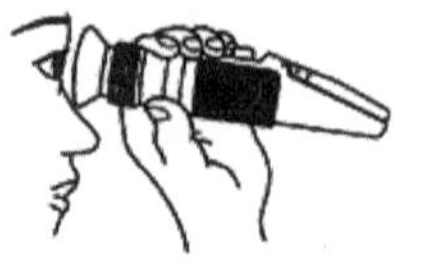
④ 밝은 쪽을 향해 본기의 앞끝을 향하여 접안경을 통해 본다. 접안경을 돌려 눈금이 확실히 보이도록 핀트를 맞춘다.

⑤ 눈금의 0% 부근에서 푸른색의 경계선이 보인다.

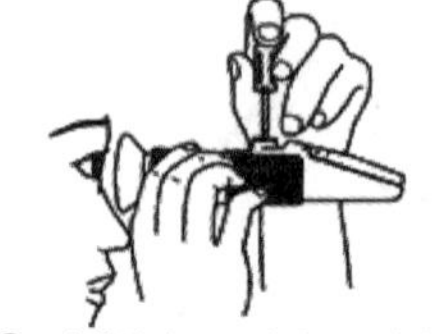
⑥ 경계선과 0%의 눈금선이 일치하지 않을 때는 드라이버로 0에 맞춰 나사를 돌려 일치시킨다.

※ 0에 맞춘 후에 프리즘면 및 프리즘대, 채광판 등에 부착한 증류수를 부드러운 티슈종이로 닦아낸다.

[그림 4-62] 부동액(쿨런트) 스코프 사용방법(2)

(5) 노즐 압력측정

1) 노즐 테스터

○ 노즐 테스터는 디젤엔진의 연료분사 노즐의 분사상태 점검이나 분사압력의 측정에 사용한다.
○ 접속 어뎁터를 취부하고, 여러 가지 노즐에 사용한다.
○ 노즐 테스터에 접속관 및 분사 노즐을 취부한다.
○ 분사압력의 측정 : 천천히 레버를 내려눌려 노즐에서 연료가 분사하는 순간의 압력을 읽는다.
○ 분사상태 확인 : 1초간에 1회 정도 레버를 조작해 확인한다.
○ 분사압력은 120~220kgf/cm^{2}의 고압에도 미세한 안개 상태의 연료가 분사하므로 눈에 들어오는 방향으로 향하거나 손을 내밀지 않도록 한다.
○ 노즐에서 분부하여 화기에 가까이하지 않는다.

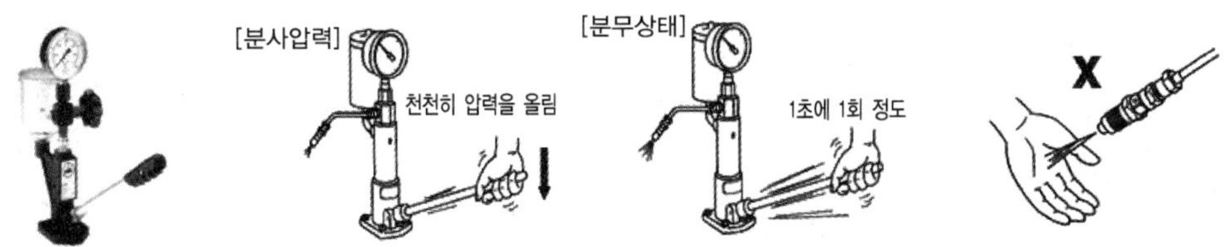

[그림 4-63] 노즐 테스터 사용방법

(5) 라디에이터 캡 압력측정

1) 라디에이터 캡 테스터

○ 라디에이터 캡 테스터는 라디에이터 캡의 내압을 측정하거나 라디에이터 본체를 포함 냉각수 계통의 누수 점검에 사용한다.
○ 레버를 펌핑하는 것에 의해 압력을 가할 수 있다.
○ 라디에이터 캡의 점검
  - 테스터에 라디에이터 캡을 취부한다.
  - 테스터를 펌핑하여 캡에 압력을 가해 열린 압력(압력이 내려가기 시작하는 위치)을 측정한다.
    ※ 보통의 캡 압력은 0.9kgf/cm^{2}이다.
○ 라디에이터 누수 점검
  - 테스터에 라디에이터 본체의 주입구에 부착한다.
  - 테스터를 펌핑하여 압력을 가한다.

※ 냉각수는 정량을 넣는다.

※ 보통압력은 최대 1.2kgf/cm²이다.

○ 캡, 본체의 점검도 정비지침서를 참고한다.

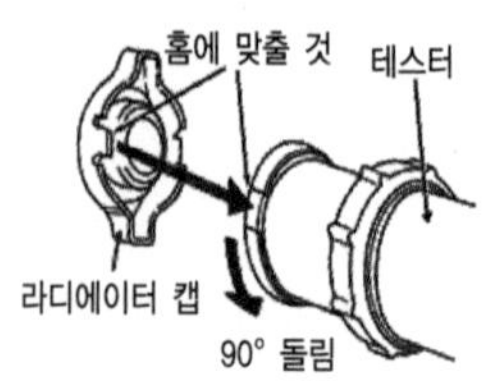

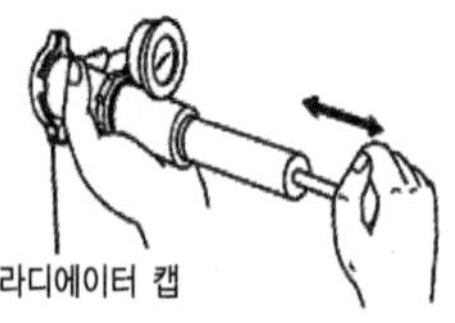

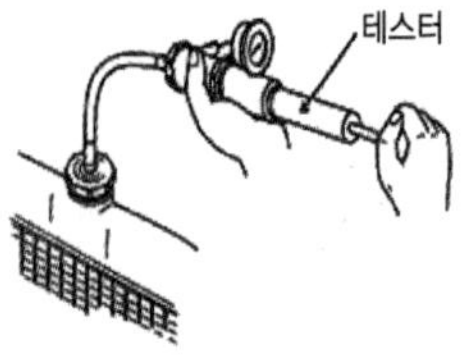

[그림 4-64] 라디에이터 캡 테스터 사용방법

(6) 기관의 압축압력 측정

1) 압축 게이지(콤프레션 게이지)

○ 압축 게이지는 기관의 압축압력을 측정하는 데 사용한다.

○ 압축압력의 차이로 아래 2종류가 있다.
  - 가솔린 기관용 : 0～25kgf/cm²
  - 디젤 기관용 : 0～70kgf/cm²

○ 축 압력을 측정하며, 피스톤이나 실린더 라이너의 교환을 적기에 할 수 있다.

○ 기관을 난기운전을 한다.

○ 연료를 차단한다.

○ 분사노즐을 완전히 떼어낸다(가솔린 기관은 점화플러그).

○ 노즐 프로텍터, 노즐 시트도 반드시 떼어낸다.

○ 크랭킹을 하며, 실린더 내의 이물질을 불어낸다.

○ 분사노즐을 뗀 곳에 게이지를 취부한다(가솔린 기관은 점화플러그 구멍에 게이지 선단을 눌러 취부).

○ 시동모터를 돌려 기관을 크랭킹 한다.

○ 기관의 회전에 따라, 게이지의 눈금이 올라가 어느 치수에서 눈금이 멈춘다. 그 때의 수치가 그 실린더의 최고 압축압력이다.

○ 하나의 실린더의 측정이 끝나면 게이지의 눈금을 누르고 버턴을 눌러 "0"에 돌린 다음 실린더 측정으로 옮긴다.

○ 기관을 시동하여 돌리면서 반드시 배터리는 완전하게 충전해 두고. 고압이 되므로 어뎁터 등의 취부는 완전하게 한다.

○ 어뎁터는 항상 먼지 등의 부착이 없도록 해 둔다.

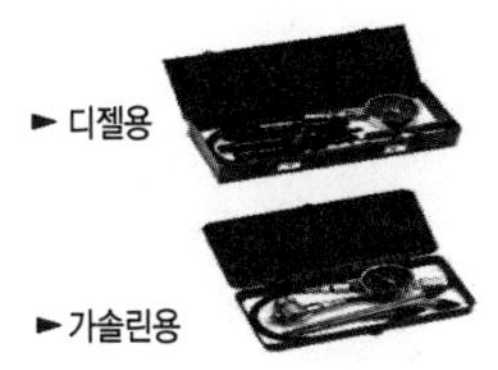

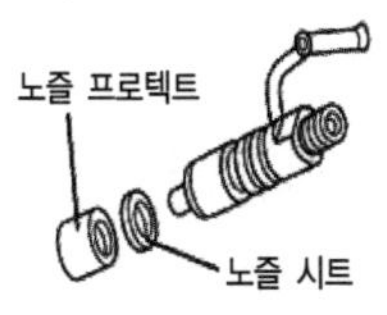

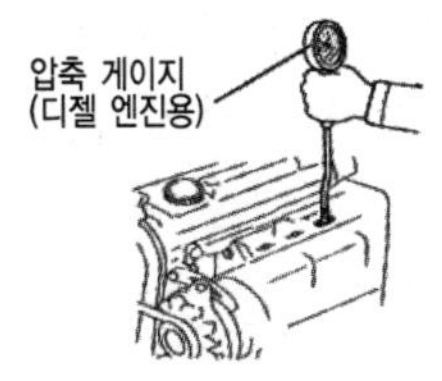

[그림 4-65] 압축 게이지 사용방법

(7) 공기압 측정

1) 공기압 게이지

○ 공기압 게이지는 타이어의 공기압을 측정하는 데 사용한다.
○ 에어 탱크 타입과 호스접속 타입이 있다.
○ 타이어의 밸브에 게이지 선단을 눌러 맞춰, 공기압을 측정한다.
○ 공기를 채울 때는 우측 그림처럼 본체의 레버를 잡는다.
○ 충진, 배출 밸브 조작시는 정확한 압력측정이 안 되므로 조작 후에 다시 압력을 확인한다.

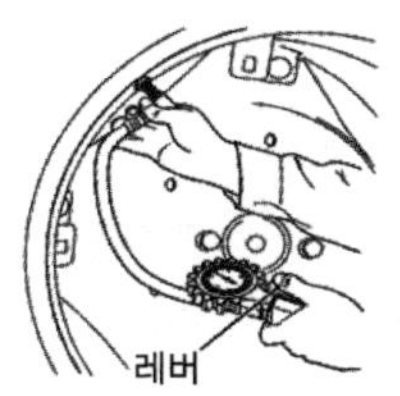

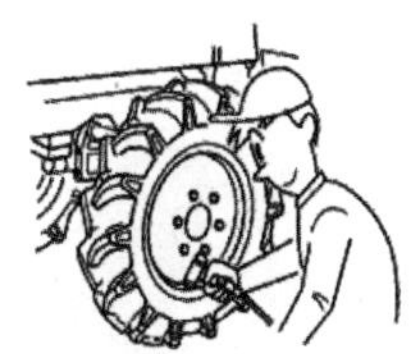

[그림 4-66] 공기압 게이지 사용방법

(8) 유압을 측정

1) 유압 테스터기

○ 유압 테스터기는 유압장치의 압력을 측정하는 데 사용한다.
○ 측정하는 압력값에 따라 저압, 중압, 고압용이 있다.
- 저압용 : 0～5kgf/cm^2
- 중압용 : 0～35kgf/cm^2
- 고압용 : 0～250kgf/cm^2

○ 압력 측정구의 플러그를 떼어내고, 유압 테스터를 취부한다.
○ 측정하는 압력값을 모를 때는 허용량의 큰 것부터 순서대로 한다.

○ 테스터를 취부할 때 플러그를 과도하게 잠그지 말아야 한다.
○ 측정구로부터 먼지 등이 들어가지 않도록 한다.
○ 압력이 걸린 상태에서 테스터를 떼어내지 말아야 한다.
○ 측정요령은 정비지침서를 참조한다.

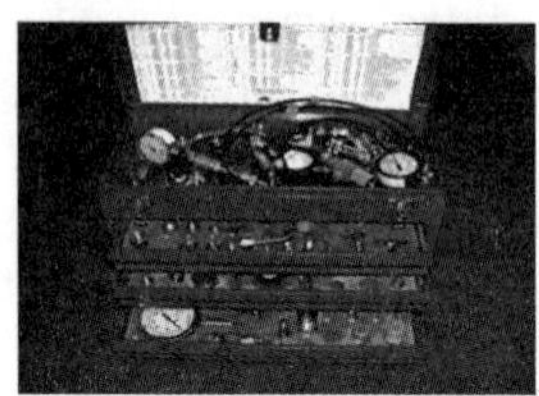
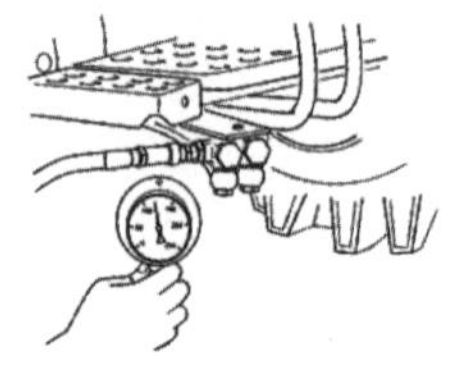

[그림 4-67] 유압 테스터기 사용방법

(9) 전장품 점검

1) 디지털 멀티 테스터기

○ 디지털 멀티 테스터는 전기장치, 전기부품의 진단을 할 때 사용한다.
○ 전압, 전류, 저항의 측정이나 다이오드 체크가 가능하다.

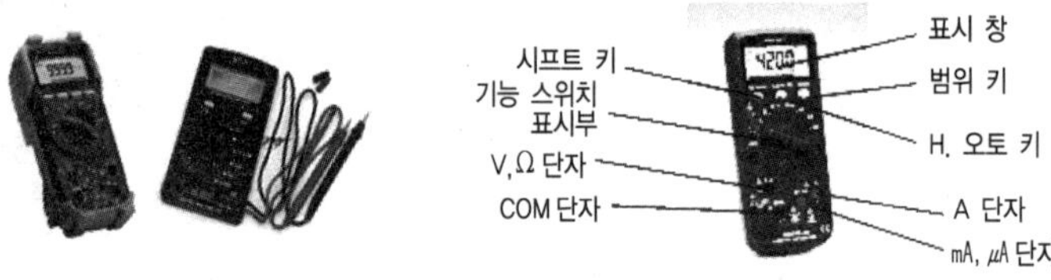

[그림 4-68] 디지털 멀티 테스터기 사용방법

○ 직류전압(DCV)의 측정
- ①의 스위치를 [V]범위로
- 흑색 테스트 코드 “COM”
- 적색 테스트 코드 “V, Ω”
- 적색 테스트 봉을 “+”단자에 흑색 테스트 봉을 “-” 단자에 접속한다.
- 전압표시가 안정하지 않으면 ②의 범위 키를 눌러 표시 범위를 바꾼다.
- 테스트 봉의 “+”와 “-”를 반대로 접속하면 “-”표시가 된다.

○ [교류전압(ACV)의 측정]

- ①의 스위치를 [~V]범위로
- 흑색 테스트 코드 "COM"
- 적색 테스트 코드 "V,Ω"
- 적색 테스트 봉, 흑색 테스트 봉을 각각의 단자에 접속한다.
- 전압표시가 안정하지 않으면 ②의 범위 키를 눌러, 표시 범위를 바꾼다.
- 테스트 봉의 "+"와 "−"를 반대로 접속하여도 표시는 같다.

○ 직류전류(DCA)의 측정

- ①의 스위치를 [10A]범위로
- 흑색 테스트 코드 "COM"
- 적색 테스트 코드 "A" 측정하는 장소의 커플러 등을
- 떼고, 테스트 봉을 직렬로 연결한다.
- 표시창이 "−"가 될 때는 흑색 테스트 봉측에서 적색 테스트 봉측으로 전기가 흐르는 것을 표시한다.
- 측정하는 전류값이 약할 때는 그 전류 값에 맞춰 ①의 스위치를 [mA],[μA], [50μA]로 한다. 이 때, 테스트 코드는 일단 테스트 본체에서 떼어낸다.

○ 저항(Ω)의 측정

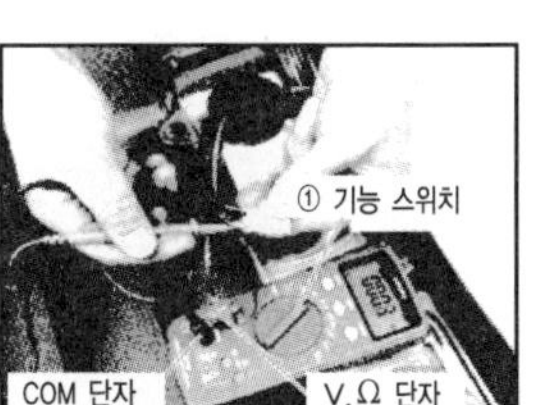

- ①의 스위치를 [Ω]범위로
- 흑색 테스트 코드 "COM"
- 적색 테스트 코드 "V,Ω"
- 적색, 흑색 테스트봉을 각각의 단자에 연결한다.
- 테스트 봉을 바꾸어도 표시는 변하지 않음, 0F의 표시가 있으면 단선된 것이다.

○ 통전(도통) 테스트

- ①의 스위치를 [➡⌒⬅]로 한다.
- 흑색 테스트 코드 "COM"
- 적색 테스트 코드 "V,Ω"

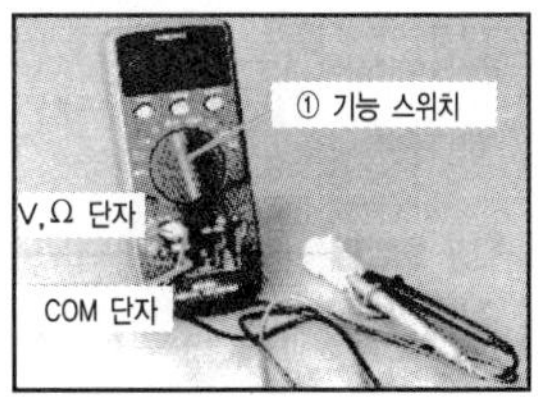

- 적색, 흑색 테스트봉을 각각의 단자에 연결한다.
- 〈통전일 때) "삐"하고 소리가 나고 그 때 저항값 표시함.
- 〈통전이 아닐 때〉 소리가 없고 "OF"의 표시 그대로이다.
- 기계에 설정한 채로 측정할 때는 키 스위치를 "절"위치로 하든가, 배터리의 "+", "−"단자를 분해 후 측정할 것.

○ 다이오드 테스트

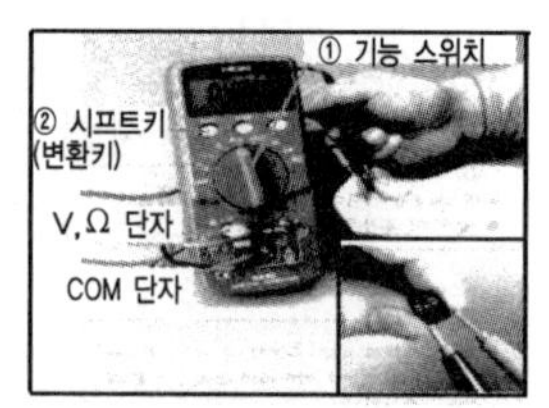

- ①의 스위치를 [➡︎⌒⬅︎]로 한다.
- 흑색 테스트 코드 “COM”
- 적색 테스트 코드 “V,Ω”
- ②의 시프트 키를 눌러 표시한다. 적색 테스트 봉을 아노드, 흑색 테스트 봉을 캐소드 측으로 접속한다. 다이오드가 정상일 때 0.4~0.7V를 표시한다.
- 다이오드가 단선일 때는 “OF”로 표시된다.
- 테스트 봉을 반대로 접속한다.
- 다이오드가 단락되어 있으면 OV부근을 표시한다.
- 기계에 설정한 채로 측정할 때는 키 스위치를 “절”위치로 하든가, 배터리의 “+”, “－”단자를 분해 후 측정한다.

제5장 농용 기관 분해 조립

제1절 | 농용 디젤 기관

1. 농용 디젤 기관 제원

구 분	ND10D(E)
형식	횡형 수냉 4싸이클 단기통 디젤 기관
정격출력	7.46kW(10hp)/2,200rpm
최대출력	9.69kW(13hp)/2,400rpm
흡기방식	자연흡기식
압축비	18
총행정 용적	0.673
실린더수	1

구 분	ND10D(E)
배기량	673cc
보어×행정	Ø 955x95mm
연소방식	직접분사식
분사타이밍	BTDC 16°
분사순서	1
분사압력	190kgf/cm²(18632kPa)
흡・배기밸브 간극	흡기: 0.35mm(0.0138in) 배기: 0.35mm(0.0138in)
연료소모량	1.8L/h
냉각수 용량	3.3L
기관오일 용량	2.8L
건조 중량	125kg
회전방향	반시계 방향(플라이휠 쪽에서 볼 때)

2. 농용 디젤 기관 평단면도

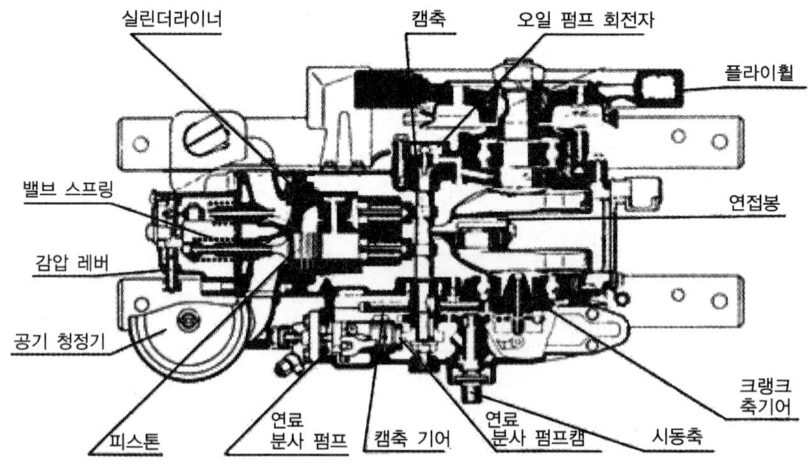

제2절 | 농용 디젤 기관 분해 조립

1. 기관 총분해 수리 시기

기관의 총분해 수리 시기의 직접적인 원인으로 되는 것은 실린더, 피스톤, 피스톤링의 마모 및 손상인데 그 징조는 보통 다음과 같다.

○ 압축압력이 낮아졌다.
○ 기관오일의 소비가 많아졌다.
○ 블로우바이 가스가 많아 에어브리더에서 나오는 가스가 많아졌다.
○ 시동이 나빠졌다.
○ 힘이 없어졌다.
○ 연료 소비가 많아졌다.
○ 기관 각부에서 소음이 많아졌다.

2. 기관 분해 조립시 주의사항

○ 헐거운 옷은 사고의 원인이 되므로, 몸에 맞고 작업에 적합한 복장을 착용한다.
○ 기관을 분해할 때는 분해, 조립 부품의 정비대를 준비하여 분해순서에 따라서 배열하면서 분해한다.
○ 볼트 및 너트를 풀 때는 바깥쪽에서 중앙을 향하여, 조일 때에는 중앙에서 바깥을 향하도록 한다.
○ 부품과 볼트, 너트가 서로 바뀌지 않도록 주의한다.
○ 조립은 분해의 역순이며, 분해시 조립 마크에 주의하고 조립 마크가 없는 것이라도 필요에 따라 표시해 둔다.
○ 부품은 분해한 순서로 정리하였다가 조립하도록 한다.
○ 분해 전, 세척 전에 이상이 있나 없나를 확인한다.
○ 분해, 조립은 알맞은 공구를 선택하고 무리한 힘을 가하지 않도록 한다.
○ 기관을 분해했을 경우 수정 기준표에 따라 각부 마모, 손상 정도를 잘 점검하여 조립한다.

3. 기관 분해

(1) 냉각수 빼기

[그림 5-1] 냉각수 빼기

1) 분해요령 및 주의사항

○ 라디에이터의 압력마개를 푼 다음 배수 꼭지를 열어 냉각수를 뺀다.

2) 사용 공구 : 물통

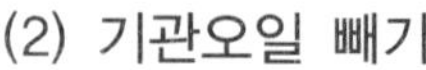

(2) 기관오일 빼기

[그림 5-2] 기관오일 빼기

1) 분해요령 및 주의사항

○ 오일팬 밑쪽의 배유 플러그를 풀어 오일을 뺀다.
   ㈜ 오일에 이물질, 물 따위가 섞어 있는가 점검한다.

2) 사용 공구 : 22mm 소켓 또는 스패너, 기름통

(3) 머플러

[그림 5-3] 머플러 분해

1) 분해요령 및 주의사항

○ 머플러 커버를 떼어낸다.
○ 실린더 헤드에서 머플러를 떼어낸다.
   ㈜ 가스켓의 이상 유무를 점검한다.

2) 사용 공구 : 12mm, 14mm 소켓 또는 스패너

(4) 에어클리너 및 흡기관

[그림 5-4] 에어클리너 분해

1) 분해요령 및 주의사항

○ 흡기관에서 에어클리너를 떼어낸다.
   ㈜ 이때 에어클리너는 오일이 쏟아지지 않게 수평을 유지하고 작업대 정비대에 똑바로 세워놓는다.
○ 실린더 헤드에서 흡기관을 떼어낸다.

2) 사용 공구 : 10mm, 12mm 소켓 또는 스패너, 플라이어

(5) 각종 파이프

[그림 5-5] 각종 파이프 분해

1) 분해요령 및 주의사항

○ 분사파이프(분사펌프 ~ 노즐홀더 사이)를 떼어낸다.
○ 연료콕크를 잠그고 연료파이프(연료꼭지 ~ 분사펌프 사이)를 떼어낸다.
○ 송유파이프(오일펌프 ~ 로커커버 사이)를 떼어낸다.
○ 잉유파이프(노즐호울터 ~ 탱크 사이)를 떼어낸다.

㈜ 각 파이프 및 분사펌프 내부에 먼지가 들어가지 않도록 비닐 또는 신문지로 쌓아 놓던지 덮어놓는다.

2) 사용 공구 : 12mm, 14mm 스패너, 드라이버

(6) 노즐호울더(연료분사밸브)

[그림 5-6] 노즐호울더 분해

1) 분해요령 및 주의사항

○ 실린더 헤드에서 노즐호울더를 떼어낸다.

㈜ 노즐 끝이 다치지 않게 하고 먼지나 찌꺼기가 묻지 않게 한다.

2) 사용 공구 : 12mm 소켓 또는 스패너

(7) 로커암 커버

[그림 5-7] 로커암 커버 분해

1) 분해요령 및 주의사항

○ 실린더 헤드에서 로커암 커버를 떼어낸다.

㈜ 로커암 커버 팩킹의 이상 유무를 점검한다.

2) 사용 공구 : 12mm, 14mm 소켓 또는 스패너, 드라이버

(8) 로커암

[그림 5-8] 로커암 분해

1) 분해요령 및 주의사항

○ 실린더헤드에서 록커 샤프트브래킷 조임볼트를 풀어내어 록커아암, 록커축 브래킷을 뺀다.
○ 푸시로드를 뺀다.

㈜ 푸시로드의 휨 및 마모의 이상 유무를 점검한다.

2) **사용 공구** : 12mm, 14mm 소켓 또는 스패너

(9) 실린더헤드

1) 분해요령 및 주의사항

○ 실린더헤드 조임 너트를 풀어 실린더 헤드를 뺀다.

○ 실린더헤드 가스켓을 뺀다.

㈜ 실린더 헤드를 빼낼 때는 무거우므로 놓치지 않도록 주의하고 실린더 헤드 가스켓의 이상 유무를 점검한다.

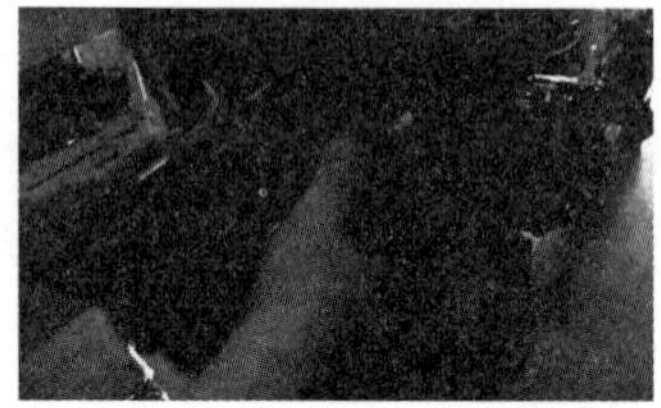

[그림 5-9] 실린더헤드 분해

2) **사용 공구** : 22mm 소켓 또는 스패너, 링 렌치, 플라스틱 헤머

(10) 라디에이터

1) 분해요령 및 주의사항

○ 기관 걸이를 뗀다.

○ 라디에이터 커버 조임볼트를 풀어내고 라디에이터 커버를 뗀다.

㈜ 냉각핀 이물질 및 막힘, 냉각수 통로의 부식 상태 점검한다.

[그림 5-10] 라디에이터 분해

2) **사용 공구** : 10mm 소켓, 드라이버

(11) 연료탱크

1) 분해요령 및 주의사항

○ 기관 걸이 밑의 너트를 풀어낸다.

○ 라디에이터쪽 볼트 3개 및 뒤쪽볼트 2대를 풀어낸다.

○ 연료필터 붙임 볼트를 크랭크 케이스에서 풀어낸다.

○ 연료탱크를 연료여과기와 함께 뗀다.

[그림 5-11] 연료탱크 분해

2) **사용 공구** : 드라이버, 11mm, 12mm, 17mm 소켓 또는 스패너

(12) 뒤쪽 덮개

1) 분해요령 및 주의사항

○ 조임 볼트를 풀어 크랭크 케이스에서 뒷쪽 덮개 뗀다.
　㈜ 패킹의 이상 유무를 점검한다.

2) 사용 공구 : 12mm 소켓 또는 스패너, 드라이버(대)

[그림 5-12]
뒤쪽 덮개 분해

(13) 커넥팅로드 및 피스톤

1) 분해요령 및 주의사항

○ 로드 조임 너트의 구부림 와셔를 편다.
○ 조임 너트를 풀어내고 구부림 와셔 및 로드 캡을 뗀다.
○ 플라이휠을 돌려 피스톤을 반드시 상사점 위치로 한다.
○ 해머 자루로 커넥팅 로드의 캡 조임 볼트를 눌러서 피스톤 및 로드 조합을 헤드 쪽으로 뺀다.
　㈜ 대단 메탈링의 닿임 및 이상의 유무를 점검, 피스톤, 피스톤 링, 실린더의 닿임 및 이상 유무, 마모상황을 점검

[그림 5-13]
커넥팅로드 및 피스톤 분해

2) 사용 공구 : 14mm, 17mm 소켓 및 렌치 또는 링렌치, 드라이버, 해머

(14) 연료분사펌프

1) 분해요령 및 주의사항

○ 기어케이스에서 연료분사펌프를 뺀다.
　㈜ 연료분사 펌프를 분해할 때 컨트로울랙이 케이스에 걸리지 않도록 가버너 레버를 조금씩 움직이면서 빼낸다.

2) 사용 공구 : 12mm 소켓 또는 스패너

[그림 5-14]
연료분사펌프 분해

(15) 기어케이스

1) 분해요령 및 주의사항

○ 회전조정 안내판 붙임 볼트를 풀어내어 회전조정 안내판을 뗀다.

○ 기어케이스 붙임 볼트를 풀어내고 기어케이스를 거버너스프링과 함께 뗀다.

㈜ 기어케이스를 5cm 정도 떼고 나서 돌려 스프링이 다치지 않은 위치로 하여 뗀다.

[그림 5-15] 기어케이스 분해

2) 사용 공구 : 드라이버, 10mm, 12mm 소켓 또는 스패너

(16) 냉각팬 벨트

1) 분해요령 및 주의사항

○ 아이들 풀리 조합 볼트를 푼다.

○ 어저스팅 볼트의 록커 너트를 풀어 볼트를 왼쪽으로 돌려 풀리를 슬라이드 시켜 냉각팬 벨트를 벗긴다.

2) 사용 공구 : 12mm, 14mm 소켓 또는 스패너

[그림 5-16] 냉각팬 벨트 분해

(17) 플라이휠

1) 분해요령 및 주의사항

○ 플라이휠 붙임 너트를 풀고 스프링와셔 및 평와셔를 뺀 뒤 너트를 크랭크축에 빠지지 않게 조금 걸어 붙인다.

○ 풀리플러로 크랭크축에서 휠 너트 면에 닿을 때까지 뺀다.

○ 너트를 풀어내고 플라이휠을 뗀다.

㈜ 플라이휠을 뺄 때는 반드시 플러를 사용한다.

㈜ 크랭크축의 나사산에 주의하면서 플라이휠을 뺀다.

㈜ 플라이휠 키이도 뺀다.

[그림 5-17] 플라이휠 분해

2) 사용 공구 : 46mm 소켓, 풀리 플러

(18) 오일펌프

1) 분해요령 및 주의사항

○ 오른쪽 덮개에서 오일펌프 커버를 떼어낸다.
○ 오일펌프의 이너우터와 아우터 로우터를 뺀다.

2) 사용 공구 : 12mm 소켓 또는 스패너

(19) 캠축 캠기어조합

1) 분해요령 및 주의사항

○ 크랭크케이스에서 베어링 스토퍼를 뺀다.
○ 캠축 캠기어 조합을 뺀다.
　㈜ 캠 산이 태핏에 걸리지 않도록 주의한다.

2) 사용 공구 : 알미늄 봉, 해머, 12mm 링 렌치

(20) 크랭크축 오른쪽 덮개 롤러베어링 크랭크 기어 조합

1) 분해요령 및 주의사항

○ 오른쪽 덮개 조임 볼트를 풀어낸다.
○ 크랭크축 카운터 웨이트의 위치를 크랭크 케이스의 파진 쪽에 맞추어 크랭크 기어 쪽을 가볍게 플라스틱 해머로 때리면서 크랭크축 덮게 등의 조합을 떼어낸다.
　㈜ 가이드 볼트를 활용해 오른쪽 덮개의 센터를 맞추면서 뺀다.

2) 사용 공구 : 12mm 소켓 또는 스패너, 14mm 소켓 또는 가이드 볼트

(21) 조합 및 아이들기어, 태핏

1) 분해요령 및 주의사항

○ 아이들기어와 아래쪽 밸런스축을 동시에 뺀다.
○ 아이들기어의 스냅링을 뺀다.
○ 아이들기어와 아래쪽 밸런서 축을 동시에 뺀다.
○ 푸시로드를 이용하여 태핏을 뺀다.

2) 사용연모 : 스랩링플라이어, 풀리플러, 플라스틱해머

4. 기관 부분분해

(1) 크랭크축

1) 분해요령 및 주의사항

[그림 5-18] 크랭크축 분해

○ 플라이휠의 키를 빼고 오른쪽 덮개에서 베어링 커버를 뗀다.
○ 크랭크축 스냅링을 빼고 풀러로 오른쪽 덮개와 함께 베어링을 크랭크축에서 뺀다.
○ 기어 풀러로 크랭크 기어를 뺀다.
○ 풀러로 크랭크기어쪽 베어링을 뺀다.

○ 크랭크축 카운터 웨이트의 구부림 와셔를 펴서 볼트를 풍어 웨이트를 뺀다.

㈜ 오일실 마모 점검, 거버너웨이트 작동확인 및 마모 점검, 크랭크핀 및 베어링 마모점검, 크랭크기어의 접촉 및 마모 점검

2) 사용 공구 : 12mm, 19mm 소켓, 스냅링 풀라이어, 풀리풀러, 드라이버, 해머

(2) 캠축

1) 분해요령 및 주의사항

[그림 5-19] 캠축 분해

○ 분사펌프 캠과 시동 기어를 빼고 키를 뺀다.
○ 캠 기어를 빼고 키를 뺀다.
○ 기어쪽 볼베어링을 뺀다.

㈜ 캠 산 및 볼베어링 마모 점검, 캠 기어의 접촉 및 마모 점검

2) 사용 공구 : 풀리플러, 알미늄봉, 해머

(3) 흡·배기 밸브

1) 분해요령 및 주의사항

[그림 5-20] 흡·배기 밸브 분해

○ 배기 및 흡기 밸브를 실린더 헤드에서 뺀다.
○ 밸브를 뺄 때 알맞은 스프링 컴프레서를 이용해 스프링 리테이너를 눌러 리테이너록을 빼고 밸브를 뺀다.

㈜ 밸브 및 헤드쪽의 씨트면의 닿임 및 마모 점검, 밸브가이드 및 밸브스템의 마모 점검

2) 사용공구 : 14mm 소켓, 밸브스프링 콤프레서

(4) 피스톤

1) 분해요령 및 주의사항

○ 피스톤 링을 뺀다.

○ 스냅링을 빼고 피스톤 핀과 커넥팅 로드를 뺀다.

㈜ 오일을 약 60℃로 데운 뒤 피스톤을 넣어 따뜻해 진 뒤 피스톤 핀을 눌러 뺀다.

[그림 5-21] 피스톤 분해

2) 사용 공구 : 플라이어, 피스톤링 익스펜더, 오일

(5) 팬 발전기

1) 분해요령 및 주의사항

○ 크랭크케이스 볼트 및 라디에이터의 볼트를 떼고 팬 발전기 조합을 뗀다.

○ 팬 발전기의 부분분해

- V 풀리 조임 너트를 때고 스프링와셔 V 풀리를 뺀다.
- V 풀리용 키를 뺀다.
- 먼지 막이 판을 떼고 리테이너 플레이트를 뗀다.
- 조정판을 뗀다.
- 축의 너트 조임쪽을 플라스틱 해머로 때려서 반대쪽으로 뺀다.
- 볼 베어링 및 간격통을 뺀다(볼 베어링 점검)

[그림 5-22] 팬 발전기 분해

2) 사용 공구 : 10mm, 12mm, 19mm 소켓, 드라이버

(6) 라디에이터

1) 분해요령 및 주의사항

○ 라디에이터 조임 볼트를 푼다.

○ 크랭크케이스에서 라디에이터를 뺀다.

㈜ 라디에이터의 물샘 안 바깥부의 점검, 라디에이터 패킹을 준비한다.

[그림 5-23] 라디에이터 분해

2) 사용 공구 : 12mm 소켓

(7) 연료분사펌프

1) 분해요령 및 주의사항

○ 토출밸브 홀더를 풀어낸다.
○ 스프링 및 토출밸브를 뺀다.
○ 토출밸브 시이트 빼기 공구로 시이트 및 가스켓을 뺀다.
○ 스톱링을 뗀다.
○ 태핏을 눌러 태핏 가이드 핀을 뺀다.
○ 태핏 조합을 뺀다.
○ 로어 시이트 및 플런저를 뺀다.
○ 스프링 및 윗 시이트를 뺀다.
○ 피니언을 뺀다.
○ 플런저 배널을 뺀다.
○ 홀로우 스크루와 동 팩킹을 뺀다.

[그림 5-24]
연료분사펌프 분해

2) 주의 및 점검사항

○ 분해에 앞서 연료 출입구를 막아 외부의 더러움을 소재해 놓는다.
○ 그릇에 경유 또는 등유를 넣어 분해한 부품을 그릇 안에 담아둔다.
○ 토출밸브 시이트 닿임 면을 점검, 스프링 소손점검, 피니언과 랙의 마모 점검

3) 사용공구 : 19mm 스패너, 22mm 링렌치, 핀세트, 시트빼기 풀라이어, 드라이버, 10mm 스패너

(8) 노즐홀더

1) 분해요령 및 주의사항

○ 리테이닝 너트를 바이스에 물려 캡을 풀어내고 구리 패킹을 뺀다.
○ 시임 프레셔스프링 프레셔핀을 뺀다.
○ 디스턴스피이드(간격통)를 빼고 빼기봉을 노즐에 대여 가볍게 때려 노즐을 뺀다.

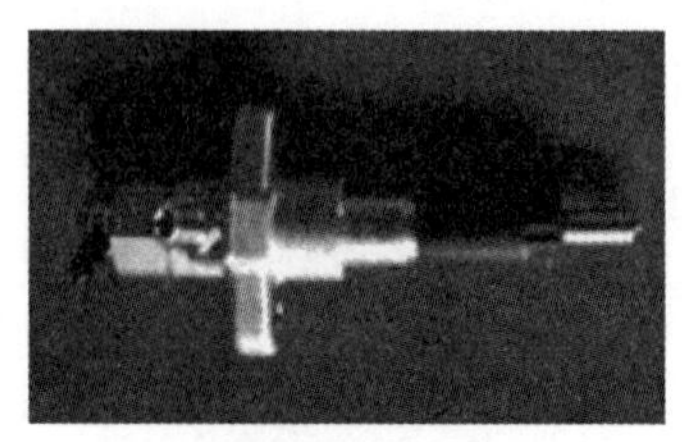

[그림 5-25]
노즐홀더 분해

2) 주의 및 점검사항

○ 분사펌프와 같이 분해한 부품을 경유 또는 등유가 든 통에 담가 둔다.
○ 노즐을 뺄 때 다치지 않게 유의한다.
○ 노즐의 닳임 및 손상 점검, 노즐스프링 소손점검

3) 사용 공구 : 22mm 링렌치, 27mm 스패너, 노즐 빼기봉, 해머

5. 기관 조립

(1) 오일스크리인 조합과 오일

1) 조립요령 및 주의사항

○ 크랭크 케이스에 오이류팬과 오일 스크리인을 조합하여 붙인다.

2) 사용 공구 : 10mm, 12mm 소켓 또는 스패너

(2) 태 핏

1) 조립요령 및 주의사항

○ 태핏에 오일을 발라 크랭크게이스 태핏 구멍에 끼운다.

2) 사용 공구 : 기관오일

(3) 크랭크축 오른쪽 덮개 조합

1) 조립요령 및 주의사항

○ 크랭크축 오른쪽 덮개 조합을 크랭크 케이스에 조립한다.
㈜ 조합할 때 가이드 볼트로서 녹크핀을 다치지 않게 주의한다.

2) 사용 공구 : 12mm, 14mm 소켓 또는 스패너, 플라스틱 해머, 가이드 볼트

(4) 거버너 웨이트

1) 조립요령 및 주의사항

○ 미끄럼 통축에 오일을 충분히 바른뒤 거버너 웨이트 조합을 미끄럼 통축과 함께 크랭크축에 조립한다.

㈜ 조립한 뒤 미끄럼 통축이 원활히 미끄러지는지 확인한다.

2) 사용 공구 : 10mm 소켓 또는 스패너, 10mm 링 렌치, 오일 건

(5) 베어링 스토퍼 플레이드

1) 조립요령 및 주의사항

○ 크랭크 케이스 안쪽에 베어링, 베어링 스토퍼 플레이드를 조립한다.
  ㈜ 크랭크축, 롤러 베어링 빠짐을 점검한다.

2) 사용 공구 : 12mm, 14mm 소켓 또는 스패너

(6) 크랭크기어, 아이들기어, 밸런스기어, 캠축기어

1) 조립요령 및 주의사항

○ 크랭크기어와 아이들기어, 아이들기어와 아래쪽 밸런서 축의 밸런스기어(소)의 각각 타이밍마크에 맞추어 아이들기어어와 함께 아래쪽 밸런스축, 밸런서 기어 조합을 크랭크케이스에 조립한다.
○ 플라스틱 해머로 가볍게 때리면서 완전하게 끼운다.
○ 아이들 축에 간격판을 넣은 뒤 스냅링으로 아이들 기어가 빠지지 않도록 조립한다.
○ 아래쪽 밸런서 기어(대)와 위쪽 밸런서 기어의 타이밍을 맞추면서 위쪽 밸런서 축 밸런서 기어 조합을 조립한다.
○ 스냅링을 밸런서축 베어링에 조립한다.
○ 아이들 기어와 캠 기어의 타이밍 마크를 맞추면서 캠축 기어 조합을 조립한다.

2) 사용 공구 : 12mm 소켓 또는 스패너, 플라스틱 해머, 스냅링 플라이어, 가위

(7) 오일펌프

1) 조립요령 및 주의사항

○ 오른쪽 덮개에 이너로우터 아우트로우터를 끼운다.
○ 오일펌프를 조립한다.
  ㈜ 이너로우터의 축부와 캠축의 오일펌프쪽 끝단부는 오울더햄 커플링으로 되어 있으므로 주의한다.

2) 사용 공구 : 12mm 소켓 또는 스패너

(8) 기어케이스

1) **조립요령 및 주의사항**

○ 가버너 스프링을 회전조정 레버와 가버너 레버 축에 조립한다.
○ 가이드 볼트를 이용해 크랭크 케이스에 기어케이스를 조립한다.

2) **사용 공구** : 플라이어, 12mm 소켓 또는 스패너

(9) 플라이휠

1) **조립요령 및 주의사항**

○ 크랭크축에 키이를 박은 뒤 스프링와셔, 평와셔를 끼우고 플라이휠을 조립한다.

2) **사용 공구** : 46mm 소켓, 연결봉, 해머

(10) 냉각팬 벨트

1) **조립요령 및 주의사항**

○ 냉각팬 벨트를 끼운 뒤 텐션 볼트로서 벨트의 장력을 조정한다.
○ 조정이 끝나면 아이들 풀리 조합을 조임 너트로 고정한다.
　㈜ 벨트의 표준장력은 냉각팬 풀리의 중간을 엄지손가락으로 눌러 처짐이 10~12mm 되게 조정한다.

2) **사용 공구** : 10mm, 12mm 스패너 또는 링 렌치, 14mm 소켓

(11) 연료분사 펌프

1) **조립요령 및 주의사항**

○ 분사펌프의 캠산이 뒤쪽으로 오게 플라이휠을 돌린다.
○ 거버너레버의 포오크부 및 분사펌프의 컨트로울랙을 각각 중앙으로 하여 컨트로울랙이 정확히 레버의 포오크 부에 들어가게 세심한 주의를 하면서 연료분사 펌프를 기어케이스에 조립한다.
○ 가버나 레버와 컨트로울랙이 정확히 연결되어 있는지를 시동 버턴으로 확인한다.
　㈜ 분사시기는 조립이 끝나고 나서 조정한다.

2) **사용 공구** : 12mm 소켓 또는 스패너

(12) 회전조정 안내판 및 회전조정 손잡이

1) 조립요령 및 주의사항

○ 크랭크케이스에 케이블 지지판과 같이 회전조정 안내판을 조립한다.
○ 인디케이터 패칭을 넣고 인디케이터를 끼운뒤 회전조정 손잡이를 틀에 박고 둥근 나사머리로 고정한다.

2) 사용 공구 : 드라이버(대, 소), 10mm 소켓 또는 스패너

(13) 커넥팅 로드 및 피스톤

1) 조립요령 및 주의사항

○ 피스톤 링, 피스톤, 빅엔드 베어링, 실린더에 오일을 바른다.
○ 피스톤 링의 엔드갭을 피스톤 및 드러스터 방향을 피해 4등분으로 배치하고 피스톤 헤드면에 싸이즈 기호가 바로 되게 하여 실린더에 끼운다.
○ 크랭크핀을 상사점 위치로 하여 커넥팅로드 빅엔드부가 크랭크 핀에서 벗어나지 않게 하면서 피스톤을 가볍게 눌러 플라이휘일을 서서히 돌리면서 끼운다.
○ 로드 베어링 캡 및 구부림 와셔를 끼우고 너트로 균등하게 조인다.
○ 구부림 와셔를 구부려 너트가 풀리지 않게 한다.
○ 사이드 클리런스를 확인한다.

2) 사용 공구 : 오일건, 피스톤링 밴드, 플라스틱 해머, 14mm, 17mm 소켓, 토크렌치, 피일게이지, 드라이버, 풀라이어

(14) 리드선

1) 조립요령 및 주의사항

○ 리드선을 팬 발전기의 터미널과 각각 결선한뒤 리이드선 누름쇠로 크램프 시친다.
㈜ 리이드선의 결선
- 헤드램프용 6V 25W 팬 발전기 노란색 리드선
- 작업등 램프용 팬 발전기 붉은색 리드선

(15) 연료탱크

1) 조립요령 및 주의사항

○ 잉유파이프를 연료탱크에 끼운다.

○ 연료탱크 연료 콕크를 함께 조립한다.
○ 라디에이터쪽 볼트 3개 및 뒤쪽볼트 2개를 조립한다.
○ 리이드선을 헤드램프와 결선한다.
○ 연료 콕크 조임볼트를 크랭크케이스에 조립한다.

2) **사용 공구** : 12mm, 14mm 소켓 또는 스패너, 17mm 링 렌치 스패너

(16) 헤드램프 커버, 라디에이터 커버 플라이휠 커버

1) **조립요령 및 주의사항**

○ 연료탱크에서 헤드램프 커버를 조립한다.
○ 라디에이터 커버를 붙이고 라디에이터 커버 조임볼트를 조립한다.
○ 기관 걸이 볼트를 조립한다.
○ 크랭크케이스 플라이휠 커버잡이 지지판 조합을 조립한다.

2) **사용 공구** : 드라이버, 10mm, 12mm, 14mm 소켓 또는 스패너

(17) 실린더헤드

1) **조립요령 및 주의사항**

○ 실린더 해드 가스켓을 끼운다.
○ 실린더헤드 붙임 너트를 조인다.
　㈜ 헤드볼트의 조임 토크가 불균일하든지 맞지 않을 때는 밸브가이드와 씨이트에 변형을 일으키며 디젤 엔진에서 중요한 톱클리런스도 영향을 주므로 반드시 규정 토크로 토크렌치로 조인다.

2) **사용 공구** : 19mm 소켓 또는 14mm 링 렌치, 22mm 소켓 또는 링 렌치, 토크렌치

(18) 푸시로드

1) **조립요령 및 주의사항**

○ 푸시로드를 가볍게 돌리면서 태핏 바닥에 완전히 닿게 잘 끼운다.

(19) 록크아암, 록크축 브래킷, 록커커버

1) **조립요령 및 주의사항**

○ 플라이휠을 돌려 피스톤을 압축상사점의 위치 부근에 오게 한다.

○ 실린더헤드에 록커 아암 축, 로커 축 브래킷 조합을 조립한다.
○ 밸브클리어런스를 맞춘다.
○ 실린더 헤드에 록커 커버를 조립한다.

2) 사용 공구 : 12mm, 14mm 소켓 또는 스패너, 드라이버

(20) 노즐홀더, 분사파이프

1) 조립요령 및 주의사항

○ 가스켓을 확인하고 조임 볼트를 걸어 놓은 상태로 하여 분사 파이프를 조립한다.

2) 사용 공구 : 12mm 소켓 또는 스패너

(21) 연료, 송유, 잉유 파이프

1) 조립요령 및 주의사항

○ 연료파이프(연료필터~분사펌프 사이)를 조립한다.
○ 송유파이프(오른쪽 덮게~로커커버 사이)를 조립한다.
○ 잉유파이프(연료탱크~노즐홀더 사이)를 조립한다.

2) 사용 공구 : 10mm, 17mm 스패너

(22) 흡기관, 에어클리너

1) 조립요령 및 주의사항

○ 패킹을 끼우고 실린더 헤드에 흡기관을 조립한다.
○ 흡기관에 에어클리너를 조립한다.

2) 사용 공구 : 10mm, 12mm 소켓 또는 스패너

(23) 머플러 및 머플러 커버

1) 조립요령 및 주의사항

○ 패킹을 끼우고 실린더 헤드에 머플러를 조립한다.
○ 머플러커버를 조립한다.

2) 사용 공구 : 12mm, 14mm 소켓 또는 스패너

6. 기관 부분조립

(1) 라디에이터, 냉각팬(발전기)

1) 조립요령 및 주의사항

○ 라디에이터 아래면에 본드를 발라 패킹을 붙여 크랭크케이스에 붙여 볼트를 조인다.
○ 팬 발전기를 라디에이터에 조립한다.
㈜ 팬 발전기의 부분조립은 분해의 역순으로 한다.

2) 사용 공구 : 10mm, 12mm, 19mm 소켓, 드라이버

(2) 피스톤

1) 조립요령 및 주의사항

○ 피스톤에 피스톤 링 및 커넥팅 로드를 끼우고 스냅링을 끼운다.
○ 피스톤에 피스톤 링을 끼운다.
㈜ 피스톤과 커넥팅로드의 맞춤 마아크가 틀리지 않게 하고 피스톤 링을 순서대로 끼우고 형상이 바뀌지 않도록 한다.

2) 사용 공구 : 플라이어, 스냅링플라이어

(3) 크랭크축

1) 조립요령 및 주의사항

○ 크랭크축 카운터 웨이트를 달고 구부림 와셔를 넣어 규정 토크 5.5~6.5kg·m로 볼트를 조이고 구부림 와셔를 구부린다.
○ 크랭크 기어쪽 베어링을 축에 끼운다.
○ 크랭크 기어를 끼운다.
○ 오른쪽 덮개와 함께 베어링을 끼워 빠지지 않게 한다.
○ 오른쪽 덮개에 축 받이 누름쇠를 달고 플라이휠의 키를 끼운다.

2) 사용 공구 : 12mm, 19mm 소켓, 보울베어링 끼우는 공구, 스냅링 플라이어, 토크 렌치

(4) 연료분사펌프 조립순서

1) 주의 및 점검사항

○ 조립에 앞서 부품 세척을 한다.

○ 조립은 각부의 조합상태 및 마크에 주의한다. 특히 플런져의 조립 때 뒤집어 조립하면 분사량의 조정이 안되고 기관이 과 회전하여 엔진 파손의 원인이 된다.
○ 미끄럼 부분은 조립 중에 작동을 확인하면서 한다.
○ 토출밸브 씨이트 팩킹은 반드시 순수품을 사용한다.
○ 토출밸브 홀더위 조임 토크는 2.5~3.5kg・m이다.
○ 플런저를 배럴에 끼울 때 깨끗한 경유에 담근 후 끼운다.
○ 조립 완료 후에는 연료 출입구를 막아 먼지나 이물질이 묻지 않게 한다.
㈜ 홀더의 조임 토크가 맞지 않을 때에는 플런저와 배럴이 열 붙음을 일으킨다.

2) 조립요령

○ 홀로우 스크루에 동 패킹을 끼운다.
○ 플런저 배럴의 파진홈이 펌프 몸통의 녹핀에 맞게 하여 끼운다.
○ 토출밸브 씨이트 조합 및 가스켓 패킹을 넣는다.
○ 스프링을 넣고 딜리버리밸브 홀더를 조인다.
○ 컨트로울랙의 STOP 마크가 바르게 하여 끼운다.
○ 랙을 중앙으로 하여 피니언의 기어 아랫단 파진부에 중앙 금이 랙의 중앙마크에 맞게 한다.
○ 스프링 위 씨이트를 넣고 스프링을 넣는다.
○ 플런저와 아래 씨이트의 조합은 플런저의 턱 부의 R 마크를 랙 쪽으로 하여 끼운다(플런저의 리이드부가 배럴의 흡입 쪽으로 오게 한다).
○ 태핏 가이드 구멍을 몸통의 녹크핀 구멍에 맞추어 손으로 가볍게 태핏을 눌러 가이드 핀을 넣는다.
○ 가이드 핀의 홈을 몸통의 홈에 맞추어 스냅링을 끼운다.

3) 사용 공구 : 19mm 스패너, 22mm 링 렌치, 핀세트, 토크 렌치

(5) 노즐홀더 조립순서(KBA형)

1) 주의 및 점검사항

○ 조립 부품세척 한다.
○ 조립은 분사펌프와 같이 주의사항을 잘 지킨다.
○ 분사압력조정은 노즐스프링 위의 시임으로 한다. 시임을 넣으면 압력이 높아지고 빼면 낮아진다. 압력은 시임 0.1mm에 10kg/cm^2 변화한다.
○ 리테이링 너트 조임 토크는 8~10kg・m

2) **조립요령**

○ 리테이닝 너트에 노즐조합을 넣는다.
○ 디스턴피이스(간격통)을 넣는다.
○ 플레셔핀, 플레셔스프링 시임을 넣고 노즐홀더 몸통을 가볍게 조인다.
○ 리테이어링 너트를 바이스에 물리고 홀더 몸통을 조인다.
○ 동팩킹을 넣고 캡을 조인다.
○ 분사사항 및 분사압력조정 노즐 테스터로 잰다. 표준압력 $135\pm^{10}_{0}$kg/cm²

3) **사용 공구** : 12mm, 19mm 소켓, 볼베어링 끼우는 공구, 스냅링플라이어, 토크 렌치

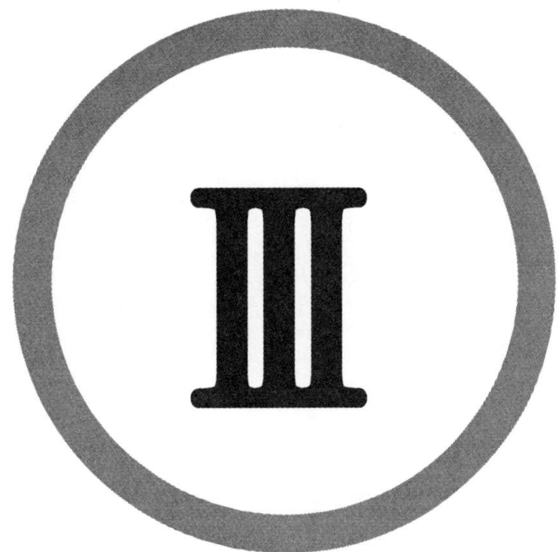

제Ⅲ편 농업기계학 총정리

제1장 농업기계 이론

제1절 | 농업기계 일반

1. 농업기계 일반

(1) 내연기관 일반사항

■ 농용 기관

- 농용 가솔린기관 : 주로 공랭식 단기통 기관(관리기, 예취기)을 사용
- 농용 디젤기관 : 수냉식의 단기통 기관(동력경운기, 관리기, 이앙기 등) 또는 다기통 기관(트랙터, 콤바인, 스피드 스프레이어)

■ 피스톤식 내연기관의 분류

분 류	종 류
작동 사이클에 따라	4행정, 2행정
사용 연료에 따라	가스, 가솔린, 디젤, 석유
점화 방식에 따라	불꽃점화, 압축점화
연료공급 방식에 따라	기화기방식, 분사방식
연소 방식에 따라	정적 사이클, 정압 사이클, 복합 사이클
냉각 방식에 따라	공랭식, 수랭식
실린더 배열에 따라	수평형, 수직형, V형, 방사형

■ 2행정 사이클 기관 원리

크랭크축이 1회전시 1회의 동력 행정을 갖는다.

■ 4행정 사이클 기관 원리

피스톤이 2왕복 운동을 하는 동안 4행정(크랭크축은 2회전)으로 1사이클을 마친다.

- 피스톤의 측압은 폭발행정(동력행정)에서 가장 크다.

■ 크랭크축과 점화순서

- 4실린더 기관 : 1-3-4-2(우수식-보편적 순서), 1-2-4-3(좌수식)
- 6실린더 직렬형 기관 : 1-5-3-6-2-4(우수식), 1-4-2-6-3-5(좌수식)

■ 내연기관 용어

- 상사점(TDC : Top Dead Center) : 실린더에서 피스톤이 실린더 헤드와 가장 가까이 있을 때 피스톤이 있는 곳의 위치
- 하사점(BDC : Bottom Dead Center) : 피스톤의 상부가 가장 낮게 내려갔을 때의 위치
- 행정(stroke) : 상사점과 하사점 간의 피스톤의 이동 거리

■ 압축비

$$압축비(\varepsilon) = 1 + \frac{행정체적(V_s)}{연소실체적(V_c)}$$

■ 연소실체적

$$연소실체적(V_c) = 행정체적(V_s) \times (압축비(\varepsilon) - 1)$$

■ 실린더헤드 가스켓의 손상결과

① 압축압력과 폭발압력이 낮아짐

② 냉각수 누수, 오일 누유

■ 기관 실린더 벽에서 마멸이 가장 크게 발생하는 부위는 상사점 부근(실린더 윗부분)

■ 디젤기관에서 압축압력이 저하되는 가장 큰 원인 : 피스톤링의 마모, 실린더벽의 마모

■ 피스톤의 구비조건

① 피스톤은 열전도율이 커야 한다.

② 열팽창이 작아야 한다.

③ 고온, 고압에 견뎌야 한다.

④ 가볍고 강도가 커야 한다.

⑤ 내식성이 커야 한다.

■ 불꽃점화기관과 압축점화기관의 비교

구 분	불꽃점화기관	압축점화기관
연 료	가솔린기관, 등유(석유)기관, 가스(LPG) 기관	디젤기관(경유, 중유)
흡입 기체	공기와 연료의 혼합기	공 기
연료의 공급	기화기로 혼합기체를 형성하거나 전자제어 연료분사장치로 흡기관 내에 저압분사	연료분사펌프로 연료를 압송하고 노즐을 통하여 연소실 내 분사
출력의 제어	스로틀밸브의 개도에 따라 혼합기의 양 제어	연료분사량 제어
착 화	전기불꽃에 의한 혼합기 점화	고온의 압축공기에 연료분사하여 자기 착화
압축비	8~10	15~22

■ 기관에서 엔진오일이 연소실로 올라오는 이유는 피스톤링 마모

■ 실린더 내경(안지름)을 측정할 수 있는 계측기 : 보어 게이지

■ 피스톤 평균속도

$$\frac{2 \times 회전수 \times 행정}{60}$$

■ 피스톤 간극(피스톤과 실린더 사이의 간극)이 클 경우 나타나는 현상
① 압축압력 저하
② 피스톤 슬랩 현상
③ 엔진오일의 소비 증대
④ 피스톤과 실린더 벽 사이의 열전도율 저하

■ 피스톤 간극이 작을 경우 나타나는 현상 : 피스톤과 실린더의 마멸 발생

■ 피스톤 링의 작용
피스톤 상단부에 설치되어 ① 기밀작용, ② 오일제어작용, ③ 열전도작용(기관 내의 열을 외부로 전달하는 작용)

■ 커넥팅로드는 소단부, 대단부, 생크 또는 아이빔(I-beam), 커넥팅로드, 베어링으로 구성된다.

■ **크랭크축 회전각도**

$\frac{360}{60}$ × 회전수 × 연소지연시간

■ **밸브 오버랩** : 상사점 부근에서 흡, 배기밸브가 동시에 열리는 현상

■ 밸브간극을 두는 이유는 로커암과 밸브 스템 사이에 열팽창 때문이다.

■ 분사펌프(인젝션펌프)는 디젤기관에만 사용

■ **플라이휠** : 기관회전력의 변동을 최소화시켜 주는 장치

■ **밸브스프링의 점검항목**

- 직각도 : 스프링 자유고의 3[%] 이하일 것(자유높이 100[mm]당 3[mm] 이내일 것)
- 자유고 : 스프링 규정 자유고의 3% 이하일 것
- 스프링 장력 : 스프링 규정 장력의 15[%] 이하일 것
- 접촉면의 상태는 2/3 이상 수평일 것

■ **블로 다운**(Blow down)

2행정 기관에서 배기행정 초기에 배기가스가 자체 압력으로 배출되는 현상

■ **블로 바이**(Blow by)

기관에서 실린더 벽과 피스톤 사이의 틈새로부터 혼합기(가스)가 크랭크 케이스로 빠져나오는 현상

■ 1PS(마력) = 735[W](0.735[kW])

■ **2사이클 가솔린기관(동력 살분무기, 예초기 등)에서 연료와 오일의 혼합비**

가솔린 : 오일 = 25 : 1 또는 20 : 1

■ 가솔린기관은 전기점화장치(단속기, 마그네트, 점화플러그)를 사용하고 디젤기관은 연료분사장치(연료분사펌프, 연료분사밸브)를 이용한다.

■ 오일의 점도는 SAE로 표시한다.
오일의 점도 SAE 5W/30이라고 표시되어 있는 제품의 경우
- 5W는 저온에서의 점도규격 : 숫자가 작을수록 점도가 낮다.
- 30은 고온에서의 점도규격 : 숫자가 클수록 점도가 높다.

■ 백색매연은 오일이 연소실에서 연소되어 배출되는 것이고, 흑색매연은 불완전연소된 연료가 배출되는 경우이다.

■ **기관의 오일 색깔**
- 붉은색 : 가솔린 혼입
- 우유색 : 냉각수 혼입
- 검은색 : 심한 오염
- 회색 : 연소가스의 생성물혼입

■ **부동액** : 에틸렌글리콜, 글리세린, 메탄올

(2) 농기계의 효율과 성능

■ **기관성능곡선**
가로축에 회전수와 세로축에 출력, 토크, 연료소비율, 기계효율 등의 관계를 하나의 그래프로 나타낸 것이다.

■ 농업기계의 회전능력은 토크(kgf · m)로 나타낸다.

■ 연료소비율(g/PSh) $= \dfrac{1{,}000[\mathrm{g}]}{\text{저위발열량(kcal)} \div 645\text{(1PS의 열량)}}$

■ 기계효율$(\eta) = \dfrac{\text{제동마력}}{\text{지시마력}} \times 100$

■ 연료소비량$(L) = \dfrac{\text{연료소비율(g/PS · hr)} \times \text{엔진마력} \times \text{시간}}{\text{비중} \times 1000}$

(3) 농업기계의 합리적 이용

■ 기계의 이용비용

① 고정비 : 연간 이용시간에 관계없이 소요되는 비용
　예) 감가상각비, 이자, 보험료, 창고비, 수리비

② 변동비 : 이용시간이 증가함에 따라 비례적으로 증가하는 비용
　예) 연료비, 윤활유비, 노임, 자재비

※ 농기계 이용시간이 경과함에 따라 감소하는 기계의 가치 : 감가상각비

■ 감가상각비(직선법)

$$= \frac{\text{초기구입가격} - \text{폐기가격}}{\text{내구연수}}$$

■ 농업기계를 구입시 우선 검토 사항

① 기술적, 경제적 합리성

② 취급성과 안전성

③ 기체의 크기 결정

④ 편리성 : A/S의 신속성, 난이도, 부품공급 등

■ 농업기계의 효율을 높이는 운전 및 관리

① 농작업 외에 불필요한 운행을 자제한다.

② 평소 운행할 때에 불필요한 자재나 부착 작업기를 싣거나 장착하지 않는다.

③ 저속에서 스로틀을 높여 작업하지 않고 적절한 변속으로 정격출력 상태로 기관을 운전한다.

④ 농업기계의 이동작업, 포장작업 종류별로 적당한 타이어 공기압을 유지한다.

⑤ 공회전을 줄인다.

2. 농업기계 운전

(1) 농용트랙터 운전

■ 바퀴형 트랙터의 동력전달순서

엔진 – 주클러치 – 주행변속장치 – 최종감속장치(차동장치 포함) – 차축

■ 클러치 페달의 유격
- 트랙터에서 클러치 페달에 유격을 두는 이유 : 클러치 미끄럼을 방지하기 위해서
- 트랙터의 클러치 페달유격 : 20~30mm 정도

■ 트랙터 타이어의 호칭치수의 표기내용은 순서대로 타이어의 폭, 림의 지름, 플라이수이다.
- 10-24, 4PR

■ 앞바퀴 정렬 목적 : 복원성, 조정 용이, 직진성 좋게(주행 중 점검)

■ 트랙터의 바퀴정렬
- 킹핀경사각(5~11°), 캐스터각(2~3°). 캠버각(1~2°), 토인(2~8mm)

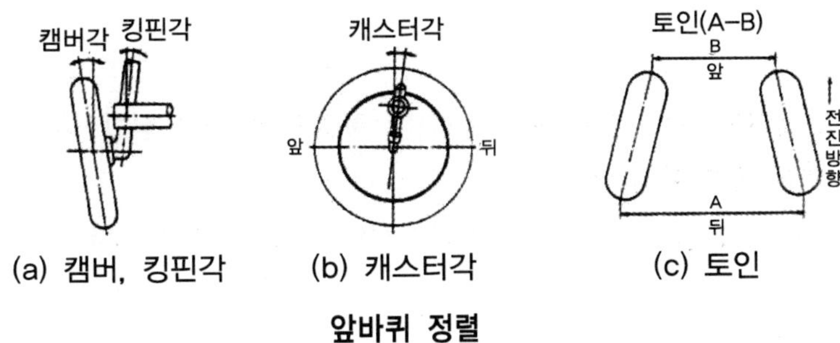

(a) 캠버, 킹핀각 (b) 캐스터각 (c) 토인

앞바퀴 정렬

■ 토인의 역할
- 앞바퀴를 평행하게 회전시킨다.
- 캠버각을 보완하여 수정한다.
- 바퀴가 옆으로 미끄러지는 것을 방지한다.

※ 토인 : 타이어 편마모 방지

■ 변속기로부터 전달된 동력이 차륜까지 전달되는 순서
- 변속기 → 피니언·베벨기어 → 링기어 → 차동기어 케이스 → 차동피니언기어 → 좌우 구동차축

■ 기어변속기의 종류
- 주축의 기어를 부축에 물리는 방법에 따라 미끄럼 물림식, 상시 물림식, 동기 물림식 등이 있다.

- 미끄럼 물림식 변속기 : 변속 레버로 기어를 움직여 변속하는 장치로, 구조는 간단하지만 기어 변속 시 충격과 소음이 발생하고 기어 손상을 일으키기 쉽다.
- 상시 물림식 변속기 : 주축과 부축의 기어를 각각의 변속 단계에 항시 맞물려 있게 하고, 주축의 스플라인 부분을 맞물림 클러치를 사용하여 주축과 연결한다. 기어를 손상시키지 않으며 소음이 적다.
- 동기 물림식 변속기 : 기어가 서로 물릴 때 원추형 마찰 클러치에 의해서 상호 회전 속도를 일치시킨 후 기어를 맞물리게 하는 동기장치를 설치한 변속 장치이다.

■ 차동장치

트랙터 선회 시 바깥쪽 바퀴가 안쪽 바퀴보다 더 빠르게 회전하여 원활한 선회가 이루어지게 하는 장치

※ 트랙터에 있어서 진행방향을 바꿀 때 외측 차륜을 내측 차륜보다 빨리 회전하게 하는 장치 : 차동 기어(differential gear)

■ 차동잠금장치

습지에서와 같이 토양의 추진력이 약한 곳이나 차륜의 슬립이 심한 곳에서 사용할 수 있도록 트랙터 내에 장착된 장치

※ 트랙터의 디퍼렌셜 로크 장치는 차동장치의 차동작용을 하지 못하게 한다.

■ 동력취출장치(PTO)

일반적으로 트랙터 후륜 차축의 뒷면에 돌출되어 로터베이터, 모어, 비료살포기 등 구동형 작업기에 동력을 전달하는 장치

- 변속기 구동형 : 변속기의 부축을 경유하여 동력이 전달되는 구조이나 주클러치를 끊으면 PTO축도 정지함

※ 트레일러 견인작업에는 PTO를 이용하지 않음

※ 트랙터가 정지하면 작업기의 구동이 정지되는 PTO : 변속기 구동형 PTO

■ 트랙터에서 브레이크 페달을 밟아도 제동이 잘되지 않는 원인

- 페달 유격이 과다할 때
- 디스크가 마멸 또는 소손되었을 때
- 브레이크드럼과 라이닝 사이의 간격이 클 때
- 유압식 브레이크에서 유압호스에 공기가 유입되었을 때
- 라이닝이 마멸 또는 소손되었을 때
- 유압식 브레이크에서 휠 실린더 유압이 약할 때

■ 유압장치 3대 요소 : 유압펌프, 제어밸브, 유압실린더

■ 유압제어에는 위치제어, 견인력제어, 혼합제어(위치제어＋견인력제어), 자동수평제어 등이 있다.

■ 트랙터의 일상점검
- 후드 및 사이드 커버
- 엔진오일 수준
- 라디에이터 냉각수 수준
- 에어클리너 청소
- 라디에이터 오일로더 및 콘덴서 청소 등

■ 트랙터 일상보관
- 트랙터는 깨끗하게 청소하여 보관해야 한다.
- 작업기는 반드시 내려놓는다.
- 가능한 한 실내에 보관하고 실외보관 시에는 커버를 덮어 준다.
- 겨울철에는 배터리를 분리하여 실내에 보관한다.
- 겨울철에는 라디에이터의 동파 방지를 위해 부동액을 보충하여 보관한다.
- 시동키는 항상 빼서 보관한다.

(2) 동력 경운기 운전

■ 동력 경운기 선회
- 선회할 지점 전에 미리 조속 레버를 '저속' 위치로 하여 동력 경운기의 속도를 줄인 다음 방향의 조향 클러치를 잡고 선회하며, 선회가 끝나면 즉시 조향 클러치를 놓는다.
- 선회반지름이 클 경우에는 조향 클러치를 잡았다 놓았다를 반복한다.

※ 경사지를 내려갈 때에는 조속 레버를 저속으로 하고 조향 클러치를 사용하지 않고 핸들의 힘만으로 방향을 조절한다.

■ 동력 경운기 변속 및 후진
- 주행 중에 변속하고자 할 때에는 조속 레버를 저속 위치에 놓는다.
- 주클러치 레버를 '끊김' 위치까지 잡아당겨 클러치를 끊는다.
- 부변속 레버가 '고속' 위치에 놓여 있을 때는 경운 변속이 되지 않는다.
- 로터리 작업 시 후진 할 때에는 반드시 경운 변속 레버를 중립에 놓고 실시한다.

■ 동력경운기 장기보관
- 기관이 따뜻할 때 냉각수와 오일을 모두 빼낸다.
- 흡기관에 오일을 소량 넣어 공회전시킨 다음 압축 상사점에 놓는다.
- 기체의 외부를 기름걸레로 닦고, 와이어에는 오일을 약간 주입한다.
- 작동부나 나사부에 윤활유나 그리스를 바른다.

■ 동력경운기의 동력전달 체계
- 주행 : 엔진 → 주클러치 → 변속장치 → 조향장치 → 차축
- PTO작업 : 엔진 → 주클러치 → 변속장치 → PTO축 → 구동작업기

■ 동력경운기의 주클러치는 주로 건식 다판 원판 마찰클러치를 사용

※ 동력 경운기에서 조향 클러치 레버를 잡으면 잡은 쪽 바퀴의 동력전달이 차단된다.

■ 동력경운기의 조향 클러치(Side Clutch)에는 맞물림 클러치(Dog Clutch)를 사용

■ 동력경운기는 주로 습식 내부확장식 마찰 브레이크를 많이 사용

■ 동력경운기 브레이크 링 분해 방법
- 주클러치 레버를 연결 위치에 놓는다.
- 배유볼트를 풀고 엔진 오일을 약 50[%] 제거한다.
- 브레이크 연결로드를 분해한 다음 브레이크 커버를 떼어낸다.
- 브레이크 드럼의 고정볼트를 푼다.

(3) 콤바인 운전

■ 자탈형 콤바인 구성은 전처리부, 예취부, 반송부, 탈곡부, 선별부, 곡물 처리부, 짚 처리부, 자동제어장치 및 안전장치 등으로 구성

■ 콤바인 오토 리프트 장치 : 예취부에 작물이 없을 경우 예취부를 자동 상승시키는 장치

■ 자탈형 콤바인 작업 시 유의해야 할 사항
- 수확 작업 중에는 탈곡통이 항상 규정회전수로 유지될 수 있도록 조속 레버를 적절히 조작한다.
- 작업 중에 경보장치가 작동되면 즉시 동력을 끊고 기관을 정지시킨 다음 필요한 조

치를 한다.
- 콤바인으로 경사지를 갈 때에는 전진 상승. 후진 하강으로 주행한다.
- 기체 외부를 싸고 있는 안전 덮개를 떼어 내고 작업해서는 안 된다.

■ 콤바인 작업 중 변속이 편리하기 때문에 HST(Hydro Static Transmission)장치를 많이 사용

■ **정소치**
콤바인의 탈곡치 중에서 줄기를 가지런히 정돈하며, 이삭부가 순조롭게 탈곡실로 들어올 수 있도록 유도하는 급치

■ **콤바인 작업 시 급동의 회전이 낮을 때의 증상** : 탈부미 증가

■ 콤바인 선별부에서 선별 결과 곡물은 1번구로 떨어지고, 검불은 기체 밖으로 배출되며, 곡물과 검불이 혼합된 미처리물은 2번구에 모여 탈곡통이나 처리통으로 되돌려져 다시 선별된다.

※ 콤바인 선별부에서 곡물과 검불이 혼합된 미처리물은 2번구에 모아짐

■ **자동공급깊이장치**
작물의 길이를 감지하여 탈곡통으로 들어가는 벼를 일정하게 공급해 주는 장치

(4) 이앙기 운전

■ 이앙기의 조간거리는 30cm

■ 이앙기에서 식부본수는 횡·종 이송조절로 조절한다.

■ **플로트** : 모의 식부 깊이를 일정하게 하는 장치

■ 이앙기에는 2개의 사이드 클러치와 주행 클러치와 식부 클러치가 있다

■ 산파 이앙기에서 식부침이 한번 찍어 내릴 때 모의 갯수는 이앙기 전판의 상하 조절레버로 조절

■ 산파모 이앙기에서 모 이송장치는 모를 일정한 자리에서 식부날이 분묘하도록 해주는 역할

■ **차동고정장치 페달** : 승용 이앙기가 논에 빠져 한 쪽 바퀴에 슬립이 생길 때 사용하는 장치

(5) 동력분무기 운전

■ **농약 살포의 조건**
- 목적물에 대해 부착률이 높을 것
- 노동의 절감과 작업이 간편할 것
- 예방살포인 경우 균일성이 있을 것
- 살포한 약제가 기상적인 방해를 받는 일이 없을 것

■ 동력분무기에 부착된 명판에 '60A'는 1분당 이론 배출량이 60L 임을 표시

■ **농약 살포기의 구비조건** : 도달성과 부착률, 균일성과 집중성, 피복면적비, 노동의 절감과 살포능력

■ **동력분무기의 여수호스에서 기포가 나올 때의 원인**
- V패킹의 마멸
- 흡입 호스의 손상
- 흡입 호스 너트의 풀림

■ **동력분무기가 압력이 오르지 않는 원인**
- 여과기 주위에 이물질이 많이 끼었다.
- 압력계 입구가 막혀 있다.
- 플런저가 파손 되었다.

■ **동력 분무기에서 흡수량이 불량한 원인**
- 흡입호스의 손상으로 공기 흡입
- 흡입밸브가 고착되어 작동 불량
- 흡입·토출밸브가 마모
- 흡입호스의 조립 불량 및 패킹 누락
- V패킹의 마모로 공기흡입

(6) 동력살분무기 운전

■ 동력 살분무기는 병충해 방제 작업에서 액체와 분제를 모두 살포할 수 있다.

■ 동력 살분무기를 이용하여 방제 작업하기에 적당한 시기는 바람이 없는 날 해 지기 전이 식물과 땅의 온도가 낮아 증발량이 적을 때이므로 방제 작업하기에 적당한 시기이다.

(7) 스프링클러 및 양수기 운전

■ 스프링클러
양수기로 물을 송수하며 자동적으로 분사관을 회전시켜 송수된 물을 살수하는 장치이다.

■ 양수기를 수리할 때 그랜드 패킹의 조임을 양수작업 시 물이 1분당 5~6방울 새는 정도로 해야 적당하다.

(8) 목초수확기 및 예취기 운전

■ 목초 예취기는 모어(Mower)라고도 하며 목초를 베는 데 사용되고, 자주형과 트랙터 부착형이 있다. 절단기구형식에 따라 회전날형과 왕복날형이 있다.

■ 모어의 예취날 구조에 따른 분류
왕복식 모워, 로터리(드럼형 로터리 모어, 디스크형 로터리 모어) 모어, 플레일 모어

■ 헤이 베일러(Hay Baler)
말린 목초나 볏짚을 일정한 용적으로 압축하여 묶는 기계

■ 포리지 하베스터(Forage Harvester)
엔실리지의 원료가 되는 사료 작물을 예취하여 절단하고, 컨베이어를 이용하여 운반차에 실을 수 있는 작업기

(9) 다목적 관리기 운전

■ 다목적 관리기에서 주변속 레버의 변속 단수는 전진 2단, 후진 2단

■ 다목적 관리기의 농작업에서 휴립 피복(두둑 성형) 작업은 후진하면서 작업

■ **다목적 관리기용 두둑 성형기의 작업방법**
- 미륜을 떼어내고 두둑 성형판을 장착한다.
- 서로 다른 나선형의 경운날을 좌우가 대칭되도록 로터리에 부착한다.
- 두둑의 모양과 크기에 따라 두둑 성형판을 조절한다.

■ 다목적 관리기에서 PTO축과 작업기 구동축은 체인케이스로 연결

■ 다목적 관리기의 주클러치 형식은 V벨트 클러치

(10) 예초기 운전

■ 2사이클 예초기는 휘발유와 2사이클 엔진오일을 20~25 : 1로 혼합하여 사용

■ **메인제트 구멍이 막히는 원인** : 장시간 보관시 연료를 완전히 비우지 아니하고 보관

■ 예초기의 동력전달방식은 원심클러치

■ **예초기 점화플러그 간극** : 0.6~0.7mm

■ **예초기 작업시 개인보호구** : 무릎보호대, 보안경, 안전장갑

(11) 농업용 굴착기 운전

■ 1) 1톤 이하의 굴착기로 2) 면허 없이 운전이 가능한 반면 3) 농업 이외의 용도에는 사용이 금지되어 있다.

■ 굴착기는 작업장치, 상부 회전체, 하부 주행체로 구성

■ 굴착은 주로 암으로 작업한다.

■ 무한궤도식 굴착기 조향작용 : 유압모터

3. 농작업에 관한 사항

(1) 작업기 탈부착 및 조정작업

■ 트랙터 로터리

PTO에서 경운축까지의 동력전달방식 : 중앙 구동식, 측방 구동식, 분할 구동식 등

■ 경운날의 종류 : 보통형(C자형), L자형(주로 사용), 작두형. 나사형, 꽃잎형 등

■ 트랙터 로터리 경운피치는 경운날이 1회전할 때마다의 경운간격이다.

■ 트랙터용 로터리 장착방법

- 트랙터의 하부링크를 내리고 체크체인을 푼 다음, 트랙터를 천천히 후진시켜 트랙터의 3점 히치를 로터리의 마스트와 일치시킨다.
- 하부링크에서 상부링크 순으로 링크 홀더에 끼운다.
- 상부링크와 로터베이터의 마스트를 핀에 끼워 연결한다.

※ 유니버설 조인트 연결 : 유니버설 조인트의 한쪽(스플라인축)을 먼저 PTO축에 삽입하고 작업기 쪽을 연결한다.

※ 부착 순서 : 좌측하부링크 → 우측하부링크→ 상부링크 → 유니버설 조인트

■ 트랙터용 로터리 좌우 수평조정

- 트랙터에 장착된 로터리의 좌우 수평조절 : 우측 하부링크의 레벨링 핸들(우측 리프트로드의 길이)
- 로터리를 트랙터에 부착하고 좌우 흔들림은 체크체인으로 조정

■ 트랙터용 로터리 경심조정

- 로터리의 경심은 유압 레버의 위치 선정으로 할 수 있다.
- 상부링크 길이와 미륜 또는 스키드의 높이를 조정하여 결정한다.
- 스키드 높이는 스키드 높이 조정용 바에 있는 나비너트를 풀어 조절한다.

※ 경심을 깊게 할 때 : 상부링크를 죈다(짧게).

※ 경심을 얕게 할 때 : 상부링크를 푼다(길게).

■ 트랙터용 로터리를 부착할 때의 점검 · 조정사항

- 3점 링크
- 유압 작동레버

• 로터리날 배열

(2) 트랙터 로터리 및 쟁기 작업

■ 동양쟁기의 구조

• 이체 : 토양을 절삭, 반전, 이동, 파쇄하는 부분으로서, 보습, 볏, 바닥쇠로 구성
  - 보습 : 토양을 절삭한 다음 볏으로 올려 보내는 부분으로서, 기본적으로 삼각형 모양으로 되어 있으며 교환 가능
  - 볏 : 보습에서 올라온 역토를 반전하여 파쇄하는 부분으로서 용도에 따라 볏의 길이와 휘어진 정도가 다르며, 긴 것은 두둑 작업에 적합하고, 짧은 것은 평면 쟁기 작업에 적합
  - 바닥쇠(랜드사이드, 지측판) : 이체의 밑부분으로서 쟁기의 자세를 안정시키는 역할을 하며, 마멸이 되면 교환
  - 빔 및 프레임 : 이체가 흙에 대해 일정한 각도를 유지하면서 쟁기를 견인하는 역할

■ 쟁기 작업 시 경운방법

• 왕복경법 : 순차 경법, 안쪽 제침 왕복경법, 바깥쪽 제침 왕복
• 회경법 : 바깥쪽 제침 회경법, 안쪽 제침 회경법

(3) 콤바인 및 이앙기 작업

■ 콤바인 : 미곡의 예취, 탈곡 및 선별을 동시에 하는 수확기

■ 콤바인 취급

① 포장작업 시 장갑 사용을 금한다.
② 운반용 차에서 싣고 내릴 때 조향 클러치 사용을 금한다.
③ 작업 중 체인, 벨트, 예취날 등에 손을 넣지 말아야 한다.

■ 콤바인의 짚 커터의 절단축 날과 공급축 날의 틈새 간격 : 4.0~6.0mm

■ 콤바인을 좌우로 선회할 때 파워 스티어링 레버 사용

■ 자탈형 콤바인의 왕복형 예취날인 경우 두 날의 적정 간극을 유지해야 하는 이유 : 간극이 너무 좁으면 칼날의 마모가 크므로

■ **콤바인 작업 중 경보음이 발생하는 상황**
- 탈곡부가 과부하 상태
- 급실이나 나선 컨베이어 등이 막힘
- 짚 반송 체인이나 짚 절단부가 막힘
- 예취부 막힘
- 커터부가 열림

※ 콤바인의 경보장치 : 벼만충 경보, 충전경보, 탈곡통 회전경보

■ **콤바인으로 벼를 탈곡 작업할 때 급실 내의 검불이송 조절** : 배진량 조절 레버

(4) 동력분무기, SS기, 스프링클러

■ **분무기 노즐 중 분무각도와 거리를 조절** : 총포형

■ 동력분무기는 플런저 펌프, 압력조절장치, 공기실, 크랭크축, 크랭크실 등으로 구성

■ 분무기의 일반적인 압력은 20～40kg/cm^2

■ **스프링클러** : 물을 양수기로 송수하며 자동적으로 분사관을 회전시켜 살수하는 장치

■ **스프링클러 관개의 특징**

① 물방울이 미세하므로 땅이 굳어지지 않는다.
② 물을 균일하게 뿌려 주므로 물의 양이 절약 된다.
③ 농약을 섞어 함께 사용할 수 있다.
④ 지표를 굳게 하지 않는다.

■ **스피드 스프레이어**

미세한 입자를 강한 송풍기로 불어 먼 거리까지 살포하는 방제기로 주로 과수원에서 많이 사용되는 것이다.

(5) 건조 및 파종기 작업

■ **건조의 3대 요인** : 공기의 온도, 습도, 풍량(바람의 세기)

■ **곡물의 습량 기준 함수율[%]** = (시료에 포함된 수분의 무게 / 시료의 총무게) × 100

■ **곡물의 건량 기준 함수율[%]** = (시료에 포함된 수분의 무게 / 건조 후 시료의 무게) × 100

■ **평형함수율** : 일정한 상태의 공기 중에 곡물을 놓았을 때 곡물이 갖게 되는 함수율

■ **템퍼링**

건조기를 1회 통과한 곡물을 밀폐된 용기에 일정시간 동안 저장하면 곡립 내부의 수분이 표면으로 확산되어 균형을 이루고 온도도 균일하게 되는 과정

■ **벼의 도정작업공정 순서**

정선과정 → 제현과정 → 정미과정 → 연미과정 → 선별과정

■ **파종방법**

- 줄뿌림(조파) : 곡류, 채소 등의 종자를 일정 간격의 줄에 따라 연속적으로 파종
- 점뿌림(점파) : 옥수수, 두류 등의 종자를 1개 또는 여러 개씩 일정한 간격으로 파종
- 흩어뿌림(산파) : 목초, 잔디 등의 종자를 지표면에 널리 흩어뿌리는 파종

■ **조파기의 구조**

- 종자통 : 종자를 넣는 통
- 종자배출장치 : 일정량의 종자를 배출하는 장치
- 종자관 : 배출장치에서 나온 종자를 지면(고랑)까지 유도
- 구절기 : 적당한 깊이의 파종 골(고랑)을 만듦
- 복토진압장치 : 파종된 종자를 덮고(복토), 눌러(진압) 주는 장치로 복토기와 진압바퀴 등으로 구성

■ **조파기와 점파기의 3가지 주요부** : 종자배출장치, 구절장치, 복토장치

(6) 목초 수확기 및 예취기 작업

- 모어 : 예취를 목적으로 하는 기계
- 헤이컨디셔너 : 목초줄기를 압쇄하여 줄기의 표면적을 증대시켜서 건조시간을 단축하고 동시에 균일 건조를 가능하게 하는 작업기

• 헤이테더 : 목초를 뒤집어 넓게 펴 주는 작업
• 헤이레이크 : 걷어 모은 후 한 쪽으로 모으는 기계
• 헤이베일러 : 건조를 압축 형성한 베일로 만드는 기계
• 헤이로더 : 건초를 운반차에 싣는 작업기

(7) 다목적 관리기 작업

① 핸들은 조작레버에 의해 원 터치 조작으로 상하·좌우로 간단하고 용이하게 조작할 수 있다.
② 변속기와 로터리는 분리식이므로 각종 부속장치의 교체가 용이하다.
③ 경심깊이 조절은 앞바퀴로 상하 조절하므로 중경제초, 심경, 복토작업이 용이하다.
④ 기체의 무게가 낮아 경사지에서 작업이 가능하다.
⑤ 전후방에 작업기를 부착할 수 있어 모든 작업을 편리하게 할 수 있다.

(8) 동력경운기 쟁기, 로터리 작업

■ **동력경운기의 표준 경폭** : 쟁기 20cm, 로터리 60cm

■ **보습** : 날 끝이 흙속으로 파고들며 수평 절단

■ **쟁기(플라우) 경운 작업 시 경심의 조정**
• 상부링크로 조절하는 방법
  – 상부링크를 길게 하면(풀어주면) 경심이 얕아진다.
  – 상부링크를 짧게 하면(조여주면) 경심이 깊어진다.
• 미륜으로 조절하는 방법
  – 미륜을 내리면 경심이 얕아진다.
  – 미륜을 올리면 경심이 깊어진다.

(9) 농업기계 보관관리, 점검정비

■ **가솔린기관 장기관 보관시** : 연료탱크의 연료는 모두 배출한다.(디젤은 채운다.)

■ 양수기 장기 보관시 동계는 물을 뺀다.(동파 방지)

■ 점화 플러그의 점검
① 점화플러그 시험에는 절연, 불꽃, 기밀시험이 있다.
② 점화플러그의 기밀시험은 15kg/cm^2 기압이다.

■ 기동회로가 안 될 때 점검항목 : 배터리, 단자, 시동모터 오손

■ 도로 주행시 한쪽으로 쏠릴시 점검사항 : 타이어 공기압, 차축핀, 조향클러치

■ 점화플러그 전극 간극은 0.6~0.8mm

제2절 | 농업기계 전기

■ 직류와 교류의 차이점
- 직류는 시간에 따라 전류의 방향이나 전압의 극성의 변화가 없다.
- 직류는 전하의 이동방향과 극성이 항상 일정하므로 안정성이 있다.
- 직류는 일정한 출력전압을 가지고 있으므로 측정이 용이하다.
- 교류는 시간에 따라 전압의 크기와 전류 방향이 주기적으로 변화한다.
- 교류는 전압의 크기가 (+)에서 (−)로 변화하므로 증폭이 용이하다.
- 교류의 전류 진행방향은 극성의 변화에 따라 변화한다.

■ 전기저항의 4가지 요소 : 물질의 종류, 물질의 단면적, 물질의 길이, 온도
- 부성저항 : 반도체, 전해질, 방전관, 탄소 등은 온도가 높아질수록 저항이 감소한다.
- 도체의 지름이 커지면 저항값은 작아진다.
- 도체의 길이가 길어지면 저항값은 커진다.
- 접촉저항은 면적이 증가되거나 압력이 커지면 감소된다.
- 금속의 저항은 온도가 높아질수록 증가한다.

■ 전기 관련 단위

구 분	기 호	단 위
전 압	V(Voltage)	[v](볼트)
전 류	I(Intensity)	[A](암페어)
저 항	R(Resistance)	[Ω](옴)
정전용량(전기용량)	C(Capacitance)	[F](패럿)
전 력	P	[W](와트)
전력량	W	[J](줄), [Wh](와트시) ※ 1[Wh] = 3,600[J]
전하량(전기량)	Q	[C] (쿨롱)

■ 도체와 부도체

- 도체 : 금, 은, 구리, 알루미늄, 텅스텐, 아연, 철 등의 금속
- 부도체 : 석영, 도자기, 운모, 유리와 유기물질(고무, 목재, 종이, 플라스틱)

■ 합성저항

- 직렬 : 저항 R_1, R_2, R_3를 직렬로 연결시킬 때 합성저항은 $R_1+R_2+R_3$이다.
- 병렬 : 저항 R_1, R_2, R_3를 병렬로 연결시킬 때 합성저항은 $\dfrac{1}{\dfrac{1}{R_1}+\dfrac{1}{R_2}+\dfrac{1}{R_3}}$이다.

■ 키르히호프의 법칙

- 키르히호프의 제1법칙(키르히호프의 전류법칙, KCL) : 회로의 접속점(Node)에서 볼 때 접속점에 흘러들어오는 전류의 합은 흘러나가는 전류의 합과 같다.

  $I_1+I_2+I_3+\cdots+I_n=0$ 또는 $\sum I=0$

- 키르히호프의 제2법칙(키르히호프의 전압법칙, KVL) : 회로 내 어느 폐회로에서도 기전력의 총합은 저항에서 발생하는 전압강하의 총합과 같다.

  $V_1+V_2+V_3+\cdots+V_n=I_1R_1+I_2R_2+I_3R_3+\cdots+I_nR_n$ 또는 $\sum V=0$

■ 옴의 법칙

전류는 저항에 반비례하고, 전압에 비례

$$\text{전류}(I)[\text{A}]=\frac{\text{전압}(V)}{\text{저항}(R)}$$

■ **기전력** : 전류를 흐르게 하는 능력

■ **전류의 3대 작용**
- 발열작용 – 전구, 예열플러그, 전열기 등
- 화학작용 – 축전지, 전기도금 등
- 자기작용 – 전동기, 발전기, 계측기, 경음기 등

■ 소비전력 P[W] = 전압(V) × 전류(I)

■ 소비전력량[Wh] = 소비전력[W] × 시간[h]

■ **축전지 극판수** : 음극판(11장)이 양극판(10장)보다 1장 더 많다.

■ **축전지의 화학작용**

양극판		전해액		음극판		양극판		전해액		음극판
PbO_2	+	$2H_2SO_2$	+	Pb	$\underset{\text{충전}}{\overset{\text{방전}}{\rightleftarrows}}$	$PbSO_2$	+	$2H_2O$	+	$PbSO_2$
과산화납		붉은 황산		납		황산납		물		황산납

■ **축전지 격리판의 필요조건**
- 전해액의 확산이 잘될 것
- 다공성, 비전도성일 것
- 전해액에 부식되지 않을 것
- 기계적 강도가 있을 것

■ 전해액은 증류수에 황산을 희석시킨 무색무취의 묽은 황산이다.

■ 전해액의 비중은 온도 [1℃]당 0.0007씩 변화한다.

■ **전해액 비중의 측정식**
- $S_{20} = S_t + 0.0007(t-20)$
  - S_{20} : 기준온도 20[℃]의 값으로 환산한 기준
  - S_t : 임의의 온도 t[℃]에서 측정한 비중
  - t : 비중측정 시 전해액의 온도[℃]

■ 수시로 전해액을 보충할 필요가 없는 납축전지를 흔히 무보수(MF : Maintenance Free) 축전지라고 한다.

■ **납 축전지 전압**(1셀 당)
- 정격전압 : 2[V]
- 방전종지전압 : 1.75[V]
- 가스발생전압 : 2.4[V](=충전전압)
- 충전종지전압 : 2.75[V]

■ **납 축전지와 알칼리 축전지의 비교**

구 분	납축전지	알칼리 축전지
공칭전압	2.0[V/cell]	1.2[V/cell]
공칭용량	10[Ah]	5[Ah]
수 명	짧다.	길다.
강 도	약	강
사용용도	장시간 일정전류를 취하는 부하	단시간 대전류를 취하는 부하

■ 축전지의 전기용량 C의 크기는 전극의 면적 A에 비례하고, 전극 사이의 거리 d에 반비례한다.

$$C = \varepsilon \frac{A}{d}$$

■ **축전지의 용량 단위** : AH (극판의 표면적에 비례함)
- 축전지 사용가능시간 $= \dfrac{\text{축전지 용량[Ah]}}{\text{전류량[A]}}$

■ **축전지 용량의 산정요소**
- 축전지 부하의 결정
- 방전전류의 산출
- 방전시간의 결정
- 축전지 부하 특성곡선 작성
- 축전지 셀수의 결정
- 허용최저전압의 결정
- 용량환산시간의 결정

• 축전지 용량의 계산

■ **축전지 직렬연결**

전압은 연결한 개수만큼 증가 되지만 용량은 1개일 때와 같다.

$V = V_1 + V_2 + V_3$, $C =$ 일정

■ **축전지 병렬연결**

용량은 연결한 개수만큼 증가하지만 전압은 1개일 때와 같다.

$C = C_1 + C_2 + C_3$, $V =$ 일정

■ **축전지의 점검 및 취급사항**

• 비중이 1.200 이하가 되면 즉시 보충전하고 동시에 충전장치를 점검한다.
• 전해액은 보통 극판 위 10~13mm 이하(규정값)가 되면 증류수를 넣어서 보충한다.
• 축전지 터미널의 부식을 방지하기 위하여 그리스를 단자에 엷게 발라야한다.
• 축전지 케이블 단자(터미널), 커버 등 산에 의한 부식물은 탄산수소나트륨과 물 또는 암모니아수로 청소한다.

■ 플레밍의 왼손 법칙은 전동기이고 오른손 법칙을 이용한 것은 발전기이다.

■ **플레밍의 왼손법칙** : 전류가 흐르는 도체가 자장에서 받는 힘의 방향을 나타내는 법칙이다.

• 엄지는 자기장에서 받는 힘(F)의 방향
• 검지는 자기장(B)의 방향
• 중지는 전류(I)의 방향

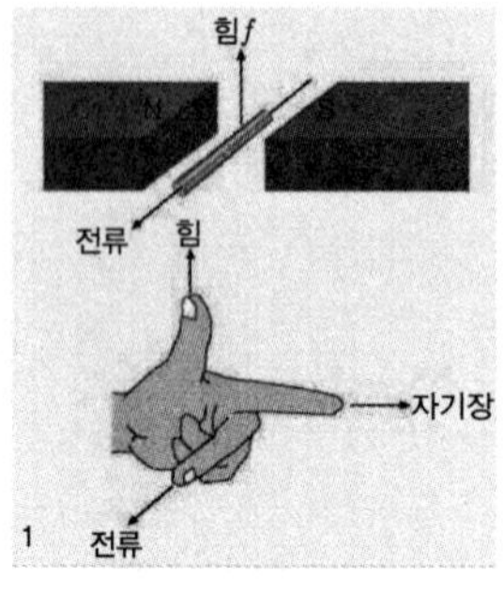

플레밍 왼손법칙

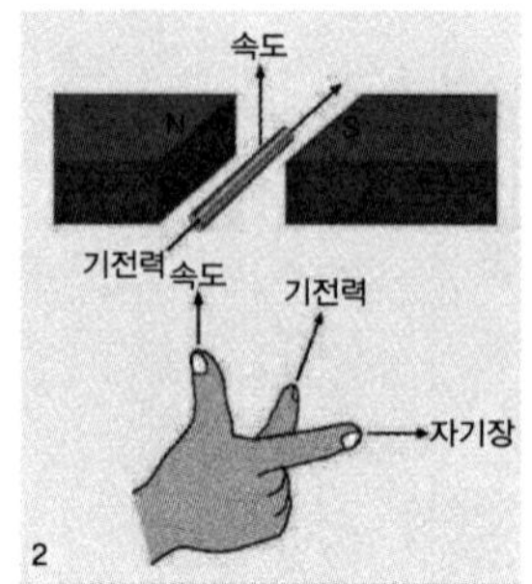

플레밍 오른손법칙

- 플레밍의 왼손 법칙 : 전동기의 원리
- 플레밍의 오른손 법칙 : 발전기의 원리

■ 전동기의 종류

- 직류전동기에는 직권, 분권, 복권, 타여자전동기가 있다.
- 교류전동기 중 유도전동기의 종류
  - 단상 : 분상기동형, 콘덴서기동형, 반발기동형, 셰이딩코일형
  - 3상 : 농형 유도전동기, 권선형 유도전동기

※ 직권전동기(직렬연결) : 기동전동기

※ 분권전동기(병렬) : 발전기(교류, 직류)

※ 복권 전동기(직병렬연결) : 와이퍼 모터

■ 전동기의 종류

- 직류기

자속을 만들어 주는 계자, 기전력을 발생하는 전기자, 교류를 직류로 변환하는 정류자, 브러시 등으로 구성되어 있다.

※ 정류자 : 전류를 한 방향으로만 흐르게 함

- 직권전동기 : 기동 시 발생토크가 크므로 기동과 정지가 번번이 반복되는 경우에 사용

■ 유도전동기의 동기속도(회전속도)

$$N_s = \frac{120 \times \text{주파수}(f)}{\text{극수}(P)} [\mathrm{rpm}] \quad (P : \text{극수},\ f : \text{유도전동기 주파수})$$

■ 유도전동기의 슬립

$$S = \frac{\text{동기속도} - \text{회전자속도}}{\text{동기속도}}$$

권선형 유도전동기의 기동법에는 2차 저항기동법과 게르게스법이 있다.

■ 각종 전동기의 회전방향을 바꾸는 방법

- 직류전동기 : 전기자에 가하는 전압을 반대로 연결
- 직류분권식이나 복권식, 직권식 : 전기자나 계자권선의 어느 한쪽만의 접속을 바꿈
- 단상 유도전동기 : 주권선이나 보조권선 어느 한쪽의 접속을 반대로 연결
- 3상 유도전동기 : 3상 전원배선 중 임의의 2개 배선을 바꾸어 접속

■ 그롤러테스터로 점검할 수 있는 시험
① 단선시험 : 단선 유무를 검사(파이롯 램프에 불이 오면 정상)
② 단락시험 : 코일과 코일 사이의 접촉 상태
③ 접지시험 : 코일과 케이스와의 접촉 상태 검사

■ 기동전동기의 시험항목 3가지
① 무부하 시험
② 회전력 시험 : 정지 회전력을 측정
③ 저항 시험 : 전류의 크기로써 판정

■ 기관 시동 시 기동전동기의 허용 연속사용시간은 10초 정도이다.(최대 연속사용시간 30초)

■ 교류 발전기에서 전류가 발생하는 곳 : 고정자

■ 콘덴서(축전기) 정전용량은 전압, 면적에 비례하고 거리에 반비례

■ 축전기 역할 : 단속기 접점의 불꽃 방지

■ 발전기의 원리 – 전자유도작용
코일에 흐르는 전류를 변화시키면 코일에 그 변화를 방해하는 방향으로 기전력이 발생되는 작용이다.

■ 렌츠의 법칙 : 전자유도현상에 의해서 코일에 생기는 유도기전력의 방향을 나타내는 법칙

■ 직류발전기의 구조
• 계자코일 및 계자철심 : 영구자석을 대신하여 전류가 흘러 자속을 발생시키는 코일, 계자극의 코일을 감는 철심
• 전기자 : 회전하면서 지속을 끊어 기전력을 유도하는 것
• 정류자 : 교류로 발전된 기전력을 직류로 바꾸어 주는 것
• 브러시 등

■ 점화플러그에 요구되는 특징
• 급격한 온도 변화에 견딜 것

• 고온, 고압에 충분히 견딜 것
• 고전압에 대한 충분한 절연성을 가질 것
• 사용조건의 변화에 따르는 오손, 과열 및 소손 등에 견딜 것

■ 교류발전기와 직류발전기의 비교

기능역할	교류(AC) 발전기	직류(DC) 발전기
전류발생	고정자(스테이터)	전기자(아마추어)
정류작용(AC – DC)	실리콘 다이오드	정류자, 브러시
역류방지	실리콘 다이오드	컷아웃릴레이
여자형성	로 터	계자코일, 계자철심
여자방식	타려자식(외부전원)	자려자식(잔류자기)

■ 실리콘 다이오드가 농기계(트랙터, 콤바인)용 전장품으로 사용되는 다이오드로 가장 많이 쓰인다.

■ 점화플러그 점화 불량의 원인
• 마그넷에 물이나 기름이 묻었을 때
• 고압코드가 손상 또는 절단되었을 때
• 점화플러그의 불꽃간격이 부적당할 때
• 축전지가 불량할 때
• 발전기의 절연상태가 불량할 때
• 영구자석의 자력이 약할 때

■ 점화코일(유도코일)의 기본원리 : 1차 코일에서는 자기유도작용, 2차 코일에서 상호유도작용을 이용한다.

■ 유도기전력 크기는 코일의 감은 수에 비례

■ 변압기의 권선비와 유도기전력 관계

$$\frac{E_1}{E_2} = \frac{N_1}{N_2}$$

■ 단속기 접점 간극은 조정볼트로 조정

■ 냉형은 고속기관, 열형은 저속기관에 사용

■ 단속기 접점 간극

접점 간극이 작으면	접점 간극이 크면
• 점화시기가 늦어진다. • 1차 전류가 커진다. • 점화코일이 발열한다. • 접점이 소손된다.	• 점화시기가 빨라진다. • 1차 전류가 작아진다. • 고속에서 실화한다.

■ 축전기(콘덴서)는 단속기 접점과 병렬로 연결되어 있다.

■ 조도[lx] $= \frac{cd}{m^2}$ 거리의 제곱에 반비례한다.

■ 전조등 회로는 퓨즈, 라이트 스위치, 디머 스위치 등으로 구성되어 있다.

■ 측광 단위

구 분	정 의	기 호	단위
조 도	단위면적당 빛의 도달 정도	E	[lx]
광 도	빛의 강도	I	[cd]
광 속	광원에 의해 초[sec]당 방출되는 가시광의 전체량	f	[lm]
회 도	어떤 방향으로부터 본 물체의 밝기	L	[cd/m^2]
램프효율	소모하는 전기 에너지가 빛으로 전환되는 효율성	h	[lm/W]

■ 전조등은 렌즈, 반사경, 필라멘트의 3요소로 구성

■ 전조등의 조도가 부족한 원인
- 전구의 설치 위치가 바르지 않았을 때
- 축전지의 방전
- 전구의 장기간 사용에 따른 열화
- 렌즈 안팎에 물방울이 부착되었을 경우
- 전조등 설치부 스프링의 피로

• 반사경이 흐려졌을 때
• 접지의 불량

■ 전구의 수명
• 수명은 점등시간에 반비례한다.
• 필라멘트가 단선될 때까지의 시간이다.
• 필라멘트의 성질과 굵기에 영향을 받는다.
• 형광등은 백열전구에 비해 주위 온도의 영향을 받는다.

■ 줄의 법칙
• 전류의 발열작용과 관계가 있다.
• 전류에 의해서 매초 발생하는 열량은 전류의 제곱과 저항의 곱에 비례한다.
• 전류계는 측정하고자 하는 저항이나 부하와 직렬로 연결하고, 전압계는 측정하고자 하는 저항이나 부하의 양단에 병렬로 연결한다.

제3절 | 농업기계 안전관리

■ 안전관리의 정의
산업현장에서 각종 재해로부터 인간의 생명과 재산을 보호하기 위한 계획적이고, 체계적인 제반활동을 말한다.

■ 안전관리의 목적
• 인적 및 재산손실의 예방
• 사회복지의 증진
• 경제성의 향상
• 인도주의가 바탕이 된 인간존중
• 기업의 경제적 손실 예방
• 생산성의 향상 및 품질향상
• 안전태도 교육 및 안전동기 부여

■ 안전사고의 정의
- 불안전한 행동이 선행된다.
- 능률을 저하시킨다.
- 인명이나 재산의 손실을 가져온다.

■ 재해조사의 주된 목적은 같은 종류의 사고가 반복되지 않도록 하기 위해서이다.

■ 사고의 직접 원인 : 인적원인, 물적원인

<불안전한 상태 - 물적원인>
- 물건 자체 결함
- 안전방호장치 결함
- 복장, 보호구의 결함
- 물의 배치, 작업장소 결함
- 작업환경의 결함
- 생산공정의 결함
- 경계표시, 설비의 결함

<불안전한 행동 - 인적원인>
- 위험장소 접근
- 안전장치의 기능 제거
- 복장, 보호구의 잘못 사용
- 기계기구의 잘못 사용
- 운전 중인 기계 장치의 손질
- 불안전한 속도 조작
- 위험물 취급 부주의
- 불안전한 상태 방치
- 불안전한 자세 동작
- 감독 및 연락 불충분

■ 사고 발생이 많이 일어날 수 있는 원인에 대한 순서

불안전행위 > 불안전조건 > 불가항력

■ 사고의 간접 원인
- 교육적 원인
- 기술적 원인(개인적 결함)

• 관리적 원인(사회적 환경, 유전적 요인)

■ 재해의 복합 발생 요인
• 환경의 결함 : 환기, 조명, 온도, 습도, 소음 및 진동
• 시설의 결함 : 구조불량, 강도불량, 노화, 정비불량, 방호미비
• 사람의 결함 : 지시부족, 지도무시, 미숙련, 과로, 태만

■ 재해예방대책4원칙
• 예방가능의 원칙 : 천재지변을 제외한 모든 인재는 예방이 가능하다.
• 손실우연의 원칙 : 사고의 결과 손실의 유무 또는 대소는 사고 당시의 조건에 따라 우연적으로 발생한다.
• 원인연계의 원칙 : 사고에는 반드시 원인이 있고 원인은 대부분 복합적 연계원인이다.
• 대책선정의 원칙 : 사고의 원인이나 불안전 요소가 발견되면 반드시 대책은 선정 실시되어야 하며 대책선정이 가능하다.

■ 재해방지 3대 요소 : 교육훈련, 기술개선, 강요와 독려

■ 하인리히의 안전사고 예방 5단계
• 조직, 발견, 분석, 선정, 적용

■ 사고예방 대책 5단계 순서
안전조직 – 사실의 발견 – 분석평가 – 시정책의 선정 – 시정책의 적용
＊사고방지 5단계에 속하지 않는 것

■ 재해 발생 시 조치 순서 : 운전 정지 → 피해자구조 → 응급처치 → 2차재해 방지

■ 안전관리의 조직의 형태 : 직계형, 참모형, 복합형
• 직계형 : 안전의 계획에서 실시에 이르기까지 모든 것을 생산계통에 따라서 시달되어 안전에 대한 지시 및 전달이 신속・정확하여 소규모기업에서 활용되는 조직
• 참모형 : 안전관리를 전담하는 스태프를 두고 안전관리에 대한 계획, 조사, 검토 등을 행하는 관리방식 500~1,000명인 사업체에 적용
• 복합형 : 모든 작업자가 안전업무에 직접 참여하며, 안전에 관한 지식, 기술 등의 개발이 가능하며, 안전업무의 지시 전달이 신속 정확하고, 1,000명 이상의 기업에 적용되는 안전관리의 조직

■ 안전보건관리책임자가 총괄관리해야 할 사항

- 산업재해 예방계획의 수립에 관한 사항
- 근로자의 안전·보건교육에 관한 사항
- 작업환경측정 등 작업환경의 점검 및 개선에 관한 사항
- 산업재해의 원인 조사 및 재발 방지대책 수립에 관한 사항
- 근로자의 건강진단 등 건강관리에 관한 사항
- 안전보건관리규정의 작성 및 변경에 관한 사항
- 산업재해에 관한 통계의 기록 및 유지에 관한 사항
- 안전·보건과 관련된 안전장치 및 보호구 구입 시 적격품 여부 확인에 관한 사항
- 그 밖에 근로자의 유해·위험 예방조치에 관한 사항으로서 고용노동부령으로 정하는 사항

■ 안전사고의 심리적 5대 요인

- 감정, 동기, 기질, 습성, 습관

■ 안전관리자의 업무

- 산업안전보건위원회 또는 안전
- 안전인증대상 기계
- 기구 등 구입 시 적격품의 선정에 관한 보좌 및 조언·지도
- 위험성평가에 관한 보좌 및 조언·지도
- 법 또는 법에 따른 명령으로 정한 안전에 관한 사항의 이행에 관한 보좌 및 조언·지도
- 업무수행 내용의 기록·유지
- 그 밖에 안전에 관한 사항으로서 고용노동부장관이 정하는 사항

■ 안전교육의 기본원칙

- 동기 부여가 중요하다.
- 반복식 교육
- 피교육자 중심 교육
- 쉬운 부분에서 어려운 부분으로 진행
- 인상의 강화
- 오감의 활용
- 한 번에 하나씩
- 기능적인 이해를 도운다.

■ **안전사고 도수율** : 100만 시간 중 발생사고 건수

■ **산업재해로 인한 작업능력의 손실을 나타내는 척도** : 강도율

■ **안전·보건표지 종류** : 금지, 경고, 지시, 안내

■ **안전·보건표지의 색채, 색도기준 및 용도**
- 빨간색 : 금지, 경고, 방화
- 보라색 : 방사능
- 노란색 : 경고, 주의
- 파란색 : 지시
- 녹 색 : 안내
- 검은색 : 보조색

■ **안전점검의 종류** : 정기점검, 수시점검, 특별점검, 임시점검
- 정기점검(계획점검) : 일정시간마다 정기적으로 실시하는 점검으로 법적기준 또는 사내 안전 규정에 따라 해당 책임자가 실시하는 점검
- 수시점검(일상점검) : 매일 작업 전, 작업 또는 작업 후에 일상적으로 실시하는 점검
- 특별점검 : 기계, 기구 또는 설비의 신설·변경 또는 고장 수리 등으로 비정기적인 특정 점검을 말하며 기술책임자가 실시
- 임시점검 : 정기점검 실시 후 다음 점검기일 이전에 임시로 실신하는 점검의 형태로 기계·기구 또는 또 설비의 이상 발견 시 임시로 점검하는 점검

■ **농업기계의 기본 점검 사항**
- 각부의 죔상태, 누유 및 누수 확인
- 연료의 양, 냉각수 점검
- 엔진오일의 점검
- 공기청정기, 연료여과기, 조속 레버 작동상태 점검
- 기관이 공회전할 때의 마찰음, 진동음 등의 발생 유무 점검

■ **농업기계의 사고 원인**

① 인적 요인(대부분 차지) : 운전자의 부주의, 운전 미숙, 불안전 복장, 음주 운전 등과 같은 인적 요인이 대부분

② 환경적인 요인 : 열악한 작업장소, 작업시간, 악천후 등

③ 기계적 요인 : 고장 및 작동 불량, 안전장치 미부착, 기계 결함

■ 기계 사고요인
① 운전자 부주의 및 운전미숙
② 음주운전
③ 농기계 안전점검 소홀 및 농기계 운전교육 미이수
④ 위험상태에 대한 습관성 무시
⑤ 안전장치 미부착 및 무시
⑥ 비정상 작동 무시
⑦ 고령 인력의 작업수행능력, 대처능력 저하

■ 농업기계 사고예방을 위한 운전자 준비사항
① 정확한 안전장구 착용
② 안전모 착용 : 농기계 전복 또는 작업중 머리에 충격에 대한 예방
③ 몸에 맞는 옷 착용 : 늘어진 옷으로 인해 농기계에 말려 들어가지 않도록 해야 함
④ 안전화 착용 : 농기구가 떨어지거나 발 등이 기계에 끼는 사고 예방
⑤ 운전 미숙련자는 반드시 다른 사람의 도움으로 연습 후 운전
⑥ 피로한 상태 또는 음주 상태에서 농업기계 조작 금지
⑦ 조작 전 반드시 농기계에 부착된 안전주의 명판 및 사용설명서 숙지
⑧ 농업기계 관련된 교육수강

■ 연속 최대 운전시간 : 2시간 이내

■ 농업기계 교통사고가 많은 시간대 : 동력경운기(오후 6~8시), 트랙터(오후 6~10시)

■ 트랙터 전도방지를 위해 캐빈이나 ROPS를 설치한다.

■ 작업 시 동력경운기 조작상의 주의사항
- 지형에 알맞은 선회 조작 실시
- 직진 경운 중에는 조향클러치는 사용하지 말 것
- 작업목적에 적합한 차속 유지와 로터리날 회전수를 조정할 것
- 철차륜으로 도로 주행은 위험하므로 주의할 것
- 로타리 작업 중 후진할 때는 반드시 경운 레버를 중립의 위치에 놓고 조작할 것
- 포장의 경사를 상승할 때에는 반드시 전진하고 경사를 하강할 때는 후진으로 실시할 것

• 고속주행 시 조향클러치는 원칙적으로 사용하지 말아야 하고 경사지에 내려갈 때는 클러치의 작동이 평지에서와 반대로 작동하므로 주의할 것

■ 동력살분무기의 안전작업

• 시동로프를 당겨 시동할 때 뒤편에 사람이 있는지를 확인할 것
• 방독마스크를 착용하고 작업할 것
• 농약 살포 시 항상 바람을 등지고 작업할 것
• 농약 살포 시 음주를 피할 것
• 시동로프로 시동 시 뒤에 사람이 없어야 할 것
• 과열된 엔진에 손이 닿으면 화상을 입으므로 주의할 것
• 작업 중에는 담배를 피우거나 음식을 먹지 않도록 할 것
• 연료를 보급할 때는 화재의 우려가 있으므로 엔진이 식은 후 급유할 것

■ 동력살분무기의 살포작업

• 분관을 좌우로 흔들면서 작업한다.
• 한곳에 많이 살포하지 않도록 한다.
• 분구 높이는 작물 위 30cm 정도로 한다.

■ 스피드 스프레이어(SS기)의 작업안전

• 분무작업은 약액이 흔들려 기체가 불안정해지기 쉬우므로 가급적 저속으로 주행한다.
• 야간 및 비가 오는 날에는 운전을 자제한다.
• 점검 및 정비 시 떼어낸 덮개 등은 점검 및 정비 완료 후 모두 다시 부착한다.
• 작업자는 기계적 위험과 화학적 위험을 동시에 방호할 수 있는 복장을 선택한다.
• 요철이 심한 노면을 주행할 때는 속도를 낮추며 경사지를 주행할 때는 변속조작을 하지 않는다.
• 높이차가 있는 포장으로의 출입이나 논둑 등을 타고 넘을 때에는 전도될 우려가 있으므로 직각으로 하며, 높이차가 클 경우 디딤판을 사용한다.
• 주차할 때는 평탄지를 선택하여 승강부를 낮추고 엔진을 정지시킨 다음 주차브레이크를 걸고 키를 빼둔다. 어쩔 수 없이 경사지에 방제기를 주차할 때는 돌 등을 바퀴 밑에 대어 놓아 굴러 내리지 않도록 한다. 또한 타기 쉬운 볏짚이나 마른 풀 위에 방제기를 세워두지 않는다.
• 붐 스프레이어의 경우 이동 시 붐은 접어둔다. 스피드 스프레이어는 이동 중 송풍기를 회전시키지 않도록 한다.

■ 농업기계 운반기계의 안전수칙
- 물건 적재 시 무거운 것을 밑에, 가벼운 것을 위에 놓을 것
- 운반대 위에는 사람이 타지 말 것
- 미는 운반차에 화물을 실을 때에는 앞을 볼 수 있는 시야를 확보할 것
- 운반차의 출입구는 운반차의 출입에 지장이 없는 크기로 할 것
- 운반차에 물건을 쌓을 때 될 수 있는 대로 중심이 아래로 되도록 쌓을 것
- 규정중량 이상은 적재하지 말 것
- 운반기계의 동요로 파괴의 우려가 있는 짐은 반드시 로프로 묶을 것

■ 수공구 사용 시 안전수칙
- 사용 전에 충분한 사용법을 숙지하고 익히도록 한다.
- KS 품질규격에 맞는 것을 사용한다.
- 무리한 힘이나 충격을 가하지 않아야 한다.
- 손이나 공구에 묻은 기름, 물 등을 닦아 사용한다.
- 수공구는 손에 잘 잡고 떨어지지 않게 작업한다.
- 공구는 기계나 재료 등이 위에 올려놓지 않는다.
- 정확한 힘으로 조여야 할 때는 토크렌치를 사용한다.
- 공구는 목적 이외의 용도로 사용하지 않는다.
- 작업에 적합한 수공구를 이용한다.
- 사용 전에 이상 유무를 반드시 확인한다.
- 예리한 공구 등을 주머니에 넣고 작업을 하여서는 안 된다.
- 공구를 전달할 경우 던지지 않는다.
- 주위를 정리 정돈한다.

■ 수공구의 보관 및 관리
- 공구함을 준비하여 종류와 크기별로 수량을 파악하여 보관한다.
- 사용한 수공구는 방치하지 말고 소정의 장소에 보관한다.
- 날이 있거나 뾰족한 물건은 위험하므로 뚜껑을 씌워둔다.
- 수분과 습기는 숫돌을 깨지거나 부서뜨릴 수 있어 습기가 없는 곳에 보관한다.
- 사용한 공구는 면 걸레로 깨끗이 닦아서 보관한다.
- 파손공구는 교환하고 청결한 상태에서 보관한다.
- 기계의 청소나 손질은 운전을 정지시킨 후 실시한다.
- 정 작업시 열처리한 재료는 정으로 타격하지 않는다.

■ 해머작업에서의 안전수칙

- 장갑을 끼고 해머작업을 하지 말 것
- 해머 작업 중에는 수시로 해머상태(자루의 헐거움)를 점검할 것
- 해머로 공동 작업을 할 때에는 호흡을 맞출 것
- 열처리된 재료는 해머작업을 하지 말 것
- 해머로 타격할 때에는 처음과 마지막에는 힘을 많이 가하지 말 것
- 타격가공하려는 곳에 시선을 고정시킬 것
- 해머의 타격면에 기름을 바르지 말 것
- 해머로 녹슨 것을 때릴 때에는 반드시 보안경을 쓸 것
- 대형 해머로 작업할 때에는 자기 역량에 알맞은 것을 사용할 것
- 타격면이 찌그러진 것은 사용하지 말 것
- 손잡이가 튼튼한 것을 사용할 것
- 작업 전에 주위를 살필 것
- 기름 묻은 손으로 작업하지 말 것
- 해머를 사용하여 상향(上向)작업을 할 때에는 반드시 보호안경을 착용할 것 토크렌치는 실린더 헤드 볼트를 조일 때 마지막으로 사용하는 공구이다.

■ 줄작업 사용시 주의사항

① 줄을 해머 대용으로 사용하지 않는다.
② 작업 중 줄자루가 빠지지 않도록 고정상태를 확인한다.
③ 줄은 두드리거나 타격을 가하지 않는다.
④ 줄질에서 생긴 가루는 입으로 불지 않는다.
⑤ 줄 작업 중 무리함 힘을 가하지 않도록 한다.
⑥ 줄을 다른 용도로 활용하지 않는다.

■ 정작업

① 머리부위가 이상이 있는 것은 사용하지 않는다.
② 날끝이 파손되거나 둥글어진 것은 사용하지 않는다.
③ 보호안경을 착용한다.
④ 정 작업은 처음에는 가볍게 두들기고 목표가 정해진 후에 차츰 세게 두드린다.

■ 숫돌작업

① 숫돌 바퀴에 균열이 있는가 확인한다.
② 나무 해머로 가볍게 두드려 보아 맑은 음이 나는지 확인한다.

③ 숫돌차의 측면에서 서서 연삭해야 하며 반드시 보호안경을 착용한다.
④ 반드시 규정 속도를 유지할 것
⑤ 숫돌차의 주면과 받침대와의 간격은 3mm 이내로 한다.
⑥ 받침대는 숫돌차의 중심선보다 낮게 하지 않는다.
⑦ 연삭기의 커버는 충분한 강도를 가진 것으로 규정된 치수의 것을 사용한다.

■ 드릴 작업
① 드릴은 사용 전에 점검하고 상처나 균열이 있는지 확인한다.
② 드릴링 작업 시 장갑을 끼지 않도록 한다.
③ 뚫린 구멍에 손가락을 넣지 말 것
④ 옷깃이 척이나 드릴에 물리지 않게 할 것
⑤ 머리카락을 단정히 하고 모자를 쓸 것
⑥ 드릴링 시 공작물을 단단히 고정한다.
⑦ 드릴링 시 절삭유를 충분히 준다.
⑧ 가공물이 관통될 쯤에 알맞게 힘을 가해야 한다.

■ 선반작업
① 기계 위에 공구나 재료를 올려놓지 않는다.
② 이송을 걸은 채 기계를 정지시키지 않는다.
③ 기계 타력 회전을 손이나 공구로 멈추지 않는다.
④ 치수를 측정할 때는 먼저 선반을 멈추고 측정한다.
⑤ 절삭면은 손가락으로 만지거나 절삭칩을 손으로 제거하지 않는다.

■ 밀링 작업
① 보호 안경을 착용할 것
② 밀링 커터에 작업복의 소매나 보호장구가 들어가지 않도록 주의할 것
③ 회전하는 커터에 손을 대지 않는다.
④ 절삭유 노즐이 커터에 부딪치지 않도록 한다.
⑤ 밀링작업 시 장갑을 끼지 않도록 한다.

■ 토크렌치 사용법
오른손은 렌치 끝을 잡고 돌리고, 왼손은 지지점을 눌러 게이지 눈금을 확인한다.

■ 전동공구 및 공기공구 사용 시 유의사항
- 감전 사고에 주의한다. 특히 물이 묻은 손으로 작업해서는 안 된다.
- 전선코드의 취급을 안전하게 한다.
- 회전하는 공구는 적정 회전수로 사용하여 과부하가 걸리지 않도록 한다.
- 공기밸브 작동 시 서서히 열고 닫는다.
- 컴프레서의 압축된 공기의 물 빼기를 할 때는 저압상태에서 배수플러그를 조심스럽게 푼다.
- 공압공구 사용 시 무색 보안경을 착용한다.
- 공압공구 사용 중 고무호스가 꺾이지 않도록 주의한다.
- 호스는 공기압력을 견딜 수 있는 것을 사용한다.
- 공기압축기의 활동부는 윤활유 상태를 점검한다.
- 동력전달장치인 벨트는 회전 부위에서 노출되어 있어 재해발생률이 높다.
- 밀링작업에서 생기는 칩은 가늘고 예리하며 비래(飛來)시 부상을 입기 쉬우므로 보안경을 쓰고, 장갑은 말려들 위험이 있으므로 끼지 않는다.

■ 연소의 3요소 : 가연물(연료), 점화원, 산소(공기)

■ 점화원
가연물과 산소에 연소(산화)반응을 일으킬 수 있는 활성화 에너지를 공급해 주는 것

■ 물질의 위험성을 나타내는 성질
- 인화점, 발화점, 착화점이 낮을수록
- 증발열, 비열, 표면장력이 작을수록
- 온도가 높을수록
- 압력이 클수록
- 연소범위가 넓을수록
- 연소속도, 증기압, 연소열이 클수록 위험하다.

■ 점화원이 될 수 없는 것 : 기화열, 융해열, 흡착열 등

■ 자연발화의 방지법(4가지)
- 습도가 높은 것을 피할 것
- 저장실의 온도를 낮출 것
- 통풍을 잘 시킬 것

- 퇴적 및 수납할 때에 열이 쌓이지 않게 할 것

■ 자연발화의 영향요인
- 수분 : 습도가 높으면 자연발화가 잘 일어난다.
- 열전도율 : 열전도율이 크면 열의 축적이 되지 않기 때문에 자연발화가 일어나기 어렵다.
- 열의 축적 : 열의 축적이 많으면 잘 일어난다.
- 발열량 : 발열량이 크면 자연발화가 잘 일어난다.
- 공기의 유동 : 통풍을 잘 시켜야 한다.
- 퇴적 방법 : 퇴적 및 수납 시 열이 쌓이지 않게 한다.

■ 화재의 종류에 따른 화재표시색상 및 소화기의 종류
- A급화재(일반화재) : 백색 - 포말 소화기, 물 소화기
- B급화재(유류화재) : 황색 - 분말 소화기
- C급화재(전기화재) : 청색 - 분말 소화기, 탄산가스 소화기
- D급화재(금속화재) : 무색 - 마른 모래, 소석회, 탄산수소염류, 금속화재용 소화분말 등

■ 전기화재의 원인 : 단락(화재 원인 중 비중이 크다), 과전류, 누전, 절연 불량, 불꽃방전(스파크), 접속 과열 등

■ 감전사고 발생 시 조치사항
- 감전자 구출 : 전원을 차단하거나 접촉된 충전부에서 감전자를 분리하여 안전지역으로 대피(감전자를 위험 지역으로부터 이탈시킨다.)
- 귀밑에 소리를 내어 감전자 상태 확인
- 의식불명이나 심장정지 시에는 즉시 응급조치 실시
- 감전자 구출 후 구급대에 지원요청을 하고 주변 안전을 확보하여 2차 재해를 예방

■ 아크용접기의 감전 방지
- 자동전격방지장치 장착
- 절연용접봉 홀더 사용
- 절연장갑 사용

■ 전기용접 시 피부에 닿으면 바로 화상을 입을 수 있으므로 피부가 노출되지 않도록 보호구를 착용한 후 용접한다.

■ 전기용접기 설치장소로 비, 바람이 치는 장소, 주위온도가 −10[℃] 이하인 곳을 피한다.(−10~40℃ 유지되는 곳이 적당하다.)

■ 가스화재를 일으키는 가연물질 : 메탄, 에탄, 프로판, 부탄, 수소, 아세틸렌 가스 배기가스의 유해 성분
- 일산화탄소(CO), 탄화수소, 질소산화물(NO_2), 매연, 황산화물(SO_2)

■ 각종 가스용기의 도색구분

가스의 종류	도색구분	가스의 종류	도색구분
산 소	녹 색	아세틸렌	황 색
수 소	주황색	염 소	갈 색
액화 탄산가스	청 색	액화 암모니아	백 색
LPG	회 색	기타 가스	회 색

■ 인화성 유해위험물에 대한 공통적인 성질
- 매우 인화되기기 쉽다.
- 착화온도가 낮은 것은 위험하다.
- 물보다 가볍고 물에 녹기 어렵다.
- 발생된 가스는 대부분 공기보다 무겁다.
- 발생된 가스는 공기와 약간 혼합되어도 연소의 우려가 있다.

■ 부품의 세척 작업 중 알칼리성이나 산성의 세척유가 눈에 들어갔을 경우 먼저 흐르는 수돗물로 씻어낸다.

■ 유류화재 시 주수 소화를 하게 되면 유류가 물과 섞이지 않기 때문에 유류 표면이 분산되어 화재면(연소면)을 확대시킬 우려가 있어 매우 위험하다.

■ 작업장에서 작업복 착용
- 규격에 적합하고, 몸에 맞는 것을 입는다.
- 작업의 종류에 따라 정해진 작업복을 착용한다.
- 기름 등 이물질이 묻은 작업복은 입지 않는다.
- 수건은 허리춤 또는 목에 감지 않는다.

■ 산업안전보건기준에 관한 규칙에서 규정한 작업장의 조명기준

- 초정밀작업 : 750[lx] 이상
- 정밀작업 : 300[lx] 이상
- 보통작업 : 150[lx] 이상
- 그 밖의 작업 : 75[lx] 이상

■ 보호구의 구비조건

- 착용이 간편할 것
- 작업에 방해가 안 될 것
- 위험·유해요소에 대한 방호성능이 충분할 것
- 재료의 품질이 양호할 것
- 구조와 끝마무리가 양호할 것
- 외양과 외관이 양호할 것

■ 작업별 보호구(산업안전보건기준에 관한 규칙 제32조)

- 안전모 : 물체가 떨어지거나 날아올 위험 또는 근로자가 추락할 위험이 있는 작업
  - 추락에 의한 위험방지
  - 머리 부위 감전에 의한 위험방지
  - 물체의 낙하 또는 비래에 의한 위험방지
- 안전대(安全帶) : 높이 또는 깊이 2[m] 이상의 추락할 위험이 있는 장소에서 하는 작업
- 안전화 : 물체의 낙하·충격, 물체에의 끼임, 감전 또는 정전기의 대전(帶電)에 의한 위험이 있는 작업
- 보안경 : 물체가 흩날릴 위험이 있는 작업
- 보안면 : 용접 시 불꽃이나 물체가 흩날릴 위험이 있는 작업
- 절연용 보호구 : 감전의 위험이 있는 작업
- 방열복 : 고열에 의한 화상 등의 위험이 있는 작업
- 방진마스크 : 선창 등에서 분진(粉塵)이 심하게 발생하는 하역작업
- 방한모·방한복·방한화·방한장갑 : −18℃ 이하인 급냉동 어창에서 하는 하역작업

■ 보안경의 구비조건

- 유해·위험요소에 대한 방호가 완전할 것
- 착용했을 때 편안할 것
- 견고하게 고정되어 착용자가 움직이더라도 쉽게 탈락 또는 움직이지 않을 것
- 내구성이 있을 것

• 충분히 소독되어 있을 것
• 세척이 쉬울 것

■ 보호구의 관리 및 사용방법
• 광선을 피하고 통풍이 잘되는 장소에 보관할 것
• 부식성, 유해성. 인화성 액체, 기름, 산 등과 혼합하여 보관하지 말 것
• 발열성 물질을 보관하는 주변에 가까이 두지 말 것
• 땀으로 오염된 경우에 세척하고 건조하여 변형되지 않도록 할 것
• 모래, 진흙 등이 묻은 경우는 깨끗이 씻고 그늘에서 보관

제4절 | 도로교통법

1. 용어 정의

① 자동차 전용도로 : 자동차만 다닐 수 있도록 설치된 도로를 말한다.
② 중앙선 : 차마의 통행 방향을 명확하게 구분하기 위하여 도로에 황색 실선이나 황색 점선 등의 안전표지로 표시한 선 또는 중앙분리대나 울타리 등으로 설치한 시설물을 말한다. 다만, 가변차로가 설치된 경우에는 신호기가 지시하는 진행 방향의 가장 왼쪽에 있는 황색 점선을 말한다.
③ 횡단보도 : 보행자가 도로를 횡단할 수 있도록 안전표지 및 도로의 바닥에 표시한 부분을 말한다.
④ 교차로 : 십자로, T자로나 그 밖에 둘 이상의 도로(보도와 차도가 구분되어 있는 도로에서는 차도를 말한다)가 교차하는 부분을 말한다.
⑤ 안전지대 : 도로를 횡단하는 보행자나 통행하는 차마의 안전을 위하여 안전표지나 이와 비슷한 인공 구조물로 표시한 도로의 부분을 말한다.
⑥ 신호기 : 도로교통에서 문자·기호 또는 등화를 사용하여 진행·정지·방향전환·주의 등의 신호를 표시하기 위하여 사람이나 전기의 힘으로 조작하는 장치를 말한다.
⑦ 안전표지 : 교통안전에 필요한 주의·규제·지시 등을 표시하는 표지판이나 도로의 바닥에 표시하는 기호·문자 또는 선 등을 말한다.
⑧ 주차 : 운전자가 승객을 기다리거나 화물을 싣거나 차가 고장 나거나 그 밖의 사유로 차를 계속 정지 상태에 두는 것 또는 운전자가 차에서 떠나서 즉시 그 차를 운전할

수 없는 상태에 두는 것을 말한다.

⑨ 정차 : 운전자가 5분을 초과하지 아니하고 차를 정지시키는 것으로서 주차 외의 정지 상태를 말한다.

⑩ 서행 : 운전자가 차를 즉시 정지시킬 수 있는 정도의 느린 속도로 진행하는 것을 말한다.

⑪ 앞지르기 : 차의 운전자가 앞서가는 다른 차의 옆을 지나서 그 차의 앞으로 나가는 것을 말한다.

⑫ 일시정지 : 차의 운전자가 그 차의 바퀴를 일시적으로 완전히 정지시키는 것을 말한다.

2. 신호기 신호의 뜻

(1) 녹색등화

① 차마는 직진 또는 우회전할 수 있다.

② 비보호 좌회전 표지 또는 비보호 좌회전 표시가 있는 곳에서는 좌회전할 수 있다.

(2) 황색 등화

① 차마는 정지선이 있거나 횡단보도가 있을 때에는 그 직전이나 교차로의 직전에 정지하여야 한다.

② 이미 교차로에 차마의 일부라도 진입한 경우에는 신속히 교차로 밖으로 진행하여야 한다.

③ 차마는 우회전할 수 있고 우회전하는 경우에는 보행자의 횡단을 방해하지 못한다.

제2장 기출문제

제1절 | 농업기계 기초

01 기계의 구입 가격이 600만원, 폐기 가격이 60만원, 내구연한이 10년인 경우 직선법에 의한 이 기계의 감가상각비는?

① 54,000(원/년) ② 540,000(원/년)
③ 660,000(원/년) ④ 3,600,000(원/년)

해설 $감가상각비 = \frac{구입가격 - 폐기가격}{내구년수} = \frac{600-60}{10} = 54(만원)$

02 농업기계의 이용비용 중에서 변동비에 해당되는 것은?

① 연료비 ② 차고비
③ 감가상각비 ④ 투자에 대한 이자

03 농업기계 구입가격이 200만원, 폐기 가격이 20만원, 내구년한이 8년이라고 할 때 연간감가상각비를 직선법으로 구하면?

① 100,000원 ② 225,000원
③ 250,000원 ④ 275,000원

04 어떤 농업기계를 400만원에 구입해 10년 동안 사용한 후에 50만원에 폐기하였다면 연간 감가상각비는?

① 35,000원 ② 50,000원
③ 350,000원 ④ 500,000원

정답 01. ② 02. ① 03. ② 04. ③

05 농업기계 이용 경비를 산출할 때 윤활유 비용은 보통 연료비의 몇 % 범위로 추정하는가?

① 2~5 ② 10~15
③ 25~30 ④ 35~50

06 농업기계를 구입하고자 할 때 고려되어야 할 사항으로 볼 수 없는 것은?

① 기술적인 합리성 ② 경제적인 합리성
③ 취급성 및 안전성 ④ 감가상각비

07 농업기계화의 효과가 아닌 것은?

① 생산비 증가 ② 적기 작업
③ 중노동 탈피 ④ 토지생산성 증가

08 농업기계화에 의한 토지 생산성 향상에 직접적으로 기여한 것은?

① 농업경영 개선
② 힘든 노동으로부터 탈피
③ 단위 노동력의 경영면적 확대
④ 효과적인 약제 살포에 의한 병충해 방제 효과

09 농업기계의 경제적 이용방법에 해당하지 않는 것은?

① 기계를 무리하게 사용하지 않는다.
② 기계를 장기간 공회전시키지 않는다.
③ 기계의 윤활유는 가급적 오래 사용한 후 교체한다.
④ 고장을 예방하기 위하여 정기점검을 철저히 한다.

10 압력이 142psi(lb/in^2)는 몇 kg/cm^2인가?

① 1 ② 5
③ 8 ④ 10

정답 05. ② 06. ④ 07. ① 08. ④ 09. ③ 10. ④

11 농업기계의 회전능력[단위 : kgf · m]을 나타내는 것은?

① 효율 ② 연료 소비율
③ 토크 ④ 출력

12 윤활유의 작용을 열거한 것이 틀린 것은?

① 냉각작용 ② 마멸작용
③ 세척작용 ④ 방청작용

13 농업용 기관에 사용되는 연료 중 인화성이 가장 큰 것은?

① 휘발유 ② 석유
③ 중유 ④ 경유

14 유압장치에 사용되는 작동유의 역할이 아닌 것은?

① 윤활작용 ② 밀봉작용
③ 산화작용 ④ 방청작용

15 양수기에 사용되는 윤활제는?

① 엔진오일 ② 기어오일
③ 그리스 ④ 유압오일

16 부동액이 아닌 것은?

① 그리스 ② 알코올
③ 글리세린 ④ 에틸렌글리콜

17 윤활유의 분류법 중 API 분류법에서 고온 고부하용 가솔린기관에 적합한 오일은?

① ML ② DM
③ MS ④ DS

정답 11. ③ 12. ② 13. ① 14. ③ 15. ③ 16. ① 17. ③

18 엔진오일, 기어오일의 SAE 번호가 의미하는 것은?

① 점도　　② 점도지수
③ 유동성　　④ 건성

19 다음 중 부동액으로 부적합한 것은?

① 글리세린　　② 에틸렌글리콜
③ 알콜　　④ 메탄

20 동력경운기 텐션 풀리 베어링에는 어떠한 오일(oil)을 사용하는 것이 가장 좋겠는가?

① 모터오일　　② 기어오일
③ 그리스　　④ 기계오일

21 윤활유의 분류방식이다. S.A.E분류방식에 해당하는 것은?

① ML, MM, MS　　② SA, SC, CB
③ 5W, 10W, 20W　　④ DG, DM, DS

22 농업기계는 시간이 경과함에 따라 기계의 가치가 감소하는데 이것을 나타내는 용어는?

① 변동비　　② 고정비
③ 감가상각비　　④ 이용비용

23 농업기계의 이용비용을 절감하기 위한 대책으로 가장 거리가 먼 것은?

① 기계의 능률을 최대한 이용한다.
② 내구연한을 길게 하여 감가상각비를 줄인다.
③ 기계의 유지관리를 제대로 하여 수리비를 줄인다.
④ 윤활유 비용을 줄이기 위하여 주유기간을 길게 한다.

정답 18. ① 19. ④ 20. ③ 21. ③ 22. ③ 23. ④

24 겨울철 기관에 사용되는 알맞은 윤활유의 점도는?

① SAE20　② SAE50
③ SAE30　④ SAE40

25 부동액의 원료로 널리 사용되고 있는 것은?

① 에틸렌글리콜　② 글리세린
③ 알코올　④ 아세톤

26 농업기계화의 장점이라고 할 수 없는 것은?

① 작업 능률의 향상
② 노동 생산성의 향상
③ 힘든 노동으로부터의 해방
④ 노임 및 투자비의 증가

정답 24. ① 25. ① 26. ④

제2절 | 내연기관

01 농업기계용 기관 고장 방지를 위해 사용하는 윤활유에 대한 설명으로 틀린 것은?

① 기계에 알맞은 윤활유를 사용한다.
② 산화 안전성이 우수한 오일을 사용한다.
③ 계절에 따른 적정 점도 윤활유를 사용한다.
④ 엔진 오일량은 규정량 보다 조금 많게 채워 넣어준다.

02 디젤기관의 출력은 무엇으로 조정하는가?

① 혼합기의 유입량을 조절하여
② 분사하는 연료량을 가감하여
③ 가버너 스프링의 상력을 조정하여
④ 흡배기 밸브의 개폐 속도를 조절하여

03 수냉식 기관에서 라디에이터(radiator)는 어떤 장치의 구성품인가?

① 연료 분사장치
② 냉각수 냉각장치
③ 연료 여과장치
④ 기관의 부식방지 장치

04 배기량이 300cc, 연소실 용적이 60cc인 단기통 기관의 압축비는?

① 18 : 1
② 15 : 1
③ 6 : 1
④ 1.2 : 1

05 베이퍼 록(Vapor Lock) 현상은 어느 부분에서 생기는가?

① 냉각 계통
② 전기 계통
③ 윤활 계통
④ 연료 계통

정답 01. ④ 02. ② 03. ② 04. ③ 05. ④

06 디젤기관에서 시동이 안 되는 원인이 아닌 것은?

① 연료계통에 공기가 유입
② 플런저 마모로 분사압력 저하
③ 점화코일 파손
④ 분사노즐의 니들밸브가 고착

07 2행정 가솔린기관을 사용하는 동력예초기에서 연료와 엔진오일의 혼합비로 가장 적당한 것은?

① 5 : 1　　② 15 : 1
③ 25 : 1　　④ 35 : 1

해설 ※ 2행정기관의 연료와 엔진오일 혼합비 = 20~25 : 1

08 내연 기관의 총 배기량을 구하는 식은?

① 압축비 × 실린더 수
② 실린더의 단면적 × 행정 × 실린더 수
③ 실린더의 지름 × 행정 × 압축비
④ 실린더의 단면적 × 압축비 × 실린더 수

09 내연기관의 공기와 연료의 혼합비가 완전연소 할 때 배기가스의 색깔은?

① 검은색　　② 무색
③ 청색　　④ 엷은 황색

10 4 행정 기관에서 동력을 발생하는 행정은?

① 흡기행정　　② 압축행정
③ 팽창행정　　④ 배기행정

정답 06. ③ 07. ③ 08. ② 09. ② 10. ③

11 2행정 기관에 대한 설명 중 틀린 것은?

① 피스톤이 상향하면 실린더내의 혼합 가스는 압축되고 크랭크실안의 압력은 높아지고 흡기밸브는 닫힌다.
② 피스톤이 하향하면 폭발가스는 배기공을 통해 배출되고 크랭크실의 혼합기는 연소실로 들어간다.
③ 윤활장치가 없기 때문에 연료와 윤활유를 혼합해서 사용한다.
④ 점화 플러그에 의해 상사점 조금 전에 점화가 된다.

12 2행정 사이클 엔진에 대한 설명으로 맞는 것은?

① 크랭크축이 1회전 시 1회의 동력 행정을 갖는다.
② 크랭크축이 2회전 시 1회의 동력 행정을 갖는다.
③ 크랭크축이 3회전 시 1회의 동력 행정을 갖는다.
④ 크랭크축이 4회전 시 1회의 동력 행정을 갖는다.

13 공랭식 기관의 냉각장치에 냉각핀이 설치된 이유로 옳은 것은?

① 기관을 외부 충격으로부터 보호하기 위하여
② 기관에 높은 온도를 유지시키기 위하여
③ 기관의 강도를 높이기 위하여
④ 냉각 효과를 높이기 위하여

14 가솔린 기관의 기화기에서 연료가 너무 많이 흡입되어 시동이 불량할 때의 고장 원인이 아닌 것은?

① 니들 밸브와 시트 사이에 오물이 낌
② 제트 니들의 위치 불량
③ 유면이 너무 낮음
④ 플로트 파손

정답 11. ① 12. ① 13. ④ 14. ③

15 압축 점화기관의 시동 방법으로 옳지 않은 것은?

① 조속레버를 시동위치에 두고 연료 콕을 열어준다.
② 시동 직전 공회전을 5～10회 정도 실시한다.
③ 시동 전 엔진오일을 점검하여 보충한다.
④ 시동 후 공회전을 실시하면 기계수명이 짧아지므로 난기운전은 하지 않는다.

16 2사이클 가솔린기관에서 연료와 오일의 혼합비로 적당한 것은?

① 10：1 ② 20：1
③ 30：1 ④ 40：1

17 다음 중 농용기관의 점화불량 원인이 아닌 것은?

① 영구자석의 자력이 강할 때
② 축전지가 불량할 때
③ 점화플러그 불꽃 간격에 탄소, 물 및 기름이 있을 때
④ 발전기의 절연상태가 불량할 때

18 일반적인 디젤기관의 압축비는?

① (25～30) : 1 ② (16～23) : 1
③ (7～10) : 1 ④ (5～6) : 1

19 원동기의 압축비란?

① 행정용적 / 연소실용적
② 연소실용적 / 행정용적
③ (연소실용적＋행정용적) / 연소실용적
④ (연소실용적＋행정용적) / 행정용적

정답 15. ④ 16. ② 17. ① 18. ② 19. ③

20 기화기식 가솔린기관을 시동할 때 농후한 혼합기를 만드는데 사용되는 장치는?

① 초크밸브 ② 에어블리더
③ 조속기 ④ 스로틀 밸브

21 냉각장치에서 냉각수의 비점을 올리기 위한 것은?

① 물 재킷 ② 라디에이터
③ 진공식 캡 ④ 압력식 캡

22 등유기관의 마그네트 취급방법 중 틀린 것은?

① 자석을 강하게 때리거나 진동시키지 말아야 한다.
② 마그네트는 항상 깨끗하게 유지하여야 한다.
③ 운전 중 마그네트 뚜껑을 열어 기름걸레로 가끔 닦아준다.
④ 마그네트 보관 장소는 건조한 곳이어야 한다.

23 내연기관 취급 시 발생하기 쉬운 사고들 중 조작자 부상의 원인이 될 수 있는 것은?

① 운동부분 및 동력 전달장치와의 접촉
② 전기계통의 접지불량
③ 배기가스의 흡입
④ 운전 중 연료보급

24 가솔린기관을 장기간 보관하는 방법 중 틀린 것은?

① 부동액이 들어있지 않은 냉각수는 모두 배출한다.
② 머플러에 습기의 유입을 방지하기 위해 끝부분은 막아 놓는다.
③ 연료는 빼내지 않는다.
④ 그리스 주입부분에 주유를 한다.

정답 20. ① 21. ④ 22. ③ 23. ① 24. ③

25 가솔린기관과 디젤기관의 겨울철 장기보관 방법 중 연료의 배출 유무를 설명한 내용이 바른 것은?

① 가솔린기관은 가득 채우고 디젤기관은 모두 배출시킨다.
② 가솔린기관은 모두 배출시키고 디젤기관은 가득 채운다.
③ 가솔린기관, 디젤기관 모두 가득 채운다.
④ 가솔린기관, 디젤기관 모두 배출시킨다.

26 규칙적인 변화과정에서 한 번의 변화가 완료된 상태를 무엇이라 하는가?

① 1토크 ② 1싸이클
③ 1행정 ④ 배기량

27 기관을 보관할 때 피스톤을 압축상사점에 올려놓는 이유로 맞지 않는 것은?

① 밸브 스프링 보호
② 실린더벽 부식방지
③ 연료탱크의 물발생 방지
④ 피스톤의 부식방지

28 피스톤의 구비조건이 아닌 것은?

① 열팽창률이 작을 것
② 중량이 클 것
③ 제작비가 쌀 것
④ 강도가 크고 내구력이 클 것

29 농용기관의 밸브배열 형식은 어떤 것이 많이 사용되는가?

① I 헤드형 ② F 헤드형
③ L 헤드형 ④ T 헤드형

정답 25. ② 26. ② 27. ③ 28. ② 29. ①

30 오버 헤드 밸브장치의 동력 전달 순서가 바르게 배열된 것은?

① 캠 → 푸시로드 → 로커암 → 태핏 → 밸브
② 캠 → 로커암 → 푸시로드 → 태핏 → 밸브
③ 캠 → 태핏 → 푸시로드 → 로커암 → 밸브
④ 캠 → 태핏 → 로커암 → 푸시로드 → 밸브

31 수냉식 기관의 운전 중의 냉각수의 온도로 다음 중 가장 적당한 것은?

① 30～40℃ 정도 ② 40～50℃ 정도
③ 50～60℃ 정도 ④ 70～80℃ 정도

32 4행정 기관에 대한 2행정 기관의 단점 중 틀린 것은?

① 연료, 윤활유 소비량이 많다.
② 냉각이 곤란하다.
③ 기계효율이 낮다.
④ 왕복 운동 부분의 관성이 작다.

33 내연기관의 공기와 연료의 혼합비가 적당하면 배기가스의 색깔은?

① 검은색 ② 무색
③ 청백색 ④ 엷은 황색

34 4실린더 기관의 안지름이 100mm, 행정이 100mm, 회전수가 2000rpm일 때 분당 총 배기량은? (단, 4행정식 기관임)

① $1,256,000\text{cm}^3/\text{min}$ ② $2,512,000\text{cm}^3/\text{min}$
③ $3,140,000\text{cm}^3/\text{min}$ ④ $4,230,000\text{cm}^3/\text{min}$

해설 $\dfrac{3.14\times\text{지름}^2}{4}\times\text{행정}\times\dfrac{\text{엔진회전수}}{2(\text{4행정기관})}\times\text{기통수}$

$=\dfrac{3.14\times10^2}{4}\times10\times\dfrac{2000}{2}\times4=3,140,000$

정답 30. ③ 31. ④ 32. ④ 33. ② 34. ③

35 피스톤과 실린더와의 간극이 클 때 일어나는 현상이 아닌 것은?

① 압축압력이 저하된다.
② 피스톤 슬랩현상이 생긴다.
③ 오일이 연소실로 올라온다.
④ 피스톤과 실린더의 소결이 일어난다.

36 윤활방식에 해당되지 않는 것은?

① 비산식
② 압송식
③ 비산압송식
④ 충전식

37 디젤기관의 시동 후 취급과 운전 중의 주의사항 중 틀린 것은?

① 냉각수의 교환에 주의한다.
② 시동 직후 연료 노즐의 분사조절나사를 많이 풀어 스프링 작동을 강하게 한다.
③ 최초 5분 동안 무부하 상태로 운전한다.
④ 조속레버를 사용해서 회전수를 조정한다.

38 실린더의 총배기량이 1,500cc이고, 연소실체적이 300cc일 때 압축비는?

① 5
② 6
③ 7
④ 8

39 행정이 98mm인 기관이 1,800rpm으로 회전한다. 피스톤의 평균속도(m/sec)는?

① 약 5.9
② 약 3.9
③ 약 2.9
④ 약 1.9

해설 * V_p(평균속도) = $2sn/60$(m/s).

정답 35. ④ 36. ④ 37. ② 38. ② 39. ①

40 흡배기 밸브에 밸브간극을 두는 이유는?

① 열팽창 때문에
② 소음 방지 때문에
③ 스프링 작용 때문에
④ 전압 조정 때문에

41 내연기관 연소의 3대 요소가 아닌 것은?

① 강한 불꽃
② 강한 압축력
③ 양호한 혼합기
④ 양호한 기름순환

42 디젤 기관의 고장증상 중에서 정상적인 부하인데도 검은 연기를 내는 원인은?

① 연료 분사시기가 빠르거나 늦을 때
② 연료 분사 노즐이 불량할 때
③ 피스톤 라이너가 탓을 때
④ 실린더 라이너 O링이 마멸되었을 때

43 지시마력이 160ps이고, 제동마력이 128ps이라면 기계효율은?

① 32%
② 42%
③ 60%
④ 80%

해설 * 기계효율 η_m = 제동마력 / 지시마력

44 기관의 진동과 회전을 고르게 하는 것은?

① 커넥팅로드
② 크랭크축
③ 피스톤
④ 플라이휘일

45 농용기관의 장기간 보관 시 조치사항 중 맞지 않는 것은?

① 흡·배기밸브는 완전히 열린 상태로 보관한다.
② 기관, 트랜스미션 케이스의 윤활유를 점검보충 한다.
③ 냉각수를 완전히 비워둔다.
④ 연료를 완전히 비워둔다.

정답 40. ① 41. ④ 42. ② 43. ④ 44. ④ 45. ①

46 기동장치에 관한 것이다. 틀린 것은?

① 엔진의 기동에 사용되는 일련의 장치이다.
② 기동 전동기로는 축전지를 전원으로 하는 직류 직권전동기가 주로 사용된다.
③ 기동 전동기, 레귤레이터 등으로 구성되어 있다.
④ 소형, 경량이고 토크가 큰 것이 바람직하다.

47 내연기관의 전기점화 방식에서 불꽃을 일으키는 1차 유도전류를 일시적으로 흡수 저장시키는 역할을 하는 것은?

① 진각장치 ② 단속기
③ 콘덴서 ④ 배전기

48 단기통 농용 디젤기관에서 운전정지 후 점검방법이 적당하지 않은 것은?

① 엔진의 청소 ② 주유
③ 밸브의 닫음 ④ 연료교체

49 실린더 행정체적이 2,000cc이고, 연소실 체적이 400cc일 때의 압축비는?

① 4 : 1 ② 5 : 1
③ 6 : 1 ④ 7 : 1

50 피스톤 헤드의 형상에서 소형 공랭식 2사이클 기관에 많이 사용되는 것은?

① 평형 ② 돌기형
③ 오목형 ④ 핀형

51 디젤기관에서 50시간마다 점검하여야 하는 것은?

① 윤활유 여과기 청소
② 연료 분사시기 및 분사조정
③ 연료 탱크 세척
④ 피스톤 헤드부 청소

정답 46. ③ 47. ③ 48. ④ 49. ③ 50. ② 51. ①

52 디젤기관의 연료분사시기 조정방법은?

① 타이로드 길이
② 진각장치의 회전수
③ 연료분사펌프 플런저각도
④ 노즐의 분사각

53 농업기계 단기통 불꽃점화기관의 단속기 접점간극은 얼마인가?

① 0.3~0.7mm
② 0.1~0.3mm
③ 0.5~1mm
④ 1~1.5mm

54 4행정 불꽃점화기관의 흡입행정에 관한 사항으로 옳은 것은?

① 피스톤이 하사점에서 상사점으로 이동한다.
② 배기밸브가 열리고 흡기밸브가 닫힌다.
③ 공기만 흡입한다.
④ 혼합기체가 연소실로 유입된다.

55 피스톤의 행정을 78mm, 커넥팅 로드의 길이를 크랭크 회전반경의 4배로 한다면 커넥팅 로드의 길이는?

① 78mm
② 156mm
③ 234mm
④ 312mm

56 다음 중 기관 시동 시 기동전동기의 허용 연속사용시간이 가장 적합한 것은?

① 2~3분
② 1~2분
③ 40~50초
④ 10~15초

57 농업기계 사용 전 난기운전을 충분히 해야 하는 이유가 아닌 것은?

① 농업기계를 정상적인 온도로 올리기 위해서
② 엔진의 사용 전 이상 유무를 확인하기 위해
③ 엔진 각 부에 윤활을 위해
④ 기어의 빠짐 등 변속기의 고장 유무를 확인하기 위해

정답 52. ③ 53. ② 54. ④ 55. ② 56. ④ 57. ④

58 농업용 기관의 전기장치에서 1차 코일에 발생한 전류는 무엇에 의해서 2차 코일에 높은 전압이 발생되는가?

① 콘덴서 ② 단속기
③ 점화플러그 ④ 점화코일

59 농용 디젤기관에서 프라이밍이란?

① 점화시기의 조정을 말한다.
② 연료공급을 위한 공기빼기를 말한다.
③ 압축압력을 배출하는 것을 말한다.
④ 대기압 상태로 만드는 것을 말한다.

60 엔진 회전속도에 따라 자동적으로 점화시기를 조정해 주는 조정 장치는?

① 임펄스 스타터 ② 점화 진각기구
③ 단속기 하우징 ④ 러빙 블록

61 단속기 암 스프링 장력이 약하면 엔진에 미치는 영향은?

① 단속기 암 스프링 장력이 약하면 고속운전에서 실화의 원인이 되기 쉽다.
② 단속기 암 스프링 장력이 약하면 러빙블록이 미끄러지기 때문에 러빙블록이나 캠의 마멸이 촉진된다.
③ 단속기 암 스프링 장력이 약하면 1차 회로를 빨리 차단하기 때문에 2차 코일에 유도되는 전압이 높게 된다.
④ 단속기 암 스프링의 장력이 약하면 저속운전에서 더욱 실화의 원인이 되기 쉽다.

62 기관이 시동된 후에 5~10분간 부하를 걸지 않고 저속 운전하여 윤활유가 각 부분에 골고루 윤활 되도록 하므로 엔진의 내구 연한을 연장시키는 운전을 무엇이라 하는가?

① 시동운전 ② 주행운전
③ 난기운전 ④ 검사운전

정답 58. ② 59. ② 60. ② 61. ① 62. ③

63 디젤 기관의 노크 방지법으로 적절하지 않는 것은?

① 발화성이 좋은 연료를 사용한다.
② 압축비를 낮게 해야 한다.
③ 실린더 내의 온도와 압력을 높인다.
④ 착화 지연 기간 중 연료의 분사량을 조절한다.

64 냉각장치에 사용된 부동액의 농도 측정은 무엇으로 하는가?

① 마이크로미터 ② 바로 미터
③ 비중계 ④ 온도계

65 피스톤 링의 3대 작용으로 틀린 것은?

① 윤활유 희석 ② 기밀작용
③ 오일제어 ④ 열전도

정답 63. ② 64. ③ 65. ①

제3절 | 트랙터

01 대형 4륜 트랙터용 로터 베이터에 사용되는 경운날은?

① 작두형 날 ② 특수날
③ 보통 날 ④ L자형 날

02 트랙터 토인은 무엇으로 조정하는가?

① 너클암 ② 와셔
③ 드래그링크 ④ 타이로드

03 트랙터와 플라우의 장착 방법 중 3점 링크 히치식에 대한 설명으로 틀린 것은?

① 선회 반지름이 짧고, 새머리가 작아진다.
② 플라우의 중량 전이로 견인력이 감소된다.
③ 운반 및 선회가 쉽다.
④ 견인식 플라우와 같은 바퀴가 필요 없다.

04 트랙터의 조향 핸들이 무거울 때 점검사항으로 가장 거리가 먼 것은?

① 토인 점검 ② 타이어 공기압 점검
③ 조향기어박스 오일상태 점검 ④ 클러치 릴리스 베어링 점검

05 트랙터 작업기 부착 장치 중 작업기 좌우 기울기를 조절할 수 있는 것은?

① 오른쪽 레벨링 박스 ② 왼쪽 레벨링 박스
③ 상부 링크 ④ 체크 체인

06 트랙터에 장착된 로터리의 좌·우 수평조절은 무엇으로 하는가?

① 톱링크 ② 레벨링 박스
③ 좌측 로워 링크 ④ 미륜

정답 01. ④ 02. ④ 03. ② 04. ④ 05. ① 06. ②

07 트랙터에서 동력 취출장치(PTO)를 이용하지 않는 작업은?

① 모어작업
② 로터리 경운작업
③ 트레일러 견인작업
④ 탈곡 정치작업

08 트랙터에서 축전지 배선을 분리할 때와 연결할 때 적합한 방법은?

① 분리할 때 +측을 먼저 분리하고, 연결할 때는 −측을 먼저 연결한다.
② 분리할 때 −측을 먼저 분리하고, 연결할 때는 +측을 먼저 연결한다.
③ 분리할 때 −측을 먼저 분리하고, 연결할 때도 −측을 먼저 연결한다.
④ 분리할 때 +측을 먼저 분리하고, 연결할 때도 +측을 먼저 연결한다.

09 농용 트랙터의 작업 전 점검사항으로 틀린 것은?

① 연료 호스의 손상이나 누유가 없는지 확인한다.
② 타이어에 상처가 나거나 리그가 모두 마모된 경우에는 교체한다.
③ 도로 주행 시에는 좌·우 브레이크 페달 연결고리를 해체한다.
④ 점검 및 정비를 위해 떼어낸 덮개는 모두 다시 부착한다.

10 트랙터의 로타베이터 장착 요령에 대한 설명으로 틀린 것은?

① 하부링크에서 상부링크 순으로 링크 홀더에 끼운다.
② 기관을 정지시키고, 주차브레이크를 건다.
③ 상부링크와 로타베이터의 마스트를 핀에 끼워 연결한다.
④ 유니버설 조인트 연결 시 로타베이터 쪽 연결 후 PTO 쪽을 연결한다.

11 트랙터의 작업 전 엔진 보닛을 열고 점검하는 사항으로 거리가 먼 것은?

① 엔진 오일량　　② 냉각수량
③ 팬벨트 장력　　④ 미션 오일량

정답 07. ③ 08. ② 09. ③ 10. ④ 11. ④

12 트랙터 운전 중 안전사항에 대한 설명으로 틀린 것은?

① 트랙터에는 운전자, 보조자 최대 2명만 탑승해야 한다.
② 트랙터는 전복될 수 있으므로 항상 안전속도를 지켜야 한다.
③ 트레일러에 큰 하중을 싣고 운행할 때 급정거를 해서는 안 된다.
④ 회전 또는 브레이크 사용 시에는 속도를 줄여야 한다.

13 트랙터의 취급 방법으로 틀린 것은?

① 엔진이 정지된 상태에서 연료를 보급한다.
② 운전 전 일상점검을 한다.
③ 도로 주행 시 좌우 브레이크 페달을 분리하고 주행한다.
④ 급회전 시 속도를 줄여 회전한다.

14 트랙터의 팬(fan) 벨트 장력이 약하면 어떤 현상이 생기는가?

① 크랭크축 풀리 변형
② 기관 과열
③ 기관 과냉
④ 발전기 베어링 마멸

15 트랙터로 농작업 중 차동 고정장치를 사용해서는 안될 때는?

① 쟁기 작업 시 바퀴가 고랑에 미끄러졌을 때
② 선회하면서 로타리 작업할 때
③ 거친 포장이나 진흙 포장에서 주행이 곤란할 때
④ 미끄러운 포장에서 한쪽 바퀴가 헛돌 때

16 트랙터 로타리 작업 중 후진 시 주의해야 할 사항은?

① 고속에서 후진을 한다.
② 작업기를 그대로 땅에 놓은 상태에서 후진을 해야 안전하다.
③ 로터리의 동력을 끊은 상태에서 후진한다.
④ 후진 시에 뒷부분은 신경쓰지 않아도 무방하다.

정답 12. ① 13. ③ 14. ② 15. ② 16. ③

17 트랙터의 팬(fan) 벨트 장력이 약하면 어떤 현상이 생기는가?

① 크랭크축 풀리 변형 ② 기관 과열
③ 기관 과냉 ④ 발전기 베어링 마멸

18 다음과 같은 특징을 갖고 있는 트랙터용 작업기의 연결 방법은?

– 작업기의 길이가 짧아진다. – 구조가 간단하고 값이 싸다. – 중량전이로 견인력이 증가한다. – 플라우의 유압제어가 간단하다.

① 견인식 ② 반장착식
③ 유압제어식 ④ 3점 링크식

19 다음 중 트랙터의 일상 점검 기준에 해당하는 것은?

① 오일 필터의 교환 ② 배터리 비중의 점검
③ 엔진 오일량의 점검 ④ 밸브 간극의 조정

20 트랙터에서 견인력을 증가시키기 위한 조치로 틀린 것은?

① 저압 광폭 타이어를 사용한다. ② 4륜구동을 사용한다.
③ 트랙터를 가볍게 한다. ④ 바퀴에 물을 넣는다.

21 트랙터 로터리 부착 및 작업 시 조절 요령으로 틀린 것은?

① 로터리 축을 회전시키면서 로터리가 상승될 때 이상음이 발생하면 상부링크 길이를 조절한다.
② 유니버셜 조인트와 PTO축이 이루는 각도는 90° 이하가 되도록 위치제어레버의 작동범위를 조절한다.
③ 로터리의 경심조절은 미륜의 연결핀을 바꿔 끼워 조절한다.
④ 정지판은 조절판의 위치를 바꿔 끼워 조절한다.

정답 17. ② 18. ④ 19. ③ 20. ③ 21. ②

22 트랙터의 취급방법으로 바르게 설명된 것은?

① 엔진이 시동된 상태로 연료를 보급하였다.
② 경사진 길을 내려올 때 기어를 중립상태로 하고 주행하였다.
③ 도로 주행 시 좌우 브레이크 페달을 연결하고 주행하였다.
④ 운행도중 잠시 쉬고자 하여 시동을 끄고 시동키를 꽂아 둔 채로 휴식하였다.

23 트랙터가 정지하면 작업기의 구동이 정지하는 것은?

① 독립형 PTO ② 변속기 구동형 PTO
③ 상시 회전형 PTO ④ 속도 비례형 PTO

24 트랙터의 앞바퀴 정렬의 점검 사항이 아닌 것은?

① 토인 ② 캠버 각
③ 캐스터 각 ④ 피트먼 각

25 농용 트랙터의 기동 시 기동스위치를 ON 시켰으나 전혀 소리도 나지 않고 기동이 되지 않을 경우 제일 먼저 점검해야 할 것은?

① 고정자 코일 ② 기동 코일
③ 축 및 베어링 ④ 외부 접속선

26 트랙터의 안전사항으로 바르지 못한 것은?

① 승차정원은 1명으로 한다.
② 도로주행 시 브레이크 페달은 좌우 연결한다.
③ 포장 작업 시 작업기를 들어 올린 채 방치하지 않는다.
④ 포장 작업 시 작업기를 부착할 땐 엔진 시동을 한다.

27 트랙터로 견인하면서 줄로 모여진 건초를 운반차에 싣는 작업기는?

① 헤이 로우더 ② 헤이 베일러
③ 헤이 레이크 ④ 헤이 테더

정답 22. ③ 23. ② 24. ④ 25. ④ 26. ④ 27. ①

28 대형 4륜 트랙터용 로터베이터에 사용되는 경운날은?

① 작동형 날
② 특수 날
③ 보통 날
④ L자형 날

29 트랙터의 독립 브레이크는 어느 때 사용하는 것이 가장 효과적인가?

① 급브레이크를 필요로 할 때 사용한다.
② 트레일러를 달고 운반 작업을 할 때 사용한다.
③ 경운 작업 시 선회반경을 작게 할 때 사용한다.
④ 항상 사용한다.

30 트랙터 클러치 페달의 조작방법으로 올바른 것은?

① 느리게 차단하고 빠르게 연결한다.
② 느리게 차단하고 느리게 연결한다.
③ 빠르게 차단하고 빠르게 연결한다.
④ 빠르게 차단하고 느리게 연결한다.

31 트랙터에서 유압으로 작동하는 장치는?

① 견인장치
② 차동장치
③ 3점 장치
④ 시동장치

32 다음 중 바퀴형 트랙터의 견인 계수가 가장 큰 곳은?

① 목초지
② 건조한 점토
③ 사질토양
④ 건조한 가는 모래

33 디젤기관 트랙터의 시동회로가 회전하지 않을 때 그 원인으로 틀린 것은?

① 축전지가 방전되어 있을 때
② 연료분사 펌프에 연료가 공급되지 않을 때
③ 배터리는 정상이나 전동기까지 공급되지 않을 때
④ 전기는 공급되나 시동 전동기 자체의 고장으로 움직이지 않을 때

정답 28. ④ 29. ③ 30. ④ 31. ③ 32. ② 33. ②

34 주행 중 트랙터를 급정지시키고자 할 때는?

① 브레이크 페달을 밟고 클러치 페달을 밟는다.
② 클러치 페달을 밟고 브레이크 페달을 밟는다.
③ 브레이크와 클러치 페달을 동시에 밟는다.
④ 주변속기어부터 뽑는다.

35 트랙터 앞바퀴 정렬의 필요성이 아닌 것은?

① 핸들의 복원성
② 주행 중 점검
③ 조정의 용이성
④ 제동효과의 증가

36 어떤 4기통 트랙터기관의 점화순서가 1-3-4-2이다. 3번 실린더가 압축행정을 할 때 2번 실린더는 어떤 행정을 하는가?

① 흡입　② 압축
③ 폭발　④ 배기

37 장궤형 트랙터의 장점은?

① 견인력이 크고 연약한 땅 등의 정지가 되지 않은 땅에서의 작업에 편리하다.
② 운전이 용이하다.
③ 과속도 운전이 가능하다.
④ 제작 가격이 싸다.

38 트랙터를 시동시킬 때 시동키를 시동위치에 있도록 하는 시간의 한계는?

① 1～3초 이내
② 5～10초 이내
③ 15～20초 이내
④ 30～35초 이내

정답 34. ③ 35. ④ 36. ④ 37. ① 38. ③

39 트랙터에 있어서 진행방향을 바꿀 때 외측 차륜을 내측 차륜보다 빨리 회전하게 하는 장치는?

① 토크 디바이더(torque divider)
② 유니버어설 조인트(universal joint)
③ 이중 기어(pinion gear)
④ 차동 기어(differential gear)

40 트랙터의 디퍼렌셜 로크 장치는?

① 차동장치의 차동작용을 확실하게 한다.
② 차동장치의 차동작용을 하지 못하게 한다.
③ 딱딱한 땅에서 작업 시 주행효율을 향상시킨다.
④ 진흙에서의 작업 시 주행효율을 향상시키지 못하게 한다.

41 트랙터 로우타리 작업 시 쇄토정도가 너무 거칠어질 경우 취할 조치 중 관계없는 것은?

① 윗덮개 판을 내린다.
② 주행을 느리게 한다.
③ 회전수를 높인다.
④ 주행속도를 높인다.

42 트랙터 제동 시 정지거리는?

① 속도가 빠를수록 짧아진다.
② 속도가 빠르면 길어진다.
③ 눈, 비로 노면이 습하면 짧아진다.
④ 노면이 건조할 때가 가장 길어진다.

43 로우터리를 트랙터에 부착하고 좌우 흔들림을 조정하려고 한다. 무엇을 조정하여야 하는가?

① 리프팅암
② 체크체인
③ 상부링크
④ 리프팅로드

정답 39. ④ 40. ② 41. ④ 42. ② 43. ②

44 트랙터 운전 중 진흙구렁에 빠졌을 때 적당한 조치방법은?

① 변속레버를 저속에 넣고 기관을 저속으로 회전시키며 출발한다.
② 변속레버를 최상단에 놓고 액셀레이터를 최대로 높인다.
③ 변속레버를 저속에 넣고 차동고정 장치(differential lock)페달을 밟고 직진한다.
④ 차동고정 장치(differential lock)페달을 밟으며 선회한다.

45 전후진 8단 기어로 변속할 수 있는 트랙터의 출발방법은?

① 반드시 1단 기어로 출발한다.
② 반드시 8단 기어로 출발한다.
③ 1～8단 사이의 아무 변속 단수나 상관없다.
④ 중간인 4～5단 기어로 출발한다.

46 트랙터의 점검방법 중 옳은 것은?

① 기관의 점검은 브레이크를 풀어 놓은 상태에서 실시한다.
② 클러치는 완전히 밟아둔다.
③ 작업기가 부착되었을 때는 반드시 유압장치를 올려놓는다.
④ 작업기의 점검 정비는 평탄한 장소에서 실시한다.

47 트랙터 타이어에서 12.4×11-4인 경우 4의 의미는?

① 림의 직경이다.
② 림의 폭이다.
③ 타이어 높이이다.
④ 플라이(ply)수이다.

48 트랙터의 운전 중 안전운전 방법이 아닌 것은?

① 유압으로 작업기를 올려놓고 그 밑에서 작업하지 말 것
② 승하차는 반드시 트랙터를 정지시킨 후 할 것
③ 경사지 작업 시에는 가급적 차륜의 폭을 넓게 할 것
④ 운전자와 작업자가 반드시 동시에 탑승하여 작업할 것

정답 44. ③ 45. ③ 46. ④ 47. ④ 48. ④

49 트랙터 기관에 적합한 기동 전동기는?

① 직권 전동기 ② 분권 전동기
③ 차동 전동기 ④ 복권 전동기

50 농장에서 트랙터로 작업을 할 때 주의할 사항 중 잘못된 것은?

① 운전석은 몸에 맞지 않아도 된다.
② 작업하기 전에 기계가 안전한가 점검한다.
③ 사고를 막기 위해서 먼저 계획을 세운다.
④ 히치의 높이는 적당하며 핀은 안전한가 확인한다.

51 트랙터 매일 점검사항과 관계없는 것은?

① 엔진오일, 냉각수, 연료 ② 누유 및 누수
③ 타이어 공기압 ④ 연료필터 청소

52 농용 트랙터의 장치 중 시동 보조장치가 아닌 것은?

① 예열플러그 ② 기관온도계
③ 예열표시기 ④ 시동스위치

정답 49. ① 50. ① 51. ④ 52. ②

제4절 | 동력경운기

01 동력경운기에 로터리를 부착하여 작업할 때 유의사항으로 틀린 것은?

① 감긴 흙과 풀은 기관을 정지한 후 제거한다.
② 후진을 할 때 경운날에 접촉되지 않도록 한다.
③ 회전이 빠르면 경운결이 거칠고 느리면 곱게 된다.
④ 알맞은 경심이 유지되도록 조절레버를 풀어 미륜의 높낮이를 조절한다.

02 동력경운기의 내리막길 주행 시 조향 클러치의 작동방법으로 옳은 것은?

① 양쪽 클러치를 모두 잡는다.
② 회전하는 쪽의 클러치를 잡는다.
③ 평지에서와 같은 방법으로 운전한다.
④ 조향 클러치를 사용하지 않고 핸들만으로 운전한다.

03 동력경운기의 쟁기 작업 경운방법으로 가장 거리가 먼 것은?

① 순차 경법
② 안쪽 제침 경법
③ 식부 경법
④ 바깥쪽 제침 경법

04 동력경운기용 트레일러 운반 작업 시 운전 방법으로 옳은 것은?

① 언덕길 주행 중에 변속을 한다.
② 주행속도를 20km/h 이상으로 한다.
③ 제동할 때는 트레일러 브레이크만 사용한다.
④ 내리막길에서는 핸들만으로 조종한다.

정답 01. ③ 02. ④ 03. ③ 04. ④

05 동력경운기의 조향장치에 맞물림 클러치를 택한 이유로 옳은 것은?

① 농작업 시 선회를 용이하게 한다.
② 비탈길에서의 주행을 용이하게 한다.
③ 트레일러 견인을 용이하게 한다.
④ 도로 주행 시 고속운전을 용이하게 한다.

06 동력경운기에 사용되는 주 클러치의 종류는?

① 맞물림 클러치
② 원뿔식 마찰클러치
③ 단판식 마찰클러치
④ 다판식 마찰클러치

07 동력경운기의 로터리 경운 작업 시 변속에 관한 설명 중 틀린 것은?

① 주 클러치 레버는 끊김 위치로 한 다음 변속한다.
② 후진 할 때에는 반드시 경운 변속 레버를 중립에 놓고 실시한다.
③ 부변속 레버가 경운 변속 위치에 놓여 있더라도 후진 변속이 된다.
④ 부변속 레버가 고속 위치에 놓여 있을 때는 경운 변속이 되지 않는다.

08 동력경운기 텐션 베어링을 위한 오일 중 가장 적절한 것은?

① 모터오일
② 기어오일
③ 기계오일
④ 주유하지 않음

09 동력경운기 텐션 풀리 베어링에는 어떠한 오일(oil)을 사용하는 것이 가장 좋겠는가?

① 모터오일
② 기어오일
③ 그리스
④ 기계오일

10 다음 중 동력경운기의 로터리 탈부착과 작업 전 조치사항으로 알맞지 않은 것은?

① 로터리 날의 휨 상태를 세밀히 점검한다.
② 토양 상태에 따라 바퀴를 선택한다.
③ 히치부를 부착시킨다.
④ 모서리의 미륜을 조정한다.

정답 05. ① 06. ④ 07. ③ 08. ④ 09. ③ 10. ③

11 동력경운기의 시동 전 점검 및 주의사항으로 고려하지 않아도 되는 것은?

① 각부의 점검
② 윤활유 상태
③ 변속위치 선정
④ 연료 보급

12 동력경운기의 주 클러치 슬립(slip)이 있을 때의 원인이 아닌 것은?

① 윤활유의 침입
② 구동판의 마멸
③ 스프링의 쇠약
④ V 벨트의 파손

13 다음 중 동력경운기에 로터리를 부착하여 작업하려고 한다. 알맞지 않은 것은?

① 감긴 흙과 풀은 기관을 정지한 후 제거한다.
② 후진을 할 때 경운날에 접촉되지 않도록 한다.
③ 회전이 빠르면 경운결이 거칠고 느리면 곱게 된다.
④ 알맞은 경심이 유지되도록 조절레버를 풀어 미륜의 높낮이를 조절한다.

14 동력경운기에 쟁기를 부착하여 작업할 때 타이어 공기압으로 가장 이상적인 값은?

① 0.1~0.4
② 1.1~1.4
③ 2.1~2.4
④ 3.1~3.4

15 동력경운기의 운전 중 안전 사항으로 잘못된 것은?

① 오르막길에서는 차간거리를 여유 있게 둔다.
② 내리막길에서는 차간거리를 길게 잡는다.
③ 커어브 길에서는 급제동을 하지 말아야 한다.
④ 내리막길에서는 반드시 조향클러치를 사용하여 조향한다.

16 다음 중 동력경운기의 운전조작으로 알맞지 않은 것은?

① 작업기를 부착하고 경사지를 내려갈 때 전진 주행해야 한다.
② 주행속도를 위반하지 않는다.
③ 도로 주행 시 도로의 우측 끝을 이용한다.
④ 운전 중 흡연 또는 음주는 하지 않는다.

정답 11. ③ 12. ④ 13. ③ 14. ② 15. ④ 16. ①

17 동력경운기의 주 클러치 조합을 점검하여 교환하는 부품은?

① 면판 ② 가압판
③ 고정 너트 ④ 조정 너트

18 동력경운기용 쟁기 중 이체의 밑 부분으로서 토양을 반전할 때 나타나는 측압에 견디고 쟁기의 안정을 유지하는 기능을 담당하는 것은?

① 히치 ② 바닥쇠
③ 보습 ④ 볏

19 동력경운기 운전 시 안전사항 중 틀린 것은?

① 비탈길(경사지)에서는 조향클러치를 사용하지 않는다.
② 고속운전 중이거나 직진 경운 중에 조향클러치를 사용하면 위험하다.
③ 로터리 작업 중 후진할 때는 경운변속 레버를 중립의 위치에 놓고 후진한다.
④ 주행속도를 빠르게 하기 위하여 규정보다 큰 폴리로 바꾸어 장착 운행한다.

20 동력경운기의 사고 발생 빈도가 가장 높은 원인은?

① 안전지식 부족 ② 운전 미숙
③ 기계불량 ④ 무리한 운행

21 동력경운기의 작업기가 아닌 것은?

① 로더 ② 배토기
③ 로타리 ④ 트레일러

22 동력경운기용 로우터리에 사용되고 있는 경운날은?

① 작두형 날 ② 특수 날
③ 보통 날 ④ L자형 날

정답 17. ① 18. ② 19. ④ 20. ② 21. ① 22. ①

23 동력경운기의 조향장치는 무슨 식인가?

① 링키지형 ② 일체형
③ 클러치형 ④ 유체형

24 동력경운기 운반 작업 시 주의사항으로 틀린 것은?

① 주행속도는 15Km/h 이하로 운행할 것
② 브레이크 및 타이어 공기압을 점검할 것
③ 적재중량은 2,500Kg 이상을 유지할 것
④ 경사지를 상승, 하강할 때는 변속조작은 하지 말 것

25 동력경운기의 표준 경폭은?

① 쟁기 10cm, 로터리 30cm
② 쟁기 20cm, 로터리 60cm
③ 쟁기 30cm, 로터리 70cm
④ 쟁기 40cm, 로터리 80cm

26 동력경운기를 신품으로 구입하여 30시간 정도 사용 후 점검 사항에 해당하는 것은?

① 디젤기관의 경유 교환
② 각부의 죔 상태 확인
③ 연료탱크 청소
④ 기화기를 분해하여 플로토실을 청소

27 동력경운기를 장기 보관할 경우 피스톤의 위치는 어느 위치에 놓아야 하는가?

① 하사점 위치
② 상사점 위치
③ 하사점 근처위치
④ 상사점과 하사점 중간위치

정답 23. ③ 24. ③ 25. ② 26. ② 27. ②

28 동력경운기의 변속 단수를 3단에서 1단으로 변속했을 때 나타나는 현상 중 맞는 것은?

① 주행속도와 회전력이 감소한다.
② 주행속도와 회전력이 증가한다.
③ 주행속도는 감소하나 회전력은 증가한다.
④ 주행속도는 증가하나 회전력은 감소한다.

29 동력경운기의 선회가 어려운 경우 고장 원인으로 가장 적당한 것은?

① 조향 와이어 조정 불량
② 시프트 포크 파손
③ 변속레버와 시프트 포크의 접속불량
④ 주클러치 고장

30 동력경운기의 운전 전 점검 사항으로 옳지 않는 것은?

① 각 부의 볼트, 너트 죔 상태
② 엔진 오일의 순환 여부
③ 타이어의 공기압
④ 주클러치의 작동 상태

31 동력경운기 부속 작업기와 작업 종류가 맞지 않는 것은?

① 경운 - 쟁기작업
② 경운 쇄토 - 로터리 작업
③ 두둑 만들기 - 배토판
④ 경운 - 원판 해로우 작업

32 동력경운기에서 조향 클러치 레버를 잡으면?

① 잡은 쪽의 바퀴에 제동이 걸린다.
② 잡은 쪽의 바퀴에 더 큰 회전력이 전달된다.
③ 잡은 쪽 바퀴의 동력전달이 차단된다.
④ 잡은 쪽의 반대 바퀴에 제동이 걸린다.

정답 28. ③ 29. ① 30. ② 31. ④ 32. ③

33 동력경운기 쟁기에서 가장 마모가 심한 부분은?

① 보습 ② 바닥쇠
③ 볏 ④ 술바닥

34 동력경운기의 연료소비율이 160(g/PS,hr)인 8마력엔진으로 8시간 연료 로타리 작업을 했을 때 연료소비량은 얼마인가? (단, 연료의 비중은 0.750이다.)

① 12.5 ℓ ② 13.6 ℓ
③ 14.2 ℓ ④ 14.7 ℓ

35 다음 중 동력경운기의 단속기 접점 틈새로 가장 적당한 것은?

① 0.15mm ② 0.35mm
③ 0.85mm ④ 10.15mm

36 동력경운기 조향클러치 레버의 유격값 중 맞는 것은?

① 1～2mm ② 3～4mm
③ 5～6mm ④ 7～8mm

37 동력경운기의 주클러치 미끄러짐으로 본체가 전진되지 않을 때 조치해야할 사항으로 옳지 않은 것은?

① 물의 침입 여부 확인 ② 구동판의 마멸상태 점검
③ 윤활유의 침입여부 확인 ④ 미션내부의 고장상태 점검

38 동력경운기에 주 클러치의 작용에 해당되지 않는 것은 어느 것인가?

① 변속기어의 회전을 중지시키고 기어의 물림을 용이하게 한다.
② 엔진을 시동할 때 엔진을 무부하 상태로 한다.
③ 엔진이 시동된 채로 경운기를 정지 시킬 수 있다.
④ 주행속도를 변화시키고 엔진의 회전수를 일정하게 유지한다.

정답 33. ② 34. ② 35. ② 36. ① 37. ④ 38. ④

39 동력경운기에 있어서 힛치란?

① 경운기 엔진과 몸체의 연결부분 ② 체인 스프로켓
③ 캠기어 축의 핀 ④ 경운기 몸체와 트레일러 연결부분

40 동력경운기의 운전전 반드시 점검하여야 할 사항으로 다음 중 적당치 않은 것은?

① 오일, 연료, 냉각수는 규정량이 있는가?
② 각부 볼트 너트의 조임은 적당한가?
③ 밸브간극(틈새기)은 적당한가?
④ 타이어의 좌우 공기압은 적당한가?

41 동력경운기의 조향클러치 사용 시 내리막에서 방향이 오른쪽으로 가게하려면 어느 쪽 클러치를 잡아야 하는가?

① 오른쪽을 잡는다.
② 오른쪽과 왼쪽을 동시에 잡는다.
③ 오른쪽과 왼쪽을 순차적으로 잡는다.
④ 왼쪽클러치를 잡아야 한다.

42 동력경운기용 트레일러 운반 작업 시 안전 운전으로 올바른 것은?

① 윤거를 될 수 있는 대로 좁게 한다.
② 주행 속도를 30km/h 이하로 한다.
③ 제동할 때는 트레일러 브레이크만 사용한다.
④ 내리막길에서는 핸들로 조종한다.

43 동력경운기로 로터리 경운 작업 도중 경운기가 뒤로 밀려날 때 가장 안전한 방법은?

① 경운 변속 레버를 중립에 놓는다.
② 경운축을 회전시킨다.
③ 조속 레버를 조절한다.
④ 사이드 클러치를 잡는다.

정답 39. ④ 39. ④ 40. ③ 41. ④ 42. ④ 43. ①

44 작업 시 동력경운기 조작상의 주의사항으로 맞지 않는 것은?

① 지형에 알맞은 순회조작을 실시 할 것
② 직진 경운 중 방향이 틀리면 주클러치를 사용하여 바로 잡을 것
③ 작업 목적에 적합하게 속도유지와 로터리 날 회전수를 조정할 것
④ 로터리 작업 중 후진 시는 반드시 경운변속을 중립위치에 놓고 조작할 것

45 동력경운기 점화 플러그에 검은 탄매가 쌓이는 원인 중 알맞은 것은?

① 플러그의 열가가 너무 열형이다.
② 플러그의 열가가 너무 냉형이다.
③ 플러그의 직경이 너무 큰 것을 사용하였다.
④ 플러그의 직경이 너무 작은 것을 사용하였다.

46 동력경운기에서 조정장치가 아닌 것은?

① 드로틀레버 ② 조향클러치레버
③ 로터리레버 ④ 주클러치레버

47 동력경운기 운전 중 직진성이 나쁠 때의 원인은?

① PTO 축 고장
② 부변속 기어 마모
③ 주변속 기어 마모
④ 좌우 타이어 공기압력의 차이

48 동력경운기의 작업 시 경운부의 부착된 흙과 풀을 제거할 때 주의사항에 맞지 않는 것은?

① 동력을 끊는 것만으로 족하다.
② 기관을 정지시켜야 한다.
③ 작업기가 움직이지 않게 하고 평지에서 하여야 한다.
④ 경운날에 손과 발이 다치지 않게 주의하여야 한다.

정답 44. ② 45. ② 46. ③ 47. ④ 48. ①

49 다음 중 동력경운기를 시동할 때 주의사항 중 틀리는 것은?

① 변속기어를 중립 위치에 놓고 클러치레버를 "BRAKE" 위치에 놓는다.
② 경운기를 움직이지 않도록 안전하게 고임목 등으로 바퀴를 고정시킨다.
③ 시동레버를 돌릴 때는 처음은 힘껏 나중은 서서히 힘을 뺀다.
④ 시동위치를 정확히 하고 주위에 사람이 접근하지 않도록 한다.

50 동력경운기 조향 클러치의 끊음이 나쁠 때의 고장은?

① 조향 클러치 로드 또는 와이어 조정불량
② 시프트 포크 파손
③ 변속레버와 시프트 포크의 접속불량
④ 주클러치 고장

51 동력경운기에 사용되는 주 클러치의 종류는?

① 맞물림 클러치 ② 원뿔식 마찰클러치
③ 단판식 마찰클러치 ④ 다판식 마찰클러치

52 동력경운기의 경운작업 시 주의 사항이다. 틀리는 것은?

① 직진 경운 중에는 조향 클러치 사용금지
② 철차륜으로 도로 주행금지
③ 로타리 작업 중 후진 시 경운 변속레버 저속 3단 위치
④ 작업 중 포장의 경사지 하강 시는 후진운전

53 겨울철 동력경운기 시동 시 시동버튼을 누르고 시동을 거는 이유로 가장 적절한 것은?

① 연료의 안개화를 위하여
② 연료 공급량을 늘려 시동을 용이하게 하기 위해서
③ 연료의 공기량을 늘리기 위해서
④ 흡입공기의 온도가 낮으므로 연료량을 적게 하여 시동을 용이하게 하기 위해서

정답 49. ③ 50. ① 51. ④ 52. ③ 53. ②

제5절 | 농작업기계

01 쟁기의 구조가 아닌 것은?

① 이체 ② 빔
③ 히치 ④ PTO

02 몰드보드 플라우에서 날 끝이 흙 속을 파고들어 수평절단을 하는 부분의 명칭은?

① 지측판 ② 빔
③ 보습 ④ 브레이스

03 플라우의 부분 중 지측판의 역할로 맞는 것은?

① 흙의 반전작용 ② 플라우 자체의 안정유지
③ 경폭의 조정 ④ 절삭작용

04 동력경운기 쟁기에서 가장 마모가 심한 부분은?

① 보습 ② 바닥쇠
③ 볏 ④ 술바닥

05 동력경운기용 쟁기 중 이체의 밑 부분으로서 토양을 반전할 때 나타나는 측압에 견디고 쟁기의 안정을 유지하는 기능을 담당하는 것은?

① 히치 ② 바닥쇠
③ 보습 ④ 볏

06 1차 경운과 2차 경운을 동시에 수행하는 작업기는?

① 쟁기 ② 로터리
③ 원판 플라우 ④ 몰드보드 플라우

정답 01. ④ 02. ③ 03. ② 04. ② 05. ② 06. ②

07 벼, 맥류, 채소 등의 종자를 일정한 간격의 줄에 따라 연속하여 뿌리는 파종방법은?

① 흩어 뿌림 ② 줄 뿌림
③ 점 뿌림 ④ 산파

08 조파기의 구성장치가 아닌 것은?

① 쇄토기 ② 구절기
③ 복토기 ④ 종자관

09 살수관수의 특징으로 거리가 먼 것은?

① 짧은 시간에 많은 양의 물을 살수할 수 있다.
② 적은 양으로 균등하게 살수할 수 있다.
③ 비료, 농약 등을 섞어 살수할 수 있다.
④ 시설비가 비싸다.

10 동력살분무기의 윤활공급방식으로 가장 적합한 것은?

① 비산식 ② 압송식
③ 비산압송식 ④ 혼합유식

11 다음 중 병충해 방제 작업에서 액체와 분제를 모두 살포할 수 있는 것은?

① 연무기 ② 동력분무기
③ 동력 살립기 ④ 동력살분무기

12 국내에서 사용되고 있는 동력살분무기 사용 시 적정 회전수는?

① 1,000~2,000rpm
② 3,000~4,000rpm
③ 5,000~6,000rpm
④ 7,000~8,000rpm

정답 07. ② 08. ① 09. ④ 10. ④ 11. ④ 12. ④

13 동력살분무기 살포방법의 설명 중 틀린 것은?

① 분관 사용 시 바람을 맞으며 전진한다.
② 분관을 좌우로 흔들면서 전진한다.
③ 분관을 좌우로 흔들면서 후진한다.
④ 분관을 좌우로 흔들면서 옆으로 간다.

14 동력살분무기를 이용하여 방제작업 하기에 적당한 시기는?

① 바람이 없는 날
② 바람이 있는 날 아침
③ 바람이 없는 날 비오기 전
④ 바람이 없는 날 해 지기 전

15 동력살분무기에서 저속은 잘되나 고속이 잘 안되며, 공기 청정기로 연료가 나올 때의 고장은?

① 미스트발생부 고장
② 노즐 고장
③ 임펠러 고장
④ 리이드 밸브 고장

16 미세한 입자를 강한 송풍기로 불어 먼 거리까지 살포하는 방제기로 주로 과수원에서 많이 사용되는 것은?

① 스피드 스프레이어
② 동력 살분무기
③ 동력 분무기
④ 붐 스프레이어

17 조작이 간편하여 노약자나 부녀자도 쉽게 사용할 수 있으며 경운, 정지, 중경, 제초 등의 작업에 이용되는 농업기계는?

① 이앙기
② 관리기
③ 트랙터
④ 동력경운기

18 다목적 관리기가 할 수 있는 작업은?

① 이앙작업
② 탈곡작업
③ 농약 살포
④ 로터리 작업

정답 13. ① 14. ④ 15. ④ 16. ① 17. ② 18. ④

19 다목적 관리기의 농작업에서 후진하면서 작업해야 하는 것은?

① 예초기 작업
② 절단 파쇄기 작업
③ 휴립 피복기 작업
④ 중경 제초기 작업

20 다목적 관리기 작업기에서 후진을 하면서 작업을 하여야 하는 것은?

① 로타리
② 두둑 성형기
③ 제초 파쇄기
④ 심경용 구굴기

21 다목적 관리기에서 주 변속레버의 변속단수로 옳은 것은?

① 전진 1단, 후진 1단
② 전진 1단, 후진 2단
③ 전진 2단, 후진 1단
④ 전진 2단, 후진 2단

22 다목적 관리기 조향클러치의 적정 유격으로 가장 적합한 것은?

① 1～2mm
② 6～8mm
③ 12～14mm
④ 15～17mm

23 다목적 관리기의 특징으로 틀린 것은?

① 핸들은 조작레버에 의해 원 터치 조작으로 상하·좌우로 간단하고 용이하게 조작할 수 있다.
② 변속기와 로터리는 분리식이므로 각종 부속장치의 교체가 용이하다.
③ 경심깊이 조절은 앞바퀴로 상하 조절하므로 중경제초, 심경, 복토작업이 용이하다.
④ 기체의 무게중심으로 인해 경사지에서는 작업이 불가능하다.

24 다목적 관리기에서 PTO축과 작업기 구동축을 연결시키는 것은?

① V벨트
② 커플링
③ 체인 케이스
④ 변속 기어

정답 19. ③ 20. ② 21. ④ 22. ① 23. ③ 24. ③

25 동력분무기의 여수호스에서 기포가 나올 때의 원인과 거리가 먼 것은?

① 토출 호스 너트의 풀림
② V패킹의 마멸
③ 흡입 호스의 손상
④ 흡입 호스 너트의 풀림

26 동력이앙기에서 모의 식부깊이를 일정하게 하는 것은?

① 이앙암
② 안내봉
③ 플로트
④ 모 탑재대

27 동력이앙기에서 모가 심어지는 개수(묘취량)를 조절하는데 이용되는 부위는?

① 플로트 높이
② 주간 조절
③ 탑재판의 높낮이
④ 조향 클러치

28 동력이앙기에서 식부본수는 무엇으로 조절하는가?

① 횡·종 이송 조절
② 주간거리 조절
③ 유압 와이어 조절
④ 플로트 조절

29 동력이앙기의 조간거리는 보통 얼마로 고정되어 있는가?

① 10cm
② 20cm
③ 30cm
④ 40cm

30 동력이앙기 작업에서 3.3m^2 당 주 수를 80~85로 하려면 조간 거리가 30cm일 때 주간 거리는?

① 9cm
② 13cm
③ 17cm
④ 21cm

정답 25. ① 26. ③ 27. ③ 28. ① 29. ③ 30. ②

31 산파모 이앙기의 구조 중 모를 일정한 자리에서 식부날이 분묘하도록 해 주는 부분은?

① 기관 ② 모 탑재
③ 모 이송장치 ④ 모 분리장치

32 승용이앙기의 차동 고정 장치를 사용하는 경우로 틀린 것은?

① 경사지를 오를 때 ② 논두렁을 넘을 때
③ 한쪽 바퀴가 슬립할 때 ④ 가장자리에서 선회할 때

33 원심펌프의 장점을 설명한 것 중 틀린 것은?

① 구조가 간단하고 취급이 용이하며, 고장이 적다.
② 물속에 흙과 같은 불순물이 있어도 양수에 지장이 없다.
③ 성능과 효율이 비교적 좋은 편이다.
④ 전동기와 직결하여 사용할 수 없다.

34 다음 중 스프링클러는 어느 작업을 하는 농업기계인가?

① 경기 작업 ② 탈곡 작업
③ 방제 작업 ④ 관수 작업

35 물을 양수기로 양수하고 가압하여 송수하며, 자동적으로 분사관을 회전시켜 살수하는 것은?

① 버티컬 펌프 ② 동력 살분무기
③ 스프링클러 ④ 스피드 스프레이어

36 살수장치인 스프링클러 관개에 대한 설명 중 틀린 것은?

① 물방울이 미세하므로 땅이 굳어지지 않는다.
② 물을 균일하게 뿌려 주므로 물의 양이 절약 된다.
③ 농약을 섞어 함께 사용할 수 있다.
④ 바람의 영향을 적게 받는다.

정답 31. ③ 32. ④ 33. ④ 34. ④ 35. ③ 36. ④

37 분무기 노즐 중 분무각도와 거리를 조절할 수 있는 것은?

① 스피드 노즐형
② 환상형
③ 직선형
④ 철포형

38 동력분무기에서 흡수량이 불량한 원인으로 가장 거리가 먼 것은?

① 흡입호스의 파손
② V패킹의 마모
③ 토출 호스 너트 풀림
④ 흡입밸브의 고장

39 동력분무기가 분무작업 중에 여수량은 액제 흡입량에 몇 %가 유지되도록 하는가?

① 0～5%
② 10～20%
③ 25～30%
④ 35～40%

40 주행하면서 농작물을 예취하고 탈곡을 함께하는 기계는?

① 예취기
② 리커
③ 콤바인
④ 모워

41 콤바인 조향방식이 아닌 것은?

① 브레이크턴 방식
② 전자 조향방식
③ 급선회 방식
④ 완선회 방식

42 콤바인에서 많이 사용되는 무단 변속장치는?

① HST 무단 변속기
② 펠콘 풀리
③ 토크 컨버터
④ 선택. 치차식 변속기

정답 37. ④ 38. ③ 39. ② 40. ③ 41. ② 42. ①

43 콤바인 작업 중 경보음이 발생하는 상황이 아닌 것은?

① 탈곡부가 과부하 상태이다.
② 급실이나 나선 컨베이어 등이 막혀있다.
③ 짚 반송 체인이나 짚 절단부가 막혀있다.
④ 미 탈곡 이삭이 나온다.

44 콤바인을 좌우로 선회할 때 사용하는 것은?

① 주변속 레버
② 파워스티어링 레버
③ 예취 클러치
④ 부변속 레버

45 자탈형 콤바인의 예취 날로 주로 사용되는 것은?

① 자동칼날
② 원형톱날
③ 왕복형날
④ 겹침칼날

46 콤바인 작업 시 급동의 회전이 낮을 때의 증상 중 틀린 것은?

① 선별 불량
② 탈부미 증가
③ 막힘
④ 능률 저하

47 탈곡을 하려고 한다. 급통의 회전수는 어느 정도가 적당한가?

① 벼 보통 : 500~550rpm, 맥류 650~700rpm
② 벼 보통 : 600~800rpm, 맥류 300~500rpm
③ 벼 보통 : 500~800rpm, 맥류 100~300rpm
④ 벼 보통 : 600~800rpm, 맥류 100~300rpm

48 콤바인 선별부에서 곡물과 검불이 혼합된 미처리 물은 어디로 모여지는가?

① 1번구
② 2번구
③ 배진구
④ 탈곡부

정답 43. ④ 44. ② 45. ③ 46. ② 47. ① 48. ②

49 콤바인을 시동 후 이동이나, 작업하기 전에 먼저 해야 할 조치는?

① 예취 클러치를 넣는다.
② 픽업 장치 및 예취부를 지면에서 약간 떨어지도록 한다.
③ 탈곡 클러치를 넣는다.
④ 변속 레버를 넣는다.

50 콤바인의 짚 커터의 절단축 날과 공급축 날의 틈새로 적당한 것은?

① 0.1～0.3mm ② 1.0～2.0mm
③ 4.0～6.0mm ④ 10.0～15.0mm

51 다음은 콤바인의 경보장치이다. 해당되지 않는 것은?

① 벼만충 경보 ② 충전경보
③ 탈곡통 회전경보 ④ 시동경보

52 자탈형 콤바인 작업 시 유의해야 할 사항으로 설명으로 틀린 것은?

① 수확작업 중에는 탈곡통이 항상 규정회전수로 유지될 수 있도록 조속 레버를 적절히 조작한다.
② 작업 중에 경보장치가 작동되면 즉시 동력을 끊고 기관을 정지시킨 다음 필요한 조치를 한다.
③ 높은 곳에서 낮은 곳으로 내려갈 때에는 절대로 후진으로 내려가면 안 되고 경사가 심한 곳에서는 받침대를 사용한다.
④ 기체 외부를 싸고 있는 안전 덮개를 떼어 내고 작업해서는 안 된다.

53 건조의 3대 요인에 속하지 않는 것은?

① 공기의 온도
② 대상물의 크기
③ 습도
④ 풍향(바람의 세기)

정답 49. ② 50. ③ 51. ④ 52. ③ 53. ②

54 건조의 3대 요인으로 볼 수 없는 것은?

① 공기의 온도　② 공기의 습도
③ 공기의 양　④ 공기의 방향

55 벼의 총무게가 100g이고 수분이 20g, 완전 건조된 무게가 80g이다. 습량기준 함수율은?

① 80%　② 25%
③ 20%　④ 15%

56 곡류의 선별원리 중 선별기준이 아닌 것은?

① 모양　② 비중
③ 산도　④ 종말속도

57 정백 작용에서 이용하는 원리가 아닌 것은?

① 마찰　② 절삭
③ 찰리　④ 충격

58 다음 연삭식 정미기의 설명으로 틀린 것은?

① 도정효율이 높다.
② 쌀의 표면을 깎는 도정이다.
③ 마찰계수가 커서 싸라기 발생률이 크다.
④ 강도가 낮은 현미의 도정이 가능하다.

59 다음 중 고무롤러 현미기의 구성이 아닌 것은?

① 호 퍼　② 회전차
③ 전동장치　④ 저속롤러

정답 54. ④ 55. ③ 56. ③ 57. ② 58. ② 59. ②

60 자갈이 많고, 지면이 고르지 못한 곳에서 잡초를 예취할 때 적합한 예취 날은?

① 톱날형 날
② 꽃잎형 날
③ 4도형 날
④ 합성수지 날

61 배부형(배부식) 예초기에 사용하는 클러치형식은?

① 벨트식 클러치
② 마찰식 클러치
③ 원심식 클러치
④ 밴드식 클러치

62 다음 중 말린 목초나 볏짚을 일정한 용적으로 압축하여 묶는 기계는?

① 헤이 테더
② 헤이 베일러
③ 헤이 레이크
④ 헤이 컨디셔너

63 구릉지에서의 목초 예취작업에 가장 적당한 모어는?

① 커터바 모어
② 전단식 모어
③ 프레일 모어
④ 로터리 모어

64 목초수확용 예취기의 일반적인 규격 표시방법은?

① 예취의 폭
② 예취날의 높이
③ 예취날의 수
④ 예취기의 무게

65 예취된 목초의 건조를 빨리 진행시키기 위해 목초를 반전 또는 확산시키는 데 사용하는 기계는?

① 헤이 레이크
② 헤이컨디셔너
③ 헤이 테더
④ 헤이 베일러

66 예취된 목초를 짓눌러 건조를 빠르게 하고 위한 기계는?

① 헤이 레이크
② 헤이 컨디셔너
③ 헤이 테더
④ 헤이 베일러

정답 60. ④ 61. ③ 62. ② 63. ④ 64. ① 65. ③ 66. ②

67 베일의 무게가 350~450kg 정도로 크기가 커서 대규모 초지에 적합한 베일러는?

① 원형 베일러 ② 사각 베일러
③ 삼각 베일러 ④ 플런저 베일러

68 베일러에서 끌어올림 장치로 걷어 올린 건초는 무엇에 의해 베일 체임버로 이송되는가?

① 픽업타인 ② 오거
③ 트와인노터 ④ 니들

69 다음 중 커터바 모워라고도 하며 콤바인이나 바인더에 사용하는 것은?

① 로터리 모워 ② 왕복 모워
③ 플레일 모워 ④ 회전 모워

70 세단하고 불어 올리는 장치를 가진 본체가 있고, 앞부분의 어태치먼트를 교환함으로서 용도가 넓어질 수 있는 목초 수확 기계는 무엇인가?

① 플레일형 목초 수확기 ② 헤이게리그 목초 수확기
③ 모워바형 목초 수확기 ④ 헤이 베일러 목초 수확기

71 엔실리지의 원료가 되는 사료 작물을 예취하여 절단하고, 컨베이어를 이용하여 운반차에 실을 수 있는 작업기는?

① 헤이 베일러 ② 포리지 하베스터
③ 엔실리지 컨디셔너 ④ 하베스터 컨디셔너

72 다음 중 사료 조제용 기계 기구가 아닌 것은?

① 휘일커터 ② 컬티베이터
③ 피이드 그라인더 ④ 해머밀

정답 67. ① 68. ② 69. ② 70. ③ 71. ② 72. ②

제6절 | 농업기계 보관관리

01 다음 중 농업기계의 운전, 점검 및 보관방법으로 옳은 것은?

① 시동을 켜고 엔진오일의 양과 냉각수를 점검하였다.
② 트랙터에 승차할 때 오른쪽(브레이크 페달 쪽)으로 승차하였다.
③ 가솔린기관은 연료를 모두 빼고, 디젤기관은 가득 채운 후 장기보관 했다.
④ 작업 도중 연료를 공급할 때에 기관을 저속 공회전하여 연료를 보충하였다.

02 작업하는 계절이 끝난 연간 사용 시간이 짧은 농업기계의 장기보관방법이 아닌 것은?

① 냉각수 폐기
② 그리스 주입
③ 소모성 부품 교환
④ 축전지 충전 후 장착

03 농업기계의 장기보관 방법으로 적절하지 않은 것은?

① 벨트나 체인은 따로 분리하여 보관한다.
② 도장되어 있지 않은 부분은 기름을 발라둔다.
③ 보관 장소는 되도록 채광이 잘 드는 곳을 택한다.
④ 실린더 내에 기관 오일을 주유하고 피스톤을 압축 상사점에 놓는다.

04 보행형 관리기의 장기간 보관방법으로 적절하지 못한 것은?

① 통풍이 잘되고 건조한 실내에 보관한다.
② 흙과 먼지를 세척하고 건조하게 한다.
③ 가솔린 연료를 가득 채운다.
④ 피스톤은 압축상사점 위치에 둔다.

정답 01. ③ 02. ④ 03. ③ 04. ③

05 가솔린을 연료로 사용하는 단기통 농업기계를 장기간 사용하지 않을 때 보관 방법은?

① 기화기 내의 연료가 소모되어 기관이 정지하고 난 뒤 피스톤의 위치가 압축 상사점에 오게 한다.
② 연료통에 연료를 가득 채워준다.
③ 피스톤의 위치를 밸브 오버랩 상태로 오게 한다.
④ 기관을 거꾸로 세워 이물질이 들어가지 않게 한다.

06 농업기계의 보관, 관리방법 중 올바르지 못한 것은?

① 각종 레버, V벨트는 풀림 상태로 한다.
② 사용 후 물로 세척하고 건조 시킨 후 기름칠을 한다.
③ 콤바인의 모든 클러치는 연결위치로 해 놓는다.
④ 통풍이 잘되고 습기가 없는 곳에 보관한다.

07 관리기의 취급 및 보관 시 주의사항으로 틀린 것은?

① 연료 급유 시 엔진을 정지한다.
② 실내 운전 중이나 시설하우스내의 작업 시에는 환기에 주의한다.
③ 장기간 보관 시 압축 하사점 위치에 보관한다.
④ 전기 시동식은 배터리(−)선을 분리한다.

08 동력예취기 사용 전후 주의할 사항 중 틀린 것은?

① 시동 전 커터날 체결 볼트가 잠겨있는지 점검할 것
② 커터날은 사용 후 기름걸레로 닦은 후 습기가 없는 곳에 보관할 것
③ 에어크리너 스폰지는 90시간 사용 후 비눗물로 세척하여 끼울 것
④ 상기 보관시 피스톤이 상사점에 있도록 할 것

09 콤바인의 청소와 보관 시 주의 사항 중 바르게 설명되지 않은 것은?

① 접합부는 완전히 밀착되어서는 안 된다.
② 정비를 위한 분해조립 시는 무리한 힘을 가하지 않도록 한다.
③ 차체 도장 부분이 손상되지 않도록 한다.
④ 기체를 정지시킨 후 정비를 하도록 한다.

정답 05. ① 06. ③ 07. ③ 08. ③ 09. ①

10 트랙터의 일상보관에 대한 설명으로 틀린 것은?

① 시동키는 반드시 꽂아서 보관한다.
② 깨끗이 청소하여 보관한다.
③ 동절기에는 배터리를 분리히여 실내에 보관한다.
④ 작업기는 반드시 내려놓는다.

11 농업기계의 이상 여부를 확인하기 위한 일상적인 관찰 활동으로 가장 관계가 적은 것은?

① 도색 여부 ② 소음변화
③ 진동 변화 ④ 이상 발열

12 농업기계의 일반적인 보관·관리방법으로 잘못된 것은?

① 팬 벨트는 느슨하게 해 둔다.
② 물로 깨끗이 씻고, 기름칠하여 보관한다.
③ 햇볕을 받지 않도록 덮개를 씌워 보관한다.
④ 디젤기관은 연료를 모두 빼어 놓는다.

13 동력경운기 보관 관리 요령 중 틀린 것은?

① 변속레버는 저속위치로 보관
② 본체와 작업기를 깨끗이 닦아서 보관
③ 작동부나 나사부에 윤활유나 그리스를 바른 후 보관
④ 통풍이 잘 되는 실내에 보관

14 농용기관의 마그네트 취급방법 중 틀린 것은?

① 자석을 강하게 때리거나 진동시키지 말아야 한다.
② 마그네트는 항상 깨끗하게 유지하여야 한다.
③ 운전 중 마그네트 뚜껑을 열어 기름걸레로 가끔 닦아 준다.
④ 마그네트 보관 장소는 건조한 곳이라야 한다.

정답 10. ① 11. ① 12. ④ 13. ① 14. ③

15 가솔린기관과 디젤기관의 겨울철 장기보관 방법 중 연료의 배출 유무를 설명한 내용이 바른 것은?

① 가솔린기관은 가득 채우고 디젤기관은 모두 배출시킨다.
② 가솔린기관은 모두 배출시키고 디젤기관은 가득 채운다.
③ 가솔린기관, 디젤기관 모두 가득 채운다.
④ 가솔린기관, 디젤기관 모두 배출시킨다.

16 왁스를 벨트에 바를 경우 옳은 방법은?

① 풀리에서 벨트를 떼고 바른다.
② 벨트를 풀리에 끼워 고속으로 하여 바른다.
③ 벨트를 풀리에 끼워 중속으로 하여 바른다.
④ 벨트를 풀리에 끼워 저속으로 하여 바른다.

17 농용기관을 보관할 때 피스톤을 압축상사점에 올려놓는 이유로 맞지 않는 것은?

① 밸브 스프링 보호
② 실린더벽 부식방지
③ 연료탱크의 물발생 방지
④ 피스톤의 부식방지

18 농용기관의 장기간 보관 시 조치사항 중 맞지 않는 것은?

① 흡, 배기밸브는 완전히 열린 상태로 보관한다.
② 기관, 트랜스미션 케이스의 윤활유를 점검보충 한다.
③ 냉각수를 완전히 비워둔다.
④ 연료를 완전히 비워둔다.

19 농업기계의 매일점검 사항에 해당되는 것은?

① 연료 및 윤활유 점검
② 기화기의 청소
③ 밸브의 간극 조정
④ 소음기 청소

정답 15. ② 16. ① 17. ③ 18. ① 19. ①

제7절 | 농업기계 전기

01 3상 유도 전동기의 슬립(%)을 구하는 공식으로 옳은 것은?

① (동기속도+전부하속도) / 동기속도 × 100
② (동기속도+전부하속도) / 부하속도 × 100
③ (동기속도−전부하속도) / 동기속도 × 100
④ (동기속도−전부하속도) / 부하속도 × 100

02 플레밍의 왼손법칙을 이용한 것은?

① 직류발전기 ② 직류전동기
③ 교류발전기 ④ 동기전동기

03 유도 전동기의 일종이며, 권선형 유도전동기에 비하여 회전기의 구조가 간단하고, 취급이 용이하며, 운전 시 성능이 뛰어난 장점이 있는 전동기는?

① 농형 유도 전동기 ② 아트킨손형 전동기
③ 반발 유도 전동기 ④ 시라게 전동기

04 3상 농형유도전동기의 회전 방향을 변경시키는 방법으로 옳은 것은?

① 회전자의 결선을 변경한다.
② 시동을 끈 후 다시 시동한다.
③ 입력 전원 3선 중 2선을 바꾸어 결선한다.
④ 입력 전원 3선을 순차적으로 모두 바꾸어 결선한다.

05 기동전동기의 취급 시 주의사항으로 틀린 것은?

① 오랜 시간 연속해서 사용해도 무방하다.
② 기동전동기를 설치부에 확실하게 조여야 한다.
③ 전선의 굵기가 규정 이하의 것을 사용해서는 안 된다.
④ 엔진이 시동된 다음에는 키 스위치를 시동으로 돌려서는 안 된다.

정답 01. ③ 02. ② 03. ① 04. ③ 05. ①

06 기동전동기의 전기자 코일과 계자코일은 어떻게 연결되어 있는가? (단, 직권이다.)

① 직·병렬　② 병렬
③ 직렬　④ 각각의 단자에

07 코일의 반회전마다 전류의 방향을 바꾸는 장치는?

① 브러시　② 계자
③ 정류자　④ 전기자

08 다음 중 기관 시동 시 기동전동기의 허용 연속사용시간이 가장 적합한 것은?

① 2～3분　② 1～2분
③ 40～50초　④ 10～15초

09 유도전동기의 실제 회전자의 회전속도와 동기 속도와의 차이는?

① 역률　② 출력
③ 슬립　④ 토크

10 다음 중 시동 전동기에서 전기자 코일에 전류를 흐르게 하는 것은?

① 계자 코일　② 계철
③ 계자 철심　④ 브러시 및 정류자

11 오버러닝 클러치형 전동기의 피니언이 링기어와 물리는 것은 무엇 때문인가?

① 전기자가 회전하기 때문에 관성에 의해서 물리기 때문이다.
② 오버러닝 클러치가 회전하기 때문이다.
③ 피니언이 회전하면서 관성에 의해서 물리기 때문에
④ 시프트레버가 밀기 때문이다.

정답 06. ③ 07. ③ 08. ④ 09. ③ 10. ④ 11. ④

12 트랙터 기관에 적합한 기동 전동기는?

① 직권 전동기
② 분권 전동기
③ 차동 전동기
④ 복권 전동기

13 농업용 기관의 전기장치에서 1차 코일에 발생한 전류는 무엇에 의해서 2차 코일에 높은 전압이 발생 되는가?

① 콘덴서
② 단속기
③ 점화플러그
④ 점화코일

14 전동기의 가동온도는 얼마가 적당한가?

① 10~20℃
② 40~50℃
③ 90~100℃
④ 100~120℃

15 직권전동기의 설명 중 적당치 않은 것은?

① 기동 회전력이 크다.
② 회전 속도의 변화가 비교적 크다.
③ 회전력은 전기자 전류와 계자의 세기와의 적에 비례 한다.
④ 직권 전동기에 발생하는 역기전력은 속도에 반비례 한다.

16 기동 전동기(Starter)의 구동 피니언은 무엇에 의해 역회전이 방지되는가?

① 자기 스위치(magnetic switch)
② 오버 러닝 클러치(over running clutch)
③ 계철(yoke)
④ 계자(field)

17 전동기 사용 시의 가장 안전하지 못한 사항은?

① 온도가 높으면 물수건으로 식힐 것
② 온도가 높으며 부하를 줄일 것
③ 윤활유를 점검할 것
④ 정전 시는 스위치를 차단할 것

정답 12. ① 13. ② 14. ② 15. ④ 16. ② 17. ①

18 단상 유도 전동기의 다음 기동 방식 중 가장 토크가 적은 것은 어느 것인가?

① 반발 기동형 ② 반발 유도형
③ 콘덴서 분상형 ④ 분상 기동형

19 시동용 전동기가 전류는 많으나 전혀 회전하지 않는 이유 중 틀린 것은?

① 아마츄어코일, 필드코일의 어스 ② 메탈 고착
③ 마그넷 스위치의 어스 ④ 필드코일의 단선

20 전동기의 극수 4개이고 주파수가 60[Hz]일 때 동기속도는 얼마인가?

① 1,200[rpm] ② 1,800[rpm]
③ 3,200[rpm] ④ 3,600[rpm]

해설 $\text{동기속도} = \frac{120 \times \text{주파수}(f)}{\text{극수}(P)} = \frac{120 \times 60}{4} = 1,800[\text{rpm}]$

21 기동장치에 관한 것이다. 틀린 것은?

① 엔진의 기동에 사용되는 일련의 장치이다.
② 기동 전동기로는 축전지를 전원으로 하는 직류 직권전동기가 주로 사용된다.
③ 기동 전동기, 레귤레이터 등으로 구성되어 있다.
④ 소형, 경량이고 토크가 큰 것이 바람직하다.

22 단상 유도 전동기 중 고정자에 주권선외에 보조권선(기동권선)을 두어 회전자장을 만들어 기동하고, 가속되면 주권선만으로 운전하는 전동기는?

① 콘덴서 기동형 ② 분상 기동형
③ 반발 기동형 ④ 흡인 기동형

23 플래밍의 왼손법칙에서 중지의 방향은 무엇을 나타내는가?

① 힘의 방향 ② 자기장의 방향
③ 기전력의 방향 ④ 전류의 방향

정답 18. ④ 19. ② 20. ② 21. ③ 22. ② 23. ②

24 링기어의 이의수가 113개 피니언의 이의수가 12이고, 엔진의 회전저항이 9m-kg일 때, 기동전동기의 필요한 최소 회전력은 몇 m-kg인가?

① 0.96 ② 0.8
③ 9.4 ④ 12.5.

해설 $\text{전동기 회전력} = \text{엔진회전저항} \times \frac{\text{피니언기어수}}{\text{링기어수}} = 9 \times \frac{12}{113} = 0.9557$

25 3상 전동기의 출력을 구하는 공식은?

① 출력[kW] = $\sqrt{3}$/1000×전압×저항×역률×효율
② 출력[kW] = $\sqrt{3}$/1000×전류×저항×역률×효율
③ 출력[kW] = $\sqrt{3}$/1000×전압×전류×역률×효율
④ 출력[kW] = $\sqrt{3}$/1000×전력×저항×역률×효율

26 농용 트랙터의 12V 발전기에서 발전 전류가 30A 흐른다면 이때의 저항은 몇 Ω 인가?

① 0.4 ② 0.5
③ 2.0 ④ 3.0

해설 $\text{전류} = \frac{\text{전압}}{\text{저항}}$, $\text{저항} = \frac{\text{전압}}{\text{전류}} = \frac{12}{30} = \frac{2}{5} = 0.4$

27 저항 R_1, R_2, R_3를 직렬로 연결시킬 때 합성저항은?

① $R_1 + R_2 + R_3$ ② $\frac{R_1 + R_2 + R_3}{R_1 R_2 R_3}$
③ $\frac{1}{R_1} + \frac{1}{R_2} + \frac{1}{R_3}$ ④ $\frac{R_1 R_2 R_3}{R_1 + R_2 + R_3}$

해설 ※ 병렬 연결 : $\frac{R_1 R_2 R_3}{R_1 R_2 + R_2 R_3 + R_1 R_3}$

정답 24. ① 25. ③ 26. ① 27. ①

28 그림과 같은 직·병렬회로의 합성 저항은?

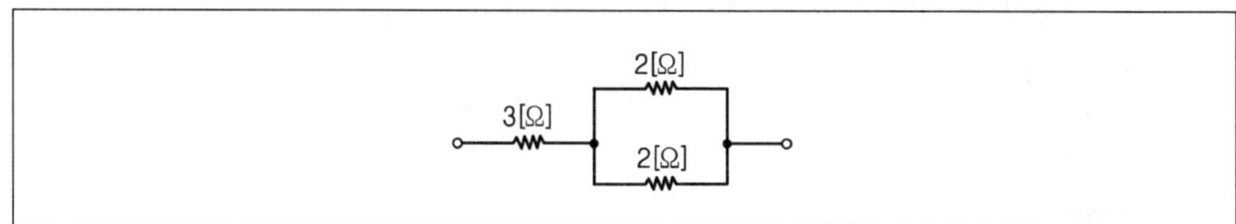

① 1 [Ω]　　② 2 [Ω]
③ 4 [Ω]　　④ 7 [Ω]

해설 회로의 병렬 저항은

$\frac{1}{R}=\frac{1}{R_1}+\frac{1}{R_2}$, $R=\frac{R_1R_2}{R_1+R_2}$　$R=\frac{2\times2}{2+2}=1$

회로의 직렬 저항은

$R=R_1+R_2=3+1=4[\Omega]$

29 1(A) 암페어의 전류를 흐르게 하는 데 2볼트(V)의 전압이 필요하다. 이 도체의 저항은?

① 4[Ω]　　② 3[Ω]
③ 2[Ω]　　④ 1[Ω]

30 6[Ω]과 3[Ω]의 저항을 직렬로 접속할 경우는 병렬로 접속할 경우의 몇 배의 저항이 되는가?

① 2　　② 4.5
③ 6.5　　④ 9

31 전조등에서 광도의 측정 단위는?

① 웨버(Wb)　　② 데시벨(dB)
③ 칸델라(cd)　　④ 럭스(lx)

정답 28. ③　29. ③　30. ②　31. ③

32 다음 중 브러시의 접촉이 불량할 때 소손되기 쉬운 것은?

① 계자 코일
② 볼 베어링
③ 전기자
④ 정류자편

33 전류가 흐르는 도체가 자장에서 받는 힘의 방향을 나타내는 법칙은?

① 렌츠의 법칙
② 플레밍의 왼손법칙
③ 플레밍의 오른손 법칙
④ 앙페르의 오른나사 법칙

34 발전기의 유도기전력의 방향을 알기 위한 법칙은?

① 렌쯔의 법칙
② 플레밍 오른손 법칙
③ 비오 사바아르의 법칙
④ 플레밍 왼손 법칙

35 비오-샤바르의 법칙은 어떤 관계를 나타낸 것인가?

① 전위와 전장의 세기
② 전류와 자장의 세기
③ 기전력과 자속의 밀도
④ 전류와 자속의 기전력

36 전류의 열작용과 관계가 있는 것은 어느 것인가?

① 옴의 법칙
② 키르히호프의 법칙
③ 줄의 법칙
④ 플레밍의 법칙

37 전자유도 현상에 의해서 코일에 생기는 유도 기전력의 방향을 나타내는 법칙은?

① 렌츠의 법칙
② 키르히호프의 법칙
③ 쿨롱의 법칙
④ 뉴턴의 법칙

정답 32. ① 33. ② 34. ② 35. ② 36. ③ 37. ①

38 축전지의 용량은?

① 음극판 단면적에 비례하고, 양극판 크기에 반비례
② 양극판의 크기에 비례하고, 음극판의 단면적에 반비례
③ 극판의 표면적에 비례
④ 극판의 표면적에 반비례

39 납축전지의 충·방전작용에 해당되는 것은?

① 자기작용
② 화학작용
③ 물리작용
④ 확산작용

40 납축전지의 사용상 주의사항으로 틀린 것은?

① 낮은 온도에서 용량이 증대되고 충전이 쉽다.
② 방전 종지 전압은 규정된 범위 내에서 사용한다.
③ 장기간 방치할 경우는 월 1회 정도 보충전을 한다.
④ 50% 이상 방전된 경우는 110～120% 정도 보충전을 한다.

41 축전지 셀을 여러 대 직렬로 연결하였을 때의 설명으로 옳은 것은?

① 효율이 증대된다.
② 전압이 높아진다.
③ 전류 용량이 증대된다.
④ 전압과 사용 전류가 커진다.

42 납축전지에서 완전 충전된 상태의 양극판은?

① Pb
② PbO_2
③ $PbSO_4$
④ H_2SO_4

정답 38. ③ 39. ② 40. ① 41. ② 42. ②

43 납축전지에서 충전이 완료되었을 때 양극판과 음극판에서 발생되는 가스는?

① 양극판 : 수소, 음극판 : 산소
② 양극판 : 산소, 음극판 : 수소
③ 양극판 : 황산, 음극판 : 황산
④ 양극판 : 수소, 음극판 : 황산

44 다음 중 납축전지에서 충전 시 음극판은 무엇으로 변화되는가?

① Pb ② PbO_2
③ Sb ④ Sn

45 납축전지를 충전하면 음극판은 무엇으로 변하는가?

① 과산화납 ② 납
③ 황산납 ④ 일산화납

46 축전지를 방전시키면 양극판과 음극판은 어떤 물질이 되는가?

① PbO_2 ② $2H_2SO$
③ $PbSO_4$ ④ $2H_2O$

47 다음 중 납축전지에 넣는 전해액으로 옳은 것은?

① 묽은 염산액 ② 묽은 황산액
③ 묽은 초산액 ④ 묽은 수산액

48 납축전지에서 전해액이 자연 감소되었을 때 보충액으로 가장 적합한 것은?

① 묽은 황산 ② 묽은 염산
③ 증류수 ④ 수돗물

정답 43. ② 44. ① 45. ② 46. ③ 47. ② 48. ①

49 축전지의 점검 및 조치 사항 중 옳지 않은 것은?

① 축전지 케이스 커버의 산에 의한 부식물은 탄산나트륨으로 깨끗이 닦아 낸다.
② 축전지 케이블 단자의 접촉면에 대해 점검하고 솔로 깨끗이 닦아 낸다.
③ 전해액은 보통 극판 위 10~13mm 이하가 되면 전해액을 넣어서 보충한다.
④ 비중이 1.2 이하가 되면 즉시 보충전하고 동시에 충전장치를 점검한다.

50 온도가 내려가면 축전지에서 일어나는 현상이 아닌 것은?

① 전압이 낮아진다.
② 용량이 줄어든다.
③ 동결하기 쉽다.
④ 전해액의 비중이 낮아진다.

51 다음 중 납축전지의 특징이 아닌 것은?

① Ah당 단가가 낮다.
② 충・방전 전압차이가 크다.
③ 공칭 전압은 셀 당 약 2V이다.
④ 전해액의 비중으로 충・방전의 상태를 알 수 있다.

52 전해액의 액량은 몇 mm가 적당하며 부족 시 보충액은?

① 극판위 13～15mm, 액이 부족할 시 전해액 보충
② 극판위 13～15mm, 액이 부족할 시 황산 보충
③ 극판위 10～13mm, 액이 부족할 시 질산 보충
④ 극판위 10～13mm, 액이 부족할 시 증류수 보충

53 다음 중 전해액을 만들 때 사용할 용기로 가장 적당한 것은?

① 질그릇　② 철제용기
③ 구리 합금 용기　④ 알루미늄 용기

정답 49. ③ 50. ④ 51. ② 52. ④ 53. ①

54 축전지의 통기구멍 마개(Vent Plug)가 6개 있는 축전지 2개를 직렬로 연결하였다면 총 몇 볼트의 전압이 나오는가? (단, 완전 충전된 것임)

① 6[V] ② 12[V]
③ 24[V] ④ 36[V]

55 납축전지의 방전종지전압은 1셀(cell)당 몇 V일 때인가?

① 1.25 ② 1.45
③ 1.75 ④ 2.00

56 축전지의 용량을 바르게 나타낸 것은?

① 암페어시[Ah] ② 킬로와트[kW]
③ 볼트암페어[VA] ④ 마력[HP]

57 축전지의 용량이 240[Ah]라면, 이 축전지에 부하를 연결하여 12[A]의 전류를 흘리면 몇 시간 사용이 가능한가?

① 10시간 ② 20시간
③ 30시간 ④ 40시간

해설 축전지 사용시간 $= \dfrac{\text{축전지 용량[Ah]}}{\text{전류량[A]}}$

58 70[Ah] 용량의 축전지를 7[A]로 계속 사용하면 몇 시간 동안 사용할 수 있는가?

① 1 ② 10
③ 77 ④ 490

59 100[Ah] 용량의 축전지를 10[A]로 계속 사용하면 몇 시간 사용할 수 있는가?

① 8 ② 10
③ 25 ④ 40

정답 54. ③ 55. ③ 56. ① 57. ② 58. ② 59. ②

60 20시간 동안 계속해서 2A를 공급하는 축전지의 용량은 몇 Ah인가?

① 10 ② 20
③ 40 ④ 60

61 축전지 터미널의 부식을 방지하기 위해 사용되는 것은?

① 그리이스 ② 기어오일
③ 엔진오일 ④ 페인트

62 다음 중 발전기의 발생전압이 낮을 때 축전지에서 발전기로 전류의 역류를 방지해 주는 것은?

① 전압 조정기 ② 전류 조정기
③ 컷아웃 릴레이 ④ 계자 코일

63 트랙터에서 축전지 배선을 분리할 때와 연결할 때 적합한 방법은?

① 분리할 때 +측을 먼저 분리하고, 연결할 때는 −측을 먼저 연결한다.
② 분리할 때 −측을 먼저 분리하고, 연결할 때는 +측을 먼저 연결한다.
③ 분리할 때 −측을 먼저 분리하고, 연결할 때도 −측을 먼저 연결한다.
④ 분리할 때 +측을 먼저 분리하고, 연결할 때도 +측을 먼저 연결한다.

64 다음 중 전기 관련 단위로 옳지 않은 것은?

① 전류 : A ② 저항 : Ω
③ 전력량 : kWh ④ 정전용량 : H

해설 ※ 정전용량 : F

65 고유저항이 작은 물질부터 순서대로 배열된 것은?

① 은, 동, 알루미늄, 니켈 ② 은, 동, 니켈, 알루미늄
③ 동, 은, 니켈, 알루미늄 ④ 동, 은, 알루미늄, 니켈

정답 60. ③ 61. ① 62. ③ 63. ② 64. ④ 65. ①

66 200[V]의 전압을 가하여 5[A]의 전류를 흘리는 도체의 저항은?

① 500[Ω] ② 20[Ω]
③ 0.05[Ω] ④ 40[Ω]

해설 $전류=\frac{전압}{저항}$, $저항=\frac{전압}{전류}=\frac{200}{5}=40[\Omega]$

67 120Ω의 저항 4개를 연결하여 얻을 수 있는 가장 적은 저항값은?

① 30Ω ② 20Ω
③ 12Ω ④ 6Ω

해설 $\frac{1}{R}=\frac{1}{R_1}+\frac{1}{R_2}+\frac{1}{R_3}+\frac{1}{R_4}$
$=\frac{1}{120}+\frac{1}{120}+\frac{1}{120}+\frac{1}{120}=\frac{4}{120}$

68 5Ω의 저항이 3개, 7Ω의 저항이 5개, 100Ω의 저항이 1개 있다. 이들을 모두 직렬로 접속할 때 합성저항은 몇 Ω인가?

① 150 ② 200
③ 250 ④ 300

해설 $R=R_1+R_2+R_3+\cdots+R_n$
$=5\times3+7\times5+100=150$

69 2[Ω]의 저항 10개, 5[Ω]의 저항 3개가 있다. 이들 모두를 직렬로 접속할 때의 합성저항은 몇 [Ω] 인가?

① 7 ② 15
③ 20 ④ 35

70 6[Ω], 10[Ω], 15[Ω]의 저항이 병렬로 접속 되었을 때의 합성저항은?

① 1/3[Ω] ② 3[Ω]
③ 16[Ω] ④ 31[Ω]

정답 66. ④ 67. ① 68. ① 69. ④ 70. ②

해설 $\frac{1}{R}=\frac{1}{R_1}+\frac{1}{R_2}+\frac{1}{R_3}=\frac{1}{6}+\frac{1}{10}+\frac{1}{15}$

$=\frac{5}{30}+\frac{3}{30}+\frac{2}{30}=\frac{10}{30}=\frac{1}{3}$

71 24[V]의 축전지에 $R_1=3[\Omega]$, $R_2=4[\Omega]$, $R_3=5[\Omega]$의 저항을 직렬로 접속하였을 때 흐르는 전류의 세기는 얼마인가?

① 24[A] ② 12[A]
③ 6[A] ④ 2[A]

72 농업용 기관의 전기장치에서 1차 코일에 발생한 전류는 무엇에 의해서 2차 코일에 높은 전압이 발생 되는가?

① 콘덴서 ② 단속기
③ 점화플러그 ④ 점화코일

73 단속기 접점 간극조정 방법에 알맞은 것은?

① 단속기 아암접점을 움직여서 한다.
② 스프링 장력을 변화 시켜서 한다.
③ 단속기 판을 움직여서 한다.
④ 접지 접점을 움직여서 한다.

74 농업기계의 점화장치에 단속기를 두는 주된 이유는?

① 캠각을 변화시켜 주기 위해서
② 점화코일의 과열을 방지하기 위하여
③ 점화 타이밍을 정확히 맞추기 위해서
④ 농기계에 사용하는 전류가 직류이기 때문에

75 다음 중 동력경운기의 단속기 접점 틈새로 가장 적당한 것은?

① 0.15mm ② 0.35mm
③ 0.85mm ④ 10.15mm

정답 71. ④ 72. ② 73. ④ 74. ④ 75. ②

76 단속기의 접점으로 텅스텐(W)을 사용하는 이유는?

① 열전도성이 양호하기 때문에 사용한다.
② 고전압에 대한 마모를 방지하기 위하여 사용한다.
③ 융점이 높고 열팽창계수가 크기 때문에 사용한다.
④ 온도에 의한 팽창이 순간적으로 잘 변화되기 때문이다.

77 다음은 배전기 접점간극에 대한 것이다. 틀린 것은?

① 접점간극은 기관에 따라 다르나 대략 0.3～0.5mm 정도이다.
② 접점간극이 너무 작으면 점화시기가 늦어진다.
③ 접점간극이 너무 작으면 점화시기가 빨라진다.
④ 접점간극이 너무 크면 점화시기가 빨라진다.

78 단속기 접점간극 조정방법 중 적당한 것은?

① 조정 보울트로 조정한다.
② 고정 보울트로 조정한다.
③ 가동접점을 구부려 조정한다.
④ 단속기 케이스를 돌려 조정한다.

79 단속기내 축전기의 역할과 관계가 없는 것은?

① 1차 전류의 차단시간을 단축하여 2차 전압을 높인다.
② 점화 2차 코일에 발생하는 유도전류를 흡수한다.
③ 접점사이에 발생되는 불꽃을 흡수하여 접점의 소손을 막는다.
④ 축전한 전하를 방출하여 1차 전류의 회복이 속히 이루어지도록 한다.

80 전기 화재를 일으키는 원인 중 비중이 가장 큰 것은?

① 과전류　　② 단락(합선)
③ 지락　　④ 절연불량

정답 76. ② 77. ③ 78. ① 79. ② 80. ②

81 12[V]의 축전지는 몇 개의 단전지(셀)로 되어 있는가?

① 2개 ② 3개
③ 4개 ④ 6개

82 다음에서 전기력이 작용하는 공간은?

① 전계 ② 자계
③ 전류 ④ 전압

83 다음 중 자석의 성질에 맞는 것은?

① 극이 같으면 반발한다.
② 극이 다르면 반발한다.
③ 같은 극끼리는 서로 흡인한다.
④ 자석 상호간은 관계가 없다.

84 전기자축 끝에 설치되어 전기자에 전류를 흐르게 하고 또 흘러나오게 하는 것을 무엇이라고 하는가?

① 축베어링 ② 단자
③ 링 ④ 정류자

85 다음 중 전기저항이 가장 큰 전구는?

① 12V 용 6W ② 12V 용 12W
③ 12V 용 24W ④ 12V 용 36W

86 다음 중 전기의 도체에 속하는 것은?

① 고무 ② 에보나이트
③ 소금물 ④ 운모

정답 81. ④ 82. ① 83. ① 84. ④ 85. ① 86. ③

87 다음 중 광속에 대한 설명으로 틀린 것은?

① 에너지 방사 비율을 시간 단위로 측정한다.
② 단위는 루멘(lm)이다.
③ 광속의 시간 적분은 광도이다.
④ 기호는 F를 사용한다.

88 다음 중 전하량의 단위는?

① [C] ② [A]
③ [W] ④ [V]

89 조도에 대한 설명 중 틀린 것은?

① 단위 면적당 입사 광속이다. ② 단위는 럭스(lx)를 사용한다.
③ 광원과의 거리에 비례한다. ④ 기호는 보통 E를 사용한다.

90 다음 중 교류발전기에서 발생한 교류 전압을 직류 전압으로 정류하는 데 사용되는 것은?

① 슬립링 ② 다이오드
③ 계자 릴레이 ④ 전류 조정기

91 교류발전기에서 전류가 발생하는 곳은?

① 계자코일 ② 회전자
③ 정류자 ④ 고정자

92 교류발전기의 장력이 부족하면?

① 다이오드가 손상된다.
② 슬립링이 빨리 마모된다.
③ 전기자 코일에 과전류가 흐른다.
④ 슬립링과 접촉이 불량해져 출력이 저하된다.

정답 87. ③ 88. ① 89. ③ 90. ② 91. ④ 92. ④

93 다음 중 직류 발전기 구성 요소 중 회전하면서 자속을 끊어 기전력을 유도하는 부분은?

① 전기자 ② 계자
③ 정류자 ④ 브러시

94 직류 발전기의 주요 3가지 구성 요소가 아닌 것은?

① 전기자 ② 계자
③ 정류자 ④ 베어링

95 트랙터용 교류발전기의 구성품으로 맞는 것은?

① 고정자, 회전자, 슬립링브러시와 다이오드
② 고정자, 전기자, 정류자브러시와 다이오드
③ 고정자, 회전자, 정류자브러시와 다이오드
④ 고정자, 회전자, 계자계전기 브러시와 다이오드

96 다음 중 점화플러그에 요구되는 특징으로 틀린 것은?

① 급격한 온도변화에 견딜 것
② 고온 고압에 충분히 견딜 것
③ 고전압에 대한 충분한 도전성을 가질 것
④ 사용조건의 변화에 따르는 오손, 과열 및 소손 등에 견딜 것

97 점화시기를 점검할 때 사용되는 시험기는?

① 멀티테스터 ② 압축 압력계
③ 타코메타 ④ 타이밍 라이트

98 다음은 점화플러그의 실화 및 불꽃이 약해지는 원인이다. 옳지 않은 것은?

① 자기 청정온도의 저하 ② 열값이 작은 플러그의 사용
③ 전극 부위에 탄소부착 ④ 열방산 통로가 긴 플러그의 사용

정답 93. ① 94. ④ 95. ① 96. ③ 97. ④ 98. ④

99 점화시기는 항상 회전속도에 따라 변화되어야만 최대출력을 유지할 수 있다. 이것과 가장 관계 깊은 장치는?

① 점화플러그의 열가 조정장치
② 드웰각(dwell angle)조정장치
③ 진각장치
④ 배전장치

100 점화 불량의 원인으로 틀린 것은?

① 자연 점화가 일어났을 때
② 마그네트에 물이나 기름이 묻었을 때
③ 고압 코드가 손상 또는 절단 되었을 때
④ 점화 플러그의 불꽃 간격이 부적당 할 때

101 다음 중 점화 진각장치에 대한 설명으로 옳은 것은?

① 기관의 회전속도와 부하에 따라 점화시기를 조정한다.
② 고압의 전류를 점화플러그에 점화순서에 따라 분배한다.
③ 발전기에서 발생된 기전력을 축전지에 충전시킨다.
④ 접점이 소손되는 것을 방지한다.

102 다음 중 캠각(cam angle)이란?

① 접점이 열려있는 동안에 캠이 회전한 각도를 말한다.
② 접점이 닫혀있는 동안에 캠이 회전한 각도를 말한다.
③ 접점이 열리는 순간을 말한다.
④ 접점이 닫히는 순간을 말한다.

103 점화플러그 간극이 너무 크면 어떤 현상이 일어나는가?

① 고속 시 불완전 연소가 발생한다.
② 간극이 크면 연소가 더욱 잘된다.
③ 저속 시에 더욱 좋은 연소가 발생한다.
④ 간극과는 아무런 관계가 없다.

정답 99. ③ 100. ① 101. ① 102. ② 103. ①

104 점화플러그에서 접점간극이 표준치보다 적을 때, 불꽃은 어떻게 되는가?

① 불꽃이 적색을 나타낸다.
② 불꽃은 강한 청백색이 된다.
③ 전류가 약하므로 불꽃발생이 어렵다.
④ 저항의 감소로 계속 불꽃을 방전한다.

105 디지털 회로 시험기의 설명으로 틀린 것은?

① 아날로그, 디지털 겸용도 있다.
② 개인 측정 오차의 범위가 넓다.
③ 측정값은 숫자 값으로 표시된다.
④ 비고기, 발진기, 증폭기 등으로 구성된다.

106 전압계와 전류계에 대한 설명으로 틀린 것은?

① 직류를 측정할 때는 (+), (−)의 극성에 주의한다.
② 전압계는 저항부하에 대하여 병렬 접속한다.
③ 전류계는 저항부하에 대하여 직렬 접속한다.
④ 전압계와 전류계 모두 저항부하에 대하여 직렬 접속한다.

107 다음 전압계를 사용하는 방법 중 틀린 것은?

① (+), (−)의 단자는 각각 전원의 (+), (−)에 일치한다.
② 전압계의 다이얼을 낮은 볼트 위치에 놓고 측정 후 점차 높은 볼트 위치에 놓는다.
③ 측정하고자 하는 부하와 병렬로 연결한다.
④ 측정범위의 전압계를 선택한다.

108 다음 중 전조등 전기회로의 주요 구성이 아닌 것은?

① 퓨즈 ② 전조등 스위치
③ 디머 스위치 ④ 방향지시등 스위치

정답 104. ① 105. ② 106. ④ 107. ② 108. ④

109 충전경고 지시등에 점등이 되면 충전이 안 되고 있는 상태이다. 이때 점검할 사항이 아닌 것은?

① 레귤레이터의 고장 여부 점검
② 발전기 다이오드의 이상 여부 점검
③ 시동전동기의 정류자 점검
④ 경고램프의 접속 상태 및 관련 배선 접속 상태 점검

110 전조등의 조도가 부족한 원인으로 틀린 것은?

① 축전지의 방전
② 장기사용에 의한 전구의 열화
③ 접지의 불량
④ 굵은 배선 사용

111 후미등 및 브레이크등에 관한 설명으로 틀린 것은?

① 후미등은 라이트 스위치에 의해 점멸된다.
② 브레이크등은 브레이크 스위치에 의해 점멸된다.
③ 브레이크등은 주・야간 모두 점등되며, 후미등의 3배 이상의 광도를 가지고 있다.
④ 브레이크등과 후미등은 각각 직렬로 접속되어 있다.

112 100V, 500W의 전열기를 80V에서 사용하면 소비전력은 몇 W인가?

① 245
② 320
③ 400
④ 600

해설 소비전력 P[W] = 전압(V) × 전류(I)

$$전류 = \frac{전력}{전압} = \frac{500}{100} = 5[A]$$

소비전력 = 80 × 5 = 400[W]

113 변압기의 1차 권수 80회, 2차 권수 320회일 때, 2차 측의 전압이 100V이면, 1차 측의 전압은 몇 V인가?

① 15
② 25
③ 50
④ 100

정답 109. ③ 110. ④ 111. ④ 112. ③ 113. ②

해설 $\frac{E_1}{E_2}=\frac{N_1}{N_2}$, $E_1=E_2\frac{N_1}{N_2}=100\times\frac{80}{320}=25$

114 1차코일의 권수가 300회이고 2차코일의 권수가 20,000회일 때 1차코일 전압이 24V였다면 2차코일의 전압은 얼마인가?

① 1,300V ② 1,600V
③ 2,000V ④ 2,200V

115 도체 내의 임의의 한 점을 매초 2쿨롱의 전기량이 통과할 때 도체 내에 흐르는 전류의 세기는?

① 0.5[A] ② 1[A]
③ 1.5[A] ④ 2[A]

116 100[V] 전압에서 2[A]의 전류가 흐르는 전열기를 5시간 사용하였을 때의 소비전력량[KWh]은?

① 1[KWh] ② 2[KWh]
③ 3[KWh] ④ 10[KWh]

해설 소비전력 = 전압×전류
소비전력량[Wh] = 소비전력[W]×시간[h] = 100×2×5 = 1,000[Wh]

117 어떤 도체를 t초 동안에 Q(C)의 전기량이 이동하면 이때 흐르는 전류 I(A)는?

① $I=t/Q$ ② $I=Q/t$
③ $I=Qt$ ④ $I=Q/t^2$

118 5[V]의 기전력으로 10[J]의 일을 할 때 이동한 전기량은?

① 0.1[C] ② 0.5[C]
③ 2[C] ④ 50[C]

해설 $W=Q\times V$, $Q=W/V$

정답 114. ② 115. ④ 116. ① 117. ② 118. ③

제8절 | 농업기계 안전관리

01 다음 중 안전사고의 정의와 거리가 먼 것은?

① 고의성에 의한 사고이다.
② 불안전한 행동이 선행된다.
③ 능률을 저하시킨다.
④ 인명이나 재산의 손실을 가져온다.

02 다음 중 안전관리와 관계가 적은 것은?

① 공정관리
② 기계의 자동화
③ 시공관리
④ 보안관리

03 농업기계 사고 발생의 3대 요인으로 볼 수 없는 것은?

① 인간적인 요인
② 기계적인 요인
③ 경험적인 요인
④ 환경적인 요인

04 다음 중 사고 발생원인과 관계없는 것은?

① 산만한 상태
② 불안전한 상태
③ 애매한 상태
④ 환경이 좋은 상태

05 하인리히의 안전사고 예방대책 5단계에 해당되지 않는 것은?

① 분석
② 적용
③ 조직
④ 환경

06 사고방지 5단계에 속하지 않는 것은?

① 사회적인 요소
② 사실의 발견
③ 분석
④ 시정책의 적용

정답 01. ① 02. ④ 03. ③ 04. ④ 05. ④ 06. ①

07 안전사고 발생원인 중 인적 요인에 속하는 것은?

① 기계점검 정비의 미비
② 누적된 피로
③ 불안전한 작업 장소
④ 안전장치의 미비

08 사고의 요인 중 기계의 결함에 의한 것은?

① 공작상의 결함
② 혐오감
③ 격렬한 기질
④ 흥분성 기질

09 소음, 진동, 안전표시 및 게시판 미비로 인하여 일어나는 농기계 안전사고의 요인은?

① 인간적 요인
② 기계적 요인
③ 환경적 요인
④ 인간·기계적 요인

10 다음 중 안전사고의 심리적 5대 요인에 해당되는 것은?

① 감정
② 극도의 피로감
③ 신경계통의 이상
④ 육체적 능력의 초과

11 산업재해가 발생되는 직접원인은 불안전 상태와 불안전 행동으로 크게 나눈다. 다음 중에서 불안전한 행동에 해당되지 않는 것은?

① 위험장소 접근
② 보호구의 잘못 사용
③ 안전보호장치의 결함
④ 기계기구의 잘못 사용

12 안전관리의 조직 형태 중 안전관리 업무 담당자가 없고, 모든 안전관리 업무가 생산라인을 따라 이루어지며, 안전에 관한 전문 지식 및 기술 축적이 없고 100명 내외의 종업원을 가진 소규모 기업에서 채택되고 있는 것은?

① 직계식 조직
② 참모식 조직
③ 수평식 조직
④ 직계 · 참모식 조직

정답 07. ② 08. ① 09. ③ 10. ① 11. ③ 12. ①

13 감전사고로 의식불명의 환자에게 알맞은 응급조치는 어느 것인가?

① 전원을 차단하고, 인공호흡을 시킨다.
② 전원을 차단하고, 찬물을 준다.
③ 전원을 차단하고, 온수를 준다.
④ 전기충격을 가한다.

14 참모식 안전관리 조직의 설명으로 올바르지 못한 것은?

① 300명 정도의 기업 규모에서 적용된다.
② 안전관리자 스스로 생산라인에서 안전 업무를 추진한다.
③ 안전에 관한 지식과 기술개발, 축적이 가능하다.
④ 안전과 생산을 별개로 취급하기 쉽다

15 감전사고 발생 시 조치사항으로 적당하지 않은 것은?

① 귀밑에 소리를 내어 감전자의 의식 상태를 확인한다.
② 우선 손으로 감전자의 심장 박동을 확인한다.
③ 감전자를 위험 지역으로부터 이탈시킨다.
④ 전원을 차단한다.

16 다음 중 재해조사의 주된 목적은?

① 벌을 주기 위해
② 예산을 증액시키기 위해
③ 인원을 충원하기 위해
④ 같은 종류의 사고가 반복되지 않도록 하기 위해

17 안전 관리의 목적으로 가장 거리가 먼 것은?

① 사회복지의 증진
② 인적 재산손실 예방
③ 작업환경 개선
④ 경제성의 향상

정답 13. ① 14. ② 15. ② 16. ④ 17. ③

18 안전교육의 기본원칙이 아닌 것은?

① 동기 부여 ② 반복식 교육
③ 피교육자 위주의 교육 ④ 어려운 것에서 쉬운 것으로

19 동력경운기의 사고 발생 빈도가 가장 높은 원인은?

① 안전지식 부족 ② 운전 미숙
③ 기계불량 ④ 무리한 운행

20 안전보건관리책임자가 총괄 관리해야 할 사항으로 가장 거리가 먼 것은?

① 작업환경의 점검 및 개선
② 근로자의 안전・보건교육
③ 작업에서 발생한 산업재해에 관한 응급조치
④ 산업재해의 원인 조사 및 재발 방지대책 수립

21 산업재해로 인한 작업능력의 손실을 나타내는 척도를 무엇이라 하는가?

① 인천인율 ② 강도율
③ 천인율 ④ 도수율

22 다음 중 안전조직의 형태에 속하지 않는 것은?

① 감독형 ② 직계형
③ 참모형 ④ 복합형

22 안전작업의 중요성으로 가장 거리가 먼 것은?

① 위험으로부터 보호되어 재해방지
② 작업의 능률 저하방지
③ 동료나 시설 장비의 재해방지
④ 관리자나 사용자의 재산보호

정답 18. ④ 19. ② 20. ③ 21. ② 22. ① 22. ④

23 재해 방지의 3단계에 해당하지 않는 것은?

① 교육훈련 ② 기술개선
③ 불안전한 행위 ④ 강요실행 혹은 독려

24 재해원인의 분석방법 중 직접 원인에 해당하는 것은?

① 기술적 원인 ② 교육적 원인
③ 인적 원인 ④ 관리적 원인

25 농업기계 안전점검의 종류로 가장 거리가 먼 것은?

① 별도점검 ② 정기점검
③ 수시점검 ④ 특별점검

26 작업장 안전사항에 대한 설명으로 틀린 것은?

① 공구와 장구는 항상 정돈해 가면서 작업한다.
② 작업하기 전에 반드시 작업계획을 세운다.
③ 타인의 시설 및 기계를 자유롭게 운전·조작한다.
④ 인화물은 격리시켜 사용한다.

27 정비 작업복에 대한 일반수칙으로 틀린 것은?

① 몸에 맞는 것을 입는다.
② 수건을 허리춤에 차고 한다.
③ 기름이 밴 장비복을 입지 않는다.
④ 상의의 옷자락이 밖으로 나오지 않게 한다.

28 호흡용 보호구의 종류가 아닌 것은?

① 방진 마스크 ② 방독 마스크
③ 흡입 마스크 ④ 송기 마스크

정답 23. ③ 24. ③ 25. ① 26. ③ 27. ② 28. ③

29 다음 중 반드시 앞치마를 사용하여야 하는 작업은?

① 목공작업 ② 전기용접작업
③ 선반작업 ④ 드릴작업

30 다음 중 보호안경을 착용해야 할 작업으로 가장 적당한 것은?

① 기화기를 차에서 뗄 때
② 변속기를 차에서 뗄 때
③ 장마철 노상운전을 할 때
④ 배전기를 차에서 뗄 때

31 귀마개를 착용하지 않았을 때 청력 장애가 일어날 수 있는 가능성이 가장 높은 작업은?

① 단조작업 ② 압연작업
③ 전단작업 ④ 주조작업

32 다음 중 보호구를 착용하지 않고 작업을 할 수 있는 것은?

① 유해물을 취급하는 업무
② 유해 방사선을 쪼이는 업무
③ 보일러 수위계를 점검하는 업무
④ 증기가 발산되는 장소에서 행하는 업무

33 다음 중 장갑을 반드시 착용하고 작업을 하는 것은?

① 선반 작업 ② 해머 작업
③ 용접 작업 ④ 그라인더 작업

34 작업 중 반드시 작업복과 앞치마를 사용하여야 하는 작업은?

① 선반 작업 ② 연삭 작업
③ 용접 작업 ④ 목공 작업

정답 29. ② 30. ② 31. ① 32. ③ 33. ③ 34. ③

35 보안경의 구비조건으로 틀린 것은?

① 가격이 고가일 것
② 착용할 때 편안할 것
③ 유해·위험요소에 대한 방호가 완전할 것
④ 내구성이 있을 것

36 차광안경의 구비조건 중 틀린 것은?

① 사용자에게 상처를 줄 예각과 요철이 없을 것
② 착용 시 심한 불쾌감을 주지 않을 것
③ 취급이 간편하고 쉽게 파손되지 않을 것
④ 눈의 보호를 위해 커버렌즈의 가시광선 투과는 차단되어야 할 것

37 일반공구의 사용법 및 관리에 대한 설명 중 적합하지 않은 것은?

① 공구는 사용 전에 반드시 점검해야 한다.
② 공구는 작업에 적합한 것을 사용해야 한다.
③ 손이나 공구에 기름이 묻었을 때는 완전히 닦은 후에 사용한다.
④ 사용 후에는 창고의 아무 곳에나 걸어 둔다.

38 수공구 사용 후 보관방법으로 옳은 것은?

① 사용 후 물에 깨끗이 닦아서 둔다.
② 사용 후 깨끗이 닦아서 지정된 장소에 둔다.
③ 적당한 습기가 있는 곳에 보관한다.
④ 사용 후 그대로 두어도 무방하다.

39 다음 중 공구사용으로 발생되는 재해를 막기 위한 방법이 아닌 것은?

① 결함이 없는 공구 사용
② 작업에 적당한 공구를 선택 사용
③ 공구의 올바른 취급과 사용
④ 공구는 임의의 것을 사용

정답 35. ① 36. ④ 37. ④ 38. ② 39. ④

40 안전작업에 관한 사항 중 틀린 것은?

① 해머 작업하기 전에 반드시 주의를 살핀다.
② 숫돌 작업은 정면을 피해서 작업한다.
③ 사다리 각도는 75° 이내로 하고 미끄러지지 않게 한다.
④ 긴 물건을 운반할 때 뒤쪽을 위로 올리고 운반한다.

41 다음 수공구 작업 중 옳은 것은?

① 조절렌치(몽키)는 밀면서 작업한다.
② 숫돌과 받침대간격은 3mm 이하로 작업한다.
③ 숫돌작업은 가능한 정면에서 작업한다.
④ 스패너의 힘이 약할 때에는 두 개로 연결해서 사용한다.

42 다음 공구 중에서 일반 공구와 분리해서 보관하는 것은?

① 구리망치 ② 센터펀치
③ 바이스 플라이어 ④ 강철자

43 다음은 수공구의 사용 후의 안전취급에 관한 규칙이다. 틀린 것은?

① 지정된 장소에 보관하고 있는가?
② 정리 정돈하여 공구의 종류 및 수량을 확실히 파악했는가?
③ 사용 후에는 반드시 점검하고 수리하여 두었는가?
④ 안전한 구석에 놓아두었는가?

44 공구 작업에 대한 설명으로 틀린 것은?

① 스패너 사용은 앞으로 당겨 사용한다.
② 큰 힘이 요구될 때 렌치자루에 파이프를 끼워 사용한다.
③ 파이프 렌치는 둥근 물체에 사용한다.
④ 너트에 꼭 맞는 것을 사용한다.

정답 40. ④ 41. ② 42. ④ 43. ④ 44. ②

45 스패너 사용법 중 틀린 것은?

① 자세는 몸의 균형을 잡아야 한다.
② 스패너의 입은 너트의 치수에 맞는 것을 사용한다.
③ 스패너로 해머대신 사용은 금한다.
④ 스패너로 너트를 풀 때 조금씩 밀어서 푼다.

46 다음 드라이버 작업에 대한 설명 중 안전에 위반되는 사항은?

① 드라이버의 날끝이 나사홈의 너비와 길이에 맞는 것을 사용한다.
② 나사를 조일 때는 나사홈에 수직으로 대고 한손으로 가볍게 돌린다.
③ 드라이버 날끝의 이가 빠진 것이나 둥글게 된 것은 사용하지 않는다.
④ 녹이 슬어 움직이지 않는 나사는 드라이버를 대고 망치로 충격을 가한 다음 작업한다.

47 해머작업 시 주의사항으로 가장 거리가 먼 것은?

① 기름 묻은 손이나 장갑을 끼고 사용하지 말 것
② 연한 비철제 해머는 딱딱한 철 표면을 때리는 데 사용할 것
③ 크기에 관계없이 처음부터 세게 칠 것
④ 해머자루에 반드시 쐐기를 박아서 사용할 것

48 해머 작업에 있어서 안전작업 사항으로 어긋나는 것은?

① 해머를 휘두르기 전에 반드시 주위를 살핀다.
② 불꽃이 생기거나 파편이 생길 수 있는 작업에서는 반드시 보호 안경을 써야 한다.
③ 좁은 곳이나 발판이 불안한 곳에서 해머 작업을 하여서는 안 된다.
④ 해머 작업 시 타격 가공할 때 눈은 해머 머리부분을 본다.

49 줄 작업 시 주의사항이 아닌 것은?

① 작업물을 바이스에 완전히 물린다.
② 솔질은 결과 수직방향으로 한다.
③ 신품의 줄은 연한 재질에 줄질을 하여 길을 들인 후 사용한다.
④ 함석과 같은 얇은 철판을 자를 때는 길이로 밀어서 자른다.

정답 45. ④ 46. ④ 47. ③ 48. ④ 49. ②

50 공압 공구를 사용할 때의 주의사항으로 가장 거리가 먼 것은?

① 공압 공구 사용 시 차광안경을 착용한다.
② 사용 중 고무호스가 꺾이지 않도록 주의한다.
③ 호스는 공기압력을 견딜 수 있는 것을 사용한다.
④ 공기압축기의 활동부는 윤활유 상태를 점검한다.

51 다음은 선반 작업 시 재해 방지에 대한 설명이다. 틀린 것은?

① 기계 위에 공구나 재료를 올려놓지 않는다.
② 이송을 걸은 채 기계를 정지시키지 않는다.
③ 기계 타력 회전을 손이나 공구로 멈추지 않는다.
④ 절삭 중이거나, 회전 중에 공작물을 측정한다.

52 다음은 전기드릴 작업 시 주의사항이다. 틀린 것은?

① 드릴 날의 규격이 작은 것은 고속으로 사용하고 큰 것은 저속으로 한다.
② 드릴 척에는 오일을 주유하지 않는다.
③ 큰 구멍을 뚫을 때는 작은 드릴로 구멍을 뚫은 후 큰 드릴로 완성한다.
④ 작업이 끝날 때까지 처음과 같은 힘으로 작업하도록 한다.

53 드릴 작업 시 안전수칙으로 틀린 것은?

① 옷깃이 척이나 드릴에 물리지 않게 할 것
② 장갑을 착용하고 작업할 것
③ 머리카락을 단정히 하고 모자를 쓸 것
④ 뚫린 구멍에 손가락을 넣지 말 것

54 탭 작업 시 주의 사항으로 틀린 것은?

① 반드시 작업물과 수직을 유지한다.
② 절삭 오일을 주유한다.
③ 볼트의 깊이 보다 깊게 깎는다.
④ 압력을 느끼면서 천천히 계속적으로 탭 핸들을 돌린다.

정답 50. ① 51. ④ 52. ④ 53. ② 54. ④

55 바이스의 작업 방법으로 알맞지 않는 것은?

① 가드를 보호할 것
② 바이스를 앤빌로 사용할 것
③ 작업대가 흔들리지 않게 고정할 것
④ 작업 물체가 작업대에 닿지 않도록 사용할 것

56 밀링 작업 방법으로 옳지 않은 것은?

① 밀링 작업 중에는 보호 안경을 착용해야 한다.
② 상하좌우 이송장치의 핸들을 사용 후 완전히 조여 준다.
③ 회전하는 커터에 손을 대지 않는다.
④ 절삭유 노즐이 커터에 부딪치지 않도록 한다.

57 밀링 작업 시 안전수칙으로 틀린 것은?

① 상하 이송용 핸들은 사용 후 반드시 빼 두어야 한다.
② 칩은 가늘고 예리하며 부상을 입히기 쉬우므로 반드시 장갑을 끼고 작업을 한다.
③ 칩이 비산하는 재료는 커터부분에 커버를 부착한다.
④ 가공 중에는 얼굴을 기계 가까이 대지 않는다.

58 연삭숫돌 작업 중 숫돌이 파손되는 원인이 아닌 것은?

① 숫돌과 공작물 재질이 맞지 않을 때 ② 숫돌 커버가 없을 때
③ 숫돌 측면에 대고 작업할 때 ④ 숫돌 회전수가 규정이상일 때

59 그라인더 숫돌차를 설치할 때 주의 사항 중 틀린 것은?

① 숫돌차를 두들겨보아 맑은소리가 나는 것을 사용한다.
② 그라인더 축과 숫돌차 구멍의 간극은 0.1~0.15mm 이내이면 정상이다.
③ 설치 후 회전 균형이 맞지 않으면 트루잉(truing)을 실시한 후 사용한다.
④ 설치 후 1분정도 공회전 시켜 이상 유무를 확인한 다음 사용한다.

해설 ※ 트루잉(truing) : 형상이 무디어지거나 변화된 것을 바르게 고치는 가공

정답 55. ② 56. ② 57. ② 58. ② 59. ④

60 그라인더의 숫돌에 커버를 설치하는 주된 목적은?

① 숫돌의 떨림을 방지하기 위해서
② 분진이 나는 것을 방지하기 위해서
③ 그라인더 숫돌의 보호를 위해서
④ 숫돌의 파괴 시 그 조각이 튀어 나오는 방지하기 위해서

61 그라인더 작업 시 주의사항으로 틀린 것은?

① 연삭 시 숫돌차와 받침대 간격은 항상 10mm 이상 유지할 것
② 연마 작업 시 보호안경을 착용할 것
③ 작업 전에 숫돌의 균열 유무를 확인할 것
④ 반드시 규정 속도를 유지할 것

62 다음은 연삭숫돌의 검사종류와 검사방법에 대한 설명이다. 검사방법이 바르지 못한 것은?

① 외관검사는 균열, 이물질, 수분 등의 유무를 육안으로 살펴본다.
② 균형검사는 회전 중 떨림을 조사하며 이상이 있을 시 균형추로 조절한다.
③ 음향검사는 볼핀해머로 숫돌을 두들겨 울리는 소리로 이상 유무를 진단한다.
④ 회전검사는 사용속도의 1.5배로 3~5분간 회전시켜 원심력에 의한 파괴여부를 검사한다.

63 아크용접 작업 시 발생할 수 있는 재해와 거리가 가장 먼 것은?

① 유해광선에 의한 장해
② 감전에 의한 장해
③ 누전에 의한 재해
④ 소음에 의한 청력 재해

64 산소 용접기를 취급할 때 주의사항에 위배되는 것은?

① 산소 사용 후 용기가 비어있을 때는 반드시 밸브를 잠가 둘 것
② 항상 기름을 칠하여 밸브조작이 잘 되도록 할 것
③ 밸브의 개폐는 천천히 할 것
④ 용기는 항상 40℃ 이하로 유지할 것

정답 60. ④ 61. ① 62. ③ 63. ④ 64. ②

65 납땜 작업도중 염산이 몸에 묻으면 어떻게 응급조치를 해야 하는가?

① 황산을 바른다. ② 물로 빨리 세척한다.
③ 손으로 문지른다. ④ 그냥 두어도 상관없다.

66 연소의 3요소에 해당되지 않는 것은?

① 가연물 ② 연쇄반응
③ 열 또는 점화원 ④ 산소

67 인화성 물질이 아닌 것은?

① 질소가스 ② 프로판가스
③ 메탄가스 ④ 아세틸렌가스

68 연소이론에 맞지 않는 것은?

① 인화점이 낮을수록 착화점이 낮다.
② 인화점이 높을수록 위험성이 크다.
③ 연소범위가 넓을수록 위험성이 크다.
④ 착화온도가 낮을수록 위험성이 크다.

69 다음은 연소가 잘되는 조건이다. 틀린 것은?

① 발열량이 큰 것일수록 연소가 잘 된다.
② 산화되기 어려운 것일수록 연소가 잘 된다.
③ 산소와의 접촉면이 큰 것일수록 연소가 잘 된다.
④ 건조도가 좋은 것일수록 연소가 잘 된다.

70 다음은 자연 발화를 일으키는 인자(요인)이다. 해당하지 않는 것은?

① 수분 ② 공기의 유동
③ 소방기구 ④ 발열량

정답 65. ② 66. ② 67. ① 68. ② 69. ② 70. ③

71 목재, 종이류와 같은 화재의 종류로 맞는 것은?

① 유류화재
② 금속화재
③ 일반화재
④ 전기화재

72 화재의 종류에서 B급 화재는 어느 것인가?

① 일반화재
② 전기화재
③ 유류화재
④ 금속화재

73 화재는 A급, B급, C급, D급으로 구분한다. 전기 화재는 다음 중 몇 급인가?

① A급
② B급
③ C급
④ D급

74 전기화재 시 다음 중 어떤 소화기를 사용하는 것이 가장 적당한가?

① 포말 소화기
② CO_2 소화기
③ 다량의 물
④ 모래

75 가스, 증기, 분진 등 폭발의 위험이 있는 장소의 조치 사항과 관계없는 것은?

① 배수장치
② 제진장치
③ 통풍장치
④ 환기장치

76 작업장에서 작업복 착용 시 지켜야 할 사항이 아닌 것은?

① 작업의 종류에 따라 정해진 작업복을 착용한다.
② 땀을 닦을 수건을 허리띠에 끼우거나 목에 감는다.
③ 기름이 묻고 더러운 작업복은 입지 않는다.
④ 해지고 찢어진 작업복은 입지 않는다.

정답 71. ③ 72. ③ 73. ③ 74. ② 75. ① 76. ②

77 전기에 의한 화재의 진화작업 시 사용해야할 소화기는?

① 탄산가스 소화기
② 산, 알칼리 소화기
③ 포말 소화기
④ 물 소화기

78 가스 용접 작업의 안전사항으로 옳지 않은 것은?

① 용접하기 전에 반드시 소화기, 소화수의 위치를 확인할 것
② 작업장 정리를 잘하고 환기가 되지 않도록 할 것
③ 보호안경을 반드시 쓸 것
④ 토치 내에서 소리가 날 때 또는 과열 되었을 때는 역화에 주의할 것

79 소화기 사용 시의 주의사항으로 틀린 것은?

① 골고루 소화해야 한다.
② 바람을 등지고 소화해야 한다.
③ 소화기는 큰 화재에만 사용한다.
④ 화점부위 가까이 접근한 후 사용한다.

80 유류 화재시의 조치사항으로 맞지 않는 것은?

① 분말소화기를 사용한다.
② 모래를 뿌린다.
③ 가마니를 덮는다.
④ 물을 부어 끈다.

81 다음 소화설비에 적응해야 할 사항으로 틀린 것은?

① 작업의 성질
② 화재의 성질
③ 작업의 상태
④ 폭발의 상태

82 다음 소화방법 중에서 가연물에 물을 뿌려 기화 잠열을 이용하여 소화하는 것은?

① 냉각 소화법
② 제거 소화법
③ 질식 소화법
④ 차단 소화법

정답 77. ① 78. ② 79. ③ 80. ④ 81. ③ 82. ①

83 가스의 누설검사에 사용하기에 알맞는 것은?

① 촛불 ② 비눗물
③ 뜨거운 물 ④ 침

84 트랙터의 취급방법이 바르게 설명된 것은?

① 엔진이 시동된 상태로 연료를 보급하였다.
② 경사진 길을 내려올 때 기어를 중립상태로 하고 주행하였다.
③ 도로 주행 시 좌우 브레이크 페달을 연결하고 주행하였다.
④ 운행도중 잠시 쉬고자 하여 시동을 끄고 시동키를 꽂아 둔 채로 휴식하였다.

85 운반 작업 시 안전사항으로 틀린 것은?

① 등은 반듯이 편 상태에서 물건을 들어 올리고 내린다.
② 짐을 들 때 반드시 몸에서 멀리해서 든다.
③ 물건을 나를 때는 몸은 반듯이 편다.
④ 가능하면 벨트, 운반대, 운반멜대 등과 같은 보조구를 사용한다.

86 동력경운기의 운전 중 안전 사항으로 잘못된 것은?

① 오르막길에서는 차간거리를 여유 있게 둔다.
② 내리막길에서는 차간거리를 길게 잡는다.
③ 커브 길에서는 급제동을 하지 말아야 한다.
④ 내리막길에서는 반드시 조향클러치를 사용하여 조향한다.

87 다음 중 동력경운기의 운전조작으로 알맞지 않은 것은?

① 작업기를 부착하고 경사지를 내려갈 때 전진 주행해야 한다.
② 주행속도를 위반하지 않는다.
③ 도로 주행 시 도로의 우측 끝을 이용한다.
④ 운전 중 흡연 또는 음주는 하지 않는다.

정답 83. ② 84. ③ 85. ② 86. ④ 87. ①

88 동력경운기 운반 작업 시 주의사항으로 틀린 것은?

① 주행속도는 15Km/h 이하로 운행할 것
② 브레이크 및 타이어 공기압을 점검할 것
③ 적재중량은 2,500Kg 이상을 유지할 것
④ 경사지를 상승, 하강할 때는 변속조작은 하지 말 것

89 동력경운기의 내리막길 주행 시 조향 클러치의 작동방법으로 옳은 것은?

① 양쪽 클러치를 모두 잡는다.
② 회전하는 쪽의 클러치를 잡는다.
③ 평지에서와 같은 방법으로 운전한다.
④ 조향 클러치를 사용하지 않고 핸들만으로 운전한다.

90 다음 중 동력살분무기의 안전작업으로 적절하지 못한 것은?

① 방독마스크를 착용하고 작업할 것
② 시동로프로 시동 시 뒤에 사람이 없어야 할 것
③ 농약 살포시 항상 바람을 안고 작업할 것
④ 농약 살포시 음주를 피할 것

91 트랙터의 취급 방법으로 틀린 것은?

① 엔진이 정지된 상태에서 연료를 보급한다.
② 운전 전 일상점검을 한다.
③ 도로 주행 시 좌우 브레이크 페달을 분리하고 주행한다.
④ 급회전 시 속도를 줄여 회전한다.

92 농용 트랙터의 작업 전 점검사항으로 틀린 것은?

① 연료 호스의 손상이나 누유가 없는지 확인한다.
② 타이어에 상처가 나거나 리그가 모두 마모된 경우에는 교체한다.
③ 도로 주행 시에는 좌・우 브레이크 페달 연결고리를 해체한다.
④ 점검 및 정비를 위해 떼어낸 덮개는 모두 다시 부착한다.

정답 88. ③ 89. ④ 90. ③ 91. ③ 92. ③

93 트랙터의 취급방법으로 바르게 설명된 것은?

① 엔진이 시동된 상태로 연료를 보급하였다.
② 경사진 길을 내려올 때 기어를 중립상태로 하고 주행하였다.
③ 도로 주행 시 좌우 브레이크 페달을 연결하고 주행하였다.
④ 운행도중 잠시 쉬고자 하여 시동을 끄고 시동키를 꽂아 둔 채로 휴식하였다.

94 트랙터 운전 중 안전사항에 대한 설명으로 틀린 것은?

① 트랙터에는 운전자, 보조자 최대 2명만 탑승해야 한다.
② 트랙터는 전복될 수 있으므로 항상 안전속도를 지켜야 한다.
③ 트레일러에 큰 하중을 싣고 운행할 때 급정거를 해서는 안 된다.
④ 회전 또는 브레이크 사용 시에는 속도를 줄여야 한다.

95 로터리 작업 시 후진할 때 주의사항은?

① 엔진을 정지한다.
② 로터리 동력을 차단한다.
③ 주위를 살핀다.
④ 저속으로 후진한다.

96 트랙터의 안전사항으로 바르지 못한 것은?

① 승차정원은 1명으로 한다.
② 도로주행 시 브레이크 페달은 좌우 연결한다.
③ 포장작업 시 작업기를 들어 올린 채 방치하지 않는다.
④ 포장작업 시 작업기를 부착할 땐 엔진 시동을 한다.

97 농업기계의 매일점검 사항에 해당되는 것은?

① 연료 및 윤활유 점검
② 밸브의 간극 조정
③ 기화기의 청소
④ 소음기 청소

정답 93. ③ 94. ① 95. ② 96. ④ 97. ①

98 트랙터 운전 중 안전운전 방법이 아닌 것은?

① 유압으로 작업기를 올려놓고 그 밑에서 작업하지 말 것
② 승하차는 반드시 트랙터를 정지시킨 후 할 것
③ 경사지 작업 시에는 가급적 차륜의 폭을 넓게 할 것
④ 운전자와 작업자가 반드시 동시에 탑승하여 작업할 것

99 트랙터, 콤바인, 동력경운기와 같은 농업기계 운전 시 적정 탑승 인원은 몇 명인가?

① 운전자 1인
② 운전자 1인, 보조자 1인
③ 운전자 1인, 보조자 2인
④ 운전자 2인

100 작업기에서 착탈방법의 안전사항 중 옳은 방법은?

① 작업기의 착탈은 15° 이내 경사지에서 실시한다.
② 작업기의 착탈은 반드시 3인 이상이 해야 한다.
③ 작업기는 부착 후 수평조절을 해야 한다.
④ 작업기의 착탈은 기체 본체를 완전히 후진하여 상부 링크부터 연결한다.

101 약제 살포시 안전작업 방법으로 틀린 것은?

① 반드시 보호 마스크를 착용한다.
② 살포 중에는 풍향이나 진향방향에 주의한다.
③ 안전한 방제복을 착용하고 작업 전 호스의 접합부분을 점검한다.
④ 작업 후에는 잔류 약액이나 기계를 씻은 물을 아무데나 버린다.

102 콤바인 취급사항으로 잘못된 것은?

① 포장작업 시 장갑 사용을 금한다.
② 운반용 차에서 싣고 내릴 때 조향 클러치 사용을 금한다.
③ 작업 중 체인, 벨트, 예취날 등에 손을 넣지 말아야 한다.
④ 짚이나 검불이 막혔을 때는 엔진을 저속으로 한 후 제거한다.

정답 98. ④ 99. ① 100. ③ 101. ④ 102. ④

103 안전표지에 있어서 노란색이 표시하는 뜻은?

① 정지　② 방화
③ 주의　④ 유도

104 안전·보건표지의 종류가 아닌 것은?

① 금지표지　② 경고표지
③ 예고표지　④ 지시표지

105 가스용접에서 산소통은 직사광선을 피하여 몇 ℃ 이하에서 보관해야 하는가?

① 20　② 40
③ 60　④ 80

106 기계를 달아 올리는 데 쓰이는 볼트는?

① 스테이볼트　② T볼트
③ 전단볼트　④ 아이볼트

107 다음 농업용 기계에 있어서 동력 전달장치 중 가장 재해가 심하다고 생각되는 것은?

① 벨트　② 풀리
③ 차축　④ 기어

108 공장 내 안전표지를 부착하는 이유는?

① 능률적인 작업을 유도하기 위하여
② 인간 심리의 활성화 촉진
③ 인간 행동의 변화 통제
④ 공장 내 환경정비 목적

정답 103. ③ 104. ③ 105. ② 106. ④ 107. ① 108. ③

109 다음 산업재해 통계 중 어느 일정한(100만 시간) 기간 안에 발생한 재해발생의 빈도를 나타내는 것은 어느 것인가?

① 천인율　　② 강도율
③ 돗수율　　④ 연천인율

110 농용엔진(가솔린)작동 시 발생하는 배기가스에 포함 된 가스 중 인체에 해가 없는 것은?

① CO_2　　② CO
③ NO_2　　④ SO_2

111 다음 가스 중 독성이 가장 강한 것은?

① 염소　　② 일산화질소
③ 포스겐　　④ 브롬메틸

해설 ※ 포스겐 : $COCl_2$ 무색이며 자극성 냄새가 있는 유독한 질식성 기체, 맹독을 나타내고 기관지 및 폐에 자극 작용을 일으키나 증상이 악화될 때까지 모름

112 전기화재의 분류로 옳은 것은?

① A급화재　　② B급화재
③ C급화재　　④ D급화재

정답 109. ③ 110. ① 111.③ 112. ③

제9절 | 도로교통법

01 운전자의 운전 행동의 과정을 순서대로 맞게 연결한 것은?

① 확인 → 결정 → 예측 → 조작
② 확인 → 예측 → 결정 → 조작
③ 예측 → 확인 → 결정 → 조작
④ 확인 → 예측 → 조작 → 결정

해설 운전중에는 어떤 상황이 발생하면 그 상황을 확인(인식)하고, 그 상황이나 주위가 어떻게 변할지를 예측하고, 어떻게 행동(운전)할 것인지를 결정한 다음 자동차의 핸들, 변속기어, 브레이크, 가속페달, 경음기, 등화장치 등을 조작하게 된다.

02 운전자의 운전 형태에 영향을 미치는 요인으로 가장 관련성이 높은 것은?

① 운전면허 취득 방법
② 운전자의 학력
③ 운전면허의 종류
④ 운전자의 신체적 상태

해설 운전면허 취득 방법, 운전자 학력, 운전면허의 종류는 운전자의 운전형태에 크게 영향을 미친다고 볼 수 없다.

03 약물을 복용하고 운전한 경우에 대한 설명으로 맞는 것은?

① 감기약은 안전운전에 전혀 지장이 없다.
② 의사가 처방한 약물을 무조건 이상이 없다.
③ 신경안정제는 안전운전에 지장을 초래하지 않는다.
④ 마약 등의 약물 복용 운전은 형사 처벌 대상이 된다.

해설 약물(마약, 대마 및 향정신성의 약품과 그 밖에 안전행정부령으로 정하는 것을 말한다)의 영향과 그 밖의 사유로 정상적으로 운전하지 못할 우려가 있는 상태에서 자동차등을 운전하여서는 아니된다.

정답 01. ② 02. ④ 03. ④

04 운전자의 피로는 운전 행동에 영향을 미치게 된다. 피로가 운전행동에 미치는 영향을 바르게 설명한 것은?

① 주변 자극에 대해 반응 동작이 빠르게 나타난다.
② 시력이 떨어지고 시야가 넓어진다.
③ 지각 및 운전조작 능력이 떨어진다.
④ 치밀하고 계획적인 운전 행동이 나타난다.

해설 피로는 지각 및 운전 조작 능력이 떨어지게 한다.

05 음주가 운전 능력에 미치는 영향으로 맞는 것은?

① 반응을 빠르게 만든다.
② 인지력을 증가시킨다.
③ 집중력을 저하시킨다.
④ 운전 기능을 향상시킨다.

해설 음주는 인지력을 약화시키며 집중력을 저하시켜 반응을 늦게 하게 만들므로, 운전하면 매우 위험하다.

06 도로교통법에서 정한 운전이 금지되는 술에 취한 상태의 기준으로 맞는 것은?

① 혈중알코올농도 0.05퍼센트 이상인 상태로 운전
② 혈중알코올농도 0.07퍼센트 이상인 상태로 운전
③ 혈중알코올농도 0.09퍼센트 이상인 상태로 운전
④ 혈중알코올농도 0.1퍼센트 이상인 상태로 운전

해설 운전이 금지되는 술에 취한 상태의 기준은 혈중 알코올농도가 0.05% 이상으로 한다. 행정 처분이 될 경우, 0.05~0.10% 사이면 면허정지 100일, 인명사고 시엔 면허취소이며, 0.10% 이상이어도 면허취소가 된다.

07 피로 및 과로, 졸음운전과 관련된 설명 중 맞는 것을 모두 고르시오.

① 도로 환경과 운전조작이 단조로운 상황에서의 운전은 수면 부족과 관계없이 졸음운전을 유발할 수 있다.
② 변화가 적고 위험 사태의 출현이 적은 도로에서는 주의력이 향상되어 졸음운전 행동이 줄어든다.
③ 피로하거나 졸음이 오면 차로 위의 상황에 대한 대처가 둔해진다.
④ 음주운전을 할 경우 대뇌의 기능이 활성화되어 졸음운전의 가능성이 적어진다.

정답 04. ③ 05. ③ 06. ① 07. ①,③

해설 교통 환경의 변화가 단조로운 고속도로 등에서의 운전은 시가지 도로나 일반도로에서 운전하는 것보다 주의력이 둔화되고 수면 부족과 관계없이 졸음운전 행동이 많아진다. 아울러 음주 운전을 할 경우 대뇌의 기능이 둔화되어 졸음운전의 가능성이 높아진다.

08 차마의 통행 방법을 올바르게 설명한 것은?

① 차마는 도로의 중앙선 좌측을 통행한다.
② 차마는 도로의 중앙선 우측을 통행한다.
③ 도로 외의 곳에 출입하는 때에는 보도를 서행으로 통과한다.
④ 안전지대 등 안전표지에 의하여 진입이 금지된 장소는 일시정지 후 통과한다.

해설 차마의 운전자는 도로(보도와 차도가 구분된 도로에서는 차도를 말한다)의 중앙(중앙선이 설치되어 있는 경우에는 그 중앙선을 말한다)으로부터 우측 부분을 통행하여야 한다.

09 다음 중 안전띠 착용 방법으로 올바른 것은?

① 집게 등으로 고정하여 편리한 대로 맨다.
② 좌석의 등받이를 조절한 후 느슨하게 매지 않는다.
③ 잠금장치가 찰칵하는 소리가 나지 않도록 살짝 맨다.
④ 3점식 안전띠의 경우는 목 부분이 지나도록 맨다.

해설 골반 윗부분은 충격 시 장 파열 등 운전자의 위험성이 커지므로 골반 부분을 감듯이 매야 하며, 3점식 안전띠의 경우는 목부분이 지나도록 매서는 안 된다. 잠금장치가 '찰칵'하는 소리가 나도록 해서 완전히 잠겼는지를 확인해야 한다.

10 다음 중 자동차 운전자가 위험을 느끼고 브레이크 페달을 밟아 실제로 정지할 때까지의 '정지거리'가 가장 길어질 수 있는 경우는?

① 차량의 중량이 상대적으로 가벼울 때
② 차량의 속도가 상대적으로 빠를 때
③ 타이어를 새로 구입하여 장착한 직후
④ 피로 및 음주 운전 시

해설 운전자가 위험을 느끼고 브레이크 페달을 밟아서 실제로 자동차가 멈추게 되는 소위 자동차의 정지거리는 과로 및 음주 운전 시, 차량의 중량이 무겁거나 속도가 빠를수록 타이어의 마모상태가 심할수록 길어진다.

정답 08. ② 09. ② 10. ②

11 출발 전 후사경을 통한 안전 확인 방법으로 맞는 것을 모두 고르시오.

① 실내 후사경과 실외 후사경 중에서 하나에만 집중하여 안전을 확인한다.
② 후사경을 통한 방법만으로 모든 안전 확인이 가능하다.
③ 후방의 상황을 가급적 넓게 볼 수 있도록 실내 후사경을 조정한다.
④ 후사경을 통한 후방 차량 움직임 파악은 불명확할 수 있으므로 주의해야 한다.

해설 후사경을 통해 안전 확인은 사각지대가 있어 위험하므로 주의하여야 한다.

12 도로교통법상 "차"에 해당되는 것은?

① 의자차 ② 기차
③ 유모차 ④ 우마차

해설 자전거와 우마차는 자동차, 건설기계, 원동기장치자전거와 함께 "차"의 범주에 속한다. 그러나 어린이를 태운 유모차와 일정한 규격의 신체 장애인용 의자차는 도로교통법상 "차"의 범주에 속하지 아니한다.

13 좌석 안전띠의 착용효과로 틀린 것은?

① 충격력을 감소하여 치명적 부상을 막아준다.
② 착용 효과가 없다.
③ 바른 운전 자세를 유지시켜 운전 피로가 적게 해준다.
④ 물속 추락이나 전복사고 시는 큰 부상을 입을 수 있다.

해설 **〈좌석 안전띠 착용 효과〉**

1. 좌석 안전띠는 교통사고 발생 시 충격력을 감소하여 피해를 크게 줄여줄 뿐만 아니라, 바른 운전 자세를 유지시켜 운전자의 피로를 풀어주는 효과를 갖고 있다.
2. 물속 추락이나 전복 사고 시에는 좌석 안전띠가 2차 충격을 예방하고 승차자의 의식을 잃지 않게 해주므로, 승차자가 쉽게 빠져 나올 수 있는 등 훨씬 효과적이다.

14 분할이 불가능하여 안전기준을 적용할 수 없는 화물의 적재허가를 받은 경우 화물의 양 끝에 너비 30cm, 길이 50cm, (   ) 헝겊을 부착해야 한다. (   )에 들어갈 낱말은?

① 흰색 ② 노란색
③ 빨간색 ④ 검은색

정답 11. ③,④ 12. ④ 13. ②,④ 14. ③

해설 안전기준을 넘는 화물의 적재허가를 받은 경우 화물의 길이 또는 폭의 양 끝에 너비 30cm, 길이 50cm 이상의 빨간 헝겊으로 된 표시를 달아야 한다.

15 교통사고 발생 시 대처방법으로 가장 적절한 것은?

① 경미한 사고의 경우에는 부상자를 그냥 두고 가도 된다.
② 복잡한 교차로에서는 차를 그 자리에 세우고 시비를 가린다.
③ 즉시 정차하고 사상자가 발생하였을 때에는 구호조치를 한다.
④ 차를 이동할 수 없을 때에는 아무 조치 없이 도로에 차를 세워둔다.

해설 교통사고가 발생했을 때에는 즉시 정차하고 사상자가 발생하였을 때에는 바로 구호조치를 한다. 아무리 경미한 사고라 할지라도 부상자가 발생하였을 때에는 적절한 조치를 해야 하며 절대 그냥 두고 가서는 안 된다. 또한 복잡한 교차로에서 사고가 발생하였을 때에는 현장 사진을 충분히 확보한 후 안전한 곳으로 차를 이동시켜 다른 차량에게 방해되지 않도록 한다. 만약 차를 이동할 수 없을 때에는 비상등 및 삼각대 등의 조치를 하여 후속사고를 방지하도록 한다.

16 경미한 부상자가 피를 흘리고 있다. 응급처치 요령으로 가장 옳은 것은?

① 출혈이 경미할 때는 상처에 깨끗한 헝겊을 대고 손으로 꾹 눌러 압박한다.
② 지혈대를 사용할 경우 심장에서 먼 곳을 묶어 지혈한다.
③ 출혈 부위는 심장보다 낮은 곳에 있어야 한다.
④ 의식이 나빠지면 청심환을 먹인다.

해설 심장과 가까운 곳을 세게 묶어 지혈하고, 출혈 부위는 심장보다 높은 곳에 있어야 한다.

17 부상자의 척추 골절이 아주 심한 경우 응급처치 방법은?

① 직접 구호 조치를 한다.
② 부상자를 갓길로 이동한다.
③ 후속 사고 예방을 위해 신속히 차량을 1차로로 이동한다.
④ 함부로 부상자를 옮기지 말고 응급 구호 센터에 신고한다.

해설 부상이 심각한 경우 꼭 필요한 경우가 아니면 함부로 부상자를 움직이지 않아야 한다. 척추 골정의 경우 척추 신경을 상하게 하여 전신 장애를 초래할 수 있다.

정답 15. ③ 16. ① 17. ④

18 교통사고 발생 시 현장에서 운전자가 취해야 할 순서로 맞는 것은?

① 현장 증거 확보 → 경찰서 신고 → 사상자 구호
② 경찰서 신고 → 사상자 구호 → 현장 증거 확보
③ 즉시 정차 → 사상자 구호 → 경찰서 신고
④ 즉시 정차 → 경찰서 신고 → 사상자 구호

해설 사고가 발생하면 상당수의 운전자들이 먼저 목격자를 확인하거나 경찰서 또는 보험사에 연락하고 있는데, 사고가 발생하면 바로 정차하여 사상자가 발생하였는지 여부를 확인한 후 경찰관서에 신고하는 등의 조치를 하여야 한다.

19 신호에 대한 설명으로 맞는 것은?

① 황색등의 점멸 – 차마는 다른 교통 또는 안전표지에 주의하면서 진행할 수 없다.
② 적색의 등화 – 보행자는 횡단보도를 주의하면서 횡단할 수 있다.
③ 녹색 화살 표시의 등화 – 차마는 화살표 방향으로 진행할 수 있다.
④ 황색의 등화 – 차마가 이미 교차로에 진입하고 있는 경우에는 교차로 내에 정지해야 한다.

해설
- 황색의 등화 : 차마는 정지선이 있거나 횡단보도가 있을 때에는 그 직전이나 교차로의 직전에 정지하여야 하며, 이미 교차로에 진입하고 있는 경우에는 신속히 교차로 밖으로 진행하여야 한다. 차마는 우회전을 할 수 있고, 우회전하는 경우에는 보행자의 횡단을 방해하지 못한다.
- 적색의 등화 : 차마는 정지선, 횡단보도 및 교차로의 직선에서 정지하여야 한다. 다만, 신호에 따라 진행하는 다른 차마의 교통을 방해하지 아니하고 우회전할 수 있다.
- 녹색화살 표시의 등화 : 차마는 화살표 방향으로 진행할 수 있다.

20 다음 중 교통사고 또는 사고 발생 시 가장 먼저 취해야 할 응급조치 방법은?

① 부상의 상태를 확인하기 전에 안전한 곳으로 옮긴다.
② 부상자 응급조치를 할 때에는 가장 먼저 인공호흡을 실시한다.
③ 부상자 응급조치 전 차량 파손 여부부터 확인한다.
④ 의식이 있는지를 확인하고 의식이 없을 때에는 우선 가슴 압박을 실시한다.

해설 응급조치란 돌발적인 각종 사고로 인한 부상자나 병의 상태가 위급한 환자를 대상으로 전문인에 의한 치료가 이루어지기 전에 실시하는 즉각적이고 임시적인 조치로 병의 악화와 상처의 조속한 처치를 위해 행하여지는 모든 행동을 말한다. 교통사고

정답 18. ③ 19. ③ 20. ④

로 인한 호흡과 의식이 없는 부상자 발생 시에는 가장 먼저 가슴 압박을 실시한 후 기도 확보, 인공호흡 순으로 실시한다. 또한 부상자를 움직이지 않고 전문 의료진이 도착할 때까지 가급적 그대로 두는 것이 좋다.

21 다음 중 트레일러의 종류에 해당되지 않는 것은?

① 풀트레일러 ② 저상트레일러
③ 세미트레일러 ④ 고가트레일러

해설 트레일러는 풀레일러, 저상트레일러, 세미트레일러, 센터차축 트레일러, 모듈 트레일러가 있다.

22 다음 안전표지에 대한 설명으로 가장 옳은 것은?

① 직진하는 차량이 많은 도로에 설치한다.
② 금지해야 할 지점의 도로 좌측에 설치한다.
③ 이런 지점에서는 반드시 유턴하여 되돌아가야 한다.
④ 좌·우측 도로를 이용하는 등 다른 도로를 이용해야 한다.

해설 차의 직진을 금지해야 할 지점의 도로 우측에 설치.

23 다음 안전표지에 관한 설명으로 바른 것은?

① 화물을 싣기 위해 잠시 주차할 수 있다.
② 승객을 내려주기 위해 일시적으로 정차할 수 있다.
③ 주차 및 정차를 금지하는 구간에 설치한다.
④ 이륜자동차는 주차할 수 있다.

정답 21. ④ 22. ④ 23. ②

해설 • 차의 주차를 금지하는 것으로 차의 주차를 금지하는 구역, 도로의 구간이나 장소의 전면 또는 필요한 지점의 도로우측에 설치.
• 구간의 시작 · 끝 또는 시간의 보조표지를 부착 · 설치

24 다음 안전표지 중 주의 표지가 아닌 것은?

① 
② 
③ 
④ 

해설 ②번은 '직진 및 좌회전'으로 지시 표지이다.

25 다음 안전표지가 있는 도로에서의 운전방법으로 맞는 것은?

① 다가오는 차량이 있을 때에만 정지하면 된다.
② 도로에 차량이 없을 때에도 정지해야 한다.
③ 어린이들이 길을 건널 때에만 정지한다.
④ 적색등이 켜진 때에만 정지하면 된다.

해설 차가 일시정지 하여야 하는 교차로 또는 기타 필요한 지점의 우측에 설치.

26 다음 규제표지를 설치할 수 있는 장소는?

① 교통정리를 하고 있지 아니하고 교통이 빈번한 교차로
② 비탈길 고갯마루 부근
③ 교통정리를 하고 있지 아니하고 좌우를 확인할 수 없는 교차로
④ 신호기가 없는 철길 건널목

정답 24. ② 25. ① 26. ②

27 다음 안전표지에 대한 설명으로 맞는 것은?

① 차 높이 제한 표지
② 차 중량 제한 표지
③ 차폭 제한 표지
④ 차간 거리 확보 표지

해설 표지판에 표시한 중량을 초과하는 차의 통행을 제한하는 것

28 다음 안전표지에 대한 설명으로 맞는 것은?

① 차가 우회전하는 것을 금지하는 것
② 차가 좌회전하는 것을 금지하는 것
③ 차가 통행하는 것을 금지하는 것
④ 차가 유턴하는 것을 금지하는 것

해설 차가 우회전을 금지하는 지점의 도로 우측에 설치.

29 다음 안전표지에 대한 설명으로 맞는 것은?

① 횡단보도가 있음을 알리는 것
② 보행자가 있음을 알리는 것
③ 보행자의 보행을 금지하는 것
④ 자전거의 통행을 금지하는 것

해설 보행자의 보행을 금지하는 것

정답 27. ② 28. ① 29. ③

30 다음 안전표지의 명칭으로 맞는 것은?

① 양측방 통행 표지 ② 양측방 통행금지 표지
③ 중앙분리대 시작 표지 ④ 중앙분리애 종료 표지

31 다음 안전표지에 대한 설명으로 맞는 것은?

① 신호에 관계없이 차량 통행이 없을 때 좌회전할 수 있다.
② 적색 신호에 다른 교통에 방해가 되지 않을 때에는 좌회전할 수 있다.
③ 비보호이므로 좌회전 신호가 없으면 좌회전할 수 없다.
④ 녹색 신호에서 다른 교통에 방해가 되지 않을 때에는 좌회전할 수 있다.

해설 진행신호 시 반대방면에서 오는 차량에 방해가 되지 아니하도록 좌회전을 조심스럽게 할 수 있다.

32 다음 안전표지의 명칭은?

① 양측방향 통행 표지 ② 좌·우회전 표지
③ 중앙분리대 시작 표지 ④ 중앙분리대 종료 표지

정답 30. ① 31. ④ 32. ②

33 다음 안전표지가 의미하는 것은?

① 좌측도로는 일방통행 도로
② 우측도로는 일방통행 도로
③ 모든 도로는 일방통행 도로
④ 직진도로는 일방통행 도로

34 다음 안전표지에 대한 설명으로 맞는 것은?

① 양측방 통행 표지
② 유턴 표지
③ 회전 교차로 표지
④ 좌우회전 표지

해설 표지판이 화살표 방향으로 자동차가 회전 진행할 것을 지시하는 것

35 다음 안전표지에 대한 설명으로 맞는 것은?

① 버스 전용차로를 지시한다.
② 다인승 전용차로를 지시한다.
③ 차 전용도로임을 지시한다.
④ 자동차 전용도로임을 지시한다.

정답 33. ④ 34. ③ 35. ④

36 다음 안전표지 중 지시 표지가 아닌 것은?

①  ②  ③ 

④ 

해설 ④번은 지시 표지가 아니라 '양측방 통행'으로 주의 표지이다.

37 다음 안전표지에 대한 설명으로 맞는 것은?

① 유치원 통원로이므로 자동차가 통행할 수 없음을 나타낸다.
② 어린이 또는 유아의 통행로나 횡단보도가 있음을 알린다.
③ 학교의 출입구로부터 2킬로미터 이후 구역에 설치한다.
④ 어린이 또는 유아가 도로를 횡단할 수 없음을 알린다.

해설 어린이 또는 유아의 통행로나 횡단보도가 있음을 알리는 것. 학교, 유치원 등의 통학, 통원로 및 어린이놀이터가 부근에 있음을 알리는 것.

38 다음 안전표지 중 규제표지가 아닌 것은?

①  ②  ③ 

④ 

해설 ①번은 '어린이 보호' 주의 표지이다.
②번은 '자동차 통행금지' 규제 표지이다.
③번은 '차간 거리 확보' 관련 규제 표지이다.
④번은 '보행자 보행금지' 관련 규제 표지이다.

정답 36. ④ 37. ② 38. ①

• 저자 약력 •

김동억 충북대학교 농업기계공학과 졸업
충북대학교 대학원 농업기계공학 박사
현 한국농수산대학교 교양학부 교수
전 농촌진흥청 국립농업과학원 공학부 연구원

홍순중 한밭대학교 기계공학과 졸업
충남대학교 대학원 농업기계공학 박사
현 한국농수산대학교 교양학부 교수
전 농촌진흥청 농촌인전자원개발센터 스마트팜교육 팀장

강지원 한국방송통신대학교 졸업
공주대학교 대학원 농공학 박사
현 가톨릭상지대학교 융복합농산업과학과 교수
현 ㈜호현에프엔씨 스마트팜기술연구소 소장
전 농촌진흥청 농촌인전자원개발센터 농업기계교육 팀장, 스마트팜 교육단장
전 전국기능올림픽대회 농기계수리 직종, 농업기계산업기사, 정비, 운전기능사
(출제, 검토, 심사위원)

농업기계학

2022년 7월 30일 인 쇄
2022년 8월 5일 발 행

공 저 김동억 · 홍순중 · 강지원
발행인 이 종 의

발행처 도서출판 **범 론 사**
주 소 서울특별시 영등포구 대림로27가길 12-1
전 화 02)847-3507
팩 스 02)845-9079
등 록 1979년 4월 3일 제1-181호
http://www.ekoin.co.kr

정가 28,000원